Jim Murray

Whisky & Whiskey

Malt, Scotch, Canadian, Bourbon und alle anderen Whiskys der Welt

Mit Liebe meinem Sohn James, einem charmanten und fröhlichen Begleiter auf meiner Expedition durch die Whisky-Stützpunkte in aller Welt.

Die Folie des Schutzumschlages sowie die Einschweißfolie sind PE-Folien und biologisch abbaubar.
Dieses Buch wurde auf chlor- und säurefreiem Papier gedruckt.

Originaltitel: Complete Book of Whisky

Aus dem Englischen von Irene Spreitzer
Lektorat: Birgit Schneider
Produktionsbetreuung: Print Company Verlagsgesellschaft m. b. H., Wien
Satz: Kaltenbrunner+Dorfinger OEG, Wien
Druck: Oriental Press
Printed in Dubai

ISBN 3-7852-8407-1

Bemerkung des Autors

Ich habe die Schreibweise „Whiskey“ oder „Whisky“ den Vorlieben der einzelnen Destillerien angepaßt. Scotch und Canadian ist immer „Whisky“. Heute wird in Irland nur „Whiskey“ hergestellt, doch war das nicht immer so. In Kentucky werden Bourbon und Rye als „Whiskey“ bezeichnet. Eine Ausnahme sind die Early Times/Old Forester Distillery und Maker's Mark, die als „Whisky“ abfüllen. In Tennessee steht es 50 zu 50: Dickel ist „Whisky“, Daniel's dagegen „Whiskey“.

Danksagung des Autors

Zuletzt zählte ich 411 Menschen, denen ich für ihre Hilfe und Unterstützung bei dem Buch danken wollte. Einige Kontakte liegen mehr als zehn Jahre zurück, andere Menschen haben mich Monat für Monat auf dem Laufenden gehalten, was in ihrem Bereich der Whisky-Welt geschieht. Mit ihrer Hilfe habe ich versucht, das Buch zum Zeitpunkt des Drucks so aktuell wie möglich zu halten. Die Informationen wurden während meiner täglichen Arbeit als Whisky-Autor gesammelt.

Dennoch gibt es noch eine Gruppe Menschen, die mit ihrer Hilfe und Freundschaft, die über berufliche Belange hinausging, dieses Buch ermöglicht haben. Es wäre nachlässig, nicht wenigstens ihnen herzlich und persönlich zu danken. In den USA waren das Ed O'Daniel von der Kentucky Distillers' Association ebenso wie Chris Morris, Lincoln Henderson und Jimmy Russell. In Kanada danke ich Ron Veilleux und Sandy Bochij von der Association of Canadian Distillers; die irische Sektion wäre sehr viel ärmer ohne Barry Walsh, Stephen Franck, David Hinds und Noel Sweeney; außerdem erhielt ich in Schottland und in allen anderen Teilen der Welt besondere Unterstützung von Richard Paterson, Prathmesh Mishrak, Janet Leigh, Jill Preston, Lauchie MacLean, Mark Hunt, Jimmy Lang, Jim Swan, Naofumi Kamiguchi, Max Griggs, Gill Jefferson und Colin Ross von Ben Nevis.

Ich kann meinen indischen Freunden gar nicht genug danken oder erst versuchen, ihre unglaubliche Liebenswürdigkeit zurückzuzahlen: Alan, Carol und die kleine Emily Don halfen mir, meine Reisen zum Subkontinent so sicher und angenehm wie möglich zu machen. Danke für die heiteren Stunden.

Auf der Produktionseite hätte ich keinen toleranteren und fröhlicheren Menschen finden können als meinen Verleger Martin Corteel. Danke für Deine großartige Unterstützung, Martin. Hinter ihm stand das hart arbeitende Team von Sarah Schuman, Zoë Maggs, Fiona Roberts und Charlotte Bush.

Hinter mir stand meine Sekretärin und Assistentin Di Crook, die 101 Jobs erledigen mußte und auch noch über die Tausenden von Whiskys auf dem Laufenden war, die aus der ganzen Welt kamen, und nie einen Tropfen anrührte; meine Haushälterin Julie Musgrove sorgte immer für saubere Kleider für meine nächste Expedition. Ich möchte auch meinen Kindern Tabitha, David und James für ihre Geduld danken, wenn ich Tage – manchmal Wochen – in meinem Büro oder einem Hotel eingesperrt war, und meiner Mutter, die sich bei meinen Reisen um mich sorgte und mir sagte, wann ich einen Friseur brauchte. Und dafür, daß sie mir vor 28 Jahren ein Wörterbuch kaufte, das ich immer noch verwende.

Habe ich jemand bei meiner Liste an Danksagungen vergessen, schlage ich vor, daß wir uns auf einen Whisky treffen und sehen, was wir für die zweite Auflage machen können …

Jim Murray

Whisky & Whiskey

Malt, Scotch, Canadian, Bourbon und
alle anderen Whiskys der Welt

Lichtenberg

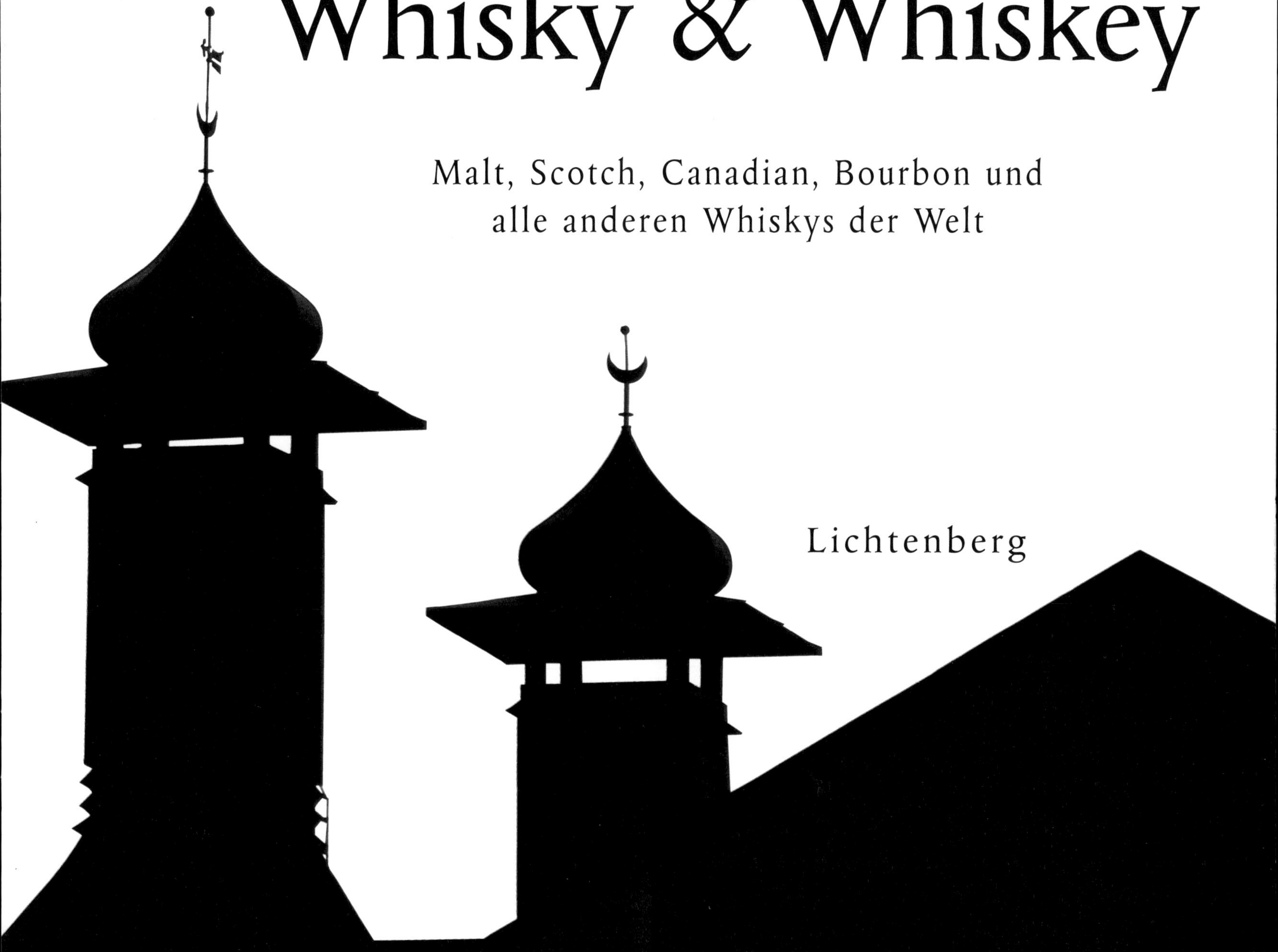

INHALT

Einleitung **6**

1 
Whiskyherstellung **8**

Hauptbestandteile **9** • Grundprozeß **15**

2 
Schottischer Malt Whisky **20**

Die Geschichte des Scotch **22** • Orkneys und Nordschottland **25** • Nördliche Highlands **28**
Speyside **31** • Östliche Highlands **62** • Perthshire **64** • Der Westen und die Inseln **72**
Islay **78** • Campbeltown **88** • Die Lowlands **91** • Die verlorenen Destillerien Schottlands **96**

3 
Schottischer Grain Whisky **98**

4 
Irischer Whiskey **108**

Die Geschichte des irischen Whiskeys **110** • Midleton **112** • Cooley **116** • Bushmills **117**

5 
Bourbon & andere amerikanische Whiskeys **120**

Die Geschichte des Bourbon **122** • Kentucky **124** • Missouri, Illinois und Indiana **151**
Virginia und Pennsylvania **153** • Tennessee **155** • Rye Whiskey **161**

6  Kanadischer Whisky **166**

Die Geschichte des kanadischen Whiskys **168** • British Columbia **170** • Alberta **172**

Manitoba **175** • Ontario **178** • Quebec **182** • Nova Scotia **184**

7  Indischer Whisky **186**

8  Whisky aus anderen Ländern der Erde **198**

Whisky Diaspora **200** • Pakistan **202** • Japan **204** • Die Tschechische Republik **208**

Spanien **210** • Neuseeland **212**

Anhang Tips zum richtigen Genuß von Whisky **214**

Glossar Das A–Z des Whiskys **215**

Bezugsquellenverzeichnis **217**

Index **219**

Verzeichnis der Karten

Die schottischen Malt-Destillerien **21** • Die Malt-Destillerien von Speyside **31**

Die irischen Whiskey-Destillerien **108** • Die Whiskey-Destillerien der USA **120**

Die kanadischen Whisky-Destillerien **167** • Die wichtigsten Malt-Whisky-Destillerien in Indien **187**

Wichtige Destillerien in anderen Ländern der Erde **198**

EINLEITUNG

Als ich vor 22 Jahren durch die schottischen Highlands und Inseln trampte, änderte ein Autofahrer mit einem winzigen Auto, dessen Motor wie ein Flugzeug aus dem Zweiten Weltkrieg dröhnte, für immer mein Leben.

„Schon eine Destillerie besucht?" fragte er mich.

„Nein. Möchte aber vorbeischauen."

„Dann fahren wir jetzt gleich."

Mit diesen Worten zweigte er links von der Straße ab, die er offenbar fahren wollte, und nach einigen Minuten waren wir bei der Talisker Destillerie. Damals wußte ich nicht, daß ich damit in die romantischste, fesselndste, köstlichste und außergewöhnlichste aller Welten eintrat.

Die Besichtigung der Destillerie dauerte 30 aufregende Minuten. Der Geschmack von dem Whisky, den ich mit Faßstärke gekostet hatte, hielt sogar noch länger an. Ich hatte mein Herz verloren.

Etwa acht Jahre später machte ich wieder in Schottland Urlaub. Diesmal auf der wunderbaren Hebrideninsel Islay. Ich wollte Destillerien besuchen und Vögel beobachten. Die Brennereien gefielen mir besonders. Noch heute erinnere ich mich an das Gefühl, das mich beim ersten Besuch dieser großartigen Schreine des Malt an der Ostküste der Insel überkam: Lagavulin, Laphroaig und natürlich die unvergleichliche Ardbeg Destillerie, die noch heute meinen Lieblingswhisky herstellt. Als ich dort den verführerischen und komplexen 10jährigen Malt kostete, wurde mir klar, daß aus meinem Interesse eine Leidenschaft wurde.

In der Nähe lag ein zerklüfteter Landstrich, in dem viele Jahrhunderte geschmuggelt worden war – die Halbinsel Oa. In dieser Umgebung beschloß ich, auf welche Weise auch immer, so viele Destillerien wie möglich in aller Welt zu besuchen, um ihre Geheimnisse zu ergründen. Damals wußte ich natürlich noch nicht, daß ich 15 Jahre später mein eigenes Buch über Whisky fertigstellen

Hebe ein Glas: *Der edelste Tropfen*

und kurz zuvor eine Destillerie im tropischen Goa besichtigt haben würde. Von Oa zu Goa – wie treffend!

Einige Zeit nach meinem Besuch auf Islay beschloß ich, meinen Job als Journalist bei einer britischen Zeitung aufzugeben und den Schritt ins Ungewisse zu wagen. Ich wurde der erste hauptberufliche Whiskyautor der Welt. Seit damals habe ich die meisten der vorgestellten Brennereien mehrmals besucht – und es gibt 150 davon in zwölf verschiedenen Ländern – und ihre Whiskys kennengelernt. Um andere zu finden, mußte ich wahre Expeditionen starten. Dieses Buch war bei Fertigstellung auf dem letzten Stand (doch halt: erst gestern erfuhr ich, daß die Zukunft von meiner geliebten Ardbeg Destillerie von Glenmorangie gesichert ist!), und als ich die letzten Worte an meine Verleger sandte, wurde das Buch selbst zu einer kompletten Verbindung aller Whiskys der Welt.

Das ist das Schöne am Whisky. Es gibt so viele verschiedene Arten und Stile, daß sicher jeder einen findet, der ihm zusagt. Und das ist auch Zweck dieses Buches: Ich möchte den Leser auf eine möglichst umfassende Reise zu den Destillerien der Welt begleiten, ihm etwas über sie erzählen und zeigen, warum alle Whiskys verschieden sind.

Diese Reise führt von der Küste Islays, wo die Wellen sanft oder kraftvoll gegen die alten Destilleriemauern schlagen, auf beinahe 2 000 Meter Höhe zu einer vergessenen – doch noch arbeitenden – Malt-Destillerie im Himalaya, die vor 1947 gegründet wurde; von den Destillerien im japanischen Bergland zu denen, die in der kanadischen Ebene in einem Maismeer verschwinden; von Brennereien, die in den feucht-heißen Sommern von Kentucky und Tennessee schmoren, zu einer in Neuseeland, wo es so kalt ist, daß nur etwa einen Kilometer entfernt Pinguine planschen; von den reichhaltigen, honigsüßen Perthshire Malts zu den intensiven, köstlich gemälzten kalifornischen Ryes; von den leichten, schwebenden kanadischen zu den scharfen, torfigen Islay Whiskys; von den grasigen, gerstehaltigen schottischen Speysiders zu den grasigen, gerstehaltigen pakistanischen Malts.

Jeder einzelne Whiskystil wird beschrieben, die guten ebenso wie die schlechten und neutralen. Und wenn ich denke, daß ein Whisky schlecht ist, sage ich es auch. Mein Buch *Whisky & Whiskey* zeichnet sich aber, wie ich hoffe, dadurch aus, daß erstmals Destillerien, die nie zuvor besucht wurden, so genau beschrieben sind, wie sie es verdienen.

Schweigen ist Gold: *Die Fässer im Lagerhaus der Jack Daniel's Destillerie nähren ihren wertvollen Inhalt*

Jeder Autor liebt es, als erster über etwas Besonderes zu berichten. Und so bin auch ich stolz darauf, als erster Autor alle arbeitenden Brennereien von Kanada besucht zu haben; in allen amerikanischen gewesen zu sein; tschechischen Malt Whisky im eigenen Lagerhaus gekostet zu haben; die einzige Destillerie entdeckt zu haben, die in einem islamischen Staat produziert; eine Himalaya-Expedition zu einer altmodischen Destillerie unternommen zu haben, deren Apparate 140 Jahre alt sind. Wenn ich über diese abgelegenen Brennereien schreibe, habe ich versucht, meinen natürlichen Hang zur Romantik etwas zu zügeln und mit Analyse zu unterlegen. Ich habe versucht, die Destillerien in ihrem Umfeld zu präsentieren, was hoffentlich die Lektüre erleichtert.

Wenn es etwas gibt, das ich ebenso liebe, wie Whisky zu trinken und darüber zu schreiben, dann, darüber zu sprechen. Jedes Jahr halte ich Dutzende Seminare in aller Welt von New York bis Neuseeland für Menschen, die mehr über dieses rätselhafte Getränk erfahren möchten. Es überrascht sie zu entdecken, warum ich den Bourbon einem Scotch für mindestens ebenbürtig halte und warum manche schottische Whiskys – auch Blends – bei der richtigen Art der Verkostung Feinheiten am Gaumen erkennen lassen, die zuerst nicht vorhanden zu sein scheinen.

Ich möchte Sie mit diesem Buch auf eine Entdeckungsreise mitnehmen, und wenn Sie nach Lektüre von *Whisky & Whiskey* nur einen Whisky kosten möchten, den Sie vorher nicht einmal kannten, dann habe ich mein Ziel erreicht. Wie ich schon sagte: Ich habe eine Leidenschaft!

Jim Murray
Goa, Indien
Februar 1997

I  WHISKY-HERSTELLUNG

Entgegen der jahrelang verbreiteten Meinung, ist die Whiskyherstellung nicht kompliziert. Bei der Produktion von gutem Whisky – oder Whiskey – ist das schon etwas ganz anderes. Von den schroffen Granitfelsen der schottischen Highlands bis zu den Kalksteinhügeln von Kentucky hört man den alten Spruch „es gibt keinen schlechten Whisky". Nun, es gibt ihn schon. Doch zum Glück ist ein Großteil der Produkte aus den größeren Destillerien gut gereift und köstlich, auch wenn die einzelnen Sorten sehr unterschiedlich schmecken und von verschiedenem Getreide stammen können.

Es ist gleichgültig, ob der Whisky nur aus gemälzter Gerste besteht, wie der traditionelle schottische Whisky, oder ob er aus einer Mischung aus gemälzter und ungemälzter Gerste hergestellt wird, wie in Irland, oder ob er vor allem aus Mais oder ungemälztem Roggen produziert wird, wie der nordamerikanische Bourbon. Es sind immer dieselben Prozesse nötig, um die eher unspektakulären Rohstoffe in ein wunderbares, köstliches Getränk zu verwandeln, das Sie völlig sprachlos machen kann. Und obwohl der Geschmack je nach Herkunft sehr unterschiedlich sein kann, besteht doch im direkten Vergleich kein Zweifel daran, daß die Whiskys verwandt sind. Allerdings kann man die enorme Bandbreite im Geschmack, die den Whisky so faszinierend und komplex macht, nur erkennen, wenn man die verschiedenen Produkte unmittelbar hintereinander verkostet.

Das Überraschendste beim Besuch einer Destillerie irgendwo auf der Welt ist wohl, daß sich die grundlegende Technik der Whiskyherstellung nicht geändert hat, seit diese Kunst vor langer Zeit von Personen entdeckt wurde, deren Namen uns nicht überliefert sind. Die Rohstoffe sind ebenso gleich geblieben wie die Alchemie und die Rahmenbedingungen. Geändert haben sich nur die Effizienz und Größe der Produktion.

Die erste und wahrscheinlich wichtigtse Zutat, die jeder Whiskyhersteller – der kleinste Schwarzbrenner ebenso wie der Teilhaber eines florierenden, internationalen Getränkekonzerns –, zuallererst benötigt, ist Wasser, das möglichst rein und im Überfluß vorhanden sein sollte. Desweiteren braucht man Getreide. Behälter sind erforderlich, um das Getreide mit kochendem Wasser zu mischen. Danach wird der Getreidesaft vergoren und schließlich gebrannt. Bereits in alten Zeiten war bekannt, daß im kupfernen Brennapparat besonders guter Whisky entsteht. Heute wird auch hervorragender Whisky in Brennblasen aus rostfreiem Stahl erzeugt, doch ist Kupfer nicht nur der Schlüssel zum besten Destillat, sondern auch bei Stahlbehältern – zumindest als einer der Bauteile – erforderlich, wenn das Endprodukt trinkbar sein soll.

Faßstärke: *Die Brenner lernen noch, wie wichtig die Qualität der Eiche ist und welchen Einfluß sie auf den reifenden Whisky hat*

Niemand weiß heute genau, wann der erste Whisky gebrannt wurde. Sicher ist, daß er erst in den letzten Jahrhunderten als dunkles Getränk – im Gegensatz zu einem farblosen wie Gin – bekannt wurde. Die Mönche und Schwarzbrenner, die früher Whisky destillierten, werden ihr Wasser des Lebens wahrscheinlich schon Tage, Wochen oder Monate nach der Herstellung getrunken oder verwendet haben, da sie keine Lagerhäuser hatten. Es ist nicht auszuschließen, daß man durch Zufall entdeckte, daß der Whisky in Holzfässern reifen kann – wofür wir alle sehr dankbar sein sollten.

Die Whiskyherstellung ist ein Symbol für das zeitlose Zusammenspiel von Kunst und Wissenschaft. Vielleicht gilt der Whisky deshalb überall als besonders romantisches Getränk, weil es unzählige Geschichten von Schwarzbrennern, Schmugglern und Siedlern gibt, die auf abgeschiedenen Bergen, bei Flüssen und in Tälern Zuflucht fanden und hier Whisky brannten.

HAUPTBESTANDTEILE

WASSER

Wenn man in Schottland das unbeständige Wetter vorhersagen möchte, heißt es: Wenn es nicht regnet, wird es gleich beginnen. In Irland sind die Kühe dafür berühmt, wegen des saftigen, feuchten Grases hervorragende Milch zu geben. In Kanada liegt im Winter und zu Frühjahrsbeginn fast immer Schnee, der erst im Sommer schmilzt. Kentucky und Tennessee sind für ihre feuchten, windstillen Sommer berühmt, doch sind vor allem die heftigen Gewitter im Frühjahr und Herbst spektakulär.

Mit Ausnahme von Indien und der Türkei braucht man überall einen Regenschutz, wo Whisky hergestellt wird. Wenn Sie also auf Ihrem Weg von einem Lagerhaus zum anderen in einen Regenguß kommen, sollten Sie nicht fluchen, sondern in dem Bewußtsein lächelnd zum Himmel blicken, daß Sie hier einem Wunder der Natur beiwohnen: Denn das ist immerhin der Anfang allen Whiskys.

Ohne Wasser gäbe es keinen Whisky – auf dieses Element kann einfach nicht verzichtet werden. Haben Sie keine Gerste, verwenden Sie Mais; haben Sie keinen Mais, versuchen Sie es mit Roggen; haben Sie keinen Roggen, nehmen Sie Weizen. Haben Sie keine Brauhefe für die Gärung, können diese Aufgabe die Sporen übernehmen, die durch die Luft fliegen. Haben Sie aber kein Wasser, können Sie keinen Whisky herstellen – Punkt.

Die ältesten, funktionierenden Destillerien befinden sich in Schottland und Nordirland. Meist sind sie abgelegen, doch können Sie sicher sein, daß es in der Nähe gutes, klares Wasser gibt, das sich nicht nur zum Brennen eignet, sondern auch so reichhaltig sprudelt, daß man damit die Kondensatoren kühlen und so die Alkoholdämpfe wieder verflüssigen kann. Möglich, daß sie einst verborgene, abgelegene Hütten waren, in denen Schwarzbrenner mit einem illegalen Destillierkolben brannten, der so klein war, daß sie ihn immer mit sich führen konnten. Wollte der Brenner Anerkennung und kaufte er eine Lizenz, war die Versuchung groß, die Destillerie genau an der Stelle zu bauen, an der er viele Wochen, Monate, ja vielleicht Jahre nervös damit zugebracht hatte, den Finanzbeamten auszutricksen. Den größten Erfolg hatte dabei George Smith von Glenlivet.

Auch heute noch wird der Standort einer Brennerei nach der Wasserquelle gewählt. Als die Gimli Destillerie im Herzen von Winnipeg in Kanada gegründet wurde, kam zuerst das Bohrloch, dann kamen erst die Baumeister. In Japan wurden Quellen auf den Inseln zwei Jahre lang getestet, bevor Suntory sich schließlich für das weiche Wasser von Hakushu entschied. Im Sommer 1995 öffnete die Lochranza Destillerie nach mehrjähriger Planung auf der schottischen Insel Arran, nachdem man neun verschiedene Quellen auf ihre Wassergüte und -menge getestet hatte.

Manchmal gibt es jedoch Probleme. Verschmutzung oder plötzliches Versiegen der Quelle können eine Destillerie zwingen, zum Maischen gechlortes Leitungswasser zu verwenden. Auch einige der traditionellsten schottischen Brennereien entchloren ihr Wasser, da die Seen auch die Gemeinde versorgen. Einige schottische Destillerien verwenden nur gechlortes Stadtwasser und hoffen, daß der Maischprozeß und die hohe Temperatur in der Brennblase alles abtöten werden, was die Qualität des Whiskys beeinträchtigen könnte. Und sie erzeugen auch einige Spitzenprodukte, die beweisen, daß der Charakter oder die Qualität des Whiskys nicht leiden – doch gibt es auch ein oder zwei fragwürdige Produkte. Im allgemeinen kann man von allen Brennereien sagen, daß sie sehr auf die Qualität ihres Wassers achten: Es ist nicht ungewöhnlich, daß sie das gesamte Land um die Quelle kaufen, damit kein Dünger ins Wasser eindringen kann. Das Wasser zum Kühlen der Kondensatoren muß natürlich nicht so rein sein.

Von allen Quellen der Welt hat wohl das Wasser von Islay größten Einfluß auf den Whisky. Das Wasser, das Ardbeg, Laphroaig und Lagavulin verwenden, ist lange durch sumpfigen Torf geronnen und schmeckt extrem torfig. Das wirkt sich direkt auf die Schwere des Whiskys aus, obwohl das Trocknen des Malzes über einem Torffeuer den größten Einfluß hat. Vor 150 Jahren dachten bedeutende Wissenschaftler, daß es umgekehrt wäre: Der durch das trocknende

„Lebenswasser“: *Der wesentlichste Rohstoff für die Whiskyherstellung*

Am Anfang: *Seen wie dieser, der Glenturret versorgt, können Destillerien das Wasser liefern*

Malz ziehende Torfrauch bewirke wenig oder nichts, vielmehr verleihe das Einweichen der Gerste in dunklem Torfwasser dem Whisky seine Rauchigkeit.

Was ist gutes Whisky-Wasser? In den USA wäre es geographisch gesehen logischer, wenn Destillerien in den nordwestlichen Staaten Washington, Montana, Idaho, Oregon oder auch Alaska betrieben würden, wo es nicht nur kaltes Schmelzwasser aus den Rocky Mountains gibt, sondern auch das wichtige Getreide aus Kanada nicht weit ist. Kentucky und Tennessee haben aber den großen Vorteil, auf einem Kalksteinschelf zu liegen. Dieses weiche Gestein dient nicht nur als natürliches Becken für mehr Grundwasser, als die Destillerien jemals benützen können, auch die natürlichen chemischen Ablagerungen, die sich im Lauf von hunderten oder tausenden Jahren auflösen, verbinden sich perfekt mit der Hefe, die zur Gärung beigesetzt wird. Da Hefe ein Pilz ist, braucht sie Nährstoffe. Kalkreiches Wasser hat die Mineralien, die Hefe zum Treiben braucht. Zum Glück gehört Eisen nicht dazu – denn sonst würde der Whisky bei der Reifung nicht golden, sondern schwarz.

In Schottland und Irland verwenden die Brenner gerne Quellen, deren Wasser viele Jahre, nicht Wochen, unterirdisch gespeichert war, bevor es schließlich an die Oberfläche trat. Geologen schätzen, daß in Highland Park auf Orkney das Wasser, das von der Quelle Cattie Maggie zu der berühmten alten Destillerie rinnt, im vorigen Jahrhundert am schottischen Festland als Regen fiel und 300 Kilometer unter der Erde zu der windgepeitschten Insel floß.

Bei jedem Besuch in Schottland werden Sie garantiert ein- oder zweimal bis auf die Haut durchnäßt, doch ist unbestreitbar, daß es nicht mehr so viel regnet wie noch vor zehn Jahren – ein weiterer Beweis für die Erderwärmung, wie manche meinen. Viele Destillerien suchen deshalb Unterstützung bei Wünschelrutengängen, die Ersatz für versiegte Quellen finden sollen. Eine y- oder v-förmige Rute, ein Stab oder ein ähnliches Gerät wird über den Boden gehalten, bis es ausschlägt und auf eine Wasserader weist. Seit 1995 haben die riesigen United Distillers einen eigenen Angestellten, um mit dieser alten Methode frische Quellen zu finden. Die meiste Arbeit hatte er auf der Isle of Skye, auf der die Trockenheit besonders schlimm war. Da die Talisker Destillerie auf eisenhaltigem Boden liegt, wurde seine Aufgabe nicht gerade erleichtert. Oft wird Wasser, das vorerst klar sprudelt, orange, wenn Eisen hineingelangt. Manchmal sieht man auch auf den ersten Blick, daß die Quelle verunreinigt ist – das Moos leuchtet orange und nicht grün.

Grundsätzlich arbeiten United Distillers mit weichem Wasser (das sich besser zum Einweichen der Gerste eignet als hartes), das fast keine Mineralien enthält und manchmal sehr rein ist, da es unter der Erde mit hartem Granit in Kontakt kommt. Allerdings stellt sich hier die Frage, ob hartes Wasser wirklich minderwertiger ist als weiches, wie viele kluge Männer lange behauptet haben, wenn der Whiskey aus Kentucky und Tennessee ebenso davon profitiert wie die berühmte englische Brauereistadt Burton.

Mir fallen nur vier schottische Destillerien ein, die hartes Wasser verwenden. Das sind Scapa und Highland Park auf den Orkneys und Glenmorangie auf dem Festland, wo die Tarlogie Springs an einigen Stellen aus dem unterirdischen Kalkbett sprudeln. Der Mineralgehalt ist verglichen mit Kentucky aber gering. Trotzdem liefern Highland Park und Glenmorangie seit langem zwei der beständigsten Whiskys der Highlands und Scapa ist ebenfalls nicht zu verachten. Die vierte Destillerie liegt weit entfernt in den Lowlands: Da Glenkinchies Wasser durch Kalksteinhügel sickert, nimmt es Kalzium auf. Skeptische Wissenschaftler werden Ihnen vielleicht sagen, daß zwischen hartem und weichem Wasser kein Unterschied besteht, solange während des Maischens einige Mineralien aus dem Getreide gezogen werden. Warum behaupten dann die Schotten aber, daß ihr Wasser das beste ist? Wahrscheinlich, weil es „alles ist, was wir haben und wir das beste daraus machen müssen", wie mir ein zweifelnder Destillerieleiter einst erklärte.

GETREIDE

In verschiedenen Teilen der Erde werden Sie durchaus unterschiedliche Ansichten darüber hören, welches Getreide den besten Whisky ergibt. Seltsam ist, daß Ihnen neun von zehn Schotten gemälzte Gerste aus kupfernen Pot Stills nennen werden. Seltsam ist es deshalb, weil sie viel mehr Blends als Single Malts trinken und der Blend in 60 bis 70 Prozent der Fälle Whisky aus Weizen oder Mais enthält, der nie einen Kupferkessel aus der Nähe gesehen hat.

Die Iren werden bei einem Glas Stout oder Power's ebenfalls Malt sagen, obwohl hier beinahe nur Blend erzeugt und getrunken wird. Die älteren und einige jüngere Kenner werden Ihnen erklären, daß das Geheimnis darin liegt, rohe Gerste unter das Malz zu mischen. Einige werden jedoch auch wissen, daß man bei führenden Marken wie Jameson bis in die 50er und 60er Jahre neben Roggen auch Hafer verwendete.

Einst wurde Roggen in Pennsylvania, Virginia, Maryland und bis zu einem gewissen Grad auch in Kentucky verwendet und von Humphrey Bogart, alias Philip Marlowe, geliebt. Heute werden Brenner in Kentucky und Tennessee mit Recht die Vorzüge von Mais rühmen. Aber trotzdem müssen sie zugestehen, daß gemälzte Gerste nicht nur bei der Gärung wichtig ist, sondern ihrem Whiskey auch zusätzlichen Geschmack verleiht. Die Kanadier schwören hingegen auf Mais und Roggen.

Diese gesunde Mischung von Getreidearten macht Whisky so einzigartig und garantiert den Geschmacksnerven die köstlichsten und wunderbarsten Empfindungen. Kein noch so informatives Buch kann diese Unterschiede so deutlich machen wie eine Verkostung aller bedeutenden Marken jedes Landes – Kentucky Bourbon, Kentucky Rye, Scotch Single Malt, Blended Scotch, Blended Irish, Irish Pot Still, leichter und schwerer Canadian Rye – sowie einiger Produkte der kleineren Produktionsländer Japan, Tschechien und Neuseeland. Und natürlich sagt auch das nicht alles: In jedem Land wird eine Vielzahl verschiedener Produkte angeboten, denen nur ein bestimmtes Getreide gemein ist. Zwar kann die Verkostung von Brandy – aus Apfel, Pfirsich oder Trauben – auch ein Erlebnis sein, doch wird man nie die betörenden Nuancen finden, die Whisky so einzigartig machen.

Gerste

Diese Getreideart wurde angeblich bereits im Neolithikum vor etwa 5 000 bis 10 000 Jahren angebaut. Sicher ist, daß sie bei den alten Ägyptern, die aus Gerste Bier erzeugten, ein Grundnahrungsmittel war, und daß sie um 500 v. Chr. einen derart wichtigen Platz in der metapontischen Gesellschaft in Süditalien einnahm, daß man Münzen prägte, auf denen deutlich die Ähren der sechszeiligen Gerste zu sehen sind. In römischer Zeit wurden in Colchester, England, Münzen verwendet, auf deren Rückseite die weniger beeindruckende zweizeilige Gerste eingeprägt war. Obwohl es auch vierzeilige Gerste gibt, haben heute nur die oben genannten Sorten in der Whiskyproduktion Bedeutung. In Schottland und Irland wird zweizeilige Gerste gemälzt, während für Bourbon und Rye Whisky der sechszeilige Typ bevorzugt wird. Die vierzeilige Gerste wächst heute meist wild und wird selten angepflanzt. Allerdings wurde in Schottland der erste Whisky von diesem Typ erzeugt, da er besonders robust ist, für heutige Verhältnisse aber wenig Geschmack und Stärke hat.

Gerste eignet sich deshalb so gut zum Brauen, da sie auf unfruchtbaren, stickstoffarmen Böden gedeiht. Deshalb findet man sie außer in reinem Rye Whisky und bei den meisten kanadischen Produkten (wo man Enzyme zusetzt) zu einem gewissen Prozentsatz in jedem Whisky. Wird Whisky aus ungemälztem Mais oder Weizen hergestellt, reichen zehn Prozent ungemälzte Gerste für die Gärung – sie ist also nicht nur alleine für den Geschmack wichtig.

Kaufen Brenner Gerste, achten sie nicht nur auf Schimmel, sondern auch auf den Stickstoffgehalt. Dieser ist umgekehrt proportional zu den Kohlehydraten, die sich beim Mälzen in Zucker verwandeln (siehe Kapitel Destillation). Da Hefe nur mit Hilfe von Zucker Alkohol produzieren kann, überrascht es nicht, daß gemälzte Gerste in beinahe allen Whiskysorten enthalten ist. In Schottland wird großteils heimische Gerste verwendet, und einige kleinere Brennereien kaufen bereits seit Jahren von lokalen Bauern, was heute erfolgreich vermarktet wird.

Seit dem Zweiten Weltkrieg wurden viel zuckerreichere Gerstesorten entwickelt. Allerdings zeigten jüngste Forschungen, daß ein höherer Kohlehydratgehalt weniger geschmackvolle Gerste liefert. Tests ergaben, daß von allen Gerstesorten, die zur Herstellung von Malt Whisky verwendet werden, ein Korn aus Indien – das kaum oder nicht verändert wurde und relativ wenig Kohlehydrate enthält – den weitaus geschmacksintensivsten Whisky lieferte.

Einige Destillerien, wie The Macallan in Speyside, versuchten, dem Trend zu zuckerreicheren Sorten entgegenzuwirken, indem sie bei alten Sorten wie Golden Promise blieben, um so den Geschmack konstant zu halten. Ihr Kampf ist ehrenvoll, ungewöhnlich, doch letztendlich sinnlos. Es ist nur noch eine Frage der Zeit, bis Golden Promise, wie Dutzende andere Sorten davor und danach, nicht mehr angebaut wird, da Bauern durch höheren Ertrag höhere Gewinne erwarten.

Roggen

In Nordamerika verwendet man gemälzten und ungemälzten Roggen, da die ersten irischen Siedler den starken Geschmack aus der Whiskeyproduktion ihrer Heimat kannten. Deutsche Brenner kannten ihn noch besser. So wurde Roggen aus Europa nach Amerika gebracht und im Norden, vor allem in Dakota und Kanada, angebaut. In den meisten Getreidemischungen (für den Whiskey) von Kentucky und Tennessee ist etwas Roggen neben teurerem „kleinen Getreide“ enthalten, um den Geschmack im Vergleich zum sanfteren Mais zu steigern und die Gärung zu beschleunigen. In Kentucky wird Straight Rye Whiskey hergestellt, der zu mindestens 51 Prozent aus Roggen besteht. In kanadischen Brennereien wird traditionell eine geringe Menge Roggen beigesetzt, um den Geschmack des Whiskeys zu verstärken. Ein Großteil des Rye wird von Alberta Distillers geliefert, die äußerst öligen und vollen Whiskey aus 100 Prozent Roggen herstellen. Diesen bei der Gärung zu beobachten ist faszinierend: Der Duft aus den Gärbottichen ist schärfer, fruchtiger und stärker, und die Maische ist deutlich dunkler.

Nur der stark getorfte Islay Whisky, der aus gemälzter Gerste hergestellt wird, ist so charaktervoll wie der Whisky, der aus 100 Prozent gemälztem Roggen gebrannt wird. Vor langer Zeit wurde in Rußland der allererste Wodka aus Roggen in Pot Stills ge-

Vom Winde verweht: *Unzählige Kilometer Prärie verschwinden im amerikanischen Getreidegürtel unter einem Meer von Roggenähren*

brannt, doch konnte dieses Getränk nicht als Whisky angesehen werden, da man es nie im Faß ausreifen ließ.

Seagram stellt manchmal gemälzten Rye her, der in einem amerikanischen Blend verwendet wird. Doch brachte 1996 die neue Anchor Destillerie in San Francisco den ersten reinen gemälzten Rye Whiskey seit Menschengedenken heraus. Rye Whiskey und traditioneller irischer Pot Still Whiskey, der viel ungemälzte Gerste enthält, sind einander in Kraft und Geschmacksfülle besonders ähnlich.

Während gemälzter Rye Whiskey heute wieder erhältlich ist, scheint eine andere Sorte endgültig verloren: Blended Rye. Ich gehöre weltweit zu den wenigen Glücklichen, die einige Flaschen besitzen, die alle aus den 30er Jahren stammen. Die letzte, die ich kurz vor Fertigstellung dieses Buches öffnete, war würzig-frisch, süß, roggentönig und so rein wie am Tag ihrer Abfüllung. Ich halte Rye Whiskey – ob straight, als Blend oder als Malt – für den am meisten unterschätzten und vielleicht großartigsten Whiskey der Welt. Sicherlich ist er einer, der auf seine Wiederentdeckung wartet (siehe Kapitel über Rye Whiskey).

Mais

Bis vor kurzem wurde Mais in aller Welt am häufigsten zur Whiskyproduktion verwendet. Er gab nicht nur dem Bourbon, der 51 Prozent Mais enthalten muß, seinen Körper, sondern wurde auch in Schottland und Irland verwendet, um milden Grain Whisky für Blends in kontinuierlichen Verfahren (siehe Kapitel Destillation) zu destillieren. Das hat sich nun geändert, da nur eine schottische Grain-Brennerei nicht zum (theoretisch) billigeren Weizen gewechselt hat, und die Midleton Destillerie in Irland je nach Preis eine der beiden Getreidesorten verwendet. Da kanadischer Whisky noch immer mit Mais hergestellt wird, mag dieses Korn noch knapp vor Gerste und Weizen liegen.

Zur Jahrhundertwende war Mais am geläufigsten, da er für billigen Straight Grain Whisky verwendet wurde, den man selbstverständlich in britischen Bars servierte. Da es keine Hoffnung gab, zu geschmackvollerem Pot Still Whisky zu kommen, protestierten die Malt-Brennereien in Schottland und Irland so lautstark und wütend, daß eine Königliche Kommission eingesetzt wurde, um die brennende Frage „Was ist Whisky?" zu klären.

Nach einer langen, gelehrten und hitzig geführten Debatte entschied man schließlich, daß schottischer und irischer Whisky dieses sehr unbritische Korn enthalten konnten. Man nimmt an, daß Mais erstmals um 1850 in Scotch Whisky enthalten war. Allerdings sollte es noch zehn bis 15 Jahre dauern, bis dieses Korn akzeptiert wurde. Da Mais billig war, eignete er sich hervorragend für die neuen, kontinuierlich produzierenden Patentbrennapparate, in denen Whisky viel billiger hergestellt werden konnte, als in den viel kleineren Pot Stills, die nach jedem Brenndurchlauf gereinigt werden mußten. Als man 1908 eine Whisky-Kommission einsetzte, bestand deshalb ein Großteil des Whiskys, der in britischen Bars konsumiert wurde, aus Mais. Aus Pubs von den gesamten britischen Inseln wurden Proben getestet. Die Analyse ergab, daß alle 39 englischen, 23 schottischen und 21 irischen Proben in Patentbrennblasen, und neun irische in Pot Stills destilliert worden waren.

In Nordamerika gab es mit der Verwendung von Mais nie Probleme. Seit Ende des 18. und Anfang des 19. Jahrhunderts wurde stärkereicher Mais in der Whiskeyproduktion akzeptiert, und heute wird Corn Whiskey, der mindestens 80 Prozent Mais enthalten muß, noch immer hergestellt.

Um Schimmel zu vermeiden, muß Mais, der für die Destillation von nordamerikanischem Whisky verwendet wird, bis zu einem Feuchtigkeitsgehalt von höchstens 14 Prozent getrocknet werden. Da Mais ursprünglich aus Amerika stammt, versorgten die Bundesstaaten Indiana und Illinois einst die Destillerien in Kentucky, Tennessee und Kanada. Doch heute produziert Kanada eigenen Mais in den Ebenen von Ontario, Manitoba und Quebec. Besonders interessant ist der Mais, der um die Gimli Destillerie in Manitoba wächst: Die Pflanze, die ursprünglich aus den peruanischen Anden stammt, wurde so verändert, daß sie in dem kalten Klima gedeiht. Der Mais, der in Schottland und Irland verwendet wird, kommt dagegen aus dem wärmeren Frankreich und ein Teil davon sogar aus der Region Cognac. Der in Kentucky verwendete Mais ist größer als der schottische und irische, und seine Körner erinnern an einen verfärbten Zahn. Daher hat er auch den Namen „Zahn-Mais".

In Nordamerika wurde immer mehr Mais für die Whiskeyproduktion verwendet, als die Siedler nach Westen und Südwesten zogen. Je weiter sie sich von der Atlantikküste entfernten, desto schwieriger wurde es, Gerste, Weizen oder Roggen zu züchten. Aus diesem Grund wurde Mais zu einem ihrer Grundnahrungsmittel, aus dem sie Brot buken und die Überschüsse für die Herstellung ihres Whiskys verwendeten. Obwohl Gerste und Roggen viel teurer waren, mußten die Brenner dieses Getreide doch beschaffen, da Mais nicht natürlich gärt und nicht leicht gemälzt werden kann. Deshalb wurde das kleinere Korn verwendet, um die Gärung in Gang zu setzen und um dem Whiskey Geschmack zu geben.

Weizen

Eine zweite Getreidesorte kämpft ständig mit Roggen und Mais um die Vorherrschaft in der Whiskyherstellung. In Schottland bevorzugen die Blendmeister ganz klar Grain Whisky aus Mais, da er körperreicher und geschmackvoller ist. Erst als die Europäische Kommission Weizen subventionierte, gewann er an Bedeutung, da er billiger als Mais wurde. Doch in den letzten Jahren hat sich dies geändert, und heute kosten beide Getreidesorten etwa gleich viel. So überlegt manche schottische Grain-Destillerie, wieder Mais zu verwenden, denn Mais ist nicht nur geschmackvoller, die Brenner betrachten Weizen auch als „schmutziges" Getreide, da er keine Schale hat.

Jenseits des Atlantiks arbeiten zwei Brennereien mit Bourbon aus Weizen, nämlich Maker's Mark und Bernheim, die auch für die Produktion von Stitzel Weller verantwortlich sind. Angeblich wollte man Roggen durch

Erfolgsrezept: *Verschiedene Getreidearten; von links nach rechts: Gerste, Mais und Roggen*

Weizen ersetzen, da dieser milderen Whiskey ergibt, der nicht so dominant und hart am Gaumen ist wie Rye.

Gemeinsam haben Maker's Mark, Rebel Yell, Old Fitzgerald und Weller eine pfeffrige Würzigkeit im Geschmack. Außerhalb von Kentucky und den Grain-Destillerien von Schottland und Irland wird Weizen kaum für die Whiskyproduktion verwendet.

Hafer

Amerikanische Brenner schworen Anfang des 19. Jahrhunderts auf dieses Getreide. Tatsächlich bestand angeblich einer der geschmackvollsten Whiskeys jener Zeit aus zwei Drittel Mais und einem Drittel Hafer. Heute aber nicht mehr. Da Hafer klebrig ist, mußten Brenner stets darauf achten, daß sich die Brennblasen nicht zu sehr verstopften und explodierten. Seit 1975 wird Hafer nicht mehr zur Whiskeyproduktion verwendet. Damals schloß die alte Midleton Destillerie in Irland, und in der neuen, angrenzenden Anlage produzierte man ohne Hafer.

HEFE

Von allen Rohstoffen, die zur Whiskyherstellung notwendig sind, wird über Hefe am wenigsten diskutiert. Sie ist dafür verantwortlich, daß aus einer sonst harmlosen Suppe brodelnder Alkohol wird. Das klingt dramatisch? Dann besuchen Sie eine schottische Brennerei und beobachten Sie die „Washbacks" bei der Arbeit. Sie werden sehen, was ich meine. Hefe ist aber nicht nur ein Katalysator, sie gibt dem Whisky auch Charakter – sie macht ihn milchig, fruchtig, manchmal bitter oder süß.

Die nordamerikanischen Brenner legen mehr Wert auf ihre Hefe als andere, und sie setzen viel daran, über Jahrzehnte dieselbe Kultur zu behalten, obwohl die Wichtigkeit durch ökonomische Überlegungen erheblich geschmälert werden kann. In Schottland wird der Hefe dagegen weniger Bedeutung zugemessen.

Hefe lebt, sie ist weder Pflanze noch Tier, sondern ein Pilz. Wie Wissenschaftler die Welt einst als Scheibe betrachteten, hielten sie auch Hefe für leblos, aber nützlich. Erst Louis Pasteur erkannte, daß sie ein einzelliger Organismus ist, der sich von Zucker ernährt und als Nebenprodukt Alkohol und Kohlendioxid freisetzt.

Vor 100 Jahren war es ebenso üblich wie wesentlich, Hefe aus brodelnden Washbacks abzuschöpfen, wie die Brennblasen zu beheizen. Heute produziert jedoch keine schottische oder irische Destillerie mehr ihre eigene Hefe. Man kauft getrocknete Hefe, die den eigenen Anforderungen entsprechend verändert wird. Es gibt die teurere Brennhefe und die billigere Brauhefe, die von gärendem Bier abgeschöpft wird und nicht nur reicheren Geschmack verleiht, sondern auch den Gärprozeß in Gang bringt. Diese beiden Hefearten werden in einem Verhältnis von 58:42 bis 70:30 gemischt. Allerdings gibt es die Befürchtung, daß die Brauhefe leichter verunreinigt werden kann, und es wird viel unternommen, um reine Brennhefe attraktiver zu machen. Jahrelang stellten die Destillerien in Schottland hervorragenden Whisky her, ohne etwas über Hefe zu wissen. Erst heute beschäftigt man sich mehr mit diesem Thema – und der Destillerieleiter von Glenmorangie schrieb sogar seine Dissertation darüber.

In Kentucky produzieren noch immer einige Destillerien ihre eigene Hefe, während andere sie bereits zukaufen.

Seltsam ist auch, daß einige dieser Hefearten Hopfen enthalten, der sonst eher mit Bier assoziiert wird. Das ergab sich durch die Tatsache, daß amerikanische Brenner Anfang des 19. Jahrhunderts Experimente machten und entgegen der damaligen Annahme entdeckten, daß Hefe mit Hopfen um 24 Stunden schneller gärt als ohne. Schließlich wurde der Hopfen auch verwendet, um den Pilz in den heißen Sommermonaten zu konservieren. Allerdings wird es Sie erleichtern zu erfahren, daß kein bitterer Hopfengeschmack in den Whiskeys nachgewiesen werden konnte, die auf derart altmodische Weise gebrannt werden.

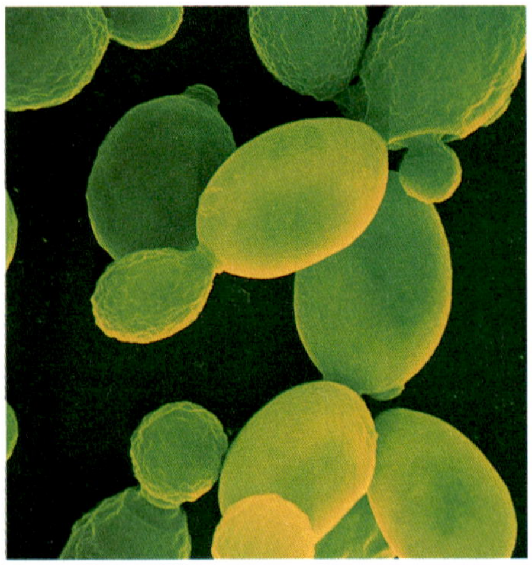

Kultur: *Hefe wandelt Zucker in Alkohol um*

GRUNDPROZESS

Gleichgültig ob Sie irischen, schottischen, kanadischen oder walisischen Whisky, Bourbon oder einen anderen Whisky bevorzugen, alle werden mit sehr ähnlichen Methoden hergestellt. Man verwendet einfach Getreide, das zum Teil gemälzt werden muß, schrotet es, gibt es in kochendes Wasser, läßt das Zuckerwasser ablaufen bevor man Hefe hinzufügt und destilliert das daraus entstehende Bier zwei- bis dreimal. Das Destillat wird dann einige Jahre in einem Eichenfaß gelagert, damit es mit dem Holz reagieren, Farbe annehmen und Charakter entwickeln kann. So werden, kurz gesagt, alle Whiskys gemacht. Allerdings gibt es in jedem Land, bei jedem Schritt leichte Abweichungen, wie wir sehen werden.

Mälzen

Die Natur ist die beste Mutter und die Menschen die neugierigsten ihrer Kinder. Und so entdeckte man, daß sich die gekeimte Gerste so geändert hatte, daß sie neue Verwendungsmöglichkeiten bot. Bald danach wurde wohl das erste Bier gebraut.

Die Menschen konnten nicht darauf warten, bis jedes Korn natürlich gekeimt hatte, um es zu Malz zu verarbeiten, da dies zu umständlich und arbeitsintensiv gewesen wäre. Deshalb entwickelte man eine Methode, die Pflanze abseits ihres natürlichen Lebensraumes glauben zu lassen, es wäre Sommer. Wie der Ire John Long in seiner Abhandlung über das Mälzen im Jahr 1800 bemerkte, ist „Mälzen ein chemischer Prozeß und als dieser nicht so verstanden, wie man wünschen könnte. Auf gewisse Weise ist es künstliche Vegetation, und je mehr wir uns dabei an die Natur halten, desto näher werden wir der höchsten Perfektion kommen, die der Menschheit zugänglich ist."

Was aber ist gemälzte Gerste – und warum ist das Mälzen so wichtig? Die Antwort liegt im Geschmack und in den chemischen Eigenschaften. Frisch geerntete Gerste ist, wie jedes Getreide, stärkereich. Keimt das Korn, wird die Molekularstruktur der Stärke der des Zuckers ähnlich. Und hier liegt der Schlüssel zur Produktion von Alkohol, da Hefe nur mit Zucker gären kann.

Die Methode, Gerste zu mälzen, hat sich seit Longs Zeit wenig verändert: Das Getreide wird 48 bis 60 Stunden in kaltes Wasser gelegt, das regelmäßig gewechselt werden muß, so daß die Gerste um die Hälfte fetter und schwerer wird. Dann streut man sie dünn und gleichmäßig auf einen Boden, den Piece. So gesättigt beginnt sich die Gerste am Boden

Ein ruhiger Ort: *ein Mälzboden*

zu erwärmen, so daß sie gewendet werden muß, um die Temperatur konstant zu halten. Einst wurde dazu eine Holzschaufel, ein Shiel, verwendet, die möglichst wenig Schaden anrichtete. Heute erledigen dies automatische Pflüge mit viel geringerem Aufwand in viel kürzerer Zeit. Allerdings kenne ich Mälzer, die nur um der alten Zeiten willen wieder ein Shiel verwenden.

Nur wenige schottische Brenner arbeiten heute noch so traditionell, und auch sie sterben langsam aus. Nur Springbank mälzt noch die gesamte Gerste in Mälzböden. Die anderen verwenden zusätzlich Malz, das sie von großen, professionellen Mälzern kaufen. Diese großen Firmen liefern genug Gerste für alle Destillerien und lagern das Malz in zylindrischen Gefäßen, wo es automatisch gewendet wird.

Welche Methode auch immer angewendet wird, der Mälzer weiß, daß der Zuckergehalt im Getreide optimal ist, wenn es austreibt und die Triebe eine gewisse Länge erreichen. Nun muß das Malz rasch getrocknet werden, um eine weitere Entwicklung zu verhindern, die den Zuckergehalt wieder vermindern würde. Das Getreide heißt nun „grünes Malz". In einigen schottischen Grain-Destillerien, in denen Whisky möglichst billig und effizient zum Verschneiden hergestellt wird, destilliert man mit „grünem Malz".

Alten wie neuen Mälzböden gemein ist das Darren, das Trocknen des Korns, indem man sehr heiße Luft vom darunter brennenden Feuer in den darüber liegenden Kamin leitet. Dadurch wird das Getreide nicht nur getrocknet, sondern auch leicht geröstet und knusprig.

In Nordamerika wird so nicht nur Gerste, sondern auch Roggen gemälzt. Beim Bourbon wird etwa zehn Prozent gemälzte Gerste verwendet, um die Gärung zu erleichtern. Doch ob gemälzte Gerste oder Roggen, nun ist das Getreide bereit für die nächste Stufe – das Schroten.

Torfen

In Schottland, Australien, Japan und manchmal auch Irland wird Torf, ein fester Brennstoff aus zersetzten pflanzlichen Stoffen, dem Darrfeuer zugesetzt, um dem Malz einen charakteristischen rauchigen Geschmack zu geben. In einigen Destillerien auf Islay wird stark getorftes Malz mit einem Phenolgehalt – dieser mißt destillierbare Rauchverbindungen – von bis zu 50 ppm oder sogar darüber verwendet. Im Gegensatz dazu beträgt in Speyside der Phenolgehalt etwa zwei bis drei ppm. Einige schottische Brennereien bestehen darauf, völlig torffreies Malz zu verwenden; hingegen wird in Nordamerika Torf überhaupt nie verwendet und in Irland nur sehr selten.

Einst stach jede Destillerie ihren Torf in einem bestimmten Gebiet, und der Torf gab

Feuriger Atem: *Heiße Luft trocknet das Malz*

dem Whisky seinen eigenen, spezifischen Charakter. Besonders auf Islay war allgemein bekannt, daß sich der Whisky einer Destillerie mit der Torfquelle sehr stark verändern konnte. Heute bezieht die Mälzerei von Port Ellen auf Islay ihren Torf aus demselben Gebiet der Insel, so daß Geschmack und Aroma stets gleich bleiben.

Beim Darren braucht der Mälzer vor allem Rauch. Für gewöhnlich wird 18 Stunden lang geräuchert. In Port Ellen räuchern fünf bis sechs Tonnen Torf langsam 48 Tonnen Gerste.

In anderen Mälzereien, in denen nur ein sehr niedriger Phenolgehalt erzielt werden soll, werden in derselben Zeit 300 Tonnen Malz mit nur zwei bis drei Tonnen Torf geräuchert. Hier wendet man meist die industrielle Keim- und Darrmethode an, bei der die Gerste nicht nur automatisch keimt, sondern das Malz auch in derselben Kammer getrocknet wird, ohne die Darre zu verwenden.

Schroten

Um dem gemälzten und ungemälzten Getreide die größte Menge an fermentierbaren Stoffen zu entziehen, wird dieses nun entweder in Hammermühlen oder sanfteren Quetschmühlen geschrotet. Einige kleine Brennereien kaufen bereits geschrotetes Korn, doch die meisten haben eigene Mahlräume. In Schottland haben nun die neuesten ein Zeitschloß, da durch die Partikel, die während des Schrotens freigesetzt werden, Explosionsgefahr besteht. Theoretisch kann um so mehr Alkohol gewonnen werden, je feiner das Mahlgut ist.

Kochen

In den Destillerien, in denen ungemälzter Mais verwendet wird, muß dieser gekocht werden. Gemälztes Korn wird nie gekocht, da man damit die Enzyme zerstören würde. Zweck des Kochens ist, die starken Wände zu brechen, die die Stärke umschließen. Es gibt zwei Arten des Kochens: Das altmodische Batch-Kochen wird in zylindrischen Behältern ausgeführt. Die andere Methode ist Druckkochen, wo das Getreide bei hoher Temperatur unter Druck gesetzt und durch schmale Rohre gepreßt wird.

Maischen

Eine andere, viel sanftere Form des Kochens ist das Maischen, das in allen Destillerien der Welt angewendet wird. Wie Tee wird das Korn mit heißem Wasser aufgegossen, das alle fermentierbaren Materialen aufnimmt. Diese zuckerreiche Flüssigkeit wird als „Wort" oder Würze bezeichnet.

Besonders sorgfältig wird in Kentucky gemaischt, wo man drei verschiedene Kornarten mischt – Mais, gemälzte Gerste und Roggen oder Weizen. Um den verschiedenen Getreidearten gerecht zu werden, taucht man sie bei unterschiedlicher Temperatur ins Wasser: Mais bei 49 °C, doch wird er bis zu 100 °C erhitzt; Roggen, wenn das Wasser auf 82 °C abgekühlt ist, und zuletzt das Malz bei etwa 66 °C. Wenn nötig, kann man auch Weizen bei 62 °C bis 68 °C hinzufügen. Wäre das Wasser heißer, würde man die Enzyme im Getreide zerstören, die für die Gärung notwendig sind.

In Schottland gibt es meist drei Maischen, von denen die letzte, schwächste, bereits die nächste Runde einleitet. Gemaischt wird in einem großen, runden Behälter aus rostfreiem Stahl oder auch Gußeisen, dem Maischbottich. In Malt-Destillerien hat dieser einen doppelten Boden, um das ausgelaugte Korn von der Wort zu trennen. In Nordamerika und einigen Grain-Destillerien enthält die Wort Feststoffe, die zu den Gärbottichen gepumpt werden.

Vergärung

Nun wird die Hefe in die zuckerreiche Wort gemischt, was einen explosiven Cocktail aus Alkohol und tödlichem Kohlendioxid ergibt. Heute sind die Gärbottiche zwar riesig (in Amerika ist es nicht ungewöhnlich, welche mit 80 000 Liter Füllvolumen zu finden), doch in den ersten kommerziell arbeitenden Destillerien gab es hunderte Fässer für diese

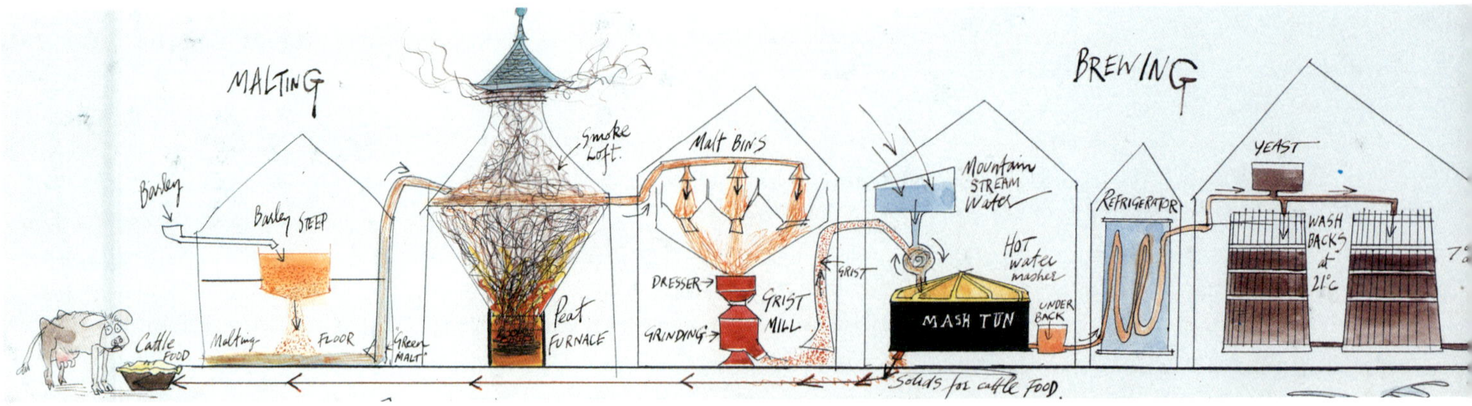

 Produktionsvorgang: *Darstellung der Whiskyproduktion aus der Sicht des Cartoonisten Ralph Steadman*

Aufgabe. In Schottland heißen sie „washbacks“ und bestehen aus Oregonkiefer, Lärche oder rostfreiem Stahl. Obwohl Gärbottiche aus rostfreiem Stahl viel leichter zu reinigen und weniger anfällig für Infektionen sind, denken einige ältere Brenner, daß sie in Holzbottichen bessere Ergebnisse erzielen als in Metallgefäßen.

Die Gärung dauert 40 bis 72 Stunden oder auch länger, falls die Brennerei über das Wochenende schließt. Dann wird die Mischung wieder abgekühlt, um den Prozeß zu verzögern.

In Schottland ist die Gärung sehr heftig, da nur gemälzte Gerste verwendet wird und langsam drehende Propeller – die Switcher – den Schaum brechen, damit ein Überkochen vermieden wird. In Nordamerika ist die Gärung viel ruhiger, und wird meist – aber nicht immer – in offenen Gefäßen durchgeführt.

Nun wird die Wort in den Gärbottichen zur „Wash“. Wie weit sich das Produkt bereits verändert hat, sieht man am besten, wenn man die Flüssigkeit direkt im Gärbehälter kostet. Ist sie süß, ist der Zucker noch vorhanden und die Gärung hat erst begonnen. Schmeckt sie sauer oder bitter, ist der Zucker von der Hefe aufgebraucht und die Gärung abgeschlossen. Die trübe, (je nach Getreide) gelbe bis braune Flüssigkeit wird auch als „schwaches Bier“ bezeichnet. Bier stimmt, schwach aber nicht – oder ist Bier mit acht bis neun Prozent Alkohol etwa schwach?

Destillation

Die – in Nordamerika trübe, in Schottland und Irland klare – Wash wird nun zur Destillation in eine Brennblase gepumpt. Da das Pot-Still-Verfahren auf den nächsten Seiten genau erklärt ist, möchte ich hier die kontinuierlichen Brennblasen beschreiben, in denen der meiste Whisky in aller Welt hergestellt wird. Doch welche Brennblase auch verwendet wird, das Prinzip ist gleich: Eine Flüssigkeit mit geringerem Alkoholgehalt wird zu stärkerem Alkohol destilliert, wenn man ihr durch Erhitzen Wasser entzieht. In säulenförmigen Brennblasen wird Dampf als Wärmequelle verwendet, wenn auch anders als in den Kupferspiralen der Pot Stills. In säulenförmigen Brennblasen wirkt reiner Dampf auf den Alkohol ein. Allerdings meinte der Whiskyguru J. A. Nettleton zu Beginn des 20. Jahrhunderts, daß so produzierte Spirituosen für immer davon ausgeschlossen seien, als Whisky bezeichnet zu werden.

Kupferne Pot Stills können sogar den glühendsten Abstinenzler dank ihres Charmes, ihrer Schönheit und Kurven beeindrucken, die langen, schmuck- und formlosen säulenförmigen Brennapparate jedoch nur den Whiskyliebhaber. Sie sind 20 bis 30 Meter hoch und zylindrisch. Doch was in ihnen vorgeht, ist faszinierend genug. Ob in Schottland oder Nordamerika, wo sie „Beer Stills“ genannt werden, das Prinzip ist gleich: Die Wash wird oben in die Brennblase eingefüllt und rinnt über einige Kupferplatten. Dabei trifft sie auf nach oben strömenden Dampf, der Alkohol aus der Wash aufnimmt, bevor er in einen Kondensator geleitet wird.

In Schottland, Irland und Kanada wird dieser Dampf nochmals in einer zweiten oder auch dritten säulenförmigen Brennblase destilliert, damit er stärker wird. In Kentucky und Tennessee braucht man stärkeren Alkohol, so daß er in eine Art Pot Still, den „Doubler“, fließt, wo der Alkoholgehalt erhöht wird, ohne die schwereren Bestandteile zu entziehen.

Der Name Vendome scheint auf den meisten Brennblasen in Kentucky und Tennessee auf. Diese Familie von Kupferschmieden ist seit 1904 im Osten von Louisville tätig. Die Söhne des Firmendirektors Tom Sherman stellen bereits in der vierten Generation Brennblasen her. Anfang der 60er Jahre arbeiteten sie zu 85 bis 90 Prozent für die Whiskeyindustrie. Heute sind es höchstens 20 Prozent (einschließlich dem einen oder anderen Toilettensitz aus Kupfer für einen übergewichtigen leitenden Angestellten in der Whiskeyindustrie), auch wenn ein verheerender Brand in der Heaven Hill Destillerie im

Ende der Produktion: *die Abfüllung*

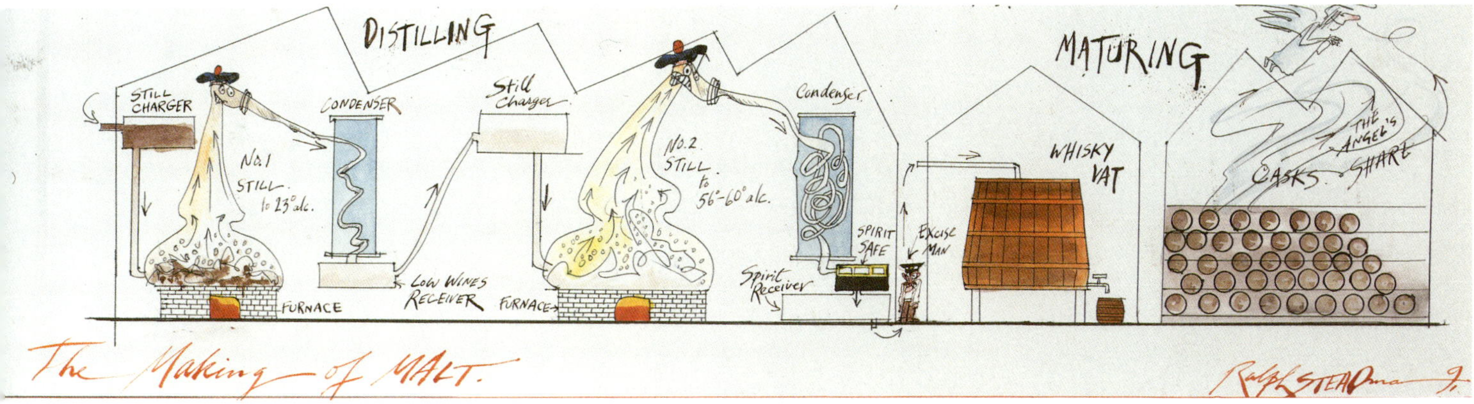

Winter 1996 unerwartete Arbeit für die Firma bedeutete. Die Ausstattung einer Bourbon-Destillerie ist nicht billig: Eine komplette Anlage aus Preheater, säulenförmiger Brennblase, Doubler und zwei Kondensatoren kostet mehr als 200 000 Dollar. Vier Arbeiter sind sechs Wochen mit dem Aufbau der Brennblasen beschäftigt. In Notfällen kann die Arbeit aber auch in Tagen, nicht Wochen, erledigt sein.

Diese Brennblasen bestehen meist aus Kupfer, auch wenn in letzter Zeit die Buchhalter der Whiskyfirmen anregen, daß nach Möglichkeit Brennblasen aus rostfreiem Stahl verwendet werden, da sie eine viel längere Lebensdauer haben. Doch wie Tom Sherman etwas resignativ sagt: „Es ist seltsam, wie all jene, die Brennblasen aus rostfreiem Stahl kaufen, den Rest ihres Lebens damit zubringen, sie wie kupferne Brennblasen betreiben zu wollen."

Stilleben: *Diese funkelnden Brennblasen geben bei jeder Destillation etwas Kupfer ab*

POT STILLS

Die Hersteller von Malt Whisky sollten sich vielleicht überlegen, das „Destillierhaus" in „Galerie" umzubenennen. Schließlich handelt es sich um Kunst, und keine industrielle Anlage ist so schön wie eine funkelnde, kupferne Pot Still, deren Form Balsam für das Auge, ihr sanftes Zischen ein Labsal für die Seele ist.

Während säulenförmige Brennblasen dramatisch, doch funktionell wirken, haben Pot Stills Charakter und Persönlichkeit, eigene Form und Unabhängigkeit. Arbeiten sie, sind sie dank des alkoholreichen „Blutes", das in ihnen pulsiert, heiß. Deshalb kann der Anblick einer Pot Still den Besucher, ob Tourist oder Whiskyautor, überall in der Welt sprachlos machen.

In Schottland können Pot Stills winzig sein, wie zum Beispiel in Edradour und bis zu einem gewissen Grad auch in Glenfiddich, The Macallan, Speyside und Isle of Arran, oder riesig, hoch und linkisch wie in Glenmorangie oder aber plump, untersetzt und breit wie in Auchroisk und Glenrothes. Meist liegt ihre Größe jedoch irgendwo dazwischen. Die Pot Stills sind auch von Land zu Land verschieden. In Irland waren sie einst knollenförmig und rund, doch heute gleichen sie eher denen der Highlands. In Kanada und den USA sind sie klein und keltisch; in Spanien hat die einzige Brennerei sieben völlig verschiedene Pot Stills. Die japanischen Brennblasen sind für gewöhnlich groß, die indischen jedoch riesig. Eine australische Pot Still ist winzig, eine neuseeländische aus rostfreiem Stahl gleicht einer seltsam geformten Mondkapsel.

Diese große Vielfalt an Pot Stills verleiht jedem Malt Whisky seinen eigenen Charakter. Doch so schön sie auch sind, für die Destillation sind sie nicht sonderlich geeignet. Sie spiegeln eher die Vorlieben der schottischen und irischen Schwarzbrenner wider, die bei einem Kupferschmied die Brennblase erstanden, die sie tragen und bezahlen konnten. In den USA wurde klar, daß man nur mit einer kontinuierlichen Patentbrennblase Whisky gewinnbringend herstellen konnte. Die Namen Stein und Coffey stehen für diese Brennblase, wenn auch bereits 1818 Harrison Hall die großen Vorteile der Patentbrennblasen gegenüber den Pot Stills rühmte. Er war von einer Erfindung von Colonel Anderson begeistert, der mit seiner Methode neun Destillationen anstatt der üblichen drei pro Tag durchführen konnte. Doch war Quantität nicht gleich Qualität, und da die schottischen und irischen Brenner die Qualität sichern wollten, werden auch heute noch Pot Stills verwendet.

Doch die Pot Stills sind heute größer und werden meist mit Dampf beheizt, der durch Kupferspiralen am Boden der Brennblase läuft. In einigen Destillerien wie Glenfiddich werden sie direkt mit einem Kohlenfeuer beheizt, und klirrende mechanische Rührrechen verhindern, daß die schwereren Stoffe sich am Boden anlegen. Diese Erfindung war eine große Hilfe für die Brenner, die zuvor einen Mann beschäftigten, der mit einem Rechen oder Ruder so lange rührte, bis die Flüssigkeit kochte.

Gleichgültig, mit welcher Methode die Blasen beheizt werden, das Prinzip bleibt gleich: Der in der Flüssigkeit enthaltene Alkohol wird erhitzt, bis er Dämpfe abgibt. Diese kondensieren oben in der Brennblase und fließen über eine Leitung in einen Kondensator. Dieses Kondensat kann immer wieder destilliert werden, wobei jedesmal der Alkoholgehalt steigt. Der Winkel der Leitung ist wichtig. Je steiler sie zum Kondensator gerichtet ist, desto mehr Destillat rinnt in die Brennblase zurück, wo es wieder gebrannt wird. Das ergibt – theoretisch – leichteren, weniger komplexen Alkohol.

Kupfer ist ein relativ weiches Metall, so daß die Brennblasen vor allem um den Helm (den Rückflußbereich), den Kondensator und den Aufsatz dünner werden, an Stellen wo die kochende Wash oder der Alkohol am meisten reiben und durch diesen Kontakt mit dem Metall angereichert werden: Es ist bewiesen, daß Spirituosen um so mehr Geschmack und Charakter annehmen, je mehr sie mit Kupfer in Kontakt kommen.

Da die Pot Stills langsam erodieren, bleiben die Kupferschmiede beschäftigt, auch wenn keine neuen Brennereien gebaut werden. In Rothes, in Speyside, gibt es eine Reihe von Destillerien, die kupferne Pot Stills verwenden. Dahinter, abgewandt von der Hauptstraße, die den Ort durchschneidet, liegt eine große Fabrik etwas abseits des Whisky Trails. Eigentlich sollte sie dazugehören, denn gleichgültig, wo in der Welt Sie Destillerien besuchen – ob in Kanada, Neuseeland, Japan, Nordirland, Südkorea oder Indien –, Sie werden auf den Brennblasen immer wieder diesen Namen finden: Forsyth's. Und hier befindet sich die Zentrale.

Wenn Sie nicht völlig taub sind, werden Sie schon beim Eingang hören, was die Fabrik herstellt. Niemand produziert so viele Brennblasen wie Forsyth's, und der Geschäftsführer Richard Forsyth wird überall in der Welt gebraucht, um Pläne für Malt-Destillerien in die Tat umzusetzen. Er stellt nicht nur Pot Stills, sondern auch säulenförmige Brennblasen her. Zuerst mögen die künftigen Brenner Experten wie Jim Swan und Harry Rifkind zu ihrem genau ausgearbeiteten Plan befragen, doch wenn es um praktische Erfahrung geht, wird Richard häufig um Vorschläge zu finanziellen und logistischen Problemen gebeten.

Es gibt kaum etwas, das Erfahrung ersetzen kann, und die Kupferwerke von Rothes existieren schon lange. Sie gehören seit über 60 Jahren der Familie Forsyth. Richards Vater Ernest änderte das Gesicht der Pot Stills, indem er ein Verfahren entwickelte, die Platten zu verschweißen, anstatt sie zu vernieten. Richard Forsyth ist in diesem Geschäft, seit er mit 15 Jahren zum Kupferschmied ausgebildet wurde. Deshalb wird seine praktische Erfahrung von Brennern auch so geschätzt, und eine Besichtigung des Werkes in seiner Begleitung kann auch für erfahrene Destillerieleiter ein Erlebnis sein. Das letzte Mal, als ich dort war, sah ich zu, wie die Brennblasen für die neue Isle of Arran Destillerie voll Kreativität geformt wurden, und jedes Mal, wenn ich diese Brennerei besuche, erinnere ich mich an die Brennblasen im Anfangsstadium.

Da Pot Stills leben, können sie auch sterben. Das Areal direkt vor Forsyth's, das an die Caperdonich Destillerie grenzt, gleicht einem Friedhof. Hier stehen Brennblasen jeder Form und Größe im Nieselregen der Highlands, manche so abgenützt, daß sie schon kurz vor der Explosion gestanden sein müssen. Sie wirken traurig und etwas häßlich abseits des warmen Destillierhauses, doch werden sie zu Schrott und vielleicht zu einer neuen Brennblase verarbeitet, die dann wieder in Speyside oder einem anderen Land steht.

REIFE

Der letzte und – wie manche meinen – wichtigste Teil der Whiskyproduktion findet abseits des Brennereigebäudes statt. Natürlich ist es wichtig, daß der Brennmeister den besten Alkohol auswählt, der aus den Brennblasen tropft. Der erste Alkohol, der herabrinnt, enthält Öle, die den Whisky verderben würden, wenn er reift. Wie der letzte Alkohol wird er nochmals destilliert. Nur der mittlere Teil, das „Herz" eines Brenndurchlaufs, wird in Fässer gefüllt und in Lagerhäuser gebracht.

Erst im letzten Jahrzehnt wurde der Reife die Bedeutung zuerkannt, die sie verdient. Heute beschäftigen manche Destillerien sogar einen Angestellten, der nur für den Kauf qualitativ hochwertiger Fässer zuständig ist.

In Kentucky ist gesetzlich festgelegt, daß ein Bourbon in neuen Eichenfässern reifen muß. Das ist praktisch für die anderen Destillerien, vor allem in Schottland, denn sie kaufen die Fässer auf und füllen sie mit ihrem Malt und Grain Whisky. Die Qualität dieses Whiskys hängt dann noch zusätzlich davon ab, wie lange der Bourbon in den Fässern gereift ist. Man kann ein Dutzend Malt Whiskys aus Speyside kosten, nachdem sie gemeinsam zwölf Jahre gereift sind, und sie werden alle unterschiedlich schmecken. Ein Whisky, der in einem Faß gereift ist, in dem vier Jahre Bourbon lagerte, wird mehr Eichenton haben und dunkler sein als einer, in dessen Faß zehn Jahre lang Bourbon reifte: Der Whisky konnte noch mehr Stoffe aus dem Holz auslaugen. Allerdings wird man den Bourbon im Whisky nicht schmecken, wie das bei Sherry- und Dessertweinfässern der Fall ist. Hiervon findet man Spuren im Whisky, wenn Fässer aus Jerez, Madeira oder Porto geliefert wurden.

In einem wärmeren Klima ist auch der Reifeprozeß kürzer. Deshalb reift der Whisky in Tennessee, Kentucky, Indien, der Türkei, Spanien usw. viel schneller als in Schottland, Kanada oder Neuseeland. Auch die geographische Position des Lagerhauses kann Einfluß auf den Whisky haben: Die feuchten, zugigen Lagerhäuser am Meer geben dem Whisky während der Reife salzigen Charakter, während ein kanadisches Lagerhaus, das hermetisch abgeriegelt ist und eine konstante Temperatur halten kann, einen Whisky ohne natürliche Umwelteinflüsse und lokalen Charakter hervorbringt.

2 

SCHOTTISCHER MALT WHISKY

Bieten Sie einem Besucher Ihren Lieblingsblend an, wird er ihn dankbar annehmen, wenn er Whiskytrinker ist. Bieten Sie ihm einem Malt an, wird er sich geehrt fühlen. Das ist das Image von schottischem Malt Whisky. Doch das war nicht immer so. Lange hielten Brenner den besten Whisky der Welt vor den Massen versteckt, weil sie meinten, daß der Malt zu körperreich und komplex wäre. Statt dessen waren Blends in aller Munde – eine Mischung aus dominantem, kontinuierlich gebranntem und relativ leichtem Grain Whisky mit malzigerem, fruchtigerem und bodenständigerem Malt.

Das soll nicht heißen, daß Blended Scotch ein mäßiger Ersatz für einen Single Malt ist. Natürlich halten die billigen Blends, die mindestens 75 Prozent 3jährigen Grain Whisky enthalten, einem Vergleich nicht stand. Doch als ich gebeten wurde, eine Liste der Scotch Whiskys zu schreiben, die ich auf eine einsame Insel mitnehmen würde, wählte ich genau zur Hälfte Blends, zwei davon Standards. Damit diese Blends so komplex und von so großer Tiefe sein konnten, mußten sie sehr gute Malts enthalten. Darin übertrifft Malt Whisky jeden anderen Whisky der Welt, und kein anderes Land produziert so vielfältigen Single Malt wie Schottland.

In Kentucky, Tennessee, Kanada und Irland wird Whiskey hergestellt, der es in Klasse und Eleganz leicht mit den besten Single Malts aufnehmen kann. Denn obwohl einige der Single Malts, die in den funkelnden, knollenförmigen Kupferblasen produziert werden, nach acht bis 21 Jahren zu höchster Qualität reifen, sind viele andere bestenfalls durchschnittlich, manche auch einfach grauenhaft. Deshalb ist es gefährlich und vielleicht auch wenig seriös zu sagen, daß der Scotch der beste Whisky der Welt ist. Doch der beste schottische Malt Whisky bietet dem Liebhaber etwas, das man erst nach langer, geduldiger Prüfung versteht. Und dieser Lernprozeß ist höchst erfreulich.

Wertvolles Gut: *In kleinen Eichenfässern reift großer Whisky*

Am längsten braucht man für gewöhnlich, um sich an die Islay Whiskys, die meist stark torfig und nach Medizin schmecken, zu gewöhnen. Ist der erste Schock aber vorüber, wird der Liebhaber sie sehr zu schätzen wissen. In der Region Perthshire gibt es viele Destillerien, die reichhaltigen, honigsüßen Whisky produzieren, der eher den Naschkatzen schmeckt. Am leichtesten sind die wenigen verbleibenden Lowland Whiskys, doch gibt es auch leichte Spirituosen aus Speyside – sie schmecken oft scharf und nach frischem Gras. Nördlich von Inverness liegen einige Destillerien, die erdigen und zitrustönigen Whisky herstellen. In Campbeltown steht eine einzelne Brennerei, die einen salzigen, intensiven Whisky erzeugt, der sich aufgrund seiner Komplexität von allen anderen Spirituosen, geschweige denn Whiskys, der Welt abhebt.

Schottischer Malt Whisky ist so wunderbar, weil für jeden Geschmack etwas dabei ist. Und sollte das nicht der Fall sein, dann finden Sie sicher einen unter den vielen unterbewerteten Blends.

Erst nachdem Ende der 70er Jahre Glenfiddich und später Glenmorangie den Weg geebnet haben, betrachten Brenner den schottischen Single Malt als Chance, Liebhaber für ihre Produkte zu gewinnen. Heute ist Malt Whisky überall erhältlich. Brennereien verkaufen ihn nun mit verschiedenem Alter, verschiedener Stärke und verschiedenen Reifegraden. Noch nie konnte der Whiskytrinker aus derart vielen Whiskysorten wählen.

DIE SCHOTTISCHEN MALT-DESTILLERIEN

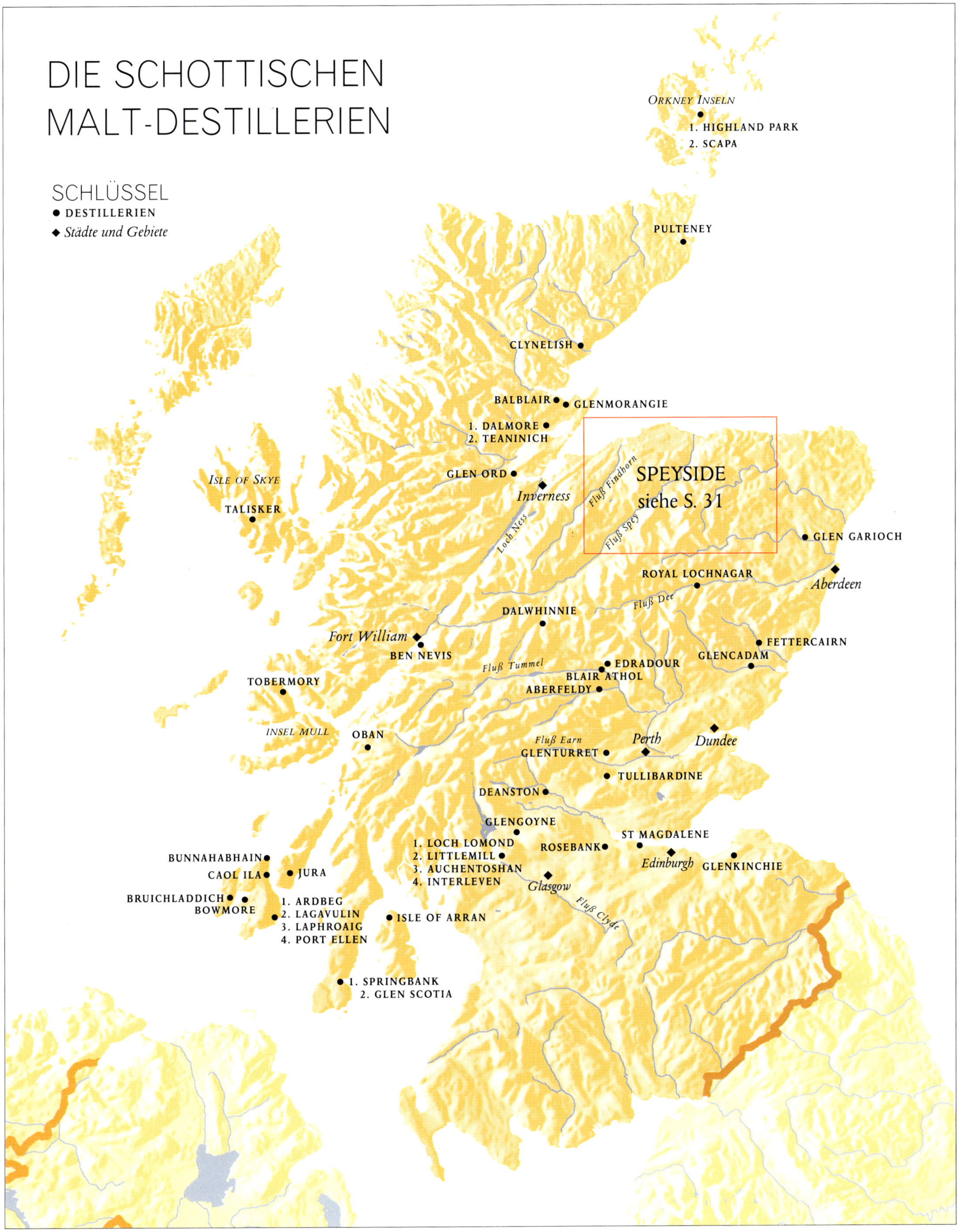

DIE GESCHICHTE DES SCOTCH

Es mag überraschen, daß Schottland nicht die Wiege der Whiskyherstellung ist. Seit Jahren beanspruchen die keltischen Nachbarn der Schotten jenseits der Irischen See diese Auszeichnung für sich. Doch in meiner Jugend sagte mir einer der ersten Destillerieleiter, die ich traf, folgendes: „Die Iren mögen das Zeug erfunden haben. Aber wir haben es perfektioniert." Hinterfragt man allerdings die Legenden und Geschichten, muß man erst noch einen Beweis finden, daß die Iren vor den Schotten Whisky destilliert haben. Heute gibt es auch die Theorie, daß die Waliser erstmals Malz brannten. Aber das ist eine andere Geschichte …

James IV.: *Trinker oder Arzt?*

Fest steht, daß im Jahr 1494 die Kunst, Gerste in Malz zu verwandeln und das Malz dann zu einer klaren, scharfen Flüssigkeit zu brennen, in dem gebirgigen, kämpferischen und wilden Land nördlich von Hadrian's Wall bekannt war. Vor einigen Jahren feierte die schottische Whiskyindustrie ihren 500. Geburtstag, und im Zentrum der Feierlichkeiten stand ein Mönch, der heute viel berühmter ist als zu seiner Zeit, Bruder John Cor.

„Im Auftrag des Königs acht Boll Malz an Bruder John Cor, um daraus Aqua Vitae zu brennen", steht auf einem Auszug der Schatzliste des Jahres 1494. Die Herstellung von Aqua Vitae als Medizin war den Mönchen wohlbekannt und auf den britischen Inseln seit Jahrhunderten Tradition. Dieser Auszug ist allerdings deswegen so bedeutend, da er den ersten Hinweis enthält, daß dieses Getränk aus Gerste gebraut wird. Bis dahin hatte man Aqua Vitae, das „Lebenswasser", aus Wein gebrannt.

Der gälische Begriff für Aqua Vitae ist uisge-beatha. Im Lauf der Jahre wurde daraus „uisgey" und schließlich Whisky. Die Tatsache, daß Bruder John weit über 1 000 Pfund Malz zur Destillation bekam, beweist, daß dies kein Freizeitvergnügen war. Es wurde häufig gesagt, daß der betreffende König, James IV. von Schottland, kein Verächter des Alkohols war, und daß wohl ein beträchtlicher Teil von Bruder Cors Produktion in seinem Magen landete. Das ist gut möglich, doch wird nur selten erwähnt, daß der König zu jener Zeit Anfang 20 war und sich selbst als Arzt sah. So kann man auch annehmen, daß ein Großteil dem medizinischen Bedarf Seiner Majestät diente. Außerdem, und auch das wird die Traditionalisten schmerzen, stammte der erste bekannte Malt Whisky Schottlands aus den Lowlands, nicht den Highlands.

Auf diesen ersten Hinweis folgten noch weitere. Heute fahren wir mit dem Fahrrad oder dem Auto durch die Highlands, nehmen die Schönheit und Majestät der Berge, Täler und Küste auf und verlassen das Gebiet mit guten Erinnerungen und einem Gefühl des Wohlbefindens. Doch die Kleinbauern, die hier zwischen dem 16. und 19. Jahrhundert lebten und von diesem unwirtlichen, oft wenig ertragreichen Boden eine Familie ernähren mußten, hatten ein hartes Leben. Konnten sie aus Gerste, die sonst verrottet wäre, Alkohol brennen, haben sie dies wohl gemacht. Der Alkohol war in den langen, harten Wintern unbezahlbar. Und wenn die Ernte ausfiel, konnte man Whisky verkaufen, um nicht zu verhungern. Großgrundbesitzer, die dafür Verständnis hatten, ermutigten die Kleinbauern, Alkohol zu brennen.

Da in den Highlands so große Mengen an Alkohol gebrannt wurden, war es nur eine Frage der Zeit, bis die Regierungen beiderseits der Grenze erkannten, daß sie durch die Besteuerung von Alkohol viel Geld einnehmen könnten. Besonders strenge Gesetze gab es, wenn ein Krieg zu finanzieren war. Die frühe Geschichte des Scotch zeichnet sich vor allem durch verschiedene Steuern aus – sogar Malz wurde eine Zeitlang besteuert. So wurde Schmuggeln zu einem wichtigen und

Römische Reste: *Hätte Hadrian den Wall errichtet, wenn er „uisge-beatha" gekannt hätte?*

auch blutigen Erwerbszweig in den Highlands, da die Schwarzbrenner die Steuereintreiber auszutricksen versuchten.

Der Lohn der Beamten war so niedrig, daß sie auf Prämien angewiesen waren – die Regierung zahlte den halben Wert des beschlagnahmten Alkohols. Für Entlohnung und Unterkunft des Assistenten, der mit dem Beamten unterwegs war, mußte dieser selbst, nicht die Regierung, aufkommen. So wurde der Kampf zwischen Beamten und Schmugglern zu einer persönlichen Angelegenheit, von deren Ausgang das Leben der Beteiligten abhing. Deshalb überrascht es nicht, daß es manchmal auf beiden Seiten schreckliche Verletzungen oder sogar Tote gab.

Desweiteren wurde der Finanzbeamte dadurch behindert, daß dieselben mächtigen Grundbesitzer, die Kleinbauern zum Schwarzbrennen ermutigten und oft selbst davon profitierten, den Vorsitz in den Gerichten innehatten, wo über das Schicksal der gefaßten Schwarzbrenner und Schmuggler entschieden wurde. Einer der Gründe, warum die Schwarzbrennerei so blühte, war, daß die Grundbesitzer oft über die verbotenen Geschäfte hinwegsahen.

All dies änderte sich 1823 gründlich, als ein Gesetz eingeführt wurde, das den Verlauf der Whiskybrennerei in Schottland radikal ändern sollte. Das Gesetz machte die Destillation einfacher und billiger als je zuvor. Der einzige Nachteil war, daß die Brenner eine Brennblase mit mindestens 160 Liter Füllvolumen betreiben mußten – viel zu groß, um in einem Stall versteckt und von Hütte zu Hütte gebracht zu werden.

Eine Folge dieses neuen Gesetzes für die Grundbesitzer wurde oft übersehen: Sie hafteten für die illegalen Brennblasen, die man auf ihrem Grund fand, ob sie davon wußten oder nicht. Deshalb wurden viele Schwarzbrenner respektable Geschäftsleute, denen die Grundbesitzer halfen. Dennoch weigerten sich einige Schmuggler und Brenner, die Steuern zu zahlen. Sie zündeten die neuen Destillerien an und bedrohten ihre Besitzer. In dieser feindlichen Atmosphäre hielt John Smith seine Pistole bereit, als er die heutige Glenlivet Destillerie gründete.

Böse, aber gut: *Die Schwarzbrennerei war im 18. und 19. Jahrhundert ein großes Geschäft*

Als sich die Destillation weiter verbreitete, suchten Investoren Wege, um effizienter und billiger zu brennen als mit den langsamen Pot Stills. Robert Stein besaß einige Destillerien in den schottischen Lowlands, wo er das kontinuierliche Verfahren entwickelte, das zwar plump, aber doch genial war. Ein Ire, Aeneas Coffey, hatte eine ähnliche Idee gehabt, doch war sein Verfahren effizienter. Bald wurden diese Brennblasen von Destillerien in den Lowlands verwendet, um vor allem die Märkte in Glasgow und Edinburgh mit billigem Whisky zu versorgen.

Als man begann, den leichten Whisky mit stärkeren Malts zu verschneiden, wurde eine internationale Vermarktung möglich. Bisher hatte man angenommen, daß der Whisky für Nationen wie die Engländer, die an die milderen, süßeren französischen Brandys gewöhnt waren, zu starken Eigengeschmack hatte. Doch als die Laus Phylloxera vastatrix die Weinernte in Frankreich zerstörte, kam es zu einer Wein- und Brandyknappheit. So eroberten erst irische Whiskeys, dann schottische Blends den englischen Markt.

Natürlich hatten nicht alle Gastwirte oder Blendmeister Skrupel. Es herrschte ebenso Nachfrage nach Single Malt wie nach Blends, aber den Menschen wurde auch junger, reiner Grain Whisky vorgesetzt, während Malt Whisky aus Pot Stills ohne Warnung mit Grain Whisky versetzt wurde. Doch zur Jahrhundertwende waren diese Praktiken beinahe verschwunden, und ein kleines Londoner Stadtviertel beschloß, tapfer über die Nation zu wachen.

1905 begann das Islington Council im Norden Londons Erlässe an Händler zu verteilen, die ihrer Meinung nach minderwertigen, neutralen Alkohol ausschenkten, der nichts mit dem zu tun hatte, was der Kunde verlangte. Das waren die ersten Geschütze in einem Krieg, der schließlich in der Frage „Was ist Whisky?" gipfelte. Nach Islingtons Vorstoß begann eine derart hitzige Debatte zu diesem Thema, daß die Regierung schließlich zwei Jahre später eine Königliche Kommission einsetzte, die einen Großteil des Jahres 1908 damit zubrachte, Experten aus Medizin, Technik, Chemie und beiden Lagern der Whiskybranche (Grain- und Malt-Brenner) anzuhören.

Als die Malt-Brenner angehört wurden, vertraten sie bereits eine sanftere Linie gegenüber den Grain-Brennern. Während das Islington Council vor allem darum kämpfte, daß nur Whisky aus gemälzter Gerste, der in Pot-Stills gebrannt wurde, als Scotch Whisky anerkannt werden sollte, boykottierten die Pot Still-Destillerien das, indem sie akzep-

Ein guter Tropfen: *Die Fröhlichkeit von Schotten, die ihrem Nationalgetränk frönen, wurde häufig karikiert*

tierten, daß auch Grain als Whisky bezeichnet werden konnte, wenn er nicht mehr als 50 Prozent des Blend ausmachte. John MacDonald von der Ben Nevis Destillerie erfaßte die Lage wohl am besten, als er der Kommission sagte: „Ohne den Highland Malt würde es schottischen Whisky praktisch nicht geben, und würde man ihn nicht mit Lowland Grain Whisky abschwächen, hätte er nie diese weltweite Popularität erlangt. Ich hatte immer das Gefühl, daß sich unser Whisky im Süden nicht so gut verkauft wie im Norden."

Warum waren die Malt-Brenner so zahm geworden? Vielleicht erkannten sie, daß sie nur mit Blends überleben konnten. Die gesamte Whiskybranche fühlte noch den Schock, den der Konkurs von Pattison 1898 ausgelöst hatte. Damals endete das goldene Zeitalter der schottischen Whiskyindustrie. In den zehn Jahren zuvor hatten Investoren viele tausend Pfund in neue Destillerien gesteckt und so viel Whisky wie möglich produziert. Einer ihrer Hauptkunden war die Firma Pattison, Elder und Co., die von den betrügerischen Brüdern Robert und Walter Pattison geleitet wurde. Sie führten ihre Geschäfte in großem Stile, so daß es nicht lange dauerte, bis ihre Firma hoch verschuldet war. Obwohl sie riesige Mengen Malt einlagerten, verwendeten sie für ihre Blends nur gerade so viel als für den Geschmack nötig war.

Einige in der Branche hatten vor Pattisons finanzieller Situation gewarnt. Dennoch wurde aus Angst vor Verlusten weiter investiert. Schließlich ging die Firma mit der damals riesigen Summe von 250 000 Pfund in Konkurs, wobei die Brennereien den größten Anteil zu tragen hatten. Dies trieb die Feindschaft zwischen Grain- und Malt-Brennern auf die Spitze. Doch einige Brenner behielten ihre Macht. Die Jahrhundertwende war die Zeit der Whiskybarone, der Männer, die durch den weltweiten Verkauf von Blended Whisky zu riesigem Vermögen gekommen waren. An ihrer Spitze stand der schillernde Tommy Dewar, gefolgt von James Buchanan von Black and White, Peter Mackie mit seinem White Horse, John Haig und Alexander Walker von Johnnie Walker – Namen, die auch heute noch im Ohr klingen. Die Brenner fürchteten, daß ihre Malts von den Blends verdrängt werden könnten und akzeptierten nur widerwillig die Wahrheit: Die Welt zog leichteren Alkohol vor. 1909 beschloß die Königliche Kommission, daß jeder Alkohol, der aus Getreide bestand und im kontinuierlichen Verfahren hergestellt wurde, als Whisky bezeichnet werden konnte, auch wenn er kein reiner Malt war. Erst später kam die Auflage einer 3jährigen Lagerung hinzu.

Schottischer Whisky ist ohne Zweifel heute besser als vor 100 Jahren. Die Kunden verlangen und erwarten höhere Qualität. Und es steht fest, daß heute nur sehr wenige Destillerien überleben würden, wenn es keinen Blend gäbe.

Whiskybaron: *Lord Dewar kam mit seinem Whiskyimperium zu Wohlstand und gesellschaftlichem Ansehen (oben)*

ORKNEYS UND NORDSCHOTTLAND

Es gibt wohl keinen besseren Platz, um eine Tour zu den schottischen Malt-Destillerien zu beginnen, als die Orkney-Inseln. Nicht unbedingt, weil es hier den besten Whisky gibt – das ist nicht der Fall, obwohl man sich jeden Tag redlich darum bemüht. Der Grund ist vielmehr, daß die beiden Destillerien Schicksal und Tätigkeit der gesamten Industrie verkörpern.

Eine der beiden Destillerien ist Highland Park, ein traditionelles Steinhaus im viktorianischen Stil, das direkt an die einzigartigen, seltsam y-förmigen Mälzböden anschließt, die wegen ihrer samtigen, heidetönigen Produkte weltweites Ansehen genießen. Die zweite Brennerei ist Scapa. Sie ist praktisch nur Blendmeistern und einigen Kennern ein Begriff, obwohl die in den Lagern reifenden Whiskys großteils exzellent sind. Doch von außen wirkt das Gebäude etwas charakterlos und funktionell. Von der trügerisch ruhigen Bucht von Scapa Bay, wo 1919 die deutsche Flotte vom Stützpunkt Scapa Flow aus versenkt wurde, wirkt sie noch häßlicher.

Während Highland Park erfolgreich ist und ihr Malt in aller Welt vertrieben wird, wurde Scapa Anfang der 90er Jahre geschlossen, und es ist unklar, ob die Destillerie jemals wieder öffnen wird. So gibt es innerhalb weniger Kilometer zwei Destillerien, getrennt nicht nur durch den Torf und den Brennprozeß, sondern auch durch die unterschiedlichen Ambitionen der Mutterfirmen. Während Highland Park für seine zwölf und 25 Jahre alten Single Malts berühmt ist und große Bedeutung in einem mittelgroßen Konzern genießt, ist Scapa ein winziges, wenn auch (hoffentlich) nicht völlig entbehrliches Rädchen in der riesigen Maschinerie von Allied Domecq – eine unbedeutende Destillerie, die nur wegen ihres Beitrags zu einer unendlichen Produktvielfalt geschätzt wird.

HIGHLAND PARK

Die Orkneys, eine Inselgruppe im Nordosten Schottlands, sind berühmt für ihre Megalithe und gut erhaltenen Wikingersiedlungen. Highland Park, am Rand der Hauptstadt Kirkwall gelegen, wurde 1798 gegründet und liegt als nördlichste Destillerie Schottlands nur unbeträchtlich weiter im Norden als Scapa. Früher lag sie auch nur etwas weiter nördlich als eine dritte Destillerie, Stromness, die Barnard bei seinem Aufenthalt auf den Orkneys um 1885 als „abgelegenste Brennerei des Vereinigten Königreichs" bezeichnete. Ihre Produktionsleistung entsprach ungefähr der von Edradour, der heute weitaus kleinsten Destillerie Schottlands. Das überrascht nicht: Eine der seltsam kürbisförmigen Brennblasen gehörte ursprünglich einem Schwarzbrenner. Das paßt zu Orkney. Von den unzähligen Schmuggelgeschichten über die schottischen Inseln, die ich gehört oder gelesen habe, spielen die meisten auf den Orkneys. Stromness Destillerie, später Man of Hoy, erreichte nur äußerst mühsam ihr 100jähriges Bestehen und mußte 1928 endgültig schließen.

Ihre geographische Lage war für Highland Park immer von großer Bedeutung. Die Destillerie hält viele alte Gewohnheiten aufrecht. So wird im nahen Hobbister Moor noch Torf für das Mälzen gestochen. Das bedeutet, daß die Pagodendächer der Malzdarre nicht nur zur Verzierung eines alten Gebäudes dienen, wie so viele im Land, sondern wirklich eine Funktion haben. Der Torf verleiht dem Malt einen wunderbaren Heideton und macht ihn körperreich, süß und doch dezent rauchig. Das Malz wird auf einen Phenolgehalt von 20 ppm geräuchert und mit importiertem, ungetorftem Malz verschnitten. Das Ergebnis ist wunderbar – sein einzigartiger Charakter hat diesem Whisky im Lauf der Jahre viele Freunde gebracht.

Im altmodischen Büro des Leiters hängen verstaubte, gerahmte Briefe von Bekennern und Bewunderern über dem Kamin, in dem ein Feuer knistert. Unter den Briefen ist auch einer von Winston Churchill, der sonst Brandy bevorzugte. Würde er noch leben, hätte er vielleicht eine leichte Veränderung bei den Qualitätsprodukten der Firma bemerkt. Ein oder zwei Jahre lang spürte ich eine uncharakteristische Schärfe. Es handelte

> *Empfehlung des Connaisseurs*
>
> **HIGHLAND PARK –** AM BESTEN IST DIE 12JÄHRIGE DESTILLERIE-ABFÜLLUNG. HERVORRAGEND, ABER WENIGER TORFIG ALS FRÜHER.

Goldene Erinnerungen: *Doch die Destillerie war zu jener Zeit bereits 150 Jahre alt*

sich ohne Zweifel um eine vorübergehende Beeinträchtigung durch Fässer minderer Qualität während des Holzmangels in den frühen 80er Jahren. Es würde mich wundern, träte sie wieder auf.

SCAPA

Wären schlechte Fässer nur das einzige Problem des armen Scapa gewesen, dessen Leiter man nach Speyside verbannt hatte. Aber die Meinung von Außenstehenden ist bei der Lösung der Probleme wohl nicht gefragt. Abgesehen von einigen Flaschen unabhängiger Abfüller – vor allem von Gordon & McPhail – ist dieser Malt kaum zu finden, auch wenn er heute als eigenes Label in Supermärkten auftaucht. Allied hat vor kurzem den 10jährigen in den Duty Free Shops eingeführt, der perfekt die Leichtigkeit und Erhabenheit wiedergibt, für die der Name der Destillerie steht und die sie mit Highland Park verbindet.

Da Allied Scapa für Blendmeister attraktiv machen wollte, bestand man darauf, den Whisky völlig ungetorft zu brennen. Dennoch hat der Scapa einen rauchigen Beigeschmack bewahrt, der wahrscheinlich vom Wasser stammt, das einst in einer niedrigen, leicht deformiert wirkenden Lomond Brennblase sprudelte.

Das windgepeitschte, baumlose Orkney wirkt trotz der Schönheit und reichen Geschichte melancholisch. Leider gilt das auch für die stillgelegte Scapa Destillerie.

PULTENEY

Ist Highland Park die nördlichste Destillerie Schottlands, so ist Pulteney die nördlichste des Festlandes. Der Single Malt fand ähnlich dem von Scapa außerhalb der eigenen Gemeinde kaum Beachtung, doch wurde hier jahrein jahraus ein sehr ordentlicher, charaktervoller Tropfen für Blends hergestellt.

Pulteney ist abgelegen: Es gibt keinen triftigen Grund, den Ort zu besuchen, außer man ist auf Urlaub oder möchte in die Destillerie. Vielleicht gehen, laufen oder fahren Sie mit dem Rad von Land's End nach John o' Groats und kommen auf der A9 bei Wick vorbei. Früher lagen viele Destillerien nördlich von Wick in der Einöde von Caithness, zum Beispiel in Brabster, Murkle, Greenland und Gerston bei Thurso. Die letzte davon schloß Anfang des 20. Jahrhunderts. Aber diese waren nur Sternschnuppen im Vergleich zu Pulteney.

Sie müssen Pulteney in den kleinen Gassen von Wick suchen: Hier gibt es keine Pagodendächer oder ähnliche Verzierungen. Obwohl die Destillerie nur zwei Brennblasen hat, wirkt sie mit ihrem Hof stattlich. Allerdings ist die Ausstattung ebenso wie Scapa nüchtern – die Brennerei hatte ja auch denselben Besitzer. Heute gehört sie jedoch zu Inver House Distillers, die es sich zur Gewohnheit machen, gute, unterbewertete Destillerien aufzukaufen. Sie werden den Whisky irgendwann als Single Malt abfüllen. Dann wird der etwas salzige, spröde, aber köstliche Malt endlich leichter erhältlich sein.

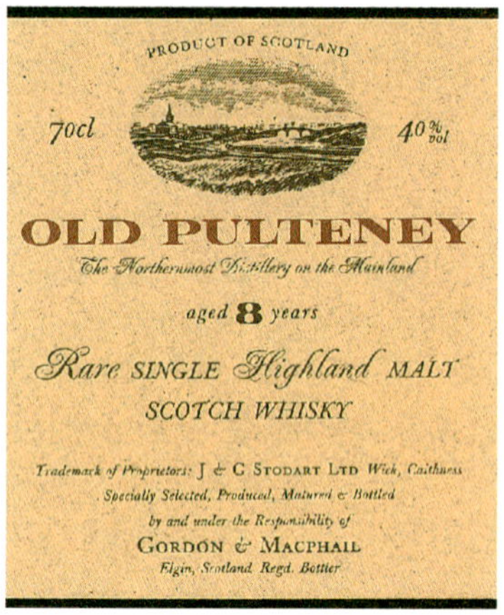

Vielleicht gehört er auch in die Hausapotheke. Die Bardame eines Hotels, in dem ich vor einigen Jahren weilte, erzählte mir, daß ihre Mutter bei der Geburt sehr schwach gewesen sei und man fürchtete, sie würde sterben. Deshalb verabreichte ihr ihre Mutter eine Mischung aus lauwarmem Wasser und reinem Pulteney, und sie überlebte: „Meine Großmutter sagte immer, sie verdanke ihr Leben dem Pulteney." Uisge-beatha: Lebenswasser.

CLYNELISH

Obwohl die Straße vor kurzem ausgebaut wurde, kann die Fahrt auf der A9 nach Sutherland neben dem Meer unheimlich sein, vor allem, wenn wie so oft der Küstennebel einfällt. Die Clynelish Destillerie steht rechts an der Einfahrt in die hübsche Stadt Brora. Wenn Sie dem Schild folgen, erreichen Sie die vielleicht klassischste der großen viktorianischen Pagoden-Destillerien in Schottland. Trotz ihrer Größe ist sie bis hin zu den großen Lagerräumen ein Meisterwerk an steinerner Eleganz.

Leider ist dieses Gebäude aber nicht mehr die alte Brennerei. Sie wurde 1968 durch ein schachtelförmiges Monster ersetzt, das Scottish Malt Distillers für einen würdigen Ersatz hielten. Der hier produzierte Whisky ist zugegebenermaßen gut und erzielt bei einigen Blendmeistern einen hohen Preis. Aber er ist nicht mit dem ursprünglichen Produkt zu vergleichen, das fruchtiger und etwas torfiger war, da vielleicht das Wasser einer anderen Quelle entnommen wurde.

Sogar in den 20er Jahren, einer Zeit, in der niemand zu seiner Vorliebe für Whisky stehen durfte, schwor George Saintsbury, einer der bekanntesten britischen Feinschmecker, auf Clynelish. Es ist schon eine Weile her, daß ich einige Flaschen des Originalprodukts entdeckte. Aber dieser Tropfen war, und ist auch heute noch, wirklich körperreich und schwer. Der Whisky aus der alten Brennerei ist noch erhältlich, allerdings unter dem Namen Brora und gehört vielleicht zu den besten Single Malts, die heute am Markt sind. Er ist einer der am meisten getorften Malts des Festlandes und weist aufgrund eines Islay-Stils Experiments 40 ppm auf. Damals wurde er als Clynelish B verkauft, im Gegensatz zu Clynelish A aus der neuen Destillerie.

Nach einem Gesetz, das zur Jahrhundertwende in Glen Grant verabschiedet worden war, bestand das Finanzamt aber darauf, daß die beiden Whiskys völlig verschiedene Namen tragen mußten. Deshalb wurde der stolze alte Clynelish auf Brora umgetauft, bevor die Destillerie am 17. März 1983 endgültig geschlossen wurde.

Die Bewohner dieser Region kennen zweifellos den Wert des Malt. Vor einigen Jahren dachte man, die Engel, die sich in ei-

Clynelish: *Sanfte Hügel am wilden Meer und guter Whisky*

nem der Lager ihren Anteil an dem verdunstenden Whisky holten, seien besonders gierig, denn die Fässer schienen sich alarmierend rasch zu leeren. Das Rätsel wurde gelöst, als man einige Männer entdeckte, die durch einen Tunnel, den sie sich heimlich gegraben hatten, ins Lager gelangt waren und sich hier großzügig bedienten.

Obwohl die alte Brennerei unter Denkmalschutz steht, verfällt sie zusehends. Der Leiter, Bob Robertson, der bereits vor Eröffnung des neuen Gebäudes hier arbeitete, versucht seit langem, die finanziellen Mittel aufzutreiben, um das Gebäude vor dem Verfall zu bewahren, steht aber leider auf verlorenem Posten. Das ist schade, denn trotz allem könnte die Destillerie noch in Betrieb sein. Die Brennblasen sind noch hier, die Wash könnte aus der neuen Brennerei gepumpt werden. Es fehlt nur ein Spirit Safe, ein Auffangbehälter, ein Nachlaufbehälter – und ein Wunder.

Empfehlung des Connaisseurs

SCAPA – EIN BRILLANTER 15JÄHRIGER MIT STARKER SCHOKOLADENOTE.

PULTENEY – DER WHISKY REIFT NICHT ALLZU LANGE. HERVORRAGEND MIT ACHT JAHREN.

CLYNELISH – DER WUNDERBAR TORFIGE BRORA IST EINE INVESTITION WERT. ER WIRD NICHT EWIG AM MARKT SEIN.

NÖRDLICHE HIGHLANDS

Südlich von Clynelish, noch vor der langgezogenen Brücke, die nach Inverness führt, befindet sich ein Gebiet, das mit einigen der wunderbarsten Destillerien des Landes gesegnet und doch noch relativ unbekannt ist. Fünf Brennereien liegen um die Buchten von Dornoch und Cromarty, nördlich und westlich der Black Isle. Zwei davon, Balblair und Dalmore, sind so klassisch und ästhetisch perfekt wie nur möglich. Glen Ord und Teaninich, die früher zu Scottish Malt Distillers gehörten, sind die häßlichen Entlein, während Glenmorangie, die bekannteste, trotz des Ruhmes ein kleines Juwel am Meer geblieben ist. Gemeinsam ist ihnen der Whisky, der in seiner Erdigkeit einzigartig ist und es verdient, als eigene Region anerkannt zu werden.

BALBLAIR

Balblair, nördlich von Edderton, ist am schönsten. Es wurde kaum ein Granitstein verändert, seit das Gebäude Ende des 19. Jahrhunderts in dem eleganten Stil wiederaufgebaut wurde, der seither für die schottischen und gewissermaßen für alle Malt-Destillerien der Welt typisch wurde. Die Brennerei geht ursprünglich auf das Jahr 1790 zurück und ist somit, je nach Quelle, die zweit- oder drittälteste Schottlands. Sie hat eine etwas verwirrende Vergangenheit, da es offenbar früher auch einige Kilometer weiter südlich auf der Black Isle eine Balblair Destillerie gab. Der Stammbaum des jetzigen Hauses steht aber mittlerweile außer Zweifel. 1990 wandte sich ein Bauer der Umgebung an den langjährigen und vor kurzem pensionierten Leiter Jim Yeats und bot ihm einige alte Bücher an, die er gefunden hatte – die ersten Bücher der Destillerie. Ein erstaunlicher Fund, der dem Bauer jährlich zu Weihnachten Whisky beschert.

Es ist zwar unmöglich, unter den ungefähr hundert schottischen Whiskys zwei gleiche zu finden, aber bei den Gebäuden gibt es Ähnlichkeiten. Der Weiler und das Land um die Balblair Destillerie heißen Ardmore, und die Ardmore Destillerie in Aberdeenshire könnte ihr Zwilling sein. Zum einen sind sich die Gebäude sehr ähnlich, zum anderen verläuft bei beiden direkt hinter dem Haus eine Bahnlinie genau im gleichen Winkel zum Destillierhaus und den alten Mälzböden. Das Destillierhaus von Ardmore wurde dreimal vergrößert, während Balblair noch mit ihren zwei Kupferbrennblasen auskommt. Allerdings gibt es eine zweite Spirit Still, die seit ungefähr 20 Jahren leer steht, aber die letzte funktionierende, genietete Brennblase Schottlands ist. Und der Whisky von Ardmore ist noch getorft, während der von Balblair es einst war: Das Gebiet, auf dem die Destillerie steht, hieß früher „Torfland".

Ich habe den Balblair immer geschätzt, den Allied viele Jahre lang zum Verschneiden verwendete. Doch Anfang 1996 wurde die Destillerie geschlossen. Ihr stand dasselbe Schicksal bevor wie zwischen 1915 und 1947, als sie ebenfalls stillgelegt war. Damals gab es einen ritterlichen Helfer. Dieser war 1996 Inver House, die gerade Pulteney erworben hatten und überraschend ein Angebot für diese wunderbare alte Destillerie machten, die sie dann im Sommer 1996 erwarben. Inver House möchte Balblair als Single Malt abfüllen – ein weiser Entschluß. Allied hatte es Gordon & MacPhail überlassen, die Fahne hochzuhalten, was sie mit Stil taten. Der Malt ist auch als junger gut: mit sechs oder sieben Jahren ist er bereits sehr würzig. Der Renner von Gordon & MacPhail ist ein spröder 10jähriger, teils fruchtig süß, ohne Phenolgeschmack im Abgang. Die 13- und 16jährigen, die ich gekostet habe, sind hervorragend, wobei sich vor allem ersterer durch einen delikaten Kokosgeschmack und Anklänge an erstklassigen Bourbon auszeichnet. Ich verstehe nicht, warum Allied daraus nicht einen ihrer wichtigsten Single Malts machte. Nach mehr als 200 Jahren scheint nun aber die Zeit von Balblair gekommen zu sein.

GLENMORANGIE

Nur sieben Kilometer weiter südöstlich wird der in Schottland selbst beliebteste Malt Whisky hergestellt. Genmorangie ist wohl die Destillerie, die am häufigsten falsch ausgesprochen wird: die Betonung liegt am „m", nicht am „a". Obwohl der Whisky sich von allen schottischen Produkten am besten verkauft und in Pubs und Clubs ausgeschenkt wird, hatte die Mutterfirma damit Probleme und erlaubte erst spät, daß das Produkt aus Schottlands größten Brennblasen mit anderen Whiskys verschnitten wird. Er wird unter dem einfallslosen Namen Westport abgefüllt. In den Behältern wird eine winzige Menge Glen Moray beigemengt – zu wenig, um den Geschmack des reifenden Whiskys zu beeinflussen, aber genug, um unabhängige Abfüller daran zu hindern, ein Faß unter dem berühmten Namen Glenmorangie als Single Malt zu verkaufen.

Die Destillerie liegt am Meer, wird aber von Quellen in Tarlogie mit ungewöhnlich hartem Wasser gespeist. Es scheint, daß dieses den besonders schlanken Brennblasen gut tut, denn nach zehn Jahren entsteht ein Malt, der nach einem Garten an einem Frühsommerabend duftet. Er schmeckt sehr körperreich, zitrustönig und würzig, wie beinahe alle Whiskys nördlich von Inverness, doch er ist auch der leichteste dieser Region.

Nicht die Brennblasen beeindrucken in Glenmorangie am meisten, sondern die Lagerräume. Man machte bemerkenswerte Experimente mit verschiedenen Fässern und begann dabei mit einem 18jährigen. Alle neuen Produkte werden in alte Bourbonfässer gefüllt. Um beim 18jährigen einen übertriebenen Holzgeschmack zu vermeiden, beschloß man, ihn in einem früheren Sherryfaß zu lagern, um ihn süßer und milder zu machen. Das Ergebnis war unglaublich. Heute wird der Whisky in Port-, Madeira- und Tain L'Hermitagefässern gelagert.

Meiner Meinung nach ist letzteres am wenigsten erfolgreich. Der Whisky erhält eine Schärfe, die ihn weniger komplex und zum enttäuschendsten, gewöhnlichsten Glenmorangie macht, den ich je getrunken habe. Wesentlich besser ist der Madeira-Schliff, der ihm eine süße, blumige Note und einen schwebenden, beinahe kräutertönigen Abgang verleiht – faszinierend! Die Krönung sind aber die Portfässer. Der Whisky kann sich von Flasche zu Flasche in Charakter und Farbe unterscheiden. Trinken Sie ihn aber nie kalt, sondern immer handwarm! Er ist der Rolls Royce unter den Glenmorangies, unglaublich komplex und vielschichtig in seinem Angriff auf die Geschmacksnerven. Mit Faßstärke ist er noch besser, mit stark würziger, buttriger Note, doch leider ist er in dieser Form noch nicht allgemein erhältlich.

Niemand weiß genau, wodurch sich der Glenmorangie, sogar als 10jähriger Whisky, abhebt. Vielleicht ist es das Mikroklima: Vor kurzem erlebte ich einen Hagelsturm, bei dem Eiskörner groß wie Schrot fielen. Einige Jahre zuvor kam ich auf dem Weg nach Tarlogie in einen Regenguß, doch als ich zur Destillerie blickte, lag sie am Ende des strahlendsten Regenbogens, den ich je gesehen hatte. Das Gold liegt also wirklich auf der Straße …

Glenmorangie: *Die alten Gebäude sind so stilvoll wie der Whisky*

Empfehlung des Connaisseurs

Balblair – Exzellenter Geschmack bei den 15jährigen.

Glenmorangie – In jedem Alter gut, aber versuchen Sie die erstaunlichen Whiskys, die in Port- und Madeirafässern gereift sind.

Dalmore – Wenn Sie auf den besonders vollmundigen 12jährigen stossen, kaufen Sie gleich zwei Flaschen!

DALMORE

Wo die A9 der Halbinsel folgt, die zwischen den Dornoch und Cromarty Firths eingeklemmt liegt, erreicht sie Alness. Dalmore ist die jüngere der beiden Destillerien hier (auch wenn man es dem Bau nicht ansieht), ein weiterer geschmackvoller Steinbau, der vor ungefähr 100 Jahren am Meer errichtet wurde. Der idyllische Anblick, den der Bau gemeinsam mit den Möwen und Austernfischern bietet, wird allerdings durch die Aussicht auf die Bohrplattform in der Meeresbucht etwas getrübt. „Klassisch" ist ein strapazierter Ausdruck bei Getränken, doch hier gilt er: Der Dalmore ist ein klassischer Whisky.

Ich habe nie verstanden, warum dieser Malt den Markt nicht im Sturm erobert hat. Obwohl Whyte & Mackay die Destillerien von Invergordon erworben hat, bleibt Dalmore ihr wertvollstes Stück. Keine ihrer anderen Destillerien hat einen Malt, der oberflächlich so männlich, doch am Abend mit einem Freund oder alleine genossen, so sanft und fein ist, wie es nur gute Whiskys sind. Vor zehn Jahren war der 12jährige leichter und zitrustöniger. Heute ist er schwerer, eher wie ein Sherry, gehaltvoller und muskulöser (aber keineswegs schlechter). Er ist ein sehr beständiger Tropfen, und ich kann mich nicht erinnern, je einen schlechten erwischt zu haben.

Dalmore: *Eine alte Destillerie mit Ausblick auf den Cromarty Firth, die noch auf ihre Entdeckung wartet*

Die Brennerei hat seltsame Destillierräume. Barnard muß sie gesehen haben, als er um 1885 hier war, doch erwähnt er nicht, daß die Spirit Stills der Glocke einer Narzisse oder dem Schornstein einer Dampflok gleichen. Das sind die kupferverkleideten Kühlmäntel. Das Original stammt aus dem Jahr 1874 und funktioniert noch immer. Das Wasser wird eingefüllt und trägt zur beginnenden Kondensation bei. Mit diesen und den acht hölzernen Washbacks ist die Destillerie einen Besuch und Einkauf wert. Der Malt verändert sich zwischen 20 Monaten und 20 Jahren stark und wird mit dem Alter immer besser. Aber zwölf Jahre im Faß sind genau richtig, denn in diesem Alter ist der Abgang einfach unendlich …

TEANINICH

Etwas flußaufwärts am Alness liegt eine Destillerie mitten in einem Industriepark. Als sie 1817 gebaut wurde, umgab sie ein Landgut am Stadtrand. Auch Teaninich wurde 1991 vor der Schließung gerettet, nachdem sie sechs Jahre lang stillgelegt gewesen war. Sie wurde damals nicht verkauft oder gesperrt; man erkannte bei United Distillers, daß sie einfach zu gut war, um eingemottet zu werden. Der 10jährige gleicht stark den Produkten, die vor zehn bis 15 Jahren hergestellt wurden: viel Zitrusfrucht und Gewürz, aber mit dieser Torfigkeit, die immer in den nördlichsten Malts auftaucht, auch wenn kein Torf verwendet wird.

Wie die anderen alten Häuser von Distillers Company Ltd. (DCL) Clynelish, Glendullan und Linkwood wurde diese Brennerei mit zwei Destillierhäusern wiederaufgebaut, die leicht unterschiedliches Destillat produzieren. Heute werden nur die neuen Brennblasen verwendet, doch die älteren, die etwas fetteren Whisky geben, sind noch funktionstüchtig. Verantwortlich für die Produktion ist auch Cathy Earnshaw, die wohl bald ihre eigene Destillerie übernehmen wird, nachdem sie wie Bessie Williamson ein oder zwei Generationen vor ihr in Laphroaig bewiesen hat, daß nicht nur Männer Whisky brennen können. Doch sie muß Glück haben, wenn sie einen ebenso guten Whisky wie Teaninich finden will.

GLEN ORD

Die südlichste dieser Destillerien liegt am Muir of Ord bei Beauly. Man versteht, daß in Glen Ord eine Identitätskrise ausbricht, denn bis vor kurzem hieß die Destillerie Muir of Ord, dann Ord und jetzt Glen Ord.

Der Whisky wurde kurze Zeit unter dem Namen Ordie verkauft, und zur weiteren Verwirrung änderte sich auch noch sein Geschmack. Er ist dumpf und aggressiv am Gaumen, sehr erdig und wurzeltönig, wie in dieser Region üblich. Diesen Charakter hat er noch, wenn auch versteckt, da er mehr als einst von einem Sherryton überlagert wird, der die natürlichen Unebenheiten auszugleichen scheint. Blind verkostet schmeckt er gut, aber weiß man, was man trinkt, ist der Sherryton unnötig, wenn man den alten Ord kennt. Trinke ich heute Ord, dann von den sehr alten, hervorragenden, leider schwindenden Vorräten aus dem Bourbonfaß. Einmal scheint sich United Distillers geirrt zu haben. Es ist, als wolle man einen typischen Stil vernichten.

Doch die Destillerie ist nach wie vor einen Besuch wert. Von den riesigen industrieellen Mälzereien überragt, ist sie zwar nicht besonders schön, doch ist sie ideal, will man schnell lernen, wie Malt Whisky entsteht. Alle Prozesse werden auf einem Niveau ausgeführt, man sieht immer den nächsten Schritt, und die meisten Führer sind wirklich hervorragend.

Versuchen Sie Ord von unabhängigen Abfüllern zu finden. Willie Meikle, einer der technisch begabtesten schottischen Destilleriemanager, leitete Glen Ord viele Jahre lang und bis zu seiner Pensionierung im Jahr 1995 stellte er hervorragenden Whisky her. Würde United Distillers den Sherryton weglassen, könnten wir uns alle überzeugen, wie gut Ord war.

Empfehlung des Connaisseurs

TEANINICH – SEHR SELTEN, IN JEDEM ALTER GUT.

GLEN ORD – SUCHEN SIE EINE UNABHÄNGIGE ABFÜLLUNG.

SPEYSIDE

Die Küstenstraße westlich von Inverness Richtung Fraserburgh ist wirklich sehenswert. Eine Reihe von hübschen Fischerdörfern, Stränden und Felsvorsprüngen machen die Strecke wunderschön. Zwei Orte sind besonders bezaubernd: Portsoy mit seiner Kristallindustrie und das klippenumrahmte Pennan, das mit dem Film *Local Hero* unvergeßlich wurde.

An dieser Küste liegen einige Brennereien, was auch auf der Hand liegt, da hier Flüsse wie Spey, Deveron und Lossie in den Moray Firth münden, einen Meeresarm, dessen Stille regelmäßig vom dumpfen Dröhnen

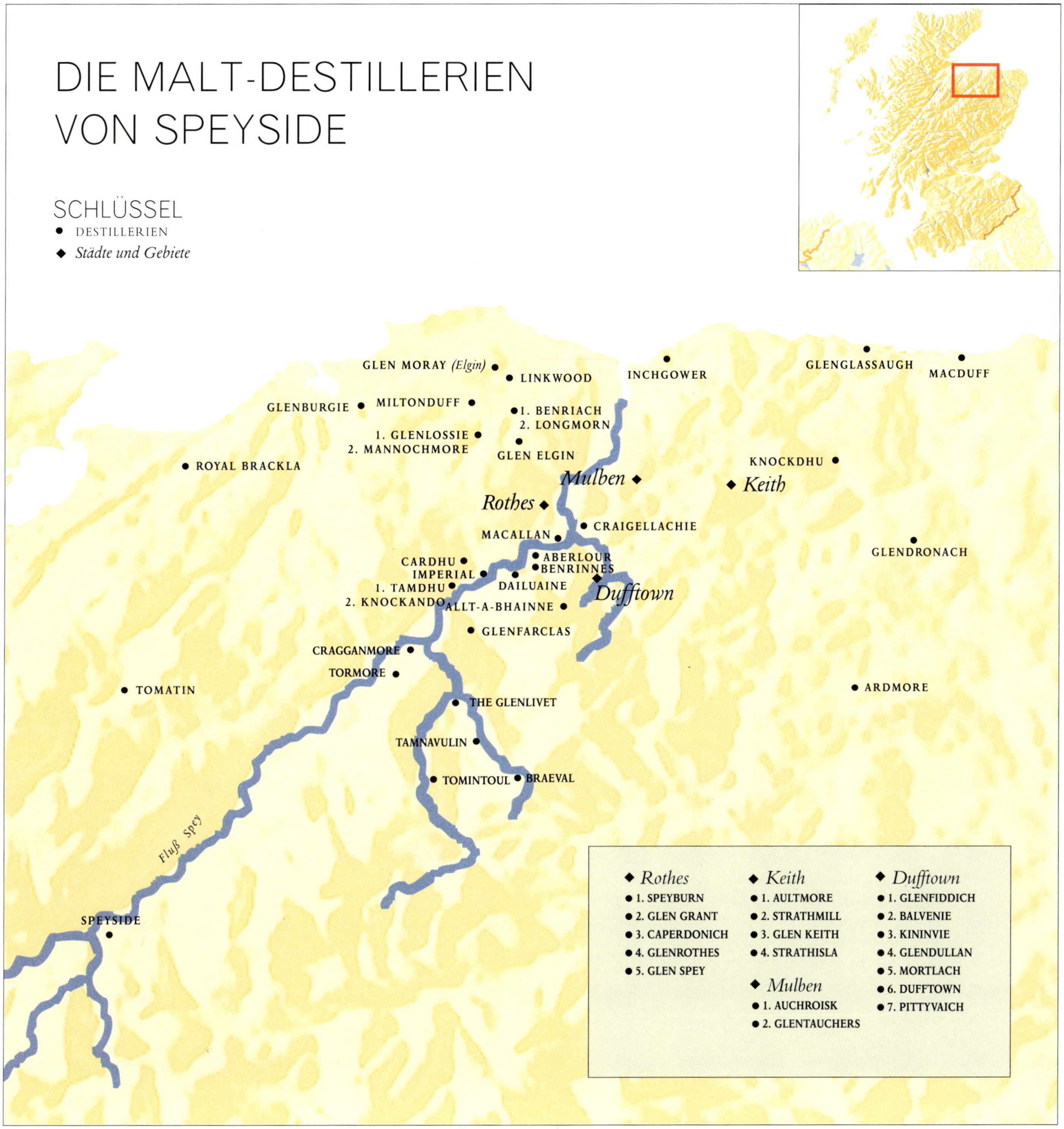

der Kampfflugzeuge der britischen Luftwaffe durchbrochen wird, die hier Trainingsflüge absolvieren. Und wie die Destillerien nördlich von Inverness haben auch diese etwas gemein: die Anonymität. Wenn Sie alle offenen und geschlossenen Destillerien aufzählen können, die hier stehen, können Sie stolz sein.

ROYAL BRACKLA

Die erste Destillerie, die Sie nach Inverness erreichen, ist Royal Brackla. Sie als Küstendestillerie zu bezeichnen, ist leicht übertrieben, denn sie liegt einige Kilometer südlich von Nairn.

Wie Teaninich ging sie nach 6jähriger Pause 1991 wieder in Betrieb. Hier wird einer der drei schottischen Single Malts hergestellt, die heute unter königlichem Wappen vertrieben werden (die anderen beiden sind Royal Lochnagar und Glenury Royal). Die Brennerei geht auf das Jahr 1835 und König William IV. zurück. In einigen Büchern, die ich gelesen habe, steht geschrieben, daß sie nahe am Fluß Findhorn liegt. Tatsächlich fließt dieser aber viele Kilometer weiter östlich, und Royal Brackla liegt nahe der Mündung des Allt Dearg in den Nairn, auch wenn die Destillerie das Wasser aus dem Cawdor Burn bezieht. Die Gebäude mit vier Brennblasen sind eine Mischung aus Alt und Neu, und einige Jahre lang war der Malt erst als 10jähriger in der Flora- und Faunaserie erhältlich, dann wurde er offenbar von United Destillers verwendet, eine Nische im günstigen Malt-Markt zu besetzen.

Lassen Sie sich nicht täuschen: Der geringe Preis ist in diesem Fall kein Zeichen für mindere Qualität. Das Alter wird nicht genannt, aber er ist wunderbar. Der Whisky ist mit zehn Jahren hervorragend, leicht im Vergleich zu anderen Sorten des Nordens, aber er paßt gut zu Speyside. Der Malt ist intensiv und süß, der schokoladig-eichige Abgang mit einer torfigen Erdigkeit am Ende ist wunderbar. Sogar der 8jährige Whisky ist trotz seiner jungen Jahre sehr komplex.

GLENBURGIE *und* BENROMACH

Glenburgie hat keinen derart guten Malt zu bieten. Bevor Sie diese Destillerie erreichen, kommen Sie durch Forres mit den geschlossenen Destillerien Dallas Dhu und Benromach. Wirtschaftlich gesehen ist es verständlich, daß Brennereien, die nicht ausgelastet sind, schließen. Aber warum Dallas Dhu, heute ein Museum, geopfert wurde, ist mir unklar. Der komplexe Malt, der an gerösteten Kaffee erinnerte, war eindeutig der beste aus diesem Teil Schottlands und vielleicht einer der zehn besten des Landes. Er ist ebenso noch erhältlich wie der Benromach, der auch recht ordentlich war, jedoch vollmundiger mit einer wunderbar salzigen, eichigen Note. Die unabhängigen Abfüller Gordon & MacPhail haben die leeren Gebäude gekauft, und nachdem sie einige Tonnen Vogeldung entfernt haben, überlegen sie nun, eine kleine Destillerie einzurichten, die ab 1998 ganz anderen Whisky produzieren soll.

Royal Brackla: *Nach 6jähriger Schließung wieder in Betrieb*

Gehen wir zu Glenburgie über. Diese Destillerie gehört Allied, so daß zweierlei garantiert ist: Sie ist sehr ordentlich, und es bleibt Gordon & MacPhail überlassen, den Single Malt abzufüllen. Ein dritter Punkt ist, daß hier auch ein anderer Whisky, Glencraig, in Lomond Brennblasen hergestellt wurde. Da die Brennblasen aber Anfang der 80er Jahre entfernt wurden, ist dieser Whisky heute wirklich sehr selten.

Ich kann nie der Versuchung widerstehen, im Vorüberfahren bei der Destillerie zu halten. Nahe den Bürogebäuden ist ein winziger, steinerner, hüttenförmiger Bau, dessen Treppen Sie in die Tiefe führen. Hier stand 1829, als die Brennerei unter dem Namen Kilnflat gebaut wurde, das erste Destillierhaus. Mit so offensichtlich geringer Produktion überrascht es nicht, daß die Destillerie schließen mußte, bevor 1870 die noch heute bestehende erbaut wurde.

Viele verschiedene Glenburgie Whiskys werden von Gordon & MacPhail vertrieben. Allied selbst hatte früher einen sehr spritzigen, unreifen 5jährigen am Markt, Gordon & MacPhail füllen dagegen mit acht Jahren ab. Letzterer kann ziemlich üppig und süß sein, aber ich habe einige enttäuschende, schwache verkostet. Sie füllen außerdem einen guten 10jährigen aus drei Fässern mit knapp unter 34 Vol.-% ab – und das ist auch das beste Alter. Gordon & MacPhail schätzen Glenburgie so hoch, daß sie zu den 100-Jahr-Feiern im Jahr 1995 einen 1948er anboten, der nach Geißblatt und Eiche duftete, nach Trauben und Malz schmeckte und einen wunderbaren, süßen Abgang hatte – für sein Alter war er erstaunlich gut erhalten. Viel dicker und elastischer als man bei dem Produkt einer Lomond Brennblase erwarten würde, ist der Glencraig. Ich muß zugeben, daß ich diesen vollmundigen, süßen, öligen Whisky mit all seinen Frucht- und Malztönen lieber habe. Doch als Teil von Glenburgie ging auch er – leider – verloren.

Empfehlung des Connaisseurs

Royal Brackla – Die junge Version ist billig und sehr frisch.

Glenburgie – Suchen Sie den Glencraig oder bleiben Sie bei etwa 12jährigen.

Benromach – Die meisten Abfüllungen von Gordon & MacPhail zeigen seinen schweren Charme.

Inchgower – Der 14jährige kann mangelhaft, aber doch faszinierend sein.

Glenglassaugh – Die Whiskys, die älter als zwölf Jahre sind, sind hervorragend.

INCHGOWER

Auf der anderen Seite von Elgin, wo die A98 um Buckie führt, liegt Inchgower, die Brennerei, die als schönste Schottlands gilt. Sie gehört nun zu United Distillers, war aber nie durch das Renovierungsprogramm von Scottish Malt Distillers bedroht, da sie gemeinsam mit der Bell's Organisation erworben wurde. Die Destillerie ist aufgrund ihrer niedrigen Gebäude, die eine große Fläche einnehmen, einzigartig in der Welt. Als Bell's im November 1935 eine hübsche Broschüre über ihre Firma produzierte, war darin viel über Dufftown und Blair Athol zu lesen, Inchgower wurde aber nicht erwähnt. Diese Destillerie erwarben sie nämlich erst im folgenden Jahr vom Gemeinderat für die ansehnliche Summe von 3 000 Pfund. Als Bell hörte, daß auch das angrenzende Herrenhaus zum Verkauf angeboten wurde, bot er weitere 1 000 Pfund. Der Bürgermeister, der das Angebot annahm, soll später gesagt haben: „Das war das erste Mal, daß man mich an einem Tag zweimal reingelegt hat."

Bell's war um diese Zeit bereits erfolgreich, wenn auch weit weniger mächtig als in den 60er und 70er Jahren, als ihr Whisky den britischen Markt wie im Sturm eroberte. Die Nachfrage nach ihrem Produkt war so groß, daß es zu verhängnisvollen Engpässen bei der Herstellung und Reifung sowie bei der Wartung der Apparate kam. Noch heute erschauere ich, wenn ich an den 12jährigen Inchgower denke, den Bell's damals auf den Markt brachten. Er brannte und schmeckte schmutzig. Unter den neuen Besitzern ist er wieder frischer, auch wenn der 14jährige – aus Bell's Zeit – noch nach einigen Fehlern riecht. Doch der salzige Charakter, das trockene Malz mit buttriger Eiche und leichter Torfnote sind durchaus ein Genuß.

GLENGLASSAUGH

Auf der Küstenstraße führt zwischen Cullen und Portsoy eine kleine Linkskurve zum Klippenrand und zur über dem Meer gelegenen Glenglassaugh Destillerie. Sie wurde 1986 von den Besitzern, Highland Distilleries, geschlossen, und sie wird wohl nur unter neuen Besitzern jemals wieder öffnen. Schade! Man würde kaum annehmen, daß die Brennerei bereits aus dem Jahr 1875 stammt, da sie als Opfer von wenig einfühlsamen Architekten schmuddelig wirkt. Die Blendmeister, die ebenfalls nicht sehr glücklich über das neue Aussehen waren, beschlossen, die Destillerie stillzulegen.

Gibt man dem Glenglassaugh aber Zeit, in der salzigen Luft der sturmgepeitschten Klippen zu reifen, wird er zu einem der spezifischsten und klassischsten Whiskys von Speyside. Zwischen zwölf und 16 Jahren duftet er wunderbar, eine Mischung aus malzigem Biskuit und feiner, kanadischer Toffee-Eiche. Am Gaumen ist er zwar sehr salzig,

 Whisky-Land: *Das zerklüftete Findhorn Valley in Speyside*

was aber durch süßes Malz und schweren Rauch ausgeglichen wird. Er ist hervorragend. Leider kann die Destillerie nicht zwölf Jahre warten, bis der Malt gut wird. Manchmal wird außerhalb der britischen Inseln ein Glenglassaugh ohne Jahresangabe verkauft – jährlich werden nur einige tausend Flaschen faßreif. Kaufen Sie ihn, er ist phantastisch!

MACDUFF

Weiter im Osten kommen Sie nach Banff und Macduff, die ebenso verbunden sind wie St. Paul und Minneapolis in den USA, nur in wesentlich kleinerem Maßstab.

Die alte Destillerie von Banff wurde abgerissen – der Preis für die jahrelange Produktion von schlechtem Whisky war sehr hoch. Viel besser ist der honigsüße Malt aus der Macduff Destillerie, der unter dem Namen Glen Deveron abgefüllt wird. Da Macduff Anfang der 60er Jahre gebaut wurde, ist die Brennerei relativ neu und hat zumindest von außen wenig mit den traditionellen schottischen Destillerien gemein. Aber der Whisky, den die Besitzer, Lawson's, immer häufiger zum Verschneiden verwenden, ist makellos. Tatsächlich ist der 12jährige von William Lawson erstaunlich, da er kaum Torf enthält und sehr leicht, doch gehaltvoll genug ist, um zu den sechs besten Blends zu gehören, die ich je verkostet habe. Der honigsüße Duft des Glen Deveron ist in dem großartigen Blend merkbar, und der Malt wird mit seiner Süße und trockenen Malzigkeit, länger am Gaumen bleiben.

Sie sind nun am Ende der Reise angelangt, soweit es die Malts an der Küstenstraße anbelangt, doch ist der Abschluß wahrhaft majestätisch.

Empfehlung des Connaisseurs

Macduff – Der 12jährige ist seidenweich und süß.

Glen Moray – Mit zwölf Jahren ist er ein Gedicht an malziger Eleganz.

Miltonduff – Zu temperamentvoll; der 12jährige kann hervorragend sein – aber nur zu selten.

GLEN MORAY

Eine besondere Atmosphäre geht sowohl von den Menschen als auch den Gebäuden der Domstadt Elgin aus, wodurch man das Gefühl gewinnt, daß hier einige Kapitel Geschichte (einschließlich der Whiskyproduktion) geschrieben wurden. Tatsächlich gibt es im Stadtzentrum nur eine Brennerei, Glen Moray, aber zwei bis drei Kilometer östlich, westlich und südlich von Elgin stehen einige „Satelliten"-Destillerien.

Trotz Elgins Bedeutung als Zentrum der Whiskyerzeugung gehen die Touristen, die durch die alten Straßen wandern, eher in ein Geschäft als in die Brennerei. Es ist dies Gordon & MacPhail, ein Krämer in der South Street, der 1995 sein wohlverdientes 100jähriges Bestehen feierte. Betritt man das alte Geschäft, findet man rechts eine Wand mit Schinken und Regale voller Fruchttörtchen und anderer Köstlichkeiten. Links, versteckt hinter der Schokolade, ist eine Sammlung seltener Malt Whiskys, bei der auch dem größten Kenner zuerst die Luft wegbleibt und ihm dann voller Vorfreude das Wasser im Mund zusammenläuft.

Nach dem Zweiten Weltkrieg war Gordon & MacPhails Delikatessenladen oft die einzige Rettung der Maltliebhaber, wenn sie keinen Blend wollten. Wir alle sind Gordon & MacPhail unendlich dankbar. Ihnen ist zu verdanken, daß heute nicht nur Glenfiddich und Glenmorangie von Schottlands großen Malts bekannt sind.

Der hübsche alte Krämerladen ist heute noch am selben Platz, auch wenn der Whisky an einen anderen Ort in Elgin umgezogen ist und die Lager heute auf den Fußballplatz blicken. In diesen Räumen befinden sich Fässer aus Destillerien, die bereits seit langem vergessen sind und aus einigen besser bekannten aus der Vorkriegszeit. Der Leiter der Firma, George Urquhart, oder Mr. George, wie er liebevoll genannt wird, erinnert sich noch heute an Vereinbarungen, die er, sein Vater und einige Whiskybrenner in den 30er Jahren getroffen haben und die mehr als einmal einen lokalen Produzenten vor dem Bankrott bewahrten. Mr. Georges Vater, John, war einer der ersten Lehrlinge des Geschäfts, er wurde später Partner und schließlich Inhaber. Bis heute ist die Firma noch großteils ein Familienbetrieb, der von Johns Enkel geleitet wird.

Glen Moray war eine der Destillerien, von der sie seit Beginn Malt kauften. Sie war als Brauerei gegründet, aber während des großen Whiskybooms Ende des 19. Jahrhunderts in eine Destillerie umgewandelt worden. Heute hat sie denselben Inhaber wie Glenmorangie, und da Tain wenig Malt zum Verschneiden an andere Firmen liefert, wird innerhalb der Gruppe vor allem Glen Moray für Blends verwendet. Der Malt ist dafür perfekt geeignet, da er rein, süß und unaufdringlich ist. Die Intensität des 12jährigen, ähnlich der des Cardhu, macht ihn auch als Single Malt hervorragend. Überraschend ist aber, daß er gehaltvoll genug ist, um 21 Jahre zu erreichen. Er macht dies mit einem Hauch Finesse, wenn auch sehr wenig Komplexität. Auch wenn es sehr viel bessere Malts gibt, gehört dieser wegen seiner Einfachheit zu meinen Lieblingssorten.

MILTONDUFF

In der Nähe liegt Miltonduff, eine ältere und größere Destillerie. Während die Gebäude von Glen Moray kompakt scheinen, ist Miltonduff sehr weitläufig, auch wenn die Destillerie im gleichnamigen Ort südwestlich der Stadt in ländlicher Umgebung liegt.

Auch der Malt von Miltonduff wird von Allied und anderen Produzenten zum Verschneiden verwendet. Er wurde früher als Single Malt herausgebracht, doch meiner Meinung nach hatte er zwar ein nettes, fruchtiges Bouquet, aber nie viel Geschmack. Der 12jährige kann süß, aber auch herb und sauer sein, der Abgang ist nie sehr erfreulich. Er eignet sich hervorragend zum Verschneiden: leicht, aber mit genug Charakter, um eher langweilige Malts zum Leben zu erwecken. Er hat einen großartigen Duft. Doch als Single Malt erreicht er seine Grenzen. Ich

Empfehlung des Connaisseurs

Linkwood – Finden Sie einen 15jährigen, kaufen Sie ihn – gleichgültig wie viel er kostet.

Benriach – Der zehn Jahre alte kann widerspenstig sein, doch er wird besser.

Longmorn – Der 15jährige ist ein sehr komplexer Klassiker – phantastisch.

Glenlossie – Mit etwa elf Jahren und Fassstärke in unabhängiger Abfüllung recht beeindruckend.

Mannochmore – Der 12jährige ist blumig leicht vor einem öligeren Hintergrund.

persönlich zog den Whisky von den heute nicht mehr verwendeten Lomond Brennblasen vor, den völlig unterschiedlichen Mosstowie. Mit zwölf Jahren war er viel gehaltvoller, fetter, hatte ölige Süße und war malzig, trocken wie verbrannter Toast nach einer Fanfare von Äpfeln und Torf. Sollten Sie noch einen bekommen, werden Sie merken, daß das Öl beinahe im Glas glänzt.

LINKWOOD

Einige Kilometer südöstlich von Elgin liegen die Destillerien, die mehr Anerkennung verdienen würden. Eine ist Linkwood, heute am Stadtrand fast noch in ländlicher Umgebung gelegen. Das Symbol des Malt aus der Fauna- und Floraserie von United Distillers ist der Schwan. Aber eigentlich wäre eine Spinne passender: Nach dem Krieg war der damalige Leiter Roderick Mackenzie der Meinung, daß die Qualität eines Whiskys auch von der Umgebung abhing, in der er reifte, und verbot seinen Angestellten, etwas im Lager zu verändern. Sogar die Spinnweben mußten hängen bleiben!

Auch Linkwood wurde 1824 gegründet und nahm ein Jahr später den Betrieb auf. Einige der älteren, viktorianischen Gebäude werden noch immer benutzt, eines ist sogar ein Destillierhaus. Auf gewisse Weise befinden sich an diesem überraschend rustikalen Ort sogar zwei Brennereien: Ein neues Destillierhaus wurde 1971 gebaut, und das alte wird von Zeit zu Zeit verwendet. Die Produkte heißen dann Linkwood A und Linkwood B. Die Destillierhäuser sollen sehr ähnlichen Whisky produzieren, so daß die Destillate vermischt werden, wenn beide in Betrieb sind. Meiner Meinung nach ist der Whisky der neuen Brennblasen im Vergleich zu den alten äußerst leicht, und es wäre toll, würden beide getrennt in Fässern gelagert. Das scheint auch geplant zu sein.

Jahrelang wurde Linkwood von Gordon & MacPhail als einer der wichtigsten Malt Whiskys vermarktet. Der 15jährige schwelgte in Eiche, ohne aber den Whisky auszulaugen. Mit seiner Sherrynote war er ein recht würziger, vollmundiger Tropfen mit Gewicht und Ausstrahlung. Der heutige Gordon & MacPhail schmeckt weder nach Sherry noch nach Gewürzen, sondern mehr nach Malz. United Distillers füllen einen eigenen 12jährigen ab, der nicht so süß duftet, doch sehr stark nach Malz schmeckt, was aber kaum stört. Andere Linkwoods, die ich besitze, sind reiner und würziger. Keiner kommt aber an den alten 15jährigen Gordon & MacPhail heran, der Anfang der 80er Jahre verkauft wurde – vielleicht deshalb, weil der Malt aus den alten Brennblasen stammte.

BENRIACH

Fährt man auf der A941 Richtung Südosten nach Rothes und folgt den tiefliegenden Umrissen von Lossie Glen, sieht man links ein riesiges Schild, auf dem Queen Anne Whisky steht. Das ist der Eingang zur Benriach Destillerie, selbst eine Art Produktionshaus für die Longmorn Destillerie. Beide gehören Seagram, und Benriach bleibt eine Kuriosität.

Seagram hat in den letzten zehn Jahren ein umfangreiches Programm gestartet, um die Effizienz zu steigern, und sie waren die ersten, die Brennereien von nur einer Person betreiben ließen. In Benriach findet man die kleinsten Mälzböden Schottlands, wo pro Woche nur zehn Tonnen Gerste verarbeitet und 8,5 Tonnen Malz produziert werden – nur etwa acht Prozent des gesamten Malzes, das hier verbraucht wird. Die Destillerie selbst ist wunderbar in ihrer viktorianischen Kompaktheit. Doch schon, daß sie in Betrieb ist, widerspricht aller Logik. Nach der Eröffnung 1898 schloß sie nach dem Konkurs von Pattison und den Unruhen am Markt gleich wieder. Sie stand bis 1965 still, wurde dann aber neu ausgestattet und wieder eröffnet.

Der Malt war nie klassisch, er zeichnet sich vor allem durch eine leichte, schwebende, etwas dünne Getreidenote aus. Es wurden früher Experimente mit sehr stark

getorften Whiskys gemacht, doch werden sie wohl nie in den Verkauf gelangen. Etwas überraschend hat Seagram doch noch begonnen, Benriach als 10jährigen Single Malt abzufüllen. Die ersten Flaschen waren nicht richtig abgestimmt, aber nun hat Benriach doch Charakter bekommen. Obwohl er jetzt ein recht guter Tropfen ist, schmeckt er am besten, wenn man die Flasche öffnet, die Hälfte in eine andere leere Flasche füllt und ein halbes bis zu einem Jahr stehen läßt. Die schwache Oxidation, zu der es kommt, löscht die herbere Note und schafft einen unerwartet angenehmen, gut proportionierten Tropfen, in dem sanfter Malzgeschmack vor einem härteren Abgang dominiert. Gekühlt in einem Glas ist er der kanadischste Whisky Schottlands, und ich bewundere ihn wegen seiner Einzigartigkeit.

LONGMORN

Doch all dies verblaßt gegenüber Longmorn, dem stolzesten und dominantesten Whisky dieses Teils von Speyside. Er hat nie die Beachtung erfahren, die er verdient, und ich erinnere mich an die Überraschung in dem Whiskygeschäft in Perth, das mir sein bestes Produkt überließ, als ich Anfang der 80er Jahre meinen ersten Whisky-Preis gewann, da ich bei der Blindverkostung als einziger alle sechs Sorten erkannte. Als Preis wählte ich den 12jährigen Longmorn, abgefüllt von Gordon & MacPhail. Nun verkauft Seagram einen 15jährigen mit 43 Vol.-%, der einen komplexeren Eichenton hat.

Bis 1993 wurden in der Destillerie, die seit 1894 in Betrieb ist, Kohleöfen und mechanische Rührrechen verwendet, um ein Anbrennen in den Pot Stills zu verhindern. Heute werden sie effizienter mit Dampf beheizt. Das ist für die Besitzer etwas riskant. Die meisten Leiter, die ich kenne, meinen, daß ihr Whisky verloren hat, als das direkte Feuer ersetzt wurde, und ich denke einfach, daß der Longmorn ein zu komplexer und wunderbarer Whisky ist, um ihn aufs Spiel zu setzen. Wir werden erst in etwa zwölf Jahren wissen, was sich wirklich verändert hat. Bis dahin ist aber noch genug Zeit, um die majestätischen Produkte dieser alten Destillerie zu genießen, an die eine wunderbar erhaltene, cremefarbene, stillgelegte Bahnstation anschließt. Das Gelände, auf dem sich die Destillerie befindet, ist für die Highlands eher flach und langweilig, doch ist hier das Zentrum einer der besten Gerstenanbaugebiete Großbritanniens. Die Brennerei aus orangem Sandstein, der viel heller als in Benriach ist, hebt sich gut von der Landschaft ab. Die Washbacks aus Lärchenholz sind eine interessante Besonderheit, doch der großartige Effekt ging mit der Abschaffung des offenen Feuers verloren.

GLENLOSSIE *und* MANNOCHMORE

Verläßt man Longmorn Richtung Westen, befinden sich zwei Destillerien auf halbem Weg nach Miltonduff, südlich von Elgin. Glenlossie und Mannochmore liegen nebeneinander, beide erzeugen blumigen, hochprozentigen Speyside Whisky, und ich konnte mich nie entscheiden, welche Sorte besser ist. Das liegt vielleicht daran, daß man dasselbe Wasser aus Gedloch Burn in den Mannoch Hills und dasselbe Malz verwendet und beide sehr ähnlich duften, wenn auch der Mannochmore etwas schwerer ist. Die beiden Brennereien sind leider nur bei den größten Whiskyliebhabern bekannt. Beide sind jedoch einen Besuch wert.

Glenlossie ist viel älter als Mannochmore. Nach der Gründung im Jahr 1876 betrieb man sie, wie so viele Destillerien jener Zeit, mit Wasserkraft (sie wurde erst 84 Jahre später elektrifiziert). 1929 wurde Glenlossie bei einem Brand stark beschädigt, doch ist sie noch heute eine hübsche Brennerei. Am beeindruckendsten sind die ungewöhnlichen Brennblasen, die mit einem Purifikator versehen, das Destillat heller machen.

Vielleicht habe ich mich deshalb Mannochmore zugewandt. Während der Glenlos-

Blick in die Vergangenheit: *Die Brennblasen von Longmorn werden nicht mehr mit Kohle befeuert, aber den Whisky aus jener Zeit gibt es noch*

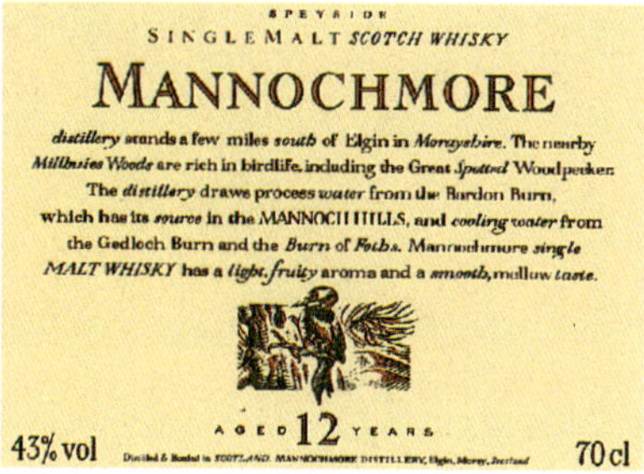

sie so zart ist wie eine viktorianische Jungfrau, hat Mannochmore zusätzliches Fett, so daß er länger und süßer am Gaumen haftet. Bedenkt man, daß die Destillerie erst 1971 gebaut wurde, hat sie unter Blendmeistern bereits einen guten Ruf. Wie Glenlossie ist sie stark mit Haig verbunden.

Wie Doppelsterne, die einander umkreisen, haben Glenlossie und Mannochmore eine besonders seltsame Beziehung. Mannochmore wurde 1984 geschlossen, und es gab Gerüchte, sie würde nie wieder öffnen. Zum Glück tat sie dies aber 1989. Sofort schloß Glenlossie wegen Umbaus bis 1991. Heute werden die beiden Destillerien abwechselnd für zwölf Monate von September bis September betrieben, und die Mitarbeiter arbeiten für beide Brennereien.

Mannochmore ist auch als Maltlieferant für den ersten schwarzen Whisky, Loch Dhu, zu gewissem Ruhm gelangt. United Distillers sagen nicht, wie sie die dunkle Farbe erreichen, dementieren aber entschieden Karamel als Ursache. Nach Duft und Geschmack zu schließen ist es auch nicht Sherry, da der Charakter des Mannochmore stark durchdringt, wenn auch nicht so intensiv wie beim köstlichen 12jährigen.

GLEN ELGIN *und* COLEBURN

Verlassen Sie Longmorn nicht Richtung Westen, sondern Richtung Süden, erreichen Sie bald einen Ort mit dem seltsamen Namen Fogwatt, in dem es links zur Glen Elgin Destillerie geht. Auch dieser ist ein Star unter den Whiskys. Suchen Sie den ultimativen Speyside Whisky – nicht zu trocken; grasig, aber nicht zu herb; mit sehr feiner Torfnote, aber nicht erdig; rein, aber nicht charakterlos; vollmundig, aber nicht übermäßig fett; komplex, aber doch leicht genug für einen Blend – das ist er!

Der heutige Manager ist derselbe Harry Fox, der Linkwood leitet und seinen Job beim Direktor von Glenmorangie, Dr. Bill Lumsden, lernte. Beide denken, daß Glen Elgin etwas Besonderes ist, und ich kann nur zustimmen. Leider ist die Destillerie nicht ebenso einzigartig geblieben wie das benachbarte geschlossene Coleburn. Als die letzte Schieferplatte an das Dach des 1898 begonnenen Gebäudes geschlagen wurde, galt das Richtfest gleichsam der gesamten Whiskyindustrie in Speyside. Es sollte 60 Jahre dauern, bis eine weitere Destillerie gebaut wurde. In Glen Elgin weist nichts auf den wunderbaren Whisky hin, der hier produziert wird, aber Sie werden vielleicht einige Mitarbeiter von Linkwood erkennen, die alle paar Wochen zwischen den Destillerien wechseln.

Einige Jahre lang exportierte United Distillers einen hervorragenden 12jährigen nach Japan, doch das ist vorbei. Heute ist der Glen Elgin nur noch in der Brennerei und sehr guten Geschäften erhältlich. Der Duft ist fast schon sensationell, mit genau der richtigen Menge von allem, großzügig aufgewertet mit Heide und Akazienhonig. Der Whisky gleitet sanft über den Gaumen, wie eine Version von Mannochmore, nicht ölig, aber mit feinerem Malz. Andere unabhängige Abfüller haben im Lauf der Jahre einige gute Whiskys auf den Markt gebracht, doch der 68er von Gordon & MacPhail ist noch immer der beste und zergeht auf der Zunge mit dem intensiven Honig- und Eichengeschmack. Ich besitze einige Flaschen, die im Lauf der Jahre einen Geschmack nach reifen Melonen und teils kräftigem Torf entwickelt haben. Wäre der Coleburn mit dem süßen, doch schalen Geschmack nur halb so gut gewesen, hätte die Destillerie 1985 nicht schließen müssen.

SPEYBURN

Fährt man rechts am majestätischen Rothes Glen Hotel vorbei, das vom selben Architekten entworfen wurde wie Balmoral, und in dem ich viele whiskyselige Abende verbracht habe, taucht links nach etwa zwei Kilometern im Glen of Rothes in einer bewaldeten Senke die Speyburn Destillerie auf. Sollten Sie sie besuchen wollen, benutzen Sie den neuen Kreisverkehr in der Stadt, der im Frühsommer 1996 errichtet wurde und überhaupt nicht ins Stadtbild paßt. Aber er macht es leichter, Glen Grant zu finden, auch wenn es immer ein Spaß war, die Destillerie zu suchen. Speyburn findet man leicht, wenn man die erste Ausfahrt nimmt.

Im Januar 1992 war dies die zweite Destillerie, die von Inver House gekauft

Glen Elgin: *Hier wird einer der seltensten Malt Whiskys Schottlands produziert*

Speyside: *Ein Gebiet mit Schmelzwasserbächen und hübschen Brücken, wie diese, die bei Elgin über den Lossie führt*

wurde. Obwohl sie auch aus der Nähe nett und kompakt aussieht, sollte man sie zuerst von der Straße nach Elgin aus betrachten. Mit dem Broad Burn und dem Small Burn, die kurz nach dieser Stelle in den Spey münden, bietet sie das typische Bild einer Speyside Destillerie. In dem bewaldeten Tal gelegen sieht sie noch genauso aus wie 1897, als sie gebaut wurde.

Innen ist alles modern, groß und geräumig: Es gibt hier die ersten in Schottland konstruierten Mälztanks – große Metallgefäße, die dieselbe Aufgabe erfüllen, wie ein Mälzboden. Diese werden seit etwa 30 Jahren nicht mehr verwendet, und das Malz ist praktisch torffrei. Der von Inver House vertriebene 10jährige hat sogar schon einen Preis gewonnen, aber so gut der Speyburn auch ist, ich halte ihn für einen klassischen Malt zum Verschneiden: leicht, sehr getreidetönig, und er hat mit 13 bis 14 Jahren eine leichte Pfeffernote. Insgesamt ein angenehmer, leichter Malt aus einer hübschen, gemütlichen Brennerei.

Rothes ist eine der wichtigsten Whiskystädte der Welt. Ich sage dies, weil Sie es bei einem Besuch des Ortes vielleicht nicht bemerkt haben. Während die Destillerien im nahen Dufftown alle gut zu sehen und zu bewundern sind, wird in Rothes versteckt gearbeitet. Unvorstellbar, daß sich im Stadtzentrum vier Destillerien, befinden. Hier ist auch Forsyth's, der weltweit führende Hersteller von kupfernen Brennblasen, aber zur laut dröhnenden Fabrik findet man ebenfalls nur mit einem Stadtplan durch die Hinterstraßen.

Erreicht man die Stadt von Elgin aus, liegt Speyburn zur Linken. Viele Touristen denken, daß sich an der Kreuzung eine Brennerei befindet. Doch das dampfende, stinkende Gebäude ist eine Getreidefabrik, in der die festen Bestandteile der Gerste aus dem Maischprozeß zu Tierfutter verarbeitet werden. Sie ist so gut zu sehen und zu riechen, daß man vor dem Kreisverkehr nur zu leicht die kleine Rampe übersieht, die rechts zu Glen Grant führt. Dies ist die einzige wirklich erstklassige Destillerie der Stadt, und es wäre ein schwerer Fehler für den Whiskyliebhaber, der etwas Besonderes sucht, sie zu übersehen.

Empfehlung des Connaisseurs

Glen Elgin – Der brillante 12jährige besticht durch Schönheit und Milde.

Coleburn – Minderwertig. Nur als Sammlerstück kaufen.

Speyburn – Der 10jährige ist ideal, wenn Sie etwas Leichtes, Ausgeglichenes suchen.

GLEN GRANT

Diese Destillerie stammt aus dem Jahr 1840 und ist somit so alt wie die britische Post. Mit der Uhr in der Mitte des Bürohauses aus Granit wirkt sie auch wie ein öffentliches Gebäude. Durch die Türme und den Eingang im Hof sieht sie aus wie ein viktorianisches Rathaus, das sich zum Marktplatz öffnet. Die Eleganz spiegelt sich in jeder Flasche Glen Grant wieder. Das ist mein schottisches Lieblingslabel: eine Zeichnung von zwei bärtigen Hochländern mit Kilt, Schwert und Gewehr – und einem Glas und einer Flasche Whisky auf einem Faß. Der Name auf dem Faß ist „J&J Grant", zwei Brüder und einstige Schwarzbrenner, die Glen Grant vor 160 Jahren gründeten, nachdem ihr Pachtvertrag mit der ursprünglichen Aberlour Destillerie auslief. Die Brüder, John und James, wurden bekannt und so reich, daß sie 1861 als erste in den schottischen Highlands elektrischen Strom in ihrer Destillerie einleiten konnten.

Die Familie Grant wurde zu einer Art Dynastie, und über die Brennerei werden mehr seltsame und wunderbare Geschichten erzählt als über jede andere. Jedes Familienmitglied, das die Destillerie leitete, hieß in seinem Umkreis einfach „Glengrant". Erst war es John und nach dem Tod von James im Jahr 1872 sein Sohn James. Heute können Besucher zwei Dinge bewundern, die James der Jüngere oder der Major, wie er später genannt wurde, der Destillerie vermachte.

Dieser Major Grant liebte wie so viele seiner Zeitgenossen die Jagd, und bei einer Afrikareise fand er ein Waisenkind aus dem Stamm der Matabele am Straßenrand. Er nannte ihn Biawa und brachte ihn nach Rothes, wo er ihn in die örtliche Schule schickte und später als Butler anstellte. Biawa sprach breiten Rothes-Akzent und unterstützte das örtliche Fußballteam, bis er im Jahr 1972 mit 84 oder 85 Jahren starb. Einmal verwirrte er einen Gutsherrn, der ihn in fließendem Suaheli ansprach, indem er im breitesten Highland-Akzent antwortete, so daß dieser kein Wort von dem verstand, was er sagte.

Der derzeitige Besitzer, Seagram, hat soeben ein großes Restaurierungsprogramm abgeschlossen und das Gelände in seiner alten Schönheit wiederhergestellt. Hier, über dem sprudelnden Black Burn, der zum Spey fließt, wurde vor langer Zeit ein Safe in den Felsen gehauen. In ihm befinden sich immer eine Flasche Glen Grant und einige Gläser, die vom Bach gespült werden. Seagram erwarb die Destillerie im Januar 1978, als J&J Grant sich bereits mit Glenliver und Longmorn zu einer kleinen Firma zusammengeschlossen hatte, die die vielleicht besten Destillerien der Welt besaß. Glen Grant Whisky wurde lange Zeit zum Verschneiden von Chivas Regal verwendet, und als James Grants Enkel, Douglas Mackessack, den Verkaufvertrag unterschrieb, ging seine 47jährige Regentschaft über die Destillerie zu Ende. Zu seinem Abschied gab er jedem Mitarbeiter ein Kuvert mit 100 Pfund.

Es wurde Elgins unabhängigen Abfüllern Gordon & MacPhail überlassen, den Namen Glen Grant als Single Malt zu vermarkten. Noch heute findet man Flaschen aus den Vorkriegs- und Kriegsjahren, die wie seither viele Jahrgänge gehaltvoll und süß sind. Ein Whisky von 1952, den Gordon & MacPhail herausbrachten, ist der torfigste Glen Grant, den ich je gekostet habe, eine erhabene Mischung aus sehr sanften Sherrys und eichigem Malz, bei dem eine Rauchnote dezent zwischen Schokolade- und Kakao-Ton erkennbar ist.

Seagram setzte auf zwei Whiskys: einen 10jährigen und einen 5jährigen, der in Italien, wo man junge Whiskys liebt, äußerst erfolgreich ist. Der 5jährige duftet noch nach Destillat und umspielt den Gaumen mit seiner herben, knirschenden Malzigkeit, die im Abgang in Toffee übergeht. Der 10jährige gehört dagegen zu den wenigen Malts, die ich mit Raum- oder Kellertemperatur und nicht handwarm trinken würde. Kühler ist er überraschend spröde. Für mich kommt er am nächsten an irische Pot Still Whiskeys heran: Diese Mischung aus gemälzter und nicht gemälzter Gerste, läßt das Wasser im Mund zusammenlaufen.

Der Malt ist wirklich hervorragend, so daß es nicht überrascht, daß der Major mehr

Glen Grant: *Urtümliches Schottland und recht bedeutender Malt*

Glen Grant: *Die alte – und zeitaufwendige – Methode, Fässer zu lagern; dieser großartige Malt stammt aus dem Jahr 1840*

daraus machen wollte. 1898 baute er eine zweite Destillerie, Glen Grant Nr. 2, mit den gleichen Brennblasen, das Wasser kam ebenfalls aus dem Caperdonich Well, die Gerste kam vom selben Lieferanten, aber ...

CAPERDONICH

Zuerst bestand die Steuerbehörde darauf, daß der Whisky über die Straße zu Glen Grant Nr. 1 gepumpt würde. So legte man ein Metallrohr über die Straße, und das berühmte Whiskyrohr war in Rothes lange Zeit eine Sehenswürdigkeit. Doch man wußte vom ersten Tag an, daß der Whisky nicht den Erwartungen entsprach, und mit dem Whisky-Crash hatte man eine wunderbare Ausrede, die Destillerie vier Jahre später wieder zu schließen. Sie stand 63 Jahre lang still, versteckt durch eine Häuserzeile, bevor sie durch die Mutterfirma von Glen Grant wieder geöffnet wurde. Nun hieß sie Caperdonich: ein anderer Name, doch der gleiche, minderwertige Whisky.

Die Fassade der Destillerie ist häßlich, doch erinnere ich mich an einen angenehmen Winterabend, den ich im Destillierhaus verbrachte. Brennblasen, Maischbottiche, Washbacks – alles ist nahe und man fühlt sich wohl. Doch der Malt aus den Sherryfässern ist ebenso charakterlos wie die Fassade der Brennerei. Seagram dachte nie daran, diesen Whisky abzufüllen, und das war klug. Er ist nicht wirklich schlecht, aber langweilig. Das vage Pinienaroma und das süße Malz sind zum Verschneiden gut geeignet, doch da der Whisky kaum Abgang hat, bleibt er neben seinem hervorragenden älteren Bruder eine Enttäuschung.

Einst war das Destillierhaus von Glen Grant für die verschiedenen Brennblasen bekannt: „Big Geordie" war riesig und bedeutend größer als „Wee Geordie". Mit insgesamt acht Brennblasen war es das lauteste Destillierhaus, das ich je besucht habe, da die dampfbetriebenen Rührrechen und die traditionellen, mit Kohle befeuerten Brennblasen gleichzeitig arbeiteten. Heute sind sie verschwunden und mit ihnen leider auch ein rußiger, lauter, doch faszinierender Teil der schottischen Destillierkunst.

> *Empfehlung des Connaisseurs*
>
> **GLEN GRANT –** ICH LIEBE DIESEN NICHT MALZIGEN WHISKY WEGEN SEINER EINFACHHEIT.
>
> **CAPERDONICH –** UNMÖGLICH ZU FINDEN UND AUCH UNNÖTIG.
>
> **GLENROTHES –** IM FASS UM DIE ZWÖLF JAHRE HERVORRAGEND.

GLENROTHES

Nur einige hundert Meter weiter auf der Hauptstraße biegt man nach der Polizeistation rechts ab. Hier liegt jenseits des Flusses Linn ein weiteres, großartiges Destillierhaus mit riesigen Ausmaßen. Es gehört zur Glenrothes Destillerie, einer Brennerei der Highland Distilleries, deren komplexe Arbeitsauf-

Empfehlung des Connaisseurs

GLEN SPEY – MIT ZWÖLF JAHREN HAT ER AM MEISTEN CHARAKTER.

AUCHROISK – DER SINGLETON IST WEGEN SEINER REINEN EINFACHHEIT IMMER EIN VERGNÜGEN.

GLENTAUCHERS – ER ENTTÄUSCHT IN KEINEM ALTER. HERVORRAGEND.

AULTMORE – MIT ZWÖLF JAHREN GRASIG. ER LÄSST DAS WASSER IM MUND ZUSAMMENLAUFEN.

teilung es ermöglicht, daß der Malt von Berry Bros. & Rudd of Cutty Sark Ruhm vermarktet wird. Das Destillierhaus, in dem fünf Paar Kupferkessel dampfen und zischen, schreckt durch seine Größe wirklich ab.

Man könnte leicht denken, daß der Malt dieser alten Destillerie aus dem Jahr 1878 mit derart riesigen Brennblasen wenig aufregend ist. Aber das ist falsch. Als Bordeaux wäre er zweite Lese. Die Verschneider lieben ihn, und ich persönlich denke, daß er mit fünf Jahren bereits eine Reife und malzige Rauchigkeit mit ganz schwacher Zimtnote hat, die ihn um nichts hinter anderen Speyside Whiskys dieses Alters zurückstehen läßt. Leider werden Sie ihn in dieser Form kaum finden. Der offiziell mit zehn oder elf Jahren abgefüllte Whisky ist besonders beeindruckend und die geschickte Verwendung von Sherryfässern hilft, die rauchige Würze zu unterdrücken. Einige Abfüllungen, vor allem von der Malt Whisky Society, waren hervorragend.

GLEN SPEY

All dies läßt Glen Spey eher verblassen. Die Destillerie liegt versteckt in Glenrothes und ist für die Öffentlichkeit gesperrt – wirklich schade! Es ist ein hübscher, alter Ort, dem ein Hauch viktorianischen Lebens anhängt. Nach jahrelanger Vergessenheit wurde der Destillerie kürzlich etwas Aufmerksamkeit zuteil, als die Besitzer, International Distillers and Vintners (IDV), die mit diesem Whisky ihre J&B-Blends verschneiden, einen besonderen Blend aus 100 verschiedenen Whiskys eines Lagers herausbrachten. Glen Spey ist als etwas langweiliger 8jähriger Single Malt unter den billigen Whiskys zu finden. Ich denke, er ist mit zwölf oder 13 Jahren am besten. In diesem Alter erreicht er eine gute, reine Harmonie zwischen Malz und Rauch. Aber wie alles in Rothes scheint auch er sich zu verstecken.

Verläßt man Rothes, hat man die Wahl. Sie können an der Getreidefabrik vorbei zurückfahren (aber achten Sie darauf, daß die Fenster ihres Wagens geschlossen sind), oder Sie fahren Richtung Dufftown. Bei der Getreidefabrik vorbei kommen Sie zum Eingang von Speyburn, und wo die Straße ins freie Land führt, biegen Sie gegenüber der Ruine eines kleinen Bauernhauses rechts ab und fahren zur Brücke, die über den Spey führt. In Reichweite ist die letzte in Verwendung stehende Eisenbahnbrücke dieser Gegend. Die Straße nach Keith ist eher geschwungen als hügelig, doch wirklich schön. Ich bin bereits so oft hier gefahren, daß ich vergessen habe, wann ich das letzte Mal eine Karte benutzen mußte. Doch liebe ich heute dieses Gebiet wirklich zu jeder Jahreszeit. Sie befinden sich nun auf der Nebenstraße nach Keith, und bald taucht links eine Destillerie auf, die völlig anders ist als alle anderen in Speyside. Sie wurde 1974 von IDV errichtet, da man für den J&B einen leichten Malt brauchte. Und genau den bekam man hier.

AUCHROISK

Die Destillerie ist eine seltsame Mischung aus Futurismus, Funktionalität und, mit dem kleinen, nutzlosen Türmchen, Tradition. Sie ist von gepflegtem Rasen umgeben und wirkt etwas steril. Innen ist sie jedoch ganz unviktorianisch geräumig, was ihr eine wunderbare Atmosphäre verleiht. Betrachtet man die Washbacks aus rostfreiem Stahl und die acht kolbenförmigen, auf Hochglanz polierten Brennblasen, bekommt man das Gefühl, am falschen Ort zu sein, wenn man reich strukturierten, öligen, schweren Malt sucht. Tatsächlich ist der Malt zum Verschneiden hervorragend geeignet, da er so leicht ist, daß keine Gefahr besteht, daß er den Geschmack der anderen Destillate übertönt. Das war ein Problem für IDV, die ihn als Single Malt abfüllen wollten – dafür war er einfach zu leicht. So kam der damalige Blendmeister, Jim Milne, auf die Idee, ihn zwölf Monate in einem Sherryfaß „abzurunden".

Mit dieser Methode gelang es ihm, eine Schwere und Fruchtigkeit zu erreichen, an die der ursprüngliche Malt, der in einem Bourbonfaß gereift war, nicht herankam. Der Whisky wurde erstmals 1986 als 12jähriger unter dem Namen „The Singleton of Auchroisk" vertrieben.

Man nannte ihn Singleton, um die Menschen nicht mit dem Namen Auchroisk (sprich „Arthrusk") abzuschrecken. Als er herauskam, schrieben ein oder zwei Experten in ihren Kolumnen begeistert, er wäre einer der besten Malts am Markt. Ich verstehe die Aufregung bis heute nicht, obwohl der Singleton einige Preise gewonnen hat. Er ist ein sanfter, leichter Tropfen, der sich heute im Abgang durch eine attraktive Würze auszeichnet.

Heute kommt dieser Whisky eher als 10jähriger auf den Markt und nicht als Jahrgangsabfüllung. Sogar der jüngere Malt ist fein und durchaus erfreulich, aber nicht klassisch. Er richtet sich an all jene Genießer, die Sherry-Geschmack mögen, doch ich ziehe ihn natürlich direkt aus dem Bourbonfaß vor, wo man noch das zweifellos süße, kristallklare Wasser von Dorrie's Well auf den Lippen zu spüren scheint. Nach Entdeckung dieser außergewöhnlichen Wasserquelle und erfolgreichen Tests in Glen Spey kauften Justerini und Brooks das Land mit der Quelle und das Gelände, auf dem die Destillerie gebaut wurde. Und das war gut so.

Auchroisk: *Die Destillerie im typischen Stil der 70er Jahre ist steril und gut gepflegt*

GLENTAUCHERS

Den einzigen wirklich hervorragenden Whisky, der in der Umgebung von Keith produziert wird, finden Sie einige Kilometer weiter Richtung Glentauchers, der anderen Seite des Ortes Mulben. Früher war die Destillerie mit den hübschen, angrenzenden Arbeiterhäusern so stolz wie alle in den Highlands. Doch als die alten Häuser niedergerissen wurden und so die letzten Spuren der Gemeinde verschwanden, die sich um die Destillerie herum entwickelt hatte, blieb nur noch das Gefühl von Verlassenheit und Niedergang. Deshalb ist es schön zu sehen, daß noch Dampf aus der Destillerie aufsteigt und sie somit noch besteht.

Doch ohne Intervention von Allied Distillers wäre das wohl nicht der Fall. Mitte der 80er Jahre hatte Scottish Malt Distillers (SMD) die Brennerei abgeschrieben, und es schien, als ob Glentauchers, die 1898 von James Buchanan gegründet worden war, um Malt für Black and White zu produzieren, geschlossen würde. Doch Allied handelte richtig und kaufte die Destillerie. Die Whiskyherstellung ist geheimnisumwittert. Eines der Rätsel ist, warum Allied erstklassige Destillerien aufkauft, aber minderwertigen Malt vermarktet. Wieder einmal waren es Gordon & MacPhail, die Glentauchers, wenn auch beschränkt, in aller Welt auf den Markt brachten. Obwohl die Destillerie 1965 ihre Kapazität verdreifachte, wirkt sie innen noch ebenso alt wie außen mit den zwei majestätischen, doch unnötigen Pagodendächern. Doch auch wenn die Destillerie zu den attraktiveren gehört, bleibt sie Touristen verschlossen. Sie dürfen allerdings den Whisky kosten, der als einer der letzten großen Malts noch auf seine Entdeckung wartet. Er ist ölig, schwer und leicht heidekrautartig, Rauch und Perthshire-Honig tragen noch zum Gewicht bei. Am Gaumen beginnt er wunderbar süß, wird dunkler und schwerer, und die Öligkeit sichert einen langen, guten, malzigen Abgang. Dieser altmodische, erdige Tropfen ist ein Genuß.

AULTMORE

Folgen Sie der Straße nach Keith und nehmen Sie die linke Abzweigung über die Schienen, die einst zu Glentauchers gehörten, folgen Sie dann der Nebenstraße nach Buckie, und Sie werden die Brennerei erreichen, die Scottish Malt Distillers in diesem Gebiet behalten wollte – Aultmore. Sie stammt zwar ebenfalls aus der Zeit des Whisky-Booms um 1890, doch wurde bei dem Wiederaufbau 80 Jahre später ein großer Teil der historischen Substanz zerstört. Die flachen, verschachtelten Gebäude der Destillerie sind eher häßlich, so daß der Verdacht nahe liegt, daß der Architekt Gin- oder Cognactrinker war. Hinter dem Gebäude liegt südwestlich ein kleiner, bewaldeter Hügel, der Wood of Mulderie, und dahinter Glentauchers. Bis Aultmore von United Distillers gekauft wurde, war der Whisky nur ein weiterer Malt von SMD und vielleicht sogar der schwächste. Er war recht gut, aber SMD unternahm wenig, um auf die verborgenen Vorzüge des Aultmore hinzuweisen. Bei jüngeren Kostproben dieser Marke wird klar, daß der Malt nicht so langweilig ist, wie die Brennerei. Es liegt sogar eine gewisse Öligkeit und getreidige Süße in der unterbewerteten Komplexität, die von SMD offenbar vernichtet wurde. Ich habe einige Jahre gebraucht, um mich mit dem Aultmore anzufreunden, da ich die Abfüllungen von SMD nicht mochte. Doch Kostproben verschiedenen Alters haben mich feinere Züge erkennen lassen, wie schwache Torfspuren, die sich auf dem kurzen Weg des Auchinderran Burn angesammelt haben dürften. Dieser entspringt zwei oder drei Kilometer nördlich der Brennerei, fließt vom Meer weg, am Destillierhaus vorbei und mündet in den Isla.

STRATHMILL

Durch Keith fließt der Isla, nach dem der spektakulärste Whisky dieses Gebiets, der Strathisla, und 1891 auch die Glenisla Destillerie benannt wurde. Doch vier Jahre später wurde sie verkauft und auf den Namen Strathmill umgetauft. Fast ein Jahrhundert lang war der hier erzeugte Malt nur sehr schwer erhältlich. Strathmill liegt am Stadtrand von Keith und ist sowohl seiner Lage wegen als auch wegen der unverfälschten Gebäude und der klassischen Einrichtung eine Brennerei, die man gesehen haben muß. Mit ihrem ungewöhnlichen, grünen Anstrich wurde die Brennerei von den Besitzern Justerini & Brooks für ihr Aushängeschild, den Dunhill, bestimmt. Dieser wird für ihre hochwertigen Blends Old Master und Gentleman's Speyside verwendet.

Im ersten Lager von Strathmill, abgegrenzt von den gewöhnlichen Marken, die darauf warten, zu Blends verschnitten zu werden, liegen auch 100 Fässer, die ein kleines Vermögen wert sind. Zum 100. Geburtstag von Alfred Dunhill im Jahre 1993 wurden sie mit einem pilzreichen Blend, dem besten seiner Art, gefüllt. Für ein einziges Faß muß man 43 000 Pfund hinblättern; somit handelt es sich um den weltweit teuersten Whisky im Faß. Der Flugpreis ist inklusive, falls Sie persönlich anreisen möchten, um Ihr Faß zu begutachten, doch mehr als die Hälfte ist bereits verkauft.

Es liegen Welten zwischen diesem Whisky und den sauberen, leicht öligen und malzigen Sorten, die außerdem noch im Lager reifen. Die Strathmill-Produkte unterscheiden sich von anderen Malts, da sie diesen wunderbar mehligen Charakter von geschrotetem Malz von der Porteus-Mühle bewahren; ähnlich wie der Port Ellen von Islay, doch nur mit einem ganz feinen Torfgeschmack. Wenn er zwölf bis 14 Jahre alt ist, sollte IDV ernsthaft darüber nachdenken, diesen Whisky selbst abzufüllen, da seine exzellente Süße ihn zu einem Tropfen macht, der überall großen Anklang finden würde.

Empfehlung des Connaisseurs

STRATHMILL – AM BESTEN MIT 13 JAHREN, DOCH NUR EIN WENIGER HOCHWERTIGER 11JÄHRIGER MIT LEICHTEM ZITRONENTON IST ERHÄLTLICH.

GLEN KEITH – UNINTERESSANT UND FADE.

STRATHISLA – DER SCHWERE 12JÄHRIGE IST ATEMBERAUBEND KÜHL. EXZELLENT.

Glen Keith: *Speysides erste Destillerie des 20. Jahrhunderts war ursprünglich eine Getreidemühle*

GLEN KEITH

Sein Nachbar Glen Keith hat es bereits vom unbekannten Malt zum Aushängeschild der Firma geschafft. Bis 1957 stand hier eine Getreidemühle, die von Seagram umgebaut wurde. Die heutige Brennerei ist sehr massiv und wirkt fast ein wenig bedrohlich. Die Brennblasen sind allerdings in einem vergleichsweise winzigen Gebäude untergebracht. Sechs Stück arbeiten jeweils in drei Paaren. Während der ersten 13 Jahre wurde die Dreifachdestillation mit nur drei Brennblasen betrieben. Meist liest man, daß Glen Keith die erste Malt-Destillerie war, die in diesem Jahrhundert in Schottland gebaut wurde. Tatsächlich war es jedoch nach Inverleven die zweite. Doch man erfährt wenig über den Whisky, der hier versuchsweise produziert und unter einem anderen Namen abgefüllt wurde. Er befindet sich in den Lagern von Seagram – in Glen Keith gibt es keine Lagerräume – und wird, zur allgemeinen Verwirrung, Glenisla genannt. In den 70er Jahren experimentierten viele Hersteller mit einem Whisky im Islay-Stil, und das war einer von Seagram. Er hatte eine feine Torfnote und einen exzellenten, wenn auch ungewöhnlich, öligen Geschmack. Bei diesem süßen Tropfen handelt es sich um eine der seltensten Sorten der Erde. Er wird wahrscheinlich niemals in Flaschen abgefüllt werden, da nur mehr sehr wenig davon vorhanden ist. Der gewöhnliche Glen Keith ist von unterschiedlicher Qualität, die besten Fässer sind jedoch sehr gut und bieten eine ungeheure Komplexität. Die offizielle Abfüllung ist leichter und nicht so beeindruckend. Sie bietet einen ansprechenden Graston, jedoch sonst nicht viel, um den Gaumen zu erfreuen.

STRATHISLA

Am anderen Isla-Ufer liegt Keiths bekannteste Brennerei, die seit kurzem wieder in neuem Glanz erstrahlt. Seagram hat endlich begonnen, diesen Malt so intensiv zu vermarkten, wie es für einen wirklich großen Whisky angemessen ist. Einmal unterlief Gordon & MacPhail ein Fehler, als sie den Strathisla als 8jährigen verkauften, dessen Komplexität sich in diesem Alter noch nicht entfaltet hatte. In diesem Alter konnte sich seine

Vielfältigkeit noch nicht entfalten. Um den Verkauf zu fördern, investierte Seagram hunderttausende Pfund in den Umbau der Brennerei zu einem Besucherzentrum für ihren Chivas Regal Blend, wobei die eleganten Gebäude ihre stille Individualität bewahrten.

Strathisla wurde bereits 1786 gegründet und ist somit die älteste Brennerei von Speyside, die noch in Betrieb ist. Das Destillierhaus, in dem dicht gedrängt die vier Brennblasen stehen, vermittelt eine ursprüngliche Atmosphäre, und die geringe Größe der Brennblasen sowie ihr Schwanenhals lassen vermuten, daß hier ein schwerer, charakteristischer Malt produziert wird. Ursprünglich hieß die Brennerei Milltown (manchmal auch Miltown). Im Verlauf von 200 Jahren haben wechselnde Besitzer den Namen immer wieder geändert. Zwischen 1870 und 1890 hieß sie Strathisla, danach wieder Milltown. 1951 wurde die von Seagram übernommene Destillerie wieder Strathisla genannt, und nachdem viel investiert wurde, um die Marke bekannt und die Brennerei zu einer Touristenattraktion zu machen, wird ihr dieser Name in nächster Zeit wahrscheinlich erhalten bleiben.

Am meisten beeindruckt das malerische Aussehen der Brennerei. Sie ist nicht groß, und das Wasserrad unter den Zwillingstürmen, die im 19. Jahrhundert angebaut wurden, ist sehr romantisch. Der Begründer der Brennerei war George Taylor, ein ansässiger Geschäftsmann, der im Flachsgeschäft genug Geld gemacht hatte, um den „wash act" zu nutzen. Dieses Gesetz, das zwei Jahre zuvor verabschiedet worden war, machte es einfacher, Whisky auf legale Weise zu produzieren.

Auch heute noch würde sich Taylor in Strathisla zurechtfinden. Er wäre beeindruckt, daß für den Umbau die alten Steine verwendet wurden, die die Destillerie architektonisch ansprechend machen. Speziell in den späten 60er und frühen 70er Jahren gelang es kaum einem anderen Architekten, eine so schöne Brennerei zu bauen. Den hier produzierten Whisky würde er allerdings kaum wiedererkennen. Zu Taylors Zeit verwendete man zum Malzdarren sehr viel Torf, und der Malt von Speyside war wesentlich rauchiger als heute. Das soll nicht heißen, daß ihm der heutige Whisky weniger gut geschmeckt hätte. In Strathisla gibt es noch immer die traditionellen hölzernen Washbacks, und das Wasser vom Fons Bulien Well ist weich und süß. Am meisten würden Taylor die kompakten Brennblasen zusagen, sowie ihre Knollenform und der Alkoholgehalt des Destillats.

Gordon & MacPhail füllen zu früh ab, doch führen sie auch einen charakteristischen 25jährigen sowie andere Spezialitäten verschiedenen Jahrgangs. Unter den Besten ist ein Malt aus dem Jahre 1963 aus dem Sherryfaß mit ausgeprägter Cognac-Note, der trotz der starken Traube körperreich ist und sehr viel Klasse hat. Der zwölf Jahre alte,

Strathisla: *Schöner als den klassischen zwölf Jahre alten Whisky zu trinken, ist nur die Brennerei bei Nacht zu sehen*

von Seagram abgefüllte Strathisla in der eigentümlichen, bernsteinfarbenen Flasche, die an Bourbon erinnert, ist wirklich klassisch. Einige unabhängige Abfüller bieten alte Strathisla an, die aber mit denen von Seagram nicht vergleichbar sind. Er ist schwer, etwas unrein im Duft, jedoch mit einem feinen Pfefferminz- und Eukalyptuston, der sich mit dem intensiven Malzgeschmack zu einer anfänglichen Kühle verbindet, die mit der öligen, süßen Leichtigkeit harmoniert und eine feine Gewürznote hinterläßt.

KNOCKDHU

Wenn Sie Keith in Richtung Osten verlassen, gelangen Sie in die letzten Winkel von Speyside. Auf dieser Route befindet sich auch eine wenig bekannte Brennerei, die vieles von dem verkörpert, was man unter schottischem Malt Whisky versteht. Man fährt in Richtung des baumlosen Steinbruches von Knock Hill, der auf einer Höhe von über 370 Metern liegt und schon weithin sichtbar ist. Hier entspringen einige Quellen, die den Boden aufweichen. Ein Teil des Wassers sammelt sich und fließt nach Süden in das winzige Dorf Knock und speist die herrlich spätviktorianische Knockdhu Destillerie. Auch diese Brennerei wurde während des Whisky-Booms gebaut. Sie ist jedoch sehr ansprechend und sah wahrscheinlich niemals besser aus als jetzt. Anläßlich ihres 100jährigen Jubiläums im Jahr 1994 ließen die Inhaber, das Unternehmen Inver House, die Gebäude neu streichen, und nun spiegelt sich die Sonne in den goldenen Turmspitzen. Als die Destillerie in den 80er Jahren den Scottish Malt Distillers zum Opfer fiel, schienen ihre Tage gezählt.

Doch Inver House ist ein gewieftes Unternehmen. Nachdem die Manager das Unternehmen übernommen hatten, brauchten sie eine Malt-Destillerie. Der Marketing-Direktor, Graeme Thomson, ist gleichzeitig ein Blendmeister, der mehr über Malt Whisky weiß, als die meisten anderen in seinem Metier. Mit Knockdhu traf er ins Schwarze, und durch den Erwerb von Speyburn, Pulteney und Balblair wurde die Brennerei zum Mittelpunkt von vier erstklassigen, wenn auch

Empfehlung des Connaisseurs

KNOCKDHU – AN CNOC IST EIN AUSGEZEICHNETER, HOCHWERTIGER MALT MIT REICHER HONIGNOTE.

GLENDRONACH – MIT 19 JAHREN NIMMT DIESER WHISKY EINEN WIRKLICH UMWERFENDEN TORFGESCHMACK AN.

ARDMORE – EINE DER GROSSEN SORTEN. IN JEDEM ALTER EMPFEHLENSWERT, WENN MÖGLICH NICHT UNTER ZEHN JAHREN.

unspektakulären Malt-Destillerien. Das Innere ist nach wie vor in Marineblau gehalten, der Lieblingsfarbe eines SMD-Direktors. Es ist immer nett, wenn man eine Brennerei findet, in der es nur die traditionellen zwei Brennblasen gibt. Die neue Marke ist auch etwas Besonderes. Sie gehört zu den fruchtigsten Malts, die es gibt, jedoch auf charakteristisch gedämpfte Weise mit einer rauchigen Reispapiernote. Als 12jähriger ist dieser Malt völlig anders. In diesem Alter wird er als An Cnoc abgefüllt, zum Unterschied vom Knockando von IDV. Duft und Geschmack sind rauchig, doch ist er süßer und reichhaltiger und weist einen verspielten Honigton auf. Solchen Whiskys verdanken die Highland-Destillerien ihren außergewöhnlichen Charakter.

GLENDRONACH

Wenn Sie wissen möchten, wie Balbair, die jüngste Brennerei von Inver House, aussieht, brauchen Sie nur nach Ardmore weiterzufahren. Die Fahrt dorthin ist zwar nicht gerade kurz, doch nun befinden Sie sich im entlegensten Teil von Speyside, wo man nicht mehr ständig auf eine Destillerie stößt. Sie gelangen in ein Gebiet, das nicht nur zu den landschaftlich schönsten von Speyside zählt, sondern außerdem als Land von Teachers bezeichnet wird.

Verlassen Sie auf der Fahrt nach Kennethmont die A97 in Richtung der sanften Hügel von Glendronach. Hier erwartet Sie die berühmte, alte Destillerie gleichen Namens, um die es im Moment still geworden ist. Als ich vor über 20 Jahren begann, die Rätsel des schottischen Whiskys zu erforschen, bezeichnete ein Brennmeister Glendronach als „Bank of Scotland"-Destillerie. Mit anderen Worten eine sichere Brennerei, die niemals schließen würde. Sie war 1960 von Teachers gekauft worden und man wollte hier den Malt für Blends herstellen bzw. diesen auch gegen andere Malts eintauschen. Doch 1976 bot Teachers die Brennerei den Allied Distillers zum Kauf an. Allied akzeptierte und legte die Destillerie1996, im 170. Jahr ihres Bestehens, still.

Knock Hill: *Eine der düstersten Landschaften im östlichen Speyside*

Eisige Stille: *Glendronach wurde vor ein, zwei Jahren auf Eis gelegt*

Die Destillerie, vor deren Toren rotäugige Hochlandrinder weiden, ist wunderschön in einer Senke gelegen. Ihre Lage und die Mälzereien mit dem ungewöhnlichen, länglichen Turm ziehen viele Besucher an. Die Mälzereien haben den Betrieb nun eingestellt, obwohl ihr Malz noch häufig verwendet wird. Zu Beginn der 90er Jahre wurde Malt Whisky als „Original" oder „im Sherryfaß gereift" angeboten. Beide Versionen waren zwölf Jahre alt. Der „Original" enthielt gerade genug Sherry für eine ganz feine Fruchtnote. Er galt als exzellenter, vielfältiger Tropfen. Diese beiden Whiskys sind nicht mehr erhältlich, der jetzige „Traditional", ebenfalls ein 12jähriger, ist zu stark sherrytönig, trocken und nicht sehr beeindruckend. Der 1968er Glendronach hat einen weitaus angenehmeren Sherry-Charakter, doch am besten ist der 19 Jahre alte. Zwar wurde auch hier zuviel Whisky aus dem Sherryfaß hinzugefügt, doch diesmal beweist die dumpfe, torfige Note, daß auch das Malz und die anderen Elemente noch vorhanden sind. Diese Version ersetzte den 18 Jahre alten, dessen Sherrynote viel zu dominant und so dick war, daß sie alles andere überdeckte. Er war einer der schlechtesten Malts, die ich je verkostet habe. Und doch kann man nur hoffen, daß die Stillegung von Glendronach nur eine vorübergehende Erscheinung ist. Denn es gibt keinen schöneren Anblick, als das Malzdestillat in den beiden nebeneinanderstehenden Spirit Safes, die mit großem Stolz von zwei aufeinanderfolgenden Generationen, Vater und Sohn, gebaut wurden.

ARDMORE

Ardmore ist etwas ganz anderes. Die Destillerie befindet sich ebenfalls in Aberdeenshire und war Teachers erster Vorstoß in die Whiskyproduktion. Die 1898 errichtete Brennerei stellte eine große finanzielle Belastung für das Unternehmen dar, da Adam Teacher, Sohn des Gründers William, der sie geplant hatte, vor der Fertigstellung verstarb. Sie wurde nicht nach einem markanten Punkt in der Umgebung sondern nach einem in der Nähe des Familiensitzes der Teachers an der schottischen Westküste benannt, was für eine Destillerie in diesem Teil Schottlands ungewöhnlich war.

Die solide Atmosphäre der Brennerei läßt auf den hier produzierten Whisky schließen. Sie liegt inmitten von erstklassigen Gerstefeldern. Außerdem entspringen am Knockandy Hill 14 Quellen, deren Wasser zur Brennerei plätschert, bevor es in Rohre geleitet wird. Im Inneren findet man den Maischbottich mit seinem herrlichen Kupferdom. An der Wand ist die Bodenplatte des alten Bottichs sowie eine gußeiserne Seitenplatte aus dem Jahre 1898 ausgestellt. Das Destillierhaus wurde komplett umgebaut und erheblich vergrößert, doch wirkt hier alles noch sehr traditionell, hauptsächlich aufgrund der mit Kohle befeuerten Brennblasen, welche die neuen Wände bereits mit einer Rußschicht überzogen haben.

Doch ist es ihr Malt, der dieser Destillerie einen speziellen Platz in meinem Herzen einräumt. Jim Sim, der Destillerieleiter, verwendet noch immer stark getorftes Malz mit einem Phenolgehalt von 10 ppm. Und das merkt man. Dieser Whisky verfügt über einen Pep, der vor allem früher bei Speyside Whiskys üblich war.

Da es sich vielleicht um das letzte Exemplar einer aussterbenden Spezies handelt, und er darüberhinaus so gut schmeckt, trinke ich regelmäßig Ardmore. Wie auch bei jedem anderen Whisky habe ich zahlreiche Versionen verschiedenen Alters. Das Besondere am Ardmore ist, daß sich darunter keine Niete befindet. Gordon & MacPhail füllen einen ausgewogenen 14jährigen ab, doch der beste, den ich je getrunken habe, war von Cadenhead. Er wurde 1977 destilliert, mit 60 Vol.-% abgefüllt und verfügt über eine spektakuläre Süße, die wie bei einem feinen Port Ellen die Torfnote abrundet. Der Phenolgehalt scheint bei 15 ppm zu liegen.

Schon seit Jahren entdecke ich Ardmore immer wieder in Teacher's Whisky. Der Abgang dieses Blend ist vielleicht ein wenig fischig. Das ist der Ardmore, der – was frustrierend und lächerlich ist – den Allied Distillers noch immer keine Abfüllung wert ist.

MACALLAN

Speyside Whisky wird im allgemeinen mit zwei Stilrichtungen in Zusammenhang gebracht. Bei der ersten handelt es sich um die grasige, saubere, leichte, lebhafte Note eines Glenlivet oder Glenfiddich. Im Gegensatz dazu stehen die schweren, klebrigen, geschmeidigen Malts mit sherrytöniger Fruchtnote – zum Beispiel The Macallan. Die Destillerie findet man, wenn man südlich aus Rothes hinausfährt, anstatt die Straße nach Keith einzuschlagen. Bevor man nach Dufftown kommt, sieht man einen Wegweiser nach Archiestown. Auf dieser steilen Straße biegt man schließlich links in eine lange, schmale, gerade Einfahrt, wie man sie normalerweise bei Gütern in Kentucky und Tennessee findet – und bei Brennereien. Die Fahrt ist äußerst spektakulär, besonders im Winter, wenn der Schnee meterhoch liegt. Man fährt direkt auf den Ben Rinnes, den höchsten Berg von Speyside, zu. An seinem Fuß kann man, in einer Entfernung von einigen Kilometern, die Brennerei gleichen

Macallan: *Die Büros von Easter Elchies House lassen auf das Alter der Brennerei schließen*

Namens sehen. Fährt man über die Kuppe eines kleinen Hügels, steht man unmittelbar vor der Destillerie The Macallan.

Wahrscheinlich hat keine andere schottische Brennerei eine so gute Marktnische gefunden, wie diese. Das war auch der Grund, warum sie 1996 von den Highland Distilleries gekauft wurde. Jahrelang war sie nur eine unter vielen Speyside-Destillerien, die zwar überdurchschnittlichen Whisky produzierte, aber ebenso wie alle anderen von der Rezession betroffen war. Sie war um 1824 unter dem Namen Elchies gegründet und nach dem Umbau von 1892 auf den Namen der Kirche umgetauft worden, die sich auf ihrem Gelände befand. Wie viele andere Brennereien wechselte sie oft den Besitzer, war in diesem Jahrhundert nahe daran zuzusperren und bekam gerade noch genügend Aufträge, um zu überleben. Nachdem sie lange Zeit zu einem Trust gehört hatte, wurde die Brennerei 1966 privatisiert. Daraufhin vollzog sich eine bemerkenswerte Verwandlung. Man beschloß, den Single Malt zu vermarkten und dafür nur Sherry-, das heißt spanische Oloroso-Fässer zu verwenden. Seit damals steht The Macallan als Synonym für Samt und Seide. Wenn man den Brennmeister einer beliebigen Destillerie nach seinem zweitliebsten Malt fragt, wird man fast niemals The Macallan hören. Dieser Whisky hat seine Kritiker, die mit einigem Recht behaupten, wenn man diesen Geschmack bevorzugt, sollte man lieber Sherry trinken. Doch sie vergessen, daß das nicht Sherry ist, sondern ein qualitativ hochwertiger Whisky, bei dem der leicht torfige, würzige Charakter durchbricht.

Die Brennerei selbst hat im Laufe der Zeit so viele Veränderungen durchlaufen, daß sie kein schöner Anblick mehr ist – zumindest nicht von außen. Daher sieht man auf der Schachtel, in der der Single Malt ausgeliefert wird, das alte Bürogebäude, Easter Elchies House. Die Brennblasen gehören zu den kleinsten in ganz Schottland. Nur die von Edradour sind noch kleiner, und trotzdem ist in den beiden Destillierhäusern kaum noch

Platz. Neun Brennblasen stehen hintereinander und fünf im rechten Winkel dazu. Sie sind alle sehr ähnlich geformt, doch wenn man genau hinsieht, entdeckt man die Unterschiede. Diese gnomähnlichen Gebilde haben ihre eigene Persönlichkeit. Im Gespräch mit dem Brennmeister, dem ehemaligen Blendmeister Frank Newlands, findet man heraus, welche Brennblasen (so wie die Wash Still und die Spirit Still Nr. 3) am beliebtesten sind und welchen, wie der Spirit Still Nr. 1, nur mit Mißtrauen begegnet wird.

Die Lagerräume sind auch etwas Besonderes. Durch die aufgereihten Oloroso-Fässer wird die Luft so schwer und dick, daß man sie fast mit dem Messer schneiden kann. Auf einigen Fässern sieht man jetzt noch, nach Jahrzehnten in den feuchten Highlands, die bunten Aufkleber der Bodega, aus der sie ursprünglich stammen. Aber wie steht's mit dem Whisky? Frank Newlands und ich führen seit Jahren einen kleinen Krieg über dieses Thema. Er meint, daß durch die Abstimmung jede Flasche Macallan der anderen so ähnlich ist, daß man keinen Unterschied erkennt. Ich hingegen bin der Ansicht, daß nicht zwei Macallans wirklich gleich sind, außer wenn sie von einem Vatting stammen. Das Vatting von Sherry mit Sherry muß zu den schwierigsten Aufgaben der Whiskyherstellung gehören. Doch gerade diese leichte Unbeständigkeit des Macallan finde ich so interessant und beeindruckend.

Andere Brennereien haben vergeblich versucht, eine ähnliche Version zu produzieren, kommen jedoch nicht an The Macallan heran. Bemerkenswert ist, daß sich der Malt im Laufe seiner Reifezeit verändert. Um The Macallan wirklich zu verstehen, muß man ihn gekannt haben, als er in ehemaligen Bourbonfässern reifte. Erst dann kann man die subtilen, würzigen Nuancen wirklich schätzen und erkennen, warum dieser Malt über genügend Charakter verfügt, um sich mit dem Sherry zu vereinen, anstatt von ihm überdeckt zu werden.

Weltweit werden verschiedene Versionen angeboten. Der 7jährige, der nach Italien exportiert wird, ist so unbeholfen wie eine junge Giraffe und überfällt den Gaumen, ohne seinen Rhythmus gefunden zu haben. In Großbritannien ist meist der 10jährige erhältlich, der sich bereits erstaunlich verändert hat. Der zwölf Jahre alte, der für gewöhnlich außerhalb von Großbritannien verkauft wird, ist weitaus tiefer, ein wenig süßer, würziger und zufriedenstellender. Im Alter von 18 bis 25 Jahren wird The Macallan schließlich zum absoluten Superstar. Noch vor ein paar Jahren dachte ich, das würde nur auf den 25jährigen zutreffen. Eine Flasche, die ich davon verkostete, zählt zu den fünf besten Whiskys, die ich jemals getrunken habe. Der Sherryton hatte sich schon ein wenig verflüchtigt, und das Malz stand in perfekter Harmonie mit Traube und Torf. Im Moment ist der 18 Jahre alte jedoch in Topform, vorausgesetzt der Oloroso-Charakter ist nicht zu dominant.

CRAIGELLACHIE

Mit den Geheimnissen von The Macallan könnte man noch viele Seiten füllen, und hinterfragen, ob es Sinn hat, einen 60 Jahre alten um 10 000 Pfund zu erstehen, wie es ein japanischer Geschäftsmann 1996 im Duty-Free-Shop von Heathrow tat. Außerdem könnte man noch intensiver auf die Rolle der Sherryfässer eingehen. Doch wenn man die Klippenstraße wieder hinunterfährt, an der Hauptstraße erst rechts und dann links nach Craigellachie abbiegt, kommt man zu einer so gut wie unbekannten Destillerie, deren Whisky ich jedoch jederzeit The Macallan vorziehen würde. Die Destillerie tut lauthals ihre Verbindung mit White Horse kund. Mitte der 60er Jahre wurde die Kapazität des Destillierhauses von zwei auf vier Brennblasen verdoppelt und das Gebäude umgebaut. Seitdem sieht man den Schein der Brennblasen, wenn man nachts an der Brennerei vorbeifährt. Viele Blendmeister verwenden diesen Malt ausgiebig, doch leider hatten die Marketingfachleute bisher noch keine Zeit für ihn. Daher ging sein 100jähriges Jubiläum 1991 unbemerkt vorüber. Wenn Sie diesen Whisky zum Kauf angeboten bekommen, entweder direkt in der Destillerie, im vornehmen Craigellachie Hotel oder als unabhängige Abfüllung mit Faßstärke von Jack Milroy im Londoner Stadtviertel Soho, nehmen Sie, so viel Sie tragen können. Seine Stärke liegt in der cremigen Weichheit, der Öligkeit, die am Gaumen haftet, so daß auf den langen, süßen Malzgeschmack ein herrlich rauchiger Abgang folgt. Dieser Whisky ist schon als 8jähriger unglaublich charaktervoll, mit zwölf Jahren jedoch nahezu perfekt.

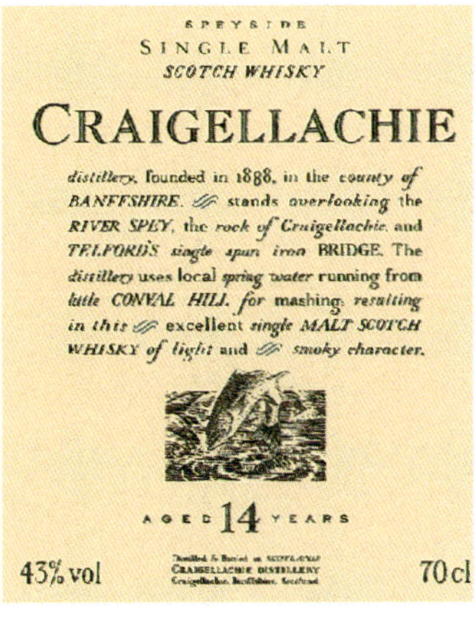

Empfehlung des Connaisseurs

THE MACALLAN – DER IN DEN USA VERBREITETE 12JÄHRIGE IST EIN GROSSARTIGER WHISKY.

CRAIGELLACHIE – DER RAUCHIGE 12JÄHRIGE IST WUNDERBAR.

ABERLOUR – DER 9JÄHRIGE MIT 57 VOL.-% (100 PROOF) HAT SÄMTLICHE EIGENSCHAFTEN EINES GUTEN SPEYSIDE WHISKYS.

ABERLOUR

Einen weiteren wunderbaren Malt findet man ein paar Kilometer weiter, wenn man von der Speyside Road in die breite Hauptstraße von Charlestown of Aberlour abbiegt. Am Ortsende liegt die Aberlour Destillerie hinter rot-schwarzen Toren versteckt. Sie ist nicht so romantisch wie das verträumte Speyburn oder so aufregend wie Ardbeg oder Laphroaig, die am Meer liegen. Und sie vermittelt auch nicht die finstere Atmosphäre von Dalwhinnie oder Glentauchers. Durch gedankenlose Umbauten sieht sie leider, wie viele andere Brennereien auch, ziemlich funktionell aus. Doch das im Inneren gelegene Wasserrad ist ein ganz reizvoller Anblick. Es lohnt sich außerdem, St. Drostan's Well aufzusuchen, eine Quelle, die über Generationen hinweg ausgetrocknet war, bis die Destillerie ihren ersten internationalen Preis gewann und das Wasser wie durch ein Wunder wieder zu fließen begann. In den 70er und frühen 80er Jahren machte ich mir nicht viel aus dem Malt von Aberlour, da er sehr bitter im Abgang war. Doch man beschloß, es The Macallan gleichzutun und fügte immer mehr Whisky aus dem Sherryfaß hinzu, bis dieser Malt sich entscheidend verbessert hatte. Nun ist er nicht mehr der alltägliche 10jährige, sondern hat einiges zu bieten. In nur sechs Jahren hat er sich wesentlich verändert und zählt heute zu den cremigsten Malts mit ausgeprägtem Toffee-Charakter. Er erinnert sogar noch etwas an Minz-Toffee, wenn auch nicht mehr so stark wie früher. Überraschenderweise wird er auf dem Etikett als trocken bezeichnet. Das ist er nur, wenn er kalt oder eisgekühlt serviert wird, ansonsten ist er so süß wie die erste Liebe.

Die Fässer für den Aberlour wurden alle vom verstorbenen Ian „Puss" Mitchell ausgesucht, dem letzten Destillerieleiter in Schottland, der am Gelände der Brennerei geboren wurde, in der er später arbeitete. Sein Stellvertreter war Kenny Fraser, der die Stille der Lagerräume mit seinem Dudelsack erschütterte, teils wegen der dort herrschenden hervorragenden Akustik, teils als PR-Gag. Kenny ist bereits in Pension, und die Brennerei hat sich ein wenig verändert, obwohl der dort produzierte Whisky immer besser wird. Zwei relativ neue Abfüllungen wurden für den Duty-Free-Handel eingeführt. Erstens Aberlour Antique, bei der bis zu 24 Jahre alte Whiskys einen Eichenton einbringen und die Würzigkeit raffiniert verfeinern. Das wahre Prunkstück ist jedoch der 57prozentige (100 Proof), der, obwohl erst neun Jahre alt, aufgrund seines Alkoholgehalts die intensive Würzigkeit voll zum Erblühen bringt und somit als Festlandvariante des Talisker gelten kann. Er ist explosiv, angefangen vom prickelnden Duft bis zum intensiven Geschmack. Von der großen Vielfalt an Speyside Whiskys wähle ich diesen gern, speziell an Tagen, wenn ich völlig ausgefroren oder totmüde bin und mich etwas aufputschen möchte. Der alte „Puss" liebäugelte möglicherweise zu stark mit dem Sherryfaß. Doch ihm ist es zu verdanken, daß Aberlour die einzige Destillerie Schottlands ist, die innerhalb kürzester Zeit von ferner liefen an die Spitze aufsteigen konnte.

Am Rückweg nach Craigellachie sehen Sie eines der märchenhaftesten historischen Monumente Schottlands, die Telford Bridge. Nehmen Sie dann die Straße, die am Craigellachie Hotel und der Destillerie vorbeiführt. Links liegt die Speyside Cooperage, von der der offizielle Whisky Trail meint, daß man sie besuchen solle, speziell wenn man bereits taub ist. Interessanter ist es jedoch, vor Craigellachie rechts abbzubiegen und auf der kleinen Straße, die auf den Blue Hill führt, am Dorf vorbeizufahren. So kommt man links an der Cooperage vorbei und sieht die Fässer, die hier lagern. Wenn es nicht so viele sind, geht das Geschäft gut und die Destillerien sind ausgelastet. Liegen aber ganze Berge von Fässern herum, ist die Nachfrage nach Scotch Whisky gering.

GLENFIDDICH

Wenn Sie den Hügel weiter hinunterfahren, kommen Sie in die Außenbezirke von Dufftown, wo Sie links die Überreste von Convalmore sehen. Diese Brennerei gehörte einst zu United Distillers und nun zu dem aufstrebenden Unternehmen von William Grant. Da dieser bereits drei andere Destillerien besaß, wird Convalmore nie mehr in Betrieb gehen. Das Grundstück und die Gebäude sind jedoch von unschätzbarem Wert, da hier der möglicherweise berühmteste Malt lagert – der Glenfiddich. Nach Convalmore stößt man auf einen Komplex, der drei Destillerien beherbergt, nämlich Glenfiddich, Balvenie und Kininvie. Letztere wurde 1990 erbaut und ist nur wenigen bekannt. Von Glenfiddich kann man das wohl kaum behaupten. Diese Destillerie hat als eine der ersten Single Malt intensiv vermarktet, und jedes Jahr kommen weit über 100 000 Besucher aus aller Welt, um zu sehen, wo und wie dieser Whisky erzeugt wird.

Empfehlung des Connaisseurs

Glenfiddich – Mit 21 Jahren wunderbare Ausgewogenheit von Eiche und Malz.

Balvenie – Zählt mit 15 Jahren zu den besten der Welt. Herrliche Torf- und Honignote.

Die meisten Connaisseurs vertreten die Auffassung, daß man kein Malt-Whiskykenner sein kann, wenn man Glenfiddich gut findet. Anscheinend bin ich also kein Kenner, denn ich mag diesen Whisky sehr. Sicher, man kann die Standardversion aus dem Supermarkt nicht mit den besten Speyside Whiskys vergleichen, da sie noch zu jung und unausgewogen ist. Doch ich finde sie aufgrund ihrer zitronenartigen Fruchtigkeit äußerst erfrischend, obwohl es manchmal auch Abfüllungen gibt, die fade und ein wenig geschmacklos sind. Greift man hingegen zu einem Glenfiddich, der älter als zwölf Jahre ist, stößt man auf einen hervorragenden Tropfen.

Die meisten Destillerie-Besucher ziehen eine Besichtigung im Sommer vor. Für mich vermittelt die Brennerei erst an einem frühen November- oder Dezembermorgen einen speyside-typischen Eindruck. Dann vermischt sich das müde Sonnenlicht mit dem Rauch der Destillerie, der in den winterlich blauen Himmel aufsteigt, die grauen Türme sind kristallklar, und auf den sanften Hügeln, die noch fast im Dunkeln liegen, regiert der erste Frost. An einem solchen Morgen, an dem sich das Thermometer knapp unter Null einpendelt und die bereits blätterlosen Bäume von keinem Windhauch bewegt werden, hängt in der klaren Luft das süßliche Aroma von gemaischtem Malz, das die Seele belebt.

Kein Kritiker kann Glenfiddich um den immerwährenden Reiz seines Destillierhauses bringen. Seitdem hier William Grant an Weihnachten des Jahres 1887 zum ersten Mal seinen Whisky verkostete, wurden die kupfernen Pot Stills mit Kohle befeuert und die Rührrechen mechanisch betrieben. Natürlich gab es noch nicht 28 Brennblasen, als William Grant seine Produktion in den Auffangbehälter laufen ließ. Doch die Brennblasen von Glenfiddich sind sehr klein, was immer für gute Qualität bürgt.

Man hat dem Glenfiddich nichts Gutes getan, als man „Special Old Reserve" auf das Etikett des Standardwhiskys drucken ließ, da wahrscheinlich nichts in dieser Flasche älter als sieben oder acht Jahre ist. Auch das Alter des vermutlich zehn und 20 Jahre alten „Classic" wird nicht verraten. Doch erst wenn Sie den 18 Jahre alten „Excellence" probieren, werden Sie verstehen, warum dieser Whisky etwas Besonderes ist. Denn es dauert unheimlich lange, bis ein Glenfiddich gereift ist. Der 21jährige ist mit seiner schokoladigen Malznote, den Rauch- und Rosinentönen so komplex, wie man es sich nur wünschen kann. Ich habe auch einige spezielle Fässer mit über 30 Jahre alten Malts verkostet, deren Zusammenstellung wirklich atemberaubend für einen Malt war, der mit so wenig Eiche gereift ist. Beim relativ lebhaften 30jährigen ist der Eichenton gerade richtig, und schafft einen Duft, der zu den komplexesten aller Speyside Whiskys zählt. Das ist auch dem nahezu perfekten Einsatz des Sherryfasses zu verdanken. Obwohl die Eichennote lange am Gaumen bleibt, bietet dieser Malt von allem etwas, und ich liebe diese reichhaltige Schokolade-Apfel-Trauben-Malzkomposition, die das gesamte Geschmacksspektrum widerspiegelt.

Also, welcher Glenfiddich bringt den Charakter am besten zum Ausdruck? Mit Ausnahme des 30jährigen, ist es unbedingt der 15jährige, der mit harmlosen 51 Vol.-% „Faßstärke" abgefüllt wird. Der 18jährige ist sicherlich besonders würzig, doch beim 15jährigen, mit oder ohne Wasser getrunken, findet man eine Torfigkeit, die sich bestenfalls der Gründer vor 100 Jahren erwartet hätte. Außergewöhnlich ist, daß dieser Whisky noch wirklich jung schmeckt, verglichen mit der Standardabfüllung, die man bestenfalls als vorpubertär bezeichnen kann. Die Schönheit der Jugend liegt in seiner Lebendigkeit und Energie, kombiniert mit einer noch nicht verhärteten Reife. Dann ist da noch diese Torfigkeit, von der niemand weiß, woher sie stammt. Die Gerste ist ganz und gar ungetorft, doch das Wasser hat hier auch noch ein Wörtchen mitzureden. Der 18jährige ist ihm vielleicht an Komplexität und Ausgewogenheit überlegen, und um diesen Malt wirklich genießen zu können, darf man nicht zimperlich sein. Er ist zwar nicht billig, aber nehmen Sie trotzdem einen großen Schluck, den Sie so lange wie möglich im Mund behalten. Dann werden dieser und der 15jährige Ihnen beweisen: Wenn Sie keinen Glenfiddich trinken, werden Sie es bereuen.

BALVENIE

Nachdem man unter einer kleinen Brücke durchgegangen ist, gelangt man zum Ursprung des vermutlich besten Malt Whiskys in den gesamten Highlands. Das ist die Destillerie Balvenie. Egal, wie Sie es aussprechen: „Bal-ven-ie" oder „Bal-vee-nee", der Name erinnert ebenso wie der Whisky an eine Rhapsodie.

Ebenso wie Glenfiddich ist auch Balvenie ein Meisterwerk spätviktorianischer Baukunst. Ein Teil der Brennerei gehörte früher zu einem Schloß, jedoch nicht zu dem, das gegenüber von Glenfiddich liegt und tatsächlich Balvenie heißt. Die Destillerie wurde 1892 von William Grant erbaut, der zusätzliche Kapazitäten benötigte, da sein Konkurrent, die Glenlivet Destillerie, durch einen Brand zerstört worden war und er somit mehr Glenfiddich verkaufen konnte. Er kaufte sogar eine gebrauchte Brennblase von Laphroaig für 47 Pfund, das heißt um weniger als die Hälfte ihres Wertes.

Balvenie: *Speysides beste Destillerie liegt versteckt im Schatten von Glenfiddich*

Obwohl Grant seinen Glenfiddich als Single Malt vermarktete, wußte jeder Brancheninsider, daß man den qualitativ hochwertigeren Whisky in Balvenie produzierte. Dieser wurde jedoch erst in den letzten zehn Jahren wirklich als Single Malt vertrieben. Die Touristen, die von der offiziellen Glenfiddich-Tour nach Balvenie abzweigen, erwartet etwas ganz Besonderes. Die Mälzböden sind noch in Betrieb und die malerischsten in ganz Schottland. Am besten sieht man sie, wenn man den Eingang gegenüber des Brennofens benutzt, dessen glutrotes Feuer schaufelweise Kohle und Torf verschlingt. Die alten Mauern sind ein wenig schief und uneben, die Fenster winzig. Sie lassen nur sehr wenig Licht herein, doch gerade genug, um den Raum in einen goldgrünen Schleier zu tauchen. Hier liegt die keimende, feuchtwarme Gerste rund um die niedrigen Pfeiler, die das obere Geschoß stützen. Die danebenliegenden hölzernen Washbacks verstärken das traditionelle Bild, das durch die rostigbraunen Brennblasen ergänzt wird, die viel älter aussehen als die von Glenfiddich. Doch das ist noch nicht alles. Einige Lagerräume von Balvenie gehören zu den besten, die ich gesehen habe. Sie grenzen an die Überreste des alten Balvenie-Gebäudes, und obwohl die Wände sehr dick sind, schaffen sie in Verbindung mit dem Kiesboden eine feuchte Kälte, die für die Reifung eines klassischen Whiskys absolut perfekt ist.

Am richtigen Tag und mit der richtigen Flasche Balvenie werde ich zum stärksten Verfechter dieses Malt. Einige Fässer, die ich verkostet habe waren bemerkenswert, absolut makellos. Schwer zu sagen, warum dieser Whisky so anders ist als der Glenfiddich. Natürlich, sie mischen ihr eigenes Malz mit zugekauftem, und ich bin sicher, daß das für eine zusätzliche Torfnote sorgt. Vielleicht ist es die Hefe oder die Form der größeren Brennblasen, während das Wasser – so vermutet man – das gleiche ist, obwohl es nicht von derselben Quelle stammt. Ein 10jähriger Balvenie kann einen noch jungen Duft haben; manche können ein wenig süßer und/oder rauchiger sein. Bei einem so feinen Malt ist das nicht weiter erstaunlich. Geschmacklich ist er jedoch ungefähr gleich: erst würzig, dann malzig und intensiv rauchig. Der 12jährige Double Wood wird zur Abrundung von Bourbon- in Sherryfässer umgefüllt, ähnlich dem 18jährigen Glenmorangie und dem Singleton. Hier funktioniert es besonders gut, denn in diesem Alter verbindet sich der würzige Eichenton mühelos mit der Sherrynote, die eine abschwächende Wirkung hat. Am besten ist jedoch der 15jährige, dessen Duft so anregend und sinnlich ist, wie man es sich nur wünschen kann. Er stammt

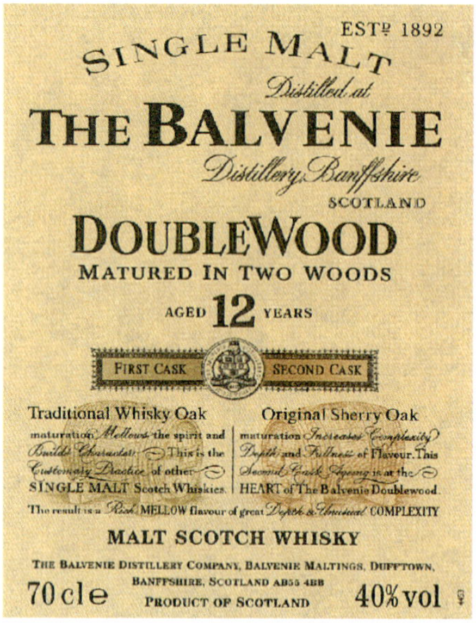

aus einem einzigen Faß. Das Aroma zeigt, wie wichtig der Eichenton für die Ausgewogenheit ist, und daß die Torfnote ebenso weich wie erdig sein kann. Doch es sind die Honigtöne, die diesen Malt zu einem unvergeßlichen Whisky machen. Er wird mit etwas mehr als 50 Vol.-% abgefüllt, was ausreicht, um den Duft auch geschmacklich so intensiv zu erleben, daß man die Augen schließen und sich mit allen Sinnen dem brillanten Genuß hingeben kann.

KININVIE

Im Vergleich zu Campbeltown, der früheren „Whisky-Hauptstadt", ist es Dufftown viel besser ergangen. Abgesehen von Convalmore ist Parkmore die einzige Destillerie, die in diesem Jahrhundert stillgelegt wurde. Obwohl sie schon seit 1931 nicht mehr in Betrieb ist, handelt es sich bei letzterer um eine der besterhaltenen spätviktorianischen Brennereien aus der Zeit des Whisky-Booms. Da es hier so viele andere Destillerien gibt, wird Parkmore als Lager benutzt.

Erfreulicherweise wurden in Dufftown auch zwei neue Destillerien gebaut. Dadurch gilt weiterhin die alte Redensart: „Rome was built on seven hills and Dufftown stands on seven stills." (Rom wurde auf sieben Hügeln erbaut und Dufftown auf sieben Brennblasen.) Dank der hinter Balvenie gelegenen Kininvie Destillerie, bewahrt dieser Spruch seine Gültigkeit. Tatsächlich ist diese nicht viel mehr als ein Destillierhaus: das Mahlen, Maischen und Vergären wird in Balvenie durchgeführt, jedoch mit anderen Apparaten. Der Maischbottich ist traditionell offen und die Washbacks sind ebenfalls aus Douglas-Tanne gefertigt. Die Wasserquelle ist dieselbe wie in Balvenie.

In Kininvie wurde erstmals am 4. Juli 1990 destilliert. Drei Jahre später verabredete ich mich mit dem Blendmeister von Grant, David Stewart, bei den vier etwas klobigen, dickhalsigen, doch nicht allzu großen Brennblasen (die Spirit Still faßt nur 8400 Liter), um den ersten Whisky zu verkosten, der gerade die Volljährigkeit erreicht hatte. Schon Jahre zuvor hatte David mir gesagt, daß hier ein Malt produziert werden sollte, der nicht so schwer wie der Balvenie und in jungen Jahren etwas gewichtiger als der Glenfiddich ist. Er nahm eine Kostprobe aus Faß 21, und wir waren beide völlig überwältigt von der intensiven Malzigkeit. Der Whisky schmeckte weder süß noch trocken, aber einfach hervorragend. Im Alter von 10 Jahren wird er wirklich gut sein.

Er wurde bereits mit dem Clan MacGregor von Grant für den amerikanischen Markt verschnitten, wird jedoch erst als Single Malt abgefüllt, wenn er das beste Alter erreicht hat. Im Moment ist das noch nicht der Fall. Er wird sicher kein 5jähriger. In diesem Alter ist er zwar süß und hat bereits eine beeindruckende Eichennote, der Abgang ist jedoch flach und unvollständig und verliert etwas an Ausgewogenheit, die jedoch in ein oder zwei Jahren erreicht sein sollte.

GLENDULLAN

Ich hoffe, der Kininvie wird ebenso gut wie der Glendullan, dessen Brennerei auf der anderen Seite von Balvenie Castle liegt. Die Destillerie war einst eine der bemerkenswertesten in Speyside. Während Glen Grant bereits seit 1861 elektrischen Strom verwendet, nutzte Glendullan bis nach dem Zweiten Weltkrieg den Fiddich River für die Energieerzeugung. Heute ist die Destillerie, abgesehen vom Whisky, wenig reizvoll. Denn auch sie wurde ein Opfer der Scottish Malt Distillers, die es darauf angelegt hatten, den ästhetischen Aspekt der Brennereien zu zerstören, was ihnen hier mit dem Bau eines neuen Destillierhauses gelungen ist. Dieses wurde 1972 fertiggestellt. 13 Jahre lang waren beide Destillierhäuser in Betrieb, bis das alte stillgelegt wurde. Man sagt, der Whisky aus den beiden Destillierhäusern wäre derselbe, doch

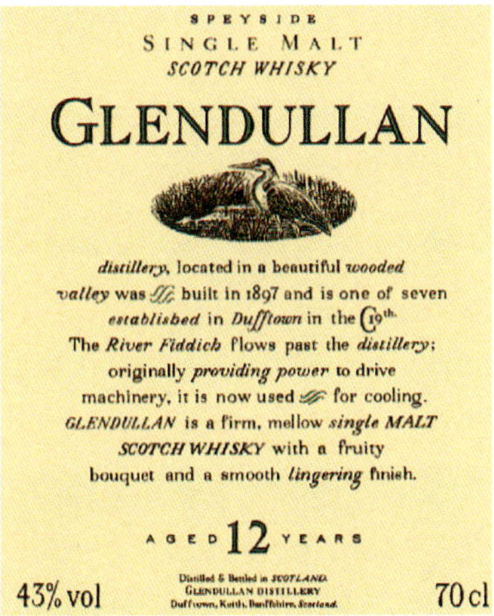

das ist nicht der Fall. Ich bevorzuge die alte Version, die fetter, seidiger und malziger war und die bemerkenswerte Eigenschaft hatte, sich innerhalb von Sekunden von süß in staubtrocken zu verwandeln, so daß die Transformation beinahe spürbar war. Er war der einfachste unter den komplexen Whiskys.

In Glendullan wurden seit 1972 drei völlig unterschiedliche Malts produziert: zuerst die Originalversion, dann die Mischung aus den beiden Destillierhäusern und schließlich, ab 1985, ausschließlich Malt aus dem neuen Haus. Einige 8jährige Glendullans sind trotz ihrer Jugend erstaunlich reif und haben eine, in diesem Alter überraschende Torfnote, die lange anhält. Die 12jährige Standardabfüllung ist vermutlich nicht so gut wie der Malt vor 1972, dennoch aber ein ansprechender Tropfen – ziemlich trocken und trotzdem gehaltvoll. Ein 22jähriger erinnert an ungetorften Caol Ila mit intensivem Vanillefinale. Hier wirken sich die alten Brennblasen aus. Was alle drei Versionen gemein haben, ist die Tatsache, daß es in ganz Schottland nichts annähernd Ähnliches gibt.

Empfehlung des Connaisseurs

KININVIE – WIRD VERMUTLICH ZUR JAHRTAUSENDWENDE ERHÄLTLICH SEIN.

GLENDULLAN – HALTEN SIE NACH DESTILLATEN AUSSCHAU, DIE VOR 1985 HERGESTELLT WURDEN.

MORTLACH – SUCHEN SIE NACH EINEM RUND ZWÖLF JAHRE ALTEN, DER LEIDER SELTEN IST.

MORTLACH

Es gibt noch einen Malt aus Dufftown, der besser – viel besser – als der Glendullan ist. Er heißt Mortlach und stammt aus einer Destillerie, die nur wenigen bekannt ist, jedoch auf jeden Fall zu den besten der Welt gehört. Als United Distillers ihre „Classic Malts" auswählten, errang der Cragganmore diesen Titel für die Region Speyside, und niemand würde seine Klasse bestreiten. Doch viele Destillerieleiter und einige Blendmeister waren ein wenig überrascht. Hätte es eine Abstimmung gegeben, wäre vermutlich Mortlach als Sieger hervorgegangen.

Mortlach war die erste Brennerei in Dufftown. Die Stadt wurde erst 1817 gegründet, und bereits sechs Jahre später stellte man hier Whisky legal her. In Whisky-Büchern wird oft behauptet, der Name Mortlach bedeute „schüsselförmiges Tal". So könnte man die Umgebung auch beschreiben. Ich denke jedoch, daß „mort" von dem gälischen Wort für Massaker abgeleitet ist, während „lach" „Wildente" bedeutet. Denn an dieser Stelle besiegte 1010 König Malcolm II. von Schottland die Dänen. Der Gedanke, daß die Sieger die getöteten Feinde als Wildenten bezeichneten, ist nicht so weit hergeholt.

Die Destillerie hat ebenfalls eine beeindruckende Geschichte. Hier erlernten zahlreiche hervorragende Brennmeister ihr Handwerk, wie zum Beispiel William Grant, der

Mortlach: *Seit fast zwei Jahrhunderten bietet die Destillerie einen imposanten Zugang nach Dufftown*

Begründer des berühmten Glenfiddich. Sie ist die einzige Brennerei die ich kenne, die während der Zeit, in der sie nicht in Betrieb war, von 1837 bis 1851, als Kirche diente. Doch mit Hilfe von Investitionen wurde sie Mitte des 19. Jahrhunderts zur modernsten Brennerei. Seit damals ging es Mortlach immer gut, und der hier produzierte Whisky erhielt von den Blendmeistern nichts als Lob. Aufgrund seines großen Erfolges als Blend wurde er niemals im großen Stil als Malt vermarktet. Die Art von Whisky, die hier produziert wird, entbehrt jeder Logik: Da er teilweise dreifach destilliert wird, müßte er eigentlich leichter sein. Das ist, ähnlich wie beim Springbank, jedoch keineswegs der Fall. Und wie bei Springbank ist ein Besuch der Destillerie wirklich lohnenswert: Die hölzernen Washbacks sind dunkel und kommen durch ihre schokoladefarbenen Metallrippen gut zur Geltung. Die sechs Brennblasen sind scheinbar willkürlich geformt, nicht eine gleicht der anderen. Die Schwanenhälse münden in seltsamen Winkeln in altmodische Kühlschnecken. Jahrelang betrieb man die Brennblasen in zwei verschiedenen Räumen, nun wurden sie zusammengestellt. Dann ist da noch der eigenartige cremefarbene Anstrich der Destillerie. Alles in allem, ist Mortlach wirklich etwas Einmaliges.

Im Moment verfügen United Distillers über einen 16jährigen, dessen eichiger Duft für mich gerade noch akzeptabel ist, doch abgesehen davon ist er gut. Gordon & MacPhail füllen regelmäßig einen 15jährigen ab, der ihm ähnelt. Ihre Schwäche liegt im Abgang, der kürzer ist als bei anderen Mortlachs, die man ab und zu bei unabhängigen Abfüllern findet. Was jedoch vorher kommt, zählt zu der Art von Whisky, bei der man die Augen schließt und mit dem Kopf nickt. Beim 16jährigen finden wir Honigtöne mit einem Hauch Marzipan und Minze, jedoch mit unterschwelliger Trockenheit – und so gut er auch ist, würde ich ihn doch rund vier Jahre jünger vorziehen. In diesem Alter kommt das Malz besser zur Geltung, er ist süßer und die Komplexität angeregter und intensiver. Leider zeigt sich bei Gordon & MacPhail, daß selbst die unabhängigen Abfüller (James MacArthur möglicherweise ausgenommen) sich bei diesem Whisky von seinem Alter verführen lassen. Doch ich betreibe Haarspalterei – es handelt sich um gute Qualität, die in den USA immer mehr Anhänger findet.

DUFFTOWN

Wenn Sie hinter Mortlach die Hügelstraße hinauffahren, kommen Sie zu den letzten beiden Brennereien in Dufftown. Die erste trägt den Namen der Stadt und ist eine hübsche Destillerie, die lange zu Bells gehörte und den dramatischen Veränderungen entkommen ist, die viele andere zum Zwecke der Erweiterung erleiden mußten. Die Gebäude gehörten einst zu einer Getreidemühle, und obwohl der spielzeugähnliche Uhrturm aus Granit und die kleinen Geschäfte der Stadt ganz in der Nähe sind, vermittelt die Destillerie einen ländlichen Eindruck. So, als würde hier guter Whisky hergestellt, obwohl dieser einiges zu wünschen übrig läßt.

Jahrelang vermarktete Bells zusammen mit einer ihrer anderen Brennereien, Blair Athol, einen preisgünstigen Single Malt. Die beiden Whiskys hatten vier Dinge gemeinsam: den Preis, die grellen Etiketten, den Hersteller und die schlechte Qualität. Inzwischen hat man sich sehr bemüht, den Whisky zu verbessern, und die United Distillers produzieren nun eine geringe Menge eines 15jährigen, der aus sehr umsichtig gewählten Fässern stammen muß. Der Duft ist anfangs nicht allzu vielversprechend, wird jedoch durch den Geschmack kompensiert. Dieser Malt zählt zu den mehligsten in Speyside (passenderweise, wenn man an die frühere Nutzung der Brennerei denkt), erinnert an Biskuit, mit einem Hauch von Nuß-Toffee und braunem Zucker. Nicht wirklich hervorragend, doch immerhin etwas Besonderes.

PITTYVAICH

Obwohl Bells den Ausbau von Dufftown von zwei auf derzeit sechs Brennblasen mit bemerkenswerter Umsicht meisterten, dachten sie bei Pittyvaich nicht mehr im entferntesten daran, architektonisch ansprechend zu bauen. Sie wurde auf dem Gelände einer bereits bestehenden Brennerei errichtet und ist die funktionellste aller funktionellen Destillerien. Man wollte Liefer- und Arbeitskosten einsparen und einen gängigen Malt produzieren, der zur Erhöhung des Bestands mit anderen Destillerien ausgetauscht werden konnte. Die 1975 errichtete Brennerei produzierte ununterbrochen, bis sie 1994 zusammen mit Dufftown von den United Distillers stillgelegt wurde. Die Blendmeister kümmerten sich nicht um das Schicksal der Brennerei, und heute wird sie einige Zeit im Jahr für Versuche genutzt, während in Dufftown wieder eine eigenständige Marke produziert wird.

Ich verkostete bei einem Besuch in den 80er Jahren erstmals einen 9jährigen und dachte, ich müsse ihn wieder ausspucken, so sehr schmeckte er nach reinem Alkohol. Dieser Geschmack schwächt sich im Alter von zwölf oder 13 Jahren ab, doch aufgrund der mangelnden Reife, die der Whisky in amerikanischen Eichenfässern erhält, wird er zwar ansprechend, schmeckt und riecht jedoch eher wie Bourbon als Scotch. Nur äußerst selten findet man eine annehmbare Abfüllung, die jedoch auch nicht gerade umwerfend interessant ist.

Empfehlung des Connaisseurs

DUFFTOWN – DER 15JÄHRIGE IST ZWAR NICHT BERÜHMT, NIMMT JEDOCH EINEN GUTEN PLATZ EIN.

PITTYVAICH – DER KAUF DIESES WHISKYS IST REINE GELDVERSCHWENDUNG.

BENRINNES – GREIFEN SIE ZU EINEM ZEHN ODER ZWÖLF JAHRE ALTEN.

DAILUAINE – AM BESTEN VERSUCHEN SIE EINEN 10JÄHRIGEN VON EINEM UNABHÄNGIGEN ABFÜLLER ZU FINDEN.

IMPERIAL – DIESER WHISKY WIRD SEINEM GROSSEN NAMEN IM ALTER VON ZWÖLF BIS 15 JAHREN GERECHT.

CARDHU – ALS 12JÄHRIGER IST ER SO WEICH UND MOORIG WIE MÖGLICH.

BENRINNES

Hinter der Aberlour Destillerie führt eine Straße in Richtung Grantown. Auf jeder der beiden Abzweigungen nach links kommt man zu einer Brennerei. Auf der ersten nach Glenallachie und auf der zweiten zu einer Destillerie, die am Fuße des mächtigen Benn Rinnes liegt und seinen Namen trägt. Man kann sie von der Macallan Destillerie aus sehen. Allmählich wird klar, daß jede Brennerei ihre kleinen Schwächen hat. In Ben Rinnes wird der Alkohol zwar öfter als zweimal, jedoch nicht wirklich dreimal destilliert. Die Brennerei wurde in den 20er oder 30er Jahren des 19. Jahrhunderts gegründet, doch der Umbau in den 50er Jahren des 20. Jahrhunderts drückte ihr den Stempel der Scottish Malt Distillers auf. Sie verfügt über mechanische Mälzböden.

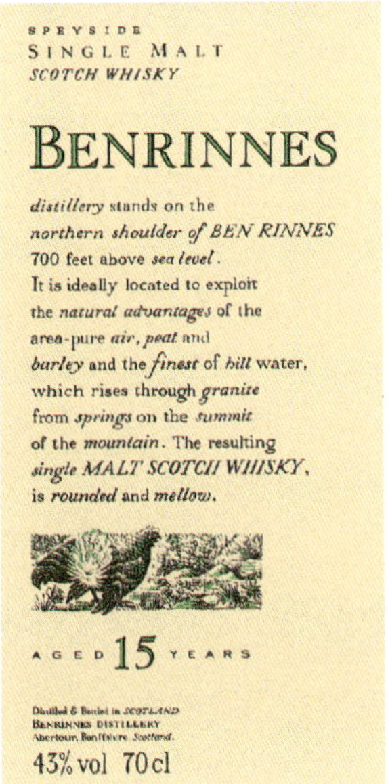

Es ist unklar, warum die Kostproben oft eine charakteristische Torfigkeit aufweisen, und obwohl mir mein Verstand sagt, daß der Malt durch die häufigere Destillation leichter werden sollte, ist er doch ziemlich schwer, nur auf eine Art und Weise, die wohl eher für Blends geeignet ist als für einen Single Malt. Die Destillerie füllt zwar einen annehmbaren 15jährigen ab, dessen gelegentliche Auftritte als Speyside-Hausmarke einer britischen Supermarktkette jedoch nicht sehr erfolgreich waren.

DAILUAINE

Auf der anderen Seite der Grantown Road wird weitaus besserer Whisky produziert. Die Dailuaine Destillerie beeindruckt durch ihre Größe und die mächtigen Steine. Sie wurde bereits um 1850 gegründet. Vieles von dem, was man heute noch sieht, geht entweder auf das späte 19. Jahrhundert oder die Zeit nach 1917 zurück, als die Destillerie ausbrannte. Seltsamerweise stand Dailuaine lange Zeit mit der Talisker Destillerie in Verbindung, die später dasselbe Schicksal erlitt.

Der Dailuaine eignet sich hervorragend für Blends und schon eine kleine Kostprobe, egal welchen Alters, zeigt die Gründe dafür. Dieser Malt ist ebenso solide wie die Mauern seiner Destillerie, und die Dewars Whiskys profitieren von diesem kompakten Malzgeschmack, der auch eine gute Unterlage für weniger hochwertige Malts und Grain Whiskys abgibt.

Die 16jährige Single-Malt-Version der United Distillers ist allerdings eher enttäuschend. Ihr Sherry-Charakter, der Duft, Geschmack und Abgang dominiert, überdeckt die feinere Malz-Toffeenote der Bourbonfässer.

Auf dem flachen Gelände, das die Destillerie umgibt, verlief einst eine Bahnlinie. Dailuaine besaß sogar seine eigene kleine Dampflok, die „Puggy" genannt wurde. Sie diente zum Transport von Fässern und Getreide. Eine nach der Destillerie benannte Lok wird nun am Gelände der Aberfeldy Destillerie in Perthshire nachgebaut.

IMPERIAL

Gleich in der Nähe liegt eine weitere große Brennerei, die untypischerweise mit Aberdeen-Ziegeln errichtet wurde. Die Imperial Destillerie wurde mitten im Whisky-Boom gegründet, im Jahr 1897, in dem Königin Victoria ihr „Diamond Jubilee" feierte. Außerdem war die Brennerei, zwischen dem Spey und Carron, sehr günstig gelegen. Ihr Name wurde zu Ehren von Königin Victoria gewählt, wovon die imposante Metallkrone zeugte, die man auf einem Schornstein montierte. Leider wurde die Brennerei bereits im darauffolgenden Jahr geschlossen, und als sie 1919 wieder in Betrieb ging, war die ehemals strahlende Krone völlig verwittert.

Doch auch danach brachen keine glanzvollen Zeiten an. Zwischen 1925 und 1955 wurde es still um die Brennerei. Nicht der Whisky war das Problem, sondern die Abwasserbeseitigung. Mitte der achtziger Jahre wurde die Destillerie schließlich von United Distillers stillgelegt, danach jedoch von Allied gekauft und wieder in Betrieb genommen. Allied könnte jedoch viel mehr aus ihr herausholen, wenn sie den Malt als 12jährigen abfüllen und Tormore und Miltonduff vergessen würde. Auch Gordon & MacPhail haben wie so oft eine Version parat und führen derzeit einen eher zu alten und ein wenig langweiligen 1979er. Am besten ist der 15jährige von dem kleinen, unabhängigen Abfüller James MacArthur. Seine Qualität ist brillant und läßt das Wasser im Mund zusammenlaufen – eine wunderbare Speyside-Grasnote kombiniert mit schwereren, rauchigen, butterfetten Tönen. Die Krone am Schornstein wurde zwar durch eine Fernsehantenne ersetzt – doch jetzt ist es Zeit für Allied sich einzuschalten und diesen klassischen Malt angemessen zu vermarkten.

CARDHU

Von Carron aus findet man leicht in das Dorf Knockando. Die erste Destillerie, zu der Sie kommen, ist Cardhu. Sie ist berühmt für ihre Verbindung mit Johnnie Walker. Die Brennerei ist sehr hübsch, wenn auch etwas beeinträchtigt durch die Anpassungen an den Tourismus. In der Destillerie wird ein 12jähriger abgefüllt, der so sauber und ordentlich ist, wie es sich für einen Scotch gehört. Ich kenne keinen anderen Malt, bei dem sich das Malz so intensiv und unverfälscht präsentiert wie bei diesem.

Es ist angenehm zu wissen, daß es einer ehemaligen Schwarzbrennerei nach wie vor gut geht. 1813 zogen John Cumming und seine Frau Ellen auf die Cardow Farm, wo sie des öfteren den örtlichen Finanzbeamten bewirteten. Während er mit seinem Dinner beschäftigt war, schlüpfte Ellen, unter dem Vorwand die Hennen füttern zu müssen oder mit einer anderen wichtigen Entschuldigung hinaus, zog eine rote Flagge auf und warnte damit alle anderen Schwarzbrenner, daß Gefahr im Verzug sei. 1824 erhielten die Cummings jedoch die Lizenz. Die Destillerie wurde 1884 auf einem anderen Gelände neu erbaut und blieb im Familienbesitz, bis sie neun Jahre später von Johnnie Walker gekauft wurde. Erst 1983 erhielt sie den Namen Cardhu, damit sie ebenso hieß wie der Single Malt, den man auf den Markt gebracht hatte. Abgesehen von den „Classic Malts" ist der Cardhu heute der wichtigste Malt von United Distillers und das ideale Geschenk für jeden, der klassischen, unkomplizierten, reinen, nicht getorften Malt liebt.

Sonnenuntergangsstimmung: *Die Zwillingstürme der Tamdhu Destillerie*

TAMDHU

Wenn man von Cardhu den Hügel hinunterfährt, muß man eine Haarnadelkurve nehmen, die ins Spey-Tal führt, in dem die Destillerien Tamdhu und Knockando liegen. Die drei Brennereien produzieren innerhalb eines kleinen Gebiets so vielfältigen Speyside-Malt, wie man ihn sich nur vorstellen kann. Tamdhu stellt einen reichhaltigen, öligen Whisky her, der süß und fruchtig ist und gut am Gaumen haftet. Er ist als Single Malt noch nicht ins Rampenlicht getreten, doch ich finde ihn sehr ansprechend und meine, ihn in den exzellenten Grouse-Blends wiederzuentdecken.

Die Destillerie ist immer ziemlich überfüllt, was vermutlich auf ihre Nähe zum Spey zurückzuführen ist. Sie ist im typisch viktorianischen Stil erbaut und die einzige in Speyside, die in ihren mechanischen Mälzböden vom Typ „Saladin" nicht nur genug Malz für den Eigenbedarf produziert, sondern sogar andere Brennereien der Highland Distilleries Gruppe damit versorgt.

> *Empfehlung des Connaisseurs*
>
> **TAMDHU** – ALS 10JÄHRIGER ÖLIG UND KRÄFTIG.
>
> **KNOCKANDHU** – BEIM 25JÄHRIGEN SCHMECKT MAN DIE EICHE, DIE JEDOCH NICHT DOMINIEREND IST.
>
> **GLENFARCLAS** – SPAREN SIE AUF DEN 3JÄHRIGEN. ER IST WIRKLICH EXZELLENT.
>
> **CRAGGANMORE** – MIT ZWÖLF JAHREN EIN KLASSISCHER MALT.

KNOCKANDO

Gleich nebenan liegt die Brennerei Knockando, die von einem pensionierten Linienrichter der Highland League geleitet wird. Seit Jahren produziert er in dieser hübschen, kleinen Destillerie, die Ende des letzten Jahrhunderts, nur ein Jahr nach der Fertigstellung von Tamdhu erbaut wurde, mit großem Erfolg einen sehr lebhaften, manchmal knochentrockenen Malt. Abgesehen von einigen wenigen Jahren gehörte die Destillerie in diesem Jahrhundert immer zu Gilbey. Heute ist dieser lebhafte Malt ein wichtiger Bestandteil der J&B Blends, die von der konzentrierten Malzigkeit des Knockando profitieren. Als Single Malt wird er eher als Jahrgangs-Whisky vermarktet und nicht nach seinem Alter, doch wenn er die Mitte 20 erreicht hat, ist er ausgesprochen trocken – fast salzig.

Vor ein paar Jahren hielt ich vor Experten der Whiskyindustrie, die aus allen Teilen der Welt in die Highlands gekommen waren, einen Vortrag über schottischen Malt. Auch aus der Fifth Avenue in New York war jemand dabei. Es war die Nacht vor der Sonnenwende. Die Gespräche dauerten bis weit in den Morgen. Schließlich erklärte ich, daß man Whisky nur verstehen könne, wenn man ihn in seiner reinsten Form genießen würde. Daher führte ich die Gruppe um vier Uhr morgens bei Sonnenaufgang an den Spey, mit einer Flasche 25jährigem Knockando in der einen und einem Glas in der anderen Hand. Es war ein unvergeßlicher, emotionaler Augenblick, der bewies, wie die natürliche und lebendige Schönheit dieser Region durch ein goldenes, mystisches Getränk verstärkt wurde, das nur hier im Land des Spey hergestellt werden kann.

GLENFARCLAS

Die meisten Brennereien gibt es im Südwesten von Speyside. In diesem Gebiet, das unter dem Namen „The Glenlivet" bekannt ist, bietet allein die Straße nach Grantown gleich drei Möglichkeiten, großartige Malts zu verkosten. Die erste davon ist Glenfarclas. Leider steht dieser Name noch nicht direkt für einen wirklich großen Malt – was ein Fehler ist.

Die Brennerei befindet sich nahe dem Wald von Tomfarclas. Das Wasser stammt von den Quellen der letzten Ausläufer des Ben Rinnes. Seit 1835 befindet sich hier die Brennerei, die seit genau 100 Jahren im Besitz der Grants ist.

Der derzeitige Inhaber, John Grant, lebt nur für seine Brennerei, und das hat sich bezahlt gemacht. Es gibt mehr Sherryfässer als in jeder anderen Destillerie vergleichbarer Größe, und der Oloroso-Charakter, der sich durch alle Malts zieht, hat Grant für diese Investition belohnt. Ich habe acht offizielle Abfüllungen verkostet und, obwohl ich den berühmten, bei „Faßstärke" abgefüllten 105er ein bißchen zu jung für einen Malt dieser Tiefe halte, ist der zehn Jahre alte ein typischer Speysider, der so ausgewogen ist, wie man es sich in diesem Alter nur wünschen kann. (Den 15jährigen möglicherweise ausgenommen!). Sein nussiger, malziger Abgang ist besonders lang. Beim 30jährigen handelt es sich ebenfalls um ein Meisterwerk.

Früher wurde der Whisky als Glenfarclas-Glenlivet verkauft. Der zweite Teil des Namens wurde jedoch fallengelassen. Nun heißen die Abfüllungen einfach nur Glenfarclas. Wenn Sie auf eine unabhängige Abfüllung stoßen, teilen Sie es lieber nicht den Grants mit. Sie stehen mit jedem auf Kriegsfuß, der ihren Whisky abfüllt. Dieser Standpunkt ist verständlich und nicht ganz unbegründet. Doch wenn Glenfarclas alle unabhängigen Abfüller vernichten will, hoffe ich, daß sie damit keinen Erfolg haben, denn erst durch diese Abfüller habe ich, und zweifellos auch zahlreiche andere Liebhaber, erkannt, welch wertvoller Whisky der Glenfarclas ist. Außerdem hoffe ich, daß dieser Name überall bekannt wird. Denn dieser Malt sollte von jedem verkostet werden, der auf der Suche nach einem exzellenten Tropfen ist.

CRAGGANMORE

Während Glenfarclas jeden gerne begrüßt, hält sich Cragganmore eher verschlossen. Die zweite große Destillerie in der Region von Ballindalloch liegt in einem idyllischen, ländlichen Gebiet. Als United Distillers seine „Classic Malts" herausbrachte, gab es zahlreiche Wetten, welcher ihrer Speyside Whiskys diesen Titel erhalten würde. Viele setzten auf Mortlach, andere auf Linkwood und Glen Elgin. Doch es war der Cragganmore, der ausgewählt wurde; das ist nicht weiter erstaunlich, wenn man bedenkt, daß beim Destillerieleiter, Mike Gunn, die alte A1-Marke über dem Kamin hängt. Das ist die ursprüngliche Auszeichnung der Scottish Malt Distillers, die den Cragganmore als den besten ihrer Malts ansahen.

Am Flaschenetikett des 12jährigen sieht man eine Dampflok, da Cragganomore die erste Destillerie war, die sich die Eisenbahn zunutze machte. Heute markiert das ehemalige Schienenbett den Anfang bzw. das Ende eines Speyside-Weges, der heute die Wanderer durch diesen Teil der Highlands führt.

Die Destillerie ist vermutlich von allen Speyside-Brennereien der United Distillers die hübscheste. Am meisten beeindrucken die Brennblasen, die, ähnlich denen von Dalmore, im oberen Bereich ungewöhnlich flach sind, damit sie in das niedrige Destillierhaus passen. Während die benachbarte Brennerei Glenfarclas von den Sherryfässern profitiert, lagert hier der 12jährige ausschließlich in Bourbonfässern. Dadurch wird er so anregend und wohlschmeckend und erhält eine ganz feine Rauchnote. Bei diesem Whisky handelt es sich wahrhaftig um A1-Qualität.

Wenn Sie auf der Rückfahrt aus Ballindalloch auf der Straße Richtung Aberlour nicht die Haarnadelkurve nehmen, sondern eine weniger scharfe Kurve, die zu Ihrer Rechten liegt, kommen Sie auf die Straße, die nicht nur in die Stadt Tomintoul führt, sondern auch zur zweifelsohne berühmtesten Destillerie der Region.

Cragganmore: *Im Westen von Speyside gelegen, wo es nicht mehr so viele Destillerien gibt*

THE GLENLIVET

Über Glenlivet wurde vermutlich mehr geschrieben als über jede andere Destillerie. Jeder Kenner kann wahrscheinlich die Geschichte von The Glenlivet herunterspulen. Wie die Brennerei zu ihrem Namen kam und zu dem Ansehen, das sie bereits vor zweihundert Jahren genoß, ist beinahe so bekannt wie die zehn Gebote, und es grenzt an ein Sakrileg, in Frage zu stellen, ob The Glenlivet den besten Whisky in Speyside produziert. Ich muß es aber dennoch tun.

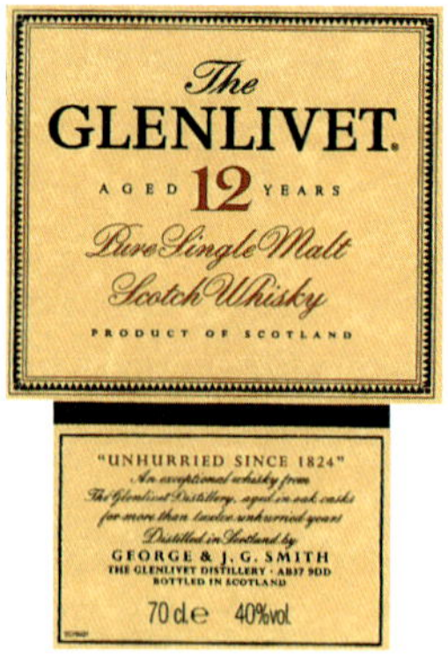

Man darf nicht einmal einen Moment lang glauben, daß der Whisky in der berühmten grünen Flasche derselbe ist, der 1824 hergestellt wurde, als George Smith seine erste legale Brennerei gründete. Zuvor befanden sich auf dem 22 Kilometer langen und rund 10 Kilometer breiten Gelände zahlreiche Schwarzbrennereien. Aufgrund seiner Qualität war der Whisky, der aus diesem Gebiet am Livet River geschmuggelt wurde, der beliebteste von allen Highland-Sorten. Der Name war bekannt, und auch die Händler, die legalen Speyside Whisky kauften, fragten nach The Glenlivet. Aus diesem Grund führten Brennereien aus den verschiedensten Regionen, sogar Benromach im Norden und Strathisla im Westen, den Untertitel „Glenlivet“ als Herkunftsbezeichnung, und Smiths Destillerie ging vor Gericht, weil sie die einzige dieses Namens sein wollte.

Anläßlich ihres 100jährigen Jubiläums im Jahre 1924 gab die Brennerei ein Büchlein heraus, in dem erkärt wurde, daß sie zum Malzdarren „Faemussach“ verwendete, einen „mineralfreien“ Torf. Heute ist das hier verwendete Malz nur ganz leicht getorft. Seit rund zehn Jahren werden die Brennblasen mit Dampf beheizt, was zur Jahrhundertwende dem traditionsbewußten Inhaber der Destillerie, Colonel George Smith, einen wahren Schauer über den Rücken gejagt hätte. Er erkärte der Whisky-Kommission, daß Whisky, der aus solcherart beheizten Pot Stills stamme, den Namen „Scotch“ nicht verdiene. Zweifellos ist der heute produzierte Malt wesentlich leichter als der Whisky, der einst im ganzen Empire bekannt war.

Unabhängig von dem, was auf manchen Etiketten zu lesen ist, kann sich der Whisky im Laufe der Zeit sehr verändern. Laut meinen Notizen schmeckte er zwischen 1988 und 1992 eher schal, langweilig und uninteressant – vielleicht aufgrund der Fässer, in denen er reifte. Seit dieser Zeit hat er sicherlich viel von seiner fruchtigen Grasnote wiedererlangt, die so bezeichnend für seinen regionalen Charakter war, als ich ihn vor 20 Jahren erstmals verkostete. Nun stellt er wieder einen recht feinen, distinguierten Malt dar, eine Art Cary Grant unter den Whiskys. Ich bewundere den 12jährigen aufgrund seiner schwungvollen, fruchtigen Note, die am Gaumen explodiert. Der Sherryton des ruhigeren 18jährigen ist ausgewogen, doch der 21jährige, bei dem nicht die geringste Eichennote zu spüren ist, ist der beste von allen. Hier tanzen Sherry und Malz einen perfekten Pas de deux. Nur äußerst selten gibt es noch bessere Malts in Speyside.

> *Empfehlung des Connaisseurs*
>
> **The Glenlivet –** Mit 21 im besten Alter. Exzellent.
>
> **Tomintoul –** Wenn Sie einen 12jährigen entdecken, können Sie einen wirklich intensiven Speysider verkosten.
>
> **Braeval –** Halten Sie Ausschau nach einer unabhängigen Abfüllung.
>
> **Tamnavulin –** Am besten ist vermutlich ein 14 bis 15 Jahre alter von einem unabhängigen Abfüller.

Wenn man an der Destillerie vorbeikommt, muß man unweigerlich daran denken, wie einst ein unbeugsamer Mann unter Todesgefahr den illegalen Brennern Konkurrenz machte und den Weg in die Legalität meisterte. Das geschah nicht an jener Stelle, an der sich heute die Lagerräume befinden, sondern rund eineinhalb Kilometer weiter südlich in der Drummin Destillerie. Nachdem er vom Wilddieb zum Förster geworden war, mußte er vor den Schmugglern auf der Hut sein. Daher trug er immer eine Pistole bei sich. Sein Sohn war derjenige J. G. Smith, dessen Name auf jeder Flasche zu lesen ist. Er verlegte die Destillerie auf das heutige Ge-

The Glenlivet: *Eine alte Destillerie mit funktionellem Aussehen*

Tomintoul: *Die Destilleriegebäude sind neu und funktionell, doch der Whisky verkörpert die rauhe Schönheit dieser Landschaft*

lände, nachdem er sich vorher noch an einem anderen Platz niedergelassen hatte. Seit ihrem 100jährigen Jubiläum hat sich die Brennerei völlig verändert. Doch sie liegt an einer abgeschiedenen Straße in einer wilden, hochgelegenen Gegend von Speyside und verkörpert auf vielfältige Weise diese Region.

ALLT-A-BHAINNE

Auch wenn The Glenlivet sehr einsam gelegen ist, führen zahlreiche kleine Straßen dorthin. Von Dufftown kommend liegt der Ben Rinnes ganz nahe zu Ihrer Rechten, und dort, wo der Gipfel der Straße am nächsten ist, sieht man einige kleine, recht hübsche Gebäude, die zu einer weiteren Seagram Destillerie gehören. Die 1975 erbaute Brennerei Allt-a-Bhainne sollte ursprünglich nur Malt für Blends, wie Chivas Regal, produzieren. Obwohl Seagram ihn nicht abfüllt, ist er süß, mit feiner Rauch- und Gewürznote, die den Biskuit-Getreideton ergänzt. Das Innere der Brennerei ist modern und anspruchslos: eine kompakte, kleine Destillerie, die sehr gut zu diesem äußerst seltenen Malt paßt.

TOMINTOUL

Von The Glenlivet kommend nimmt man nun eine Straße, an der drei weitere echte Glenlivet-Destillerien liegen. Die erste ist Tomintoul im Besitz von Whyte & Mackay. Eine neue Brennerei, die weitab von der Stadt liegt und seit 1965 in Betrieb ist. Die Lage ist sehr hübsch und wurde vermutlich wegen des unterirdischen Wasserreservoirs gewählt. Auch wenn der Baustil nicht ganz passend ist, wirkt das Destillierhaus recht beeindruckend und ist mit hübschen, kleinen Distelemblemen verziert. Der Whisky wird als 12jähriger verkauft, und zwar in einer äußerst häßlichen Flasche, deren Ausguß so groß ist wie der einer Thermoskanne. Doch ich liebe den Inhalt: groß, stämmig, nach Rosinen schmeckend, mit einem Hauch von gerösteten Nüssen und sehr trockenem Abgang.

BRAEVAL

Am Weg nach Tomintoul kommen Sie bei der Abzweigung nach Chapeltown vorbei, die Sie in ein sehr ursprüngliches Gebiet führt, das Braes of Glenlivet genannt wird. Fast schon am Ende der Straße steht eine der hübschesten modernen Destillerien Schottlands. Sie wurde 1972 erbaut und hat einen spanischen Touch, der an ihre Schwester in Kentucky, die Four Roses Destillerie, erinnert.

Von allen Speyside-Destillerien hatte es diese vermutlich am schwersten: Sie liegt so abgeschieden, daß ihr Whisky den Markt wohl fast nie erreichte. Hinter dem Haus des Brenners Andy Watson liegen nur noch Wälder und Berge. Im Inneren der Destillerie füllen vier kleinere Spirit Stills zwei große Wash Stills.

Als Seagram den Glen Keith und den Benriach als Single Malt herausbrachte, war ich unangenehm überrascht, daß dieser Whisky nicht auch dabei war. Er ist zwar sehr leicht, doch voll fruchtig-malziger Komplexität mit ganz feiner Erdbeernote und trockenem Abgang.

Die Brennerei heißt nun nicht mehr Braes of Glenlivet. Seagram wollte, daß nur wenige Destillerien den Namen Glenlivet trugen und tauften diese auf den Namen Braeval.

TAMNAVULIN

Verlassen Sie Tomintoul in Richtung Norden und nehmen Sie die Landstraße zurück nach The Glenlivet. So kommen Sie an Tamnavulin-Glenlivet vorbei. Diese Destillerie gehörte zu Invergordon, wurde aber bald nach der Übernahme stillgelegt. Es handelt sich ebenfalls um eine ziemlich abschreckend aussehende, moderne Brennerei, die im Inneren nicht besonders und außen überhaupt nicht interessant ist. Auch der Whisky ist nicht viel erfreulicher. Sein Geschmack ist anfangs süß und intensiv, ändert sich dann aber plötzlich und hinterläßt einen seltsamen, ziemlich synthetisch schmeckenden Abgang. Nicht berühmt, aber gerade noch akzeptabel. Verglichen mit dem Produkt der nächsten Destillerie, schmeckt er jedoch wie reiner Nektar.

TORMORE

Nachdem man bei Ballindalloch auf die Straße nach Grantown zurückkommt, wird es an der Zeit, Speyside wieder zu verlassen. Nach der Abzweigung nach Cragganmore taucht links ganz unvermittelt ein Gebäude auf. Es handelt sich um die Tormore Destillerie, deren kathedralenähnliche Silhouette nicht einer gewissen Schönheit entbehrt. Sie wurde 1958 nach den Plänen des berühmten Architekten Sir Albert Richardson erbaut. Leider ist der Malt nicht annähernd so gut wie der von Balmenach. Unter der Leitung von „Long John", waren die Brennblasen aus rostfreiem Stahl anstatt aus Kupfer. Zahlreiche Destillerieleiter haben bereits versucht, die Brennerei auf Vordermann zu bringen. Zur Zeit der weithin anerkannte John Black. Doch die neue Version schmeckt immer noch hart und metallisch: Wenn John es nicht schafft, dann niemand. Ich weiß nicht, warum Allied diesen Malt weiterhin als 10jährigen vermarktet. Er hat überhaupt keinen Körper.

BALMENACH

Von Grantown führt eine Straße hinunter nach Glenlivet. Doch da an dieser keine Brennereien liegen, nimmt man besser die Straße Charlestown of Aberlour, auf der man auch nach Cragganmore oder Glenfarclas kommt. Gleich nach Grantown, dort wo die Straße anfängt dem Spey zu folgen, liegt ein Dorf namens Cromdale. Hier ist auch Balmenach, eine Destillerie, die durch die liebevolle Beschreibung von Sir Robert Bruce Lockhart in seinem 1951 erschienenen Buch *Scotch* viele Anhänger fand. Dieses Buch ist meiner Meinung nach das beste, das je über Whisky geschrieben wurde. Die Brennerei gehörte einst Lockharts Familie, und er verbrachte dort seine Jugend- und Lehrzeit. Lockharts Geschichte über die Entstehung der Destillerie möchte ich hier wiedergeben:

Kurz nach Verabschiedung des Gesetzes von 1823 wurde er [Lockharts Urgroßvater James Macgregor] vom nächsten Steuereintreiber aufgesucht. Das Gespräch war freundschaftlich und begann mit einem großzügigen Umtrunk mit reinem Malt Whisky. Nachdem die Förmlichkeiten zur beiderseitigen Zufriedenheit abgeschlossen waren, erwähnte der Steuerbeamte vorsichtig, daß er seine Pflicht erfüllen und sich umsehen müsse. Daher gingen sie hinaus, um die Farm zu inspizieren. Alles lief nach Plan, bis sie zu einem Gebäude aus rohem Stein kamen, neben dem ein Mühlrad und eine Mühle lagen.

„Was wird das?" fragte der Finanzbeamte.

„Oh," erwiderte mein Großvater, „das wird nur die Torfhütte."

Es wurde nicht weiter darüber gesprochen, und die beiden Männer gingen zurück zum Haus, um noch einen Schluck zu nehmen und sich über das Getreide und die bevorstehende Ernte zu unterhalten. Als sich der Beamte dann verabschiedete, sagte er leise:

„Wenn ich Sie wäre, Mr. Macgregor, würde ich einfach eine Lizenz für die Torfhütte erwerben."

Könnte Lockhart die Destillerie heute sehen, wäre er sicherlich äußerst unglücklich. Sie wurde vor einigen Jahren stillgelegt. Doch er wäre beeindruckt von der imposanten Ausstattung und dem teilweise ausgezeichneten Malt, der seinen Namen trägt und als 12jähriger erstaunlich gut sein kann, fett, mit vollem Körper, wie man ihn sonst in ganz Speyside nicht findet. In der eigenen Abfüllung, die vom Sherry dominiert wird, kommt dies jedoch nicht so gut zur Geltung.

TOMATIN

Wenn man an Grantown vorbeifährt, ist man wieder auf der altbekannten A9. Doch bevor Sie in Richtung Süden weiterfahren, sollten Sie noch einen Abstecher nach Norden, zur größten Malt-Destillerie Schottlands, Tomatin, machen. Sie liegt in einer wunderbaren Landschaft, wenn man auch nur mehr mit Mühe erkennen kann, daß sie bereits 1897 gegründet wurde.

Tomatin war die erste Destillerie, die 1986 in japanischen Alleinbesitz überging. Auch jetzt läuft sie nicht gerade hervorragend. Seit dem Kauf hat sich die Situation jedoch wesentlich gebessert. Derzeit sind nur die Hälfte der insgesamt 23 Brennblasen in Betrieb. Die übrigen wurden abgeschaltet, als das Kupfer starke Abnützungserscheinungen zeigte. Ohne allzuviel Geld für ihre Instandsetzung zu verschwenden, stieg man auf neue Brennblasen um. Obwohl ich ihn immer als guten Whisky für Blends akzeptierte, kümmerte ich mich jahrelang nicht um den Tomatin, da ich ihn charakterlos fand. In jüngster Zeit bin ich mir nicht mehr sicher: Der 10jährige hat eine gewisse träge Malzigkeit, die ihn zu einem recht guten Tropfen für stille Stunden macht. Der 12jährige für den amerikanischen Markt ist ziemlich ansprechend, mit zäher, sirupartiger Süße, die mit Ingwer- und Pfefferwürze harmoniert – ein guter Malt für den vor kurzem erworbenen Antiquary Blend. Eine große Destillerie kann also ein gutes Produkt hervorbringen.

Der gleiche Grundsatz gilt auch für eine kleine. Dafür gibt es in Speyside einen handfesten Beweis, nämlich eine Brennerei, die weiter südlich an der A9 bei Kingussie liegt. Es handelt sich um die letzte dieser Region, bevor man nach Perthshire kommt. Und auch um die neueste. Wenn Sie nach Kingussie kommen, können Sie im Tabakladen nachfragen, der sich im einzigen Gebäude befindet, das von der früheren Destillerie, die 1910 stillgelegt wurde, noch übrig ist.

SPEYSIDE

Selbst mit einer Karte und der Hilfe der Einheimischen kann es schwierig werden, diese neue Destillerie zu finden, die passenderweise Speyside heißt. Von der Straße aus ist sie fast nicht zu sehen, und die Einfahrt ist nicht viel mehr als ein Güterweg. Aber wenn man zum Ufer des Tromie hinunterfährt, kann man

Empfehlung des Connaisseurs

TORMORE – DAS ALTER SPIELT KEINE ROLLE. FURCHTBAR.

TOMATIN – MIT ZWÖLF JAHREN SÜSS UND WÜRZIG.

BALMENACH – ALS 12JÄHRIGER EINER DER FETTESTEN, KÖRPERREICHSTEN IN SPEYSIDE.

SPEYSIDE – DER DRUMGUISH IST NICHT TEUER. ES GIBT EINIGE RECHT GUTE ABFÜLLUNGEN.

Whiskyidylle: *Speyside mit ihren winzigen Pot Stills, die nur 18 000 Liter fassen, zählt zu den kuriosesten Brennereien der Welt*

ihren bemerkenswerten Anblick genießen. Die niedrigen Steinbauten sehen aus wie vor 200 Jahren. Es gibt keine Lagerräume – der Whisky wird mit Tankwagen nach Glasgow befördert –, und das Häuschen des Destillerieleiters ist nur ein paar Schritte vom Hauptgebäude entfernt: Niemand in Schottland wohnt näher beim Arbeitsplatz als Richard Beattie. Am ältesten ist das dritte Gebäude: Im Obergeschoß befindet sich das Büro, darunter liegt die alte Mühle aus dem 18. Jahrhundert.

Es ist nicht verwunderlich, wenn man annimmt, daß auch die Destillerie alt ist. Doch erst 1962 wurde mit dem Bau begonnen, der 1976 fertiggestellt war. Der erste Whisky wurde im Januar 1991 produziert. Insgesamt dauerte es 36 Jahre, bis George Christie, ein Blendmeister aus Glasgow, seinen Traum von einer eigenen Destillerie verwirklichen konnte. Die Form der Brennerei wurde dem Fluß angepaßt, der wiederum einen See bildet, dessen Wasser für die Produktion genutzt werden kann.

Die meisten Destillerien sind von einer wunderbaren Landschaft umgeben: Die Lage der Speyside Brennerei ist jedoch unübertroffen. Man blickt auf die Cairngorms und die Grampians – schneebedeckte Hügel, vor denen sich mächtige Wälder abheben – sowie auf den über 1 000 Meter hohen Carn Bàn Mór. Im Winter rauscht der eiskalte Tromie durchs Tal. Dann kann man nur ins Destillierhaus flüchten, wo winzige Brennblasen, die nur 11 000 bzw. 7 000 Liter aufnehmen, auf dreibeinigen Podesten stehen. Kurioserweise befindet sich auch noch eine Uhr auf dem Maischbottich. Abgesehen von den Washbacks aus rostfreiem Stahl, handelt es sich um eine nahezu perfekte kleine Anlage.

Der Malt ist nach dem nahegelegenen Weiler Drumguish benannt. Obwohl es schon recht unterschiedliche Versionen gab, von denen die schlimmste einen unangenehmen Gummigeschmack hatte, waren die letzten Verkostungen süß und reichhaltig, mit einer Öligkeit, die man von einem so jungen Whisky nicht erwarten würde. Selbst als 4- oder 5jähriger ist er schon sehr ausgewogen und hält mit einem Hauch von Nuß und Apfel gut am Gaumen.

Falls Ihnen einmal ein Faß von einer Destillerie namens Grandtully angeboten wird, befindet sich darin vermutlich Speyside. Ich bin mir nicht ganz sicher, ob es sich wirklich lohnt, diesen faßweise zu kaufen. Es wäre besser, wenn alle in Speyside produzierten Whiskys auch den Namen ihrer Brennerei tragen würden. Wenn Sie diesen dann faßweise kaufen wollen, ist es ratsamer, sich direkt an die Hersteller zu wenden oder selbst zur Brennerei fahren. Es lohnt sich, selbst wenn Sie sich verirren sollten.

ÖSTLICHE HIGHLANDS

Die Destillerien der Östlichen Highlands sind nicht gerade begünstigt. Überall sieht man stillgelegte, verfallene Brennereien, die bestenfalls Zeugen einer großen Tradition sind. Banff im Norden wurde abgetragen, Glendronach stillgelegt; vom Peterhead-Gefängnis an der Küste blickt man auf die rosa Granitfassade von Glenugie, hinter der sich heute eine technische Fabrik verbirgt. Glenury Royal in Stonehaven wurde gesperrt; Glen Esk und Lochside in Montrose haben keine Zukunft; North Port in Brechin wurde trotz des schönen Innendekors abgetragen, und Glen Garioch, ebenfalls im Norden, ist stillgelegt und zum Verkauf ausgeschrieben. Dem Inhaber, Suntory, werden deswegen nicht unbedingt die Türen eingerannt. Als ich einmal einen Blendmeister fragte, warum diese Destillerien alle geschlossen werden mußten, meinte er: „Vermutlich weil ihr Whisky im Grunde genommen Mist war.“ Damit hatte er irgendwie recht.

GLEN GARIOCH

Jedoch nicht im Fall von Glen Garioch. Seit Jahren kreisen Gerüchte um das Schicksal dieser zauberhaften, alten Destillerie, doch als David Morrison noch Chef von Morrison Bowmore war, versicherte er mir, daß nichts daran sei. Wahr ist jedoch, daß der Whisky sich völlig verändert hat. Einst gehörte er, abgesehen von denen der Inseln, zu den am stärksten getorften Malts in ganz Schottland und hatte sogar einen höheren Phenolgehalt als der Ardmore. Doch im jungen Alter war er roh und ungezähmt, was durch den Torf noch verstärkt wurden. Um ihn für Blendmeister interessanter zu machen und somit endlich mehr Umsatz zu erreichen, reduzierte man den Torfgehalt stark. Das Ergebnis war eine neue Version, die immer noch roh und ungezähmt, doch jetzt auch charakterlos war. Es schien, als würden die Inhaber es einfach nicht schaffen.

Die Destillerie befindet sich im Dorf Old Meldrum in Aberdeenshire. Wenn man ihre wahre Funktion nicht kennt, wirkt sie wie ein altes Schulgebäude. Tatsächlich war und ist sie eine Destillerie, die nach wie vor selbst mälzt und historisch interessant ist. Die 1798 gegründete Brennerei gehört seit 1960 zu Morrison Bowmore. Mit der in der Destillerie produzierten Wärme wurde ein Treibhaus beheizt, in dem Tomaten reiften. In der Schwesterdestillerie Bowmore auf Islay nutzte man die Wärme zum Heizen eines Schwimmbads, in dem sich heute viele Menschen tummeln; die Tomaten wurden hingegen ihrem Schicksal überlassen und gerieten in Vergessenheit, lange bevor die Destillerieprodukte auf den Markt kamen.

Vor einigen Jahren schrieb ich, daß der Glen Garioch als 21jähriger zu den zehn besten Malts zählte, die ich je verkostet hatte. Voll immenser torfiger Tiefe, doch ohne den stechenden Jodgeschmack, der so viele davor abschreckt, Islay Whisky zu trinken. Daraufhin wurde ich vom Geschäftsführer einer Destillerie angerufen, der meinen Verstand und die Vertrauenswürdigkeit meines Gaumens in Frage stellte. Im Sommer 1996 erhielt ein 1972er Glen Garioch die begehrte Goldmedaille des Magazins „Spirit Challenge“ aus der Serie Wine and Spirit. Leider zu wenig Anerkennung und zu spät.

FETTERCAIRN

Warum eine Destillerie wie Glen Garioch stillgelegt werden soll, während eine wie Fettercairn überleben kann, ist mir schleierhaft. Dieser Malt ist wie Gummi und hat einen

Schöne Destillerie: *Schade um den Malt*

Nachgeschmack, den ich nur mit Zahnpaste wieder wegbekomme. Doch er verkauft sich als Single Malt nicht einmal schlecht.

Der wunderbare Charme der Destillerie läßt einen glauben, daß hier guter Whisky produziert wird. Hier stimmt alles – von der makellos schönen Innenausstattung bis zu den schneebedeckten Grampian Mountains im Hintergrund. Aber der Whisky? Ich habe die neue Version verkostet, sowohl die 2jährige aus dem Faß als auch diverse Altersstufen bis zum 20jährigen (ein 18jähriger war ganz annehmbar), doch ich finde, dieser Malt läßt zuwenig zu den Geschmacksnerven durch und wenn doch, dann nichts Angenehmes. Richard Patterson, Blendmeister von Whyte & Mackay weiß jedoch damit umzugehen. Er verwendet diesen Malt für viele seiner Blends, die für gewöhnlich erstklassig sind. Deshalb wird er vermutlich auch als einer der besten Blendmeister seiner Generation angesehen.

GLENCADAM

Wesentlich besser, wenn auch zuweilen etwas unrein, ist der Glencadam, der von der einzigen Destillerie hergestellt wird, die es noch in Brechin, ein paar Kilometer östlich von Fettercairn, gibt. Da Glencadam zu Allied gehört, ist die Brennerei wie aus dem Ei gepellt, und die Gebäude, die zwar in den 50er Jahren ein wenig modernisiert wurden, lassen keine Zweifel aufkommen, daß die Destillerie schon seit 1825 besteht. Doch da sie nur zwei Brennblasen hat, werden immer wieder Gerüchte laut, die besagen, daß auch diese Destillerie bald verkauft oder eingemottet würde.

Ich hoffe nicht. Ich habe hier auch schon enttäuschende Malts verkostet, doch einige Versionen sind wunderbar. Die Washbacks sind zwar aus Metall, doch nach wie vor recht ansprechend, das Destillierhaus winzig und intim und aufgrund der etwas nach oben gerichteten Rohre, wenn auch nicht einzigartig, zumindest doch ungewöhnlich. Aufgrund dieser Rohre sagt man, daß der Whisky von Glencadam „uphill“, d.h. „bergauf“, erzeugt wird. Einzigartig ist jedoch, daß man vom Eingang in den Glebe Park von Brechin blickt, wo man schottische Fußballmannschaften bewundern kann.

Der Glencadam ist nicht leicht erhältlich. Gordon & MacPhail tun ihrem Ruf mit einem ungefähr 20jährigen Genüge, der trotz des saftigen, honigartigen Dufts ein bißchen dünn am Gaumen ist. Bei Cadenhead gibt es manchmal eine Abfüllung ähnlichen Alters.

Empfehlung des Connaisseurs

GLEN GARIOCH – DER 10JÄHRIGE HAT ENORME TORFIGE TIEFE, DOCH KEIN JOD.

FETTERCAIRN – NICHT MEIN FALL – ABER DER 10JÄHRIGE VERKAUFT SICH RECHT GUT.

GLENCADAM – SAFTIG, HONIGDUFT, DOCH ETWAS DÜNN AM GAUMEN – SOGAR MIT 20 JAHREN.

ROYAL LOCHNAGAR – SEHR VIEL SHERRY, DER ETWAS NACH HEISSEM GEBÄCK DUFTET, SEHR SAUBER, GUT DEFINIERT. ER VERSCHMILZT HERVORRAGEND MIT EINER TOFFEE-MALZ-SCHOKOLADIGKEIT.

Die letzte, die ich verkostet habe, war schwächer im Duft, dafür stärker am Gaumen. Beide Versionen können bestenfalls als akzeptabel bezeichnet werden. Man sollte eher nach jüngeren, vielleicht 8- bis 10jährigen Kostproben Ausschau halten.

ROYAL LOCHNAGAR

Die beste Destillerie, die derzeit in den Östlichen Highlands in Betrieb ist, ist Royal Lochnagar. Die Fahrt von Fettercairn hierher zählt zu den aufregendsten Routen in Schottland. Der serpentinenreiche erste Abschnitt nach Strachan führt über die westlichen Ausläufer der Grampian Mountains. Es lohnt sich, bei Cairn o'Mount Halt zu machen.

Über die South Deeside Road, die nach Ballater führt, gelangt man zur Lochnagar Destillerie. Zahlreiche Mitglieder der königlichen Familie waren von diesem Plätzchen begeistert, bis auf eine gewisse Prinzessin, der es hier zu langweilig war. Die Geschichte, die erzählt, wie sich Königin Viktoria der kleinen Destillerie annahm, die ungefähr einen Kilometer von Balmoral entfernt war, ist zwar schon etwas überstrapaziert, doch immer noch erzählenswert.

Am 14. September 1848 nahm Königin Viktoria eine Einladung von John Begg, dem Inhaber der Destillerie an. Obwohl er selbst die Einladung versandt hatte, war Begg doch etwas erschrocken, als die Queen in Begleitung von Prinz Albert und einiger ihrer Kinder tatsächlich vor der Türe stand. Ihre Königliche Hoheit war auf alles versessen, was mit den Highlands und den schottischen Traditionen zu tun hatte und nahm am Ende ihrer Besichtung sogar das Angebot an, den Whisky zu verkosten. Sie und Prinz Albert probierten nicht nur das Destillat, das frisch aus der Brennblase kam, sondern auch einen Whisky, der bereits mehrere Jahre lang gereift war. Sogar die Kinder, so sagt man, nahmen eine Kostprobe. Damals hieß die Destillerie, die erst seit drei Jahren in Betrieb war, New Lochnagar, da sie an Stelle einer niedergebrannten Brennerei errichtet worden war. Nach Viktorias Besuch wurde Begg königlicher Brenner und durfte laut einem Erlaß den

Royal Lochnagar: *Juwel von United Distillers*

Beinamen „Royal“ führen, der rasch an die Stelle von „New“ gesetzt wurde.

Heute ist Royal Lochnagar nicht viel größer als zu der Zeit, in der Königin Viktoria ihr einen Besuch abstattete. Sie ist bei weitem die kleinste Destillerie von United Distillers, und die 30 000 Besucher, die jährlich in die Fußstapfen der Königin treten, finden eine makellose Brennerei vor, deren winzige Brennblasen und Rohre auf Anweisung des Leiters, Alastair Skakles, auf Hochglanz poliert werden. Verkosten Sie am Ende eines Rundgangs einen 12jährigen, der einfach herrlich ist. Mir schmeckt er am besten bei einem Spaziergang um Loch Muick, nahe dem Lochnagan Mountain, von dessen Wasser die Destillerie immer noch gespeist wird. Während man Rast macht, genießt man einen weichen, malzigen, leicht honigtönigen Schluck des Whiskys, der mit dem in der Nähe vorbeirauschenden Wasser hergestellt wurde.

Es gibt auch eine „Selected Reserve“-Abfüllung mit königlichem gold-blauem Etikett, die sicher keinen jungen Whisky enthält. Am stärksten tritt der Sherry zutage, der diesem Malt einen Duft wie Frischgebackenes verleiht: sehr sauber und gut erkennbar verbindet er sich mühelos mit dem Toffee-Malt-Schokoladegeschmack. Ein guter Tropfen, der jedoch in tausend Jahren nicht die 150 Pfund oder mehr wert ist, die Sie dafür zahlen.

PERTHSHIRE

Wenn die schottischen Highlands erwähnt werden, denkt man unmittelbar an düstere Berge und versteckte Täler, röhrende Hirsche, Schneewehen und entlegene Destillerien an einsamen Berghängen, deren Rauch verträumt in den Himmel aufsteigt. Daher überrascht es zu hören, daß nur eine Brennerei höher als 300 Meter liegt. Das ist Dalwhinnie.

DALWHINNIE

Man könnte behaupten, daß der Dalwhinnie eigentlich ein Speyside Whisky ist, und dafür gibt es ein paar triftige Gründe. Doch in Wirklichkeit ist Dalwhinnie – nun, eben Dalwhinnie. Immer wieder wird gesagt, daß alle Malts verschieden sind. Und in ganz Schottland gibt es wahrhaftig keinen, der dem Dalwhinnie gleicht. Die Destillerie liegt zwar am Truim River, der in den Spey mündet, und so ist ein gewisser grasiger Charakter erkennbar. Doch da ist auch noch dieser torfige Heidekrautton, der für die Nördlichen Highlands typisch ist. Das Heidekraut läßt erkennen, daß es aus einer Gebirgsregion stammt. Doch am wichtigsten ist vermutlich die intensive Honignote, die ganz und gar typisch für Perthshire ist. Sicherlich ist es kein Zufall, daß die Destillerie, die vor rund 100 Jahren in diesem Dorf errichtet wurde, das am Knotenpunkt der Viehtreiberrouten nach dem Norden, Süden und Osten lag, einen Malt mit derart spezifischem Stil und Charaker herstellt, daß er fast eine Klasse für sich darstellt.

Egal zu welcher Jahreszeit man herkommt, die Aussicht ist beeindruckend. Aufgrund ihrer Höhenlage ist die Brennerei weit-

 Höchste Perfektion: *Die schneebedeckte Dalwhinnie Destillerie ist die einzige schottische Brennerei, die über 300 Meter hoch liegt*

Bombensicher: *Das neue Destillat von Blair Athol strömt in den Auffangbehälter*

aus öfter mit Schnee bedeckt als jede andere und an einem klaren Wintertag bieten die im Südwesten gelegenen Grampian Mountains einen spektakulären Anblick. Im Spätsommer verwandelt sich die Heide in ein violettes Blütenmeer. Die zu allen Jahreszeiten mit tiefen Regenwolken verhangenen, nahe gelegenen Monadhliath und Cairngorm Mountains vermitteln ein Gefühl der Enge, speziell der Munro of Carn na Caim.

Bis vor kurzem übertrug sich dieses Gefühl auch auf die dunkle und kompakte Destillerie, die aus einer anderen Epoche zu stammen schien. Doch in der Zwischenzeit hat sich einiges verändert. Da jedes Jahr rund 50 000 Besucher kommen, meinten die Inhaber United Distillers, daß die Ursprungsstätte einer ihrer insgesamt sechs „Classic Malts" einen ordentlichen Eindruck machen und für den großen Ansturm gewappnet sein sollte, ohne allzuviel von ihrem ursprünglichen Charakter einzubüßen. Die hölzernen Washbacks gibt es nach wie vor, die Brennblasen wurden auf Hochglanz poliert. Wenn jemand zum ersten Mal hier ist, wird ihm nichts auffallen. Doch einige von uns sehnen sich in die Zeit zurück, als die Destillerie unschuldig schmuddelig wirkte. Der Whisky ist jedoch immer noch derselbe, und dafür sollte man dankbar sein. Man muß United Distillers auch zugute halten, daß sie sich dem aktuellen Trend widersetzt haben und noch traditionelle Transportschnecken verwenden, die sich an der Außenseite des Destillierhauses in neuen Bottichen drehen, wodurch die Destillerie irgendwie umgedreht wirkt. Ein weiterer hübscher Aspekt sind die Maischbottiche, die unter dem Pagodendach errichtet wurden, so daß der austretende Dampf den Eindruck vermittelt, die Mälzerei sei noch in Betrieb. Viele waren überrascht, als der Dalwhinnie, der auch ein wesentlicher Bestandteil der Buchanan-Blends ist, von United Distillers als „Classic Malt" ausgewählt wurde. Einst war die junge Version aufgrund des schweren, schwefelähnlichen Dufts, der sich erst im Laufe der Zeit verflüchtigte, unter dem Spitznamen „Kohlwasser" bekannt. Doch sie erwies sich eines „Classic Malts" würdig, und der 15jährige ist der vielseitigste aller Malts, die heute in den Verkauf gelangen. Auch wenn Dalwhinnie in den Bergen liegt, ist es doch der Whisky, der alles andere überragt.

BLAIR ATHOL

Fährt man auf der A9 noch etwas weiter, stößt man wieder auf eine Destillerie, die sogar noch mehr Besucher anlockt, da sie sich im Stadtzentrum von Pitlochry befindet. Blair Athol ist ebenfalls sehr alt und feiert bald ihren 200. Geburtstag. Die Brennerei war einst ein wichtiger Teil von Bell's. Arthur Bell errichtete in Perth seine Firma, und seine Nachkommen erwarben Blair Athol, um immer genügend hochwertigen Malt am Lager zu haben. Bis vor rund 25 Jahren war das auch der Fall. Doch später, noch vor der Übernahme durch Guinness, wurde in der Destillerie kein hochwertiger Whisky mehr hergestellt. Wie in Inchgower und Dufftown, zwei Destillerien, die ebenfalls Bell's gehören, wurde nicht genügend Geld und Zeit in die Verbesserung der Destillierapparate investiert. So geriet der von Bell's abgefüllte Malt manchmal unharmonisch, herb und scharf, was die Destillerie nicht gerade in ein gutes Licht rückte.

Zusätzlich wurde die Brennerei als Touristenattraktion ausgebeutet. Um 1990 hatte sie die Identität einer alten Perthshire-Brennerei großteils eingebüßt, da man mehr Wert auf den optischen Anreiz für die Besucher legte, als auf die Funktionalität. Jetzt sieht die Destillerie wieder recht ansprechend aus. Diejenigen, die aufgrund der Außenansicht der Brennerei beschlossen haben, nicht hineinzugehen (solche Leute sind mir untergekommen) werden vielleicht bei einem zweiten Besuch entschädigt und sei es nur durch die vier wunderbaren Washbacks aus Lärchenholz.

Jeder, der den absolut schrecklichen 12jährigen verkostet hat, wird mit Freude vernehmen, daß sich der Whisky merklich verbessert und seine unangenehme, alles überdeckende Unreinheit abgelegt hat, so daß jetzt sogar etwas Torf zutage tritt.

Empfehlung des Connaisseurs

DALWHINNIE – DER 15JÄHRIGE „CLASSIC MALT" IST SPEKTAKULÄR UND GENAU DAS RICHTIGE FÜR DEN HERRN EBENSO WIE FÜR DIE DAME.

BLAIR ATHOL – BIS DIE VERBESSERTE VERSION GEREIFT IST, KANN MAN IHN GETROST VERGESSEN.

Small is beautiful: *Besonders bei Edradour in Perthshire, der weitaus kleinsten Destillerie Schottlands*

EDRADOUR

In einem der vielen stillen Täler, deren Bäche in den Tummel münden, der Pitlochry in westlicher und südlicher Richtung umfließt, bevor er ein paar Kilometer weiter unterhalb, bei Balmacneil, in den Tay mündet, liegt die letzte Farmbrennerei Großbritanniens. Sie geht auf das Jahr 1837 zurück und ist nach dem Bach benannt, der über das Destilleriegelände fließt. Edradour ist großartig – sie hat den Angriff des 20. Jahrhunderts unbeschadet überstanden und betreibt die Whiskyherstellung noch heute als Heimgewerbe. Die winzigen, weißgestrichenen Destilleriegebäude mit den roten Türen sind nicht größer als Hütten, obwohl sie Brennblasen, Washbacks und sogar Fässer beherbergen.

Wenn man bedenkt, daß innerhalb der letzten 100 Jahre Hunderte von Destillerien eingegangen sind, muß die Existenz von Edradour fast schon als Wunder angesehen werden. Da die Brennerei so klein ist, dauert auch eine ausführliche Besichtigung nicht lange. Der auf winzige Produktionsmengen abzielende Betrieb ist beeindruckend. Heute gibt es keine Mühle oder Mälzböden mehr. Seit 1983 wird das bereits geschrotete und nicht wenig getorfte Malz in Säcken angeliefert. In dem glänzenden, grün-rot gestrichenen Maischbottich aus Gußeisen wird fünfmal pro Woche rund eine Tonne Malzschrot verwertet. Zum Vergleich faßt jeder der insgesamt elf Maischbottiche der mittelgroßen, rund fünf Kilometer entfernten Destillerie Blair Athol rund 7,5 Tonnen Malz.

Bis in die 50er Jahre gab es in Edradour zwei kleine Washbacks aus Lärchenholz, die durch Oregonkiefer ersetzt wurden. Ein Washback enthält 6 000 Liter, das entspricht rund zwei Drittel seiner Kapazität. In Blair Athol gibt es acht Washbacks, vier mit 20 000 und vier mit 40 000 Litern Kapazität. Die Gärung dauert in Edradour nur 48 Stunden, dann wird die Wash mit Hilfe des letzten noch existierenden Morton-Kühlapparates in die knollenförmige Brennblase für die erste Destillation gepumpt, deren Kapazität 4 218 Liter beträgt (rund 25 000 in Blair Athol), und danach in die geradere Spirit Still, die nur 2 182 Liter faßt, und somit die kleinste in ganz Schottland (in Blair Athol faßt sie rund 15 000 Liter) und die größte Sehenswürdigkeit der Destillerie ist. Vergessen Sie die uralte Geschichte, daß die Brennblasen „die kleinsten sind, die entsprechend der Vorschriften der Steuerbehörde zulässig sind" wie in der Destillerie selbst behauptet wird. Tatsächlich würden sie noch leicht 378 Liter

Empfehlung des Connaisseurs

EDRADOUR – DER 10JÄHRIGE KANN HERVORRAGEND SEIN. DER ÖLIGE, HONIGSÜSSE ABGANG ERINNERT AN JAMAICA-RUM AUS EINER POT STILL.

ABERFELDY – HALTEN SIE AUSSCHAU NACH EINEM 12JÄHRIGEN VON EINEM UNABHÄNGIGEN ABFÜLLER.

mehr fassen. Doch waren sie so interessant, daß die BBC in den 80er Jahren hier eine Fernsehserie mit dem Titel King's Royal drehte, die einzige britische Serie über Whisky.

Da die Brennblasen so klein sind, würde man erwarten, daß der Whisky reichhaltig und etwas ölig ist und einen starken Estercharakter hat. Das hat er auch. Doch da jede Woche nur sechs bis sieben Bottiche gefüllt werden können, wodurch die jährliche Gesamtproduktion nur ungefähr soviel ausmacht wie die wöchentliche Produktion einer Brennerei durchschnittlicher Größe, ist der Edradour nur schwer erhältlich. Einige der 300 Fässer, die im winzigen Lagerraum liegen, verwendet man auch zum Aufbessern von Vatted Malts, die ab und zu von den Inhabern, Pernod Ricard, herausgebracht werden. Allerdings ist es der Single Malt, dem wir unsere Aufmerksamkeit widmen sollten, was nirgends besser geht als direkt in der Destillerie.

Mitten im Winter ist es nicht ratsam, sie zu besichtigen, doch der späte Januar ist meiner Meinung nach die beste Zeit für einen Besuch. Dann hat die Destillerie für gewöhnlich ihren Betrieb wieder aufgenommen, und der Bach Edradour erreicht seine höchste Fließgeschwindigkeit. Wenn man Glück hat, erlebt man einen Sonnenuntergang in wunderbaren Pastelltönen. Der 10jährige mit seinem süßen Honiggeschmack stellt einen klassischen Perthshire-Malt dar, der die Identität dieser Region unterstreicht. Doch da die destillierte Menge so klein ist, kann die Qualität unterschiedlich ausfallen, und sollten Sie, nachdem sich der Honiggeschmack verflüchtigt hat, den Whisky als etwas dünn oder sogar bitter empfinden, haben Sie keine andere Wahl: Sie müssen einfach an einem anderen Tag wiederkommen und ihn nochmals verkosten.

ABERFELDY

Die A9, die sich oft entlang eines Flusses durch die Highlands schlängelt, führt dort, wo sie in Richtung Süden nach Strath Tray verläuft, an Pitlochry vorbei. Hier im nördlichen Teil dieser Region, wo Tay und Tummel zusammenkommen, lebten schon in prähistorischen Zeiten Menschen, die unzählige Steinkreise, Menhire und Tumuli als Zeugen ihrer Kultur hinterließen. Um etwas über die heutige Kultur zu erfahren, kann man eine der zahlreichen Perthshire-Destillerien besuchen.

Nicht alle davon sind entlegen. Rund 10 Kilometer südwestlich von Edradour liegt Aberfeldy, eine weitere gediegene Stadt in den Mittleren Highlands. Am Stadtrand befindet sich eine Destillerie im typisch spätviktorianischen Stil. Ihre Brennblasen sind ebenso massiv wie die von Edradour winzig sind. Die nach der Stadt benannte Destillerie ist jedoch kaum bekannt und genießt eher das Lob der Blendmeister als der Öffentlichkeit. Das ist schon so, seitdem die Brennerei 1896 vom in Perth ansässigen Whiskybaron Tommy Dewar erbaut wurde.

Es kommen zwar Besucher nach Aberfeldy, doch eher wegen der Eichhörnchen, die den weitläufigen Park und den Naturpfad bevölkern. Dieses Projekt wird vom Destillerieleiter Brian Bisset gemeinsam mit dem schottischen Naturschutzverband durchgeführt. Das Anpflanzen der traditionellen Kaledonienkiefer ist vor allem für diejenigen Whiskyliebhaber von Interesse, die, so wie ich, gleichzeitig auch Ornithologen sind. Denn mit ein bißchen Glück wird dieser Baum den Kreuzschnabel anziehen, einen scheuen und seltenen Vogel, der nur in Schottland heimisch ist. In Aberfeldy fühlen sich auch Eisenbahnliebhaber wohl. Erst unlängst begannen einige davon, eine „Puggy" zu restaurieren. Das ist eine Dampflok, die Whisky-Waggons durch die Highlands nach Glasgow führte. Damit die Lok vor der Destillerie aufgestellt werden kann, hat man sogar einige Meter Schienen neu verlegt.

Leider haben die früheren Besitzer am Ende des ursprünglichen und massiven Steingebäudes ein neues Destillierhaus angeschlossen, so daß die Destillerie nun etwas asymmetrisch wirkt. Doch im alten Teil findet man vier Washbacks aus Lärchenholz, die noch an ihrem ursprünglichen Platz thronen. Die vier Brennblasen – zwei für die erste Destillation und zwei Spirit Stills – sind fast identisch, das heißt stark knollenförmig. Eine Spirit Still ist zehnmal so groß wie die von Edradour und faßt 20 372 Liter. Der gereifte

Aberfeldy: *Fast der gesamte Inhalt dieser Fässer wird zum Verschneiden verwendet*

Whisky ist jedoch sehr gut, auch wenn er leichter ist. Er verfügt über die verräterische, perthshire-typische Honigsüße, die jedoch unaufdringlich und mit einem Hauch Würze und Torf sowie einem reichhaltigen Malzton unterlegt ist, so daß dieser Whisky zu einem Tropfen wird, den andere Destillerien liebend gerne als großen Single Malt vermarkten würden. Doch United Distillers produzieren nur einen begrenzten Vorrat des 15jährigen, der seine beste Zeit, die er zwischen neun und zwölf Jahren erreicht, möglicherweise bereits überschritten hat. Mit 15 beginnt der Eichenton den süßeren Geschmack zu überlagern, und der Malzcharakter tritt im Abgang stärker zutage. Nach wie vor jedoch ein nahezu perfekter Aperitif.

Wie auch Edradour liegt Aberfeldy in einer wunderbaren, idyllischen Landschaft. Und der dem Destillierhaus gegenüberliegende Friedhof – im Norden von den sanft geschwungenen, bewaldeten Ausläufern des Weem Hill und des Cluny Rock und im Süden von der Aberfeldy Destillerie überragt – kann wahrhaftig als eine Art Himmel auf Erden angesehen werden.

TULLIBARDINE

In Perthshire kann man in fast jeder Brennerei das fröhliche Pfeifen der Brennblasen vernehmen. Tullibardine ist jedoch eine traurige Ausnahme. Diese Destillerie wurde 1995 stillgelegt, kurz nachdem Whyte & Mackay die Invergordon Distillers hauptsächlich deshalb übernommen hatten, weil sie an deren Getreidefabrik interessiert waren. Nachdem Whyte & Mackay bereits drei Destillerien besaßen, war ihnen das Erbe von Invergordon einfach zuviel. So wurde Tullibardine eine von drei Brennereien, die stillgelegt wurden.

Viele schottische Destillerien, die nach dem Ende des Zweiten Weltkriegs eröffnet wurden, erlitten kein besonders erfreuliches Schicksal. Tullibardine, das bis 1949 eine Brauerei war, bildet da keine Ausnahme. Der Whisky ist in Ordnung, obwohl er manchmal – zu Unrecht, wie ich meine – als leicht bezeichnet wird. Ich finde ihn etwas fett, cremig-süß und mehlig. Er ist seit langem als 10jähriger erhältlich, wurde jedoch von Invergordon niemals mit der gleichen Mühe und Sorgfalt vermarktet wie der Isle of Jura oder der Bruichladdich.

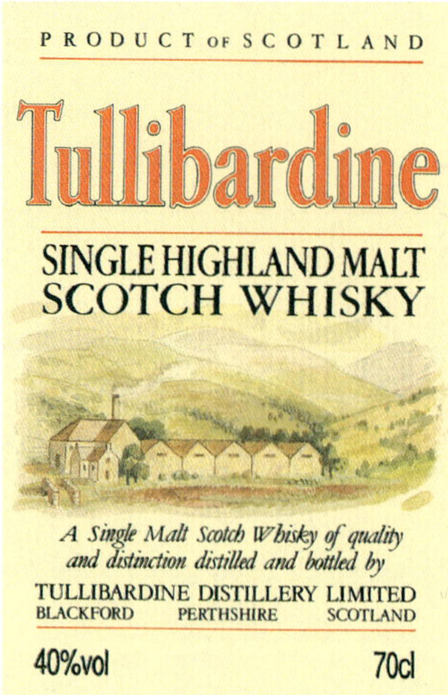

Die Destillerie befindet sich in Blackford, einem Dorf, das ebenfalls an der A9 liegt und für sein Wasser und das hier abgefüllte Mineralwasser Highland Spring bekannt ist. Das Wasser der Brennerei kommt aus einem artesischen Brunnen. Tullibardine bezieht ihr Wasser von derselben Quelle, doch fließt es in einem kleinen Fluß namens Danny Burn, dessen eiskaltes Wasser von den Ochil Hills direkt zur Destillerie plätschert.

GLENTURRET

Um von Aberfeldy nach Tullibardine zu gelangen, nimmt man die alte Militärstraße von General Wade durch das Sma'Glen nach Crieff – eine wunderschöne Überlandfahrt. Verläßt man Aberfeldy, lohnt es sich, an der Abzweigung anzuhalten, bevor die Stadt aus dem Blickfeld verschwindet. Von hier aus kann man die Aussicht auf ganz Aberfeldy und den Fluß Pitillie Burn genießen, der die Destillerie speist. Der Fluß lieferte einst auch das Wasser für die Vorgängerin der jetzigen Destillerie, an die heute nur mehr ein paar Steine erinnern.

Glenturret, die Destillerie von Crieff, könnte heute ebenfalls bereits in Vergessenheit geraten sein, wenn es nicht einen Mann gäbe, der sich ihrer angenommen hat. James Fairlie verbrachte drei Jahre damit, die Brennerei wieder zum Leben zu erwecken, die laut Aufzeichnungen auf das Jahr 1775 zurückgeht, jedoch seit 1929 stillgelegt war. Wie viele andere Brennereien in Perthshire wurde auch sie wieder als Bauernhof genutzt, nachdem die Brennblasen entfernt worden waren.

Als die Brennblasen im Juni 1960 erstmals wieder in Betrieb gingen, war Single Malt außerhalb der Highlands so gut wie unbekannt. Blended Scotch war es, wonach alle Welt verlangte, und die Brenner trachteten danach, diesem Wunsch zu folgen. James wollte ursprünglich eine vergessene Destillerie zu neuem Leben erwecken, um für die Unzahl an Blends einen weiteren Malt zur Verfügung zu stellen. Später beschloß er jedoch, ein wenig davon zurückzubehalten und als Single Malt herauszubringen.

Nach beinahe 40 Jahren kann man sagen, daß sein Plan erfolgreich war. Jedes Jahr kommen 200 000 Besucher, um zu sehen, wie man hier Whisky herstellt, wodurch die Destillerie zu einer der bekanntesten Sehenswürdigkeiten Schottlands inklusive Ausstellung, Bar und Restaurant wurde. Doch auch der Whisky zählt zu den großartigsten der Highlands. Da die Destillerie nun, nachdem sie eine Zeitlang im Besitz von Cointreau war, den Highland Distilleries gehört, hat sie ihre familiäre Atmosphäre zwar teilweise, jedoch nicht vollständig eingebüßt. Jetzt gibt es sogar einen Whisky, der nach dem Gründer der Destillerie benannt ist und an die berühmte Brennereikatze Towser erinnert, die zwischen 1963 und 1987 ungefähr 28 899 Mäuse erlegte. Aufgrund dieser Leistung wurde sie ins Guinness Buch der Rekorde

Empfehlung des Connaisseurs

TULLIBARDINE – ALS 10JÄHRIGER WIRKLICH SÜSS MIT CREMIG-WEICHEM MITTELPUNKT.

GLENTURRET – KOMPAKTER KLASSIKER, DER AB ZWÖLF JAHREN INTERESSANT WIRD.

DEANSTON – KONZENTRIEREN SIE SICH AUF DEN 12JÄHRIGEN.

Teamgeist: *Es wird wohl schon 100 Jahre her sein, seit diese 16 Männer einen der legendären Malts von Perthshire erzeugten – doch wenig hat sich geändert*

aufgenommen und ist nun als Statue in der Destillerie zu bewundern.

Man könnte annehmen, daß eine Destillerie, die so klein ist und doch so häufig besucht wird, ausgesprochen abgenutzt aussieht. Doch die wunderbare Lage am Ufer des sprudelnden Turret Burn macht sie zu einem lohnenswerten Ziel, das während der Wintermonate am ursprünglichsten wirkt. Die Brennerei befindet sich in dem kleinen Dörfchen Hosh, ein paar Kilometer nördlich der alten Viehtreiberstadt Crieff und hieß bei ihrer Gründung Hosh Destillerie, bevor sie 1875 auf Glenturret umbenannt wurde. Der Maischbottich, in den das Wasser des rund fünf Kilometer entfernten Loch Turret geleitet wird, ist ebenso groß wie der in Edradour. Da er jedoch aus rostfreiem Stahl anstatt aus Gußeisen besteht, ist er nicht so ansprechend. Doch die acht winzigen, dunklen, schwarz gerippten Washbacks, in denen die leicht getorfte Prisma-Gerste gärt, sind einfach umwerfend, ebenso die doppelte Wash Still mit dem Messingrand, die eine dominierende Position im Destillierhaus einnimmt. Die weitaus kleinere Spirit Still befindet sich in einem anderen Raum, einen halben Stock tiefer. So kann man erahnen, wie die Destillerie arbeitet: Sie funktioniert mit Hilfe der Schwerkraft, dem ältesten Trick, den es gibt. Da man nun auch die Mälzböden wieder aufbaut und in Betrieb nimmt, läuft Glenturret nun fast wieder so wie vor 100 Jahren.

Doch auch die hier produzierten Malts tragen viel zum Charme der Brennerei bei. Allein von den Brennern selbst gibt es zehn verschiedene Versionen, die bei den unabhängigen Abfüllern sehr begehrt sind. Am häufigsten findet man den 12jährigen, dessen Ausgewogenheit gerade richtig ist: Der für Perthshire übliche Honigcharakter tritt mit voller Kraft zutage, wird aber durch eine weiche, rauchige Note sowie einen Torf- und einen fruchtigen Vanilleton unterstützt. Jüngere Abfüllungen sind kaum zu finden. Der Glenturret gehört zu den wenigen Malts, die ab einem Alter von 15 Jahren immer besser werden.

DEANSTON

Interessiert man sich besonders für ungewöhnliche Destillerien, lohnt sich ein Besuch im historisch bedeutenden Deanston. Nicht die Whiskyherstellung, die hier erst seit 1965 betrieben wird, ist so bemerkenswert, sondern die Baumwollverarbeitung. Die Brennerei steht etwas abseits vom Teith River. Die Brennapparate sind abgesehen von dem offenen Maischbottich und den hölzernen Washbacks trotz der fehlenden Maschinen an sich nichts Besonderes. Von der hier verwendeten Malzart (abgesehen davon, daß sie ungetorft ist), der Gärungszeit oder einem anderen Aspekt der Herstellung kann man das ebenfalls nicht behaupten. Alles entspricht mehr

Auffüllen: *Ein weiteres Faß Deanston wird mit frischem Destillat gefüllt und dann gelagert*

oder weniger der Norm. Doch wenn man zu den Lagerräumen 2A, 2B und 2C kommt und das reifende Destillat sieht, merkt man gleich, was an dieser Destillerie so ungewöhnlich ist.

Man kann es nur so ausdrücken: In Deanston reift der Whisky in einer Kathedrale. Die 1785 errichteten wunderbaren Deckengewölbe erinnern an eine Krypta. Hier befand sich einst eine mit Gras bewachsene Weberhütte, die die Feuchtigkeit im Inneren festhielt. Nun lagern hier immer drei Fässer übereinander, insgesamt 14 000 Stück. Eine Reihe kleiner Säulen, die der Schwerkraft zu trotzen scheinen, stützen das Gebäude. Wenn man sagt, in ganz Großbritannien gäbe es nur einen einzigen Platz dieser Art, so stimmt das. Daher überrascht es nicht, daß das Gebäude denkmalgeschützt ist.

Leider ist die gesamte Destillerie, darunter auch der Raum mit den riesigen Turbinen, die vom Wasser des Teith River angetrieben werden und den Strom für die Destillerie produzieren, nicht zugänglich. Zum Glück verwehren die Inhaber, Burn Stewart, der Öffentlichkeit nicht auch noch den Zugang zu ihrem Malt, sondern verkaufen ihn mit zwölf, 17 und 25 Jahren.

Trotz des bourbon-ähnlichen Duftes ist es letzterem noch nicht wirklich gelungen, mich zu beeindrucken. Und erst in jüngster Zeit habe ich mich mit dem 17jährigen angefreundet. Als dieser erstmals herauskam, fand ich ihn leblos und langweilig. Doch in letzter Zeit kommt ein wenig fruchtige Würze hinzu, die möglicherweise den Sherryfässern zu verdanken ist. Um dem Deanston gerecht zu werden, muß man folgendes beachten: Je jünger, desto besser ist er. Der 12jährige ist hervorragend. Er ist körperreich und schwungvoll würzig – bemerkenswert für einen Whisky aus ungetorftem Malz. Ich habe auch schon 8jährige voll wohlschmeckender malziger Vitalität verkostet. Die Inhaber sind wahrscheinlich nicht sehr erfreut, daß ich die älteren Abfüllungen so wenig schätze, obwohl sich der 17jährige in letzter Zeit ganz gut macht.

GLENGOYNE

Fährt man von dem in der Nähe von Doune gelegenen Dorf Deanston in Richtung Süden zur nächsten Destillerie, Glengoyne, dringt man weiter in das zerklüftete Perthshire vor. Die Trossach und Menteith Hills bieten einen imposanten Anblick, bis man in eine Ebene gelangt, von wo aus man in der Ferne die Gargunnock und Fintry Hills erkennen kann. Alljährlich testet eine ganze Schar von Masochisten, wer von ihnen eine beinahe senkrecht verlaufende Steigung am schnellsten bewältigen kann. Der Preis: Eine Flasche 17jähriger Malt aus der Destillerie, bei der das Rennen beginnt und endet.

So schwer muß man es sich allerdings nicht machen. Man kann auch den geringen Eintrittspreis in die Destillerie zahlen und erhält – anders als in allen anderen mir bekannten Brennereien, bereits eine kräftige Kostprobe des 10jährigen, noch bevor die Besichtigungstour beginnt.

Eine Zeitlang legte man in Glengoyne besonderen Wert auf den Umstand, daß der Malt aus völlig ungetorfter Gerste hergestellt wird. Natürlich wurde das auch in einigen anderen Destillerien bereits seit längerer Zeit gemacht, doch hatten sie nicht daran gedacht, das speziell zu betonen, wohl auch deshalb, weil ohnehin fast der gesamte Malt zum Verschneiden verwendet wurde. Der Whisky von Glengoyne ist jedoch zu gut, als daß sein Erfolg ausschließlich durch Marketing erzielt wäre. Auch wenn er nicht direkt aus Perthshire stammt, verfügt er doch über alle für Perthshire typischen Eigenschaften und noch einige andere dazu.

Die nur ungefähr 22 Kilometer von Glasgow entfernte Brennerei ist leicht zu finden. Für diejenigen, die es besonders eilig haben, gibt es sogar einen Hubschrauberdienst. Das

Wasser, das im Winter für die Maische verwendet wird, schmeckt ebenso wie der Malt: erst süßlich und wird anschließend trockener und wirklich ganz weich.

Die Whiskyproduktion endet dort, wo sie begonnen hat, da der nicht allzu große Maischbottich direkt neben den Brennblasen steht. Doch irgendwo gibt es auch noch sechs Washbacks aus Oregonkiefer, die vor sich hinbrodeln, bevor ihr Inhalt zur großen Wash Still gepumpt wird. In diesem Teil Schottlands ist Glengoyne die einzige Destillerie mit drei Brennblasen, obwohl nicht dreifach destilliert wird. Die beiden anderen, die Spirit Stills, sind relativ klein und fassen nur je 3 500 Liter. Sicherlich haben diese winzigen Brennblasen, die einen so intensiven Kontakt des Alkohols mit dem Kupfer ermöglichen, beim reichhaltigen Charakter des Glengoyne auch ein Wörtchen mitzureden.

Durch die Destillerie verläuft eine imaginäre Trennlinie – ein Teil liegt in den Highlands, der andere in den Lowlands. Diese Linie folgt der Greenock Road, nördlich davon befindet sich das Destillierhaus, von dem aus man auf die jenseits der Linie gelegenen Lagerräume blickt. Deshalb heißt es, der Whisky werde in den Highlands produziert und würde in den Lowlands reifen.

Dieser Whisky zählt zu den Spitzensorten. Als 10jähriger ist er so fein, daß man oft die einzelnen Vattings voneinander unterscheiden kann, und obwohl manchmal Gegenteiliges behauptet wird, ist das kein Fehler. Sie weisen alle eine sehr saubere Malzigkeit auf. Der Unterschied liegt lediglich in der Stärke des Honigtons, dem Buttergeschmack, der Würze, der Sherrynote und der Reschheit. Doch sind alle davon garantiert hervorragende Malts. Der 12jährige ist seidiger, mit stärkerem Toffee-Charakter. Wenn der 10jährige in Topform ist, schafft er es, dem 17jährigen in punkto Komplexität Konkurrenz zu machen. Für gewöhnlich siegt jedoch der ältere Malt. Das gereicht ihm wirklich zur Ehre, denn normalerweise tut es einem so zarten Malt nicht gut, wenn er so lange im Faß bleibt. Und wüßte ich es nicht besser, würde ich sogar behaupten, daß er eine ganz feine Torfnote hat.

Empfehlung des Connaisseurs

Glengoyne – Mit zwölf Jahren schön rein, malzig und seidenglatt.

Inchmurrin (Loch Lomond) – Ein süsses, leicht minziges Aroma und leicht am Gaumen.

LOCH LOMOND

Fährt man Richtung Westen zur Südspitze von Loch Lomond, gelangt man von Glengoyne ohne Schwierigkeiten zur Loch Lomond Destillerie in Alexandria. Es bedarf zwar einiger Phantasie, um diese Brennerei mit einem Perthshire-Malt in Verbindung zu bringen, doch trotz ihrer südlichen Lage gehört sie zu den Highlands, obwohl Littlemill, nur ein paar Kilometer weiter südlich in Bowling gelegen, zu den Lowlands zählt. Das ist ihre Schwesterdestillerie, die stillgelegt wurde. Tatsächlich fällt der Whisky von Loch Lomond in keine bestimmte Kategorie und er ist dabei, sich zu einer selbständigen Gattung zu entwickeln.

Die Destillerie, die in einer ehemaligen Farbenfabrik untergebracht ist, legt großen Wert darauf, ihren eigenen Weg zu gehen. Ihre Brennblasen sind außergewöhnlich. Sie haben am Helm Rektifikatoren, mit deren Hilfe der darin produzierte Malt überprüft werden kann. Insgesamt gibt es vier Brennblasen, wobei je zwei Paare ganz unterschiedliche Whiskys herstellen können. Einige Male im Jahr wird sogar ein stark getorfter Malt produziert, ähnlich wie der Longrow von Springbank. Die gemälzte Gerste wird von den Mälzböden in Port Ellen auf Islay bezogen oder manchmal auch von Muir of Ord. Der Penolgehalt ist mit 40 ppm äußerst hoch, höher als bei jedem Islay Whisky außer Ardbeg.

Die Firma hat ihre Abnehmer, nicht zuletzt, weil sie ihre Malts zum Preis eines anständigen Blends auf den Markt bringt. Es gibt auch nichts an ihren Whiskys auszusetzen, obwohl sie wahrscheinlich nie zu den besten Schottlands zählen werden. Am bekanntesten sind Inchmurrin und Old Rhosdhu. Ersterer ist nach der in der Nähe gelegenen fingerförmigen Insel benannt, der größten von Loch Lomond. Er kann ein sehr guter Tropfen mit leichtem, süßem, Menthol-Minzaroma sein, das am Gaumen schäumt, wo sich das Malz butterähnlich anfühlt: Wenn man bedenkt, daß er 86 Vol.-% hat, ist dieser Charakter überraschend. Der nicht ganz so starke Old Rhosdhu hat einen erdigen Duft und Geschmack und ist mit seinem

schweren Öl-Charakter vielleicht noch eine Spur interessanter.

In Loch Lomond werden noch vier weitere Whiskys erzeugt, aber nicht vermarktet. Einer davon ist Glen Douglas, der etwas unrein ist und in dem Versuch, einen Malt nach Art von John Doe herzustellen, auf die eher üblichen 68 Vol.-% destilliert wird.

Die wirklich stark getorfte Version, der Croftenga, ist sicherlich der dichteste Malt, den Schottland hervorbringt. Er enthält äußerst stark getorftes Malz und ist ebenso stark wie der Rhosdhu (das ist die anspruchsvollste Version – ein leicht unreiner Duft und etwas bitterer Abgang umfassen die süßeste und öligste Torfnote Schottlands, die eines Tages eine eigene Abfüllung wert wäre). Für den Inchmoan wird dasselbe Malz verwendet, er ist jedoch leichter, da er auf die Stärke des Inchmurrin destilliert wird. Es existiert auch noch eine mittlere Version. Der Craiglodge ist ähnlich dem Rhosdhu, jedoch ist nur die Hälfte seines Malzes getorft.

DER WESTEN UND DIE INSELN

Einst konnte man auf einem schnittigen Schnellboot nach Skye fahren. Heute gelangt man über eine Brücke dorthin. Das britische Verkehrsministerium, dessen Straßenbauprogramm augenscheinlich darauf abzielt, auch die letzten schönen Landschaften zu zerstören, hat sich hier selbst übertroffen. 1995 verlor die bekannte und romantischste aller Hebrideninseln endgültig ihre Unabhängigkeit. Kaum jemand befürwortet die neue Hängebrücke. Zumindest können sich die Einheimischen mit etwas wirklich Inseltypischem trösten, das ihnen keine Brücke und keine Invasion vom Festland nehmen kann – mit dem Talisker.

TALISKER

Islay hat acht Destillerien gebraucht, um als Whiskyregion anerkannt zu werden, Skye nur eine. Ich kann mit Sicherheit sagen, daß keiner der vielen tausend Whiskys aus der ganzen Welt, die ich verkostet habe, mit dem Talisker zu vergleichen ist, obwohl ich 1975 in dieser Destillerie meine Suche nach dem ultimativen Whisky begann.

Die in Carbost an der zerklüfteten Ostküste gelegene Destillerie (Achtung, es gibt auf der Insel zwei Orte dieses Namens) ist sicher nicht die ansprechendste, die Sie sehen werden. Sie wurde 1960 durch einen Brand verwüstet, als ein Brennmeister vergaß, die Luke einer Brennblase zu schließen. Der Rauhbrand floß über den Rand und direkt in das darunterliegende Kohlenfeuer. Viele der alten Charakteristika der Destillerie gingen in dem Flammeninferno verloren. Die Mälzböden überlebten, allerdings nur bis 1972, als jemand von Distillers Company Limited (DCL) beschloß, sie abzureißen, da sie nicht mehr verwendet wurden. Doch die Lage der Brennerei ist großartig. Sie befindet sich am Ufer von Loch Harport, mit einem gigantischen Ausblick auf die fast durchgehend schneebedeckten Gipfel der Cuillin Hills, von denen drei über 1 000 Meter hoch sind – für britische Verhältnisse fast schon ein Himalaja-Massiv.

„Skye-line“: *Talisker ist von zerklüfteten Bergen umgeben*

Die Destillerie geht auf das Jahr 1831 zurück und war schon oft von der Stillegung bedroht. Da die Gutsherren keine Erlaubnis für den Bau eines Piers gaben, mußten die Fässer stattdessen mühsam auf Flößen zu den Schiffen gebracht werden. Hier und da gingen dabei auch Fässer verloren, und oft waren Menschenleben in Gefahr. 1892 war der Inhaber Roderick Kemp dermaßen entmutigt, daß er seinen Anteil an seinen Partner Alexander Allan verkaufte und dieses Geld in die Destillerie von The Macallan in Speyside investierte.

Zu dieser Zeit wurde ein alkoholisches Getränk populär, das von John Ross, dem Inhaber des Broadford Hotels auf der anderen Seite der Insel, hergestellt wurde. Am 24. April 1893 meldete Ross beim Patentamt in London die Marke „Drambuie“ an. Diesen Namen, der in Gälisch „zufriedenstellender Tropfen“ bedeutet, war von einem seiner Kunden vorgeschlagen worden. 1965 erinnerte sich eine Angehörige von Ross in ihren unveröffentlichten Memoiren: „Ich schälte die Zitronen, und er [Ross] verwendete einen Zuckerhut – reinen Rohrzucker – und Talisker und Safran.“

Der Talisker stand mit Dailuaine, der damals größten Malt-Destillerie Schottlands, in Verbindung, bevor er von der expandierenden DCL geschluckt wurde. Einer ihrer größten Blends, der Johnnie Walker, beruhte immer mehr auf dem Geschmack dieses Single Malt, und bis in die 80er Jahre trug auch der als Single Malt abgefüllte Talisker das Johnnie-Walker-Logo.

Bis 1928 wurde der Talisker dreifach destilliert, obwohl er mit seinem starken Torfcharakter niemals die Leichtigkeit eines Whiskys aus den Lowlands oder aus Irland erreichen konnte. Heute gibt es fünf Brennblasen, zwei Wash Stills und drei Spirit Stills, die alle von altmodischen, hölzernen Transportschnecken gespeist werden. Der Talisker hat eine kurze Reifezeit. Die alte DCL füllte ihn als 8jährigen ab, und sogar United Distillers, die ihre Malts normalerweise sehr lange reifen lassen, bringen ihn im Rahmen der Classic Malts als 10jährigen heraus. Was sich nicht geändert hat, ist die Stärke: Er wird mit 45,8 Vol.-% abgefüllt.

Seine Stärke zu reduzieren oder ihn mit Wasser zu trinken ist ein Sakrileg. An diesem Whisky nippt man nicht, sondern erwärmt ihn erst auf Körpertemperatur, um dann einen guten Schluck davon zu nehmen. Was in der Folge passiert, beschrieb vor Jahren ein anderer Whiskyautor, nämlich Derek Cooper, ein guter Freund von mir, der zeitweise auf der Insel lebt: „Die stechende, etwas ölige, torfige Wildheit des Bouquets steigt in die Nase. Der Körper schlängelt sich wie ein Lavastrom von den Cuillins meinen Hals hinunter. Dann steigt Dampf aus dem Krater empor, ein Erdbeben erschüttert mich, meine Augen füllen sich mit Wasser, meine Wangen beginnen wie Feuer zu brennen, und ich muß mich an einem Stuhl abstützen. Der Talisker ist kein Getränk, sondern eine innerliche Explosion, ein heißer Ofen; er schlägt wie eine Bombe ein. Am Talisker gibt es nichts Sanftes."

Warum ist er so anders? Der Phenolgehalt liegt bei rund 25 ppm, und ist somit geringer als beim Ardbeg, Lagavulin und Laphroaig. Das Wasser vom Cnoc-nan-Speireig ist jedoch unglaublich stark getorft. Dick Freeson, ehemaliger Blendmeister von Johnnie Walker und Talisker ist überzeugt, daß es der ungewöhnliche Winkel des Schwanenhalses ist, der für einen zusätzlichen Rückfluß in die Wash Still sorgt, so daß die Spirit Stills mit reinerem Rauhbrand arbeiten.

Egal, wie sehr Sie Whisky lieben oder wie gut Sie ihn zu kennen glauben, Ihr Wissen kann nur unvollständig sein, wenn Sie den Talisker noch nicht verkostet haben, der zweifellos zu den weltweit größten Whiskys zählt. Er ist nicht nur ein Getränk, sondern auch ein Erlebnis.

Empfehlung des Connaisseurs

TALISKER – KÖNNTEN SIE NUR EINEN MALT KAUFEN, MÜSSTE DIES DER EXPLOSIVE 10JÄHRIGE SEIN.

BEN NEVIS – DER 19JÄHRIGE IST SO SELTEN WIE VOLLMUNDIG, UND DIE REICHHALTIGKEIT DES KÖRPERS BLEIBT EWIG.

Big Ben: *Die Destillerie kann Whisky herstellen, der so beeindruckt wie der Berg, der sie überragt*

BEN NEVIS

Fort William ist möglicherweise eine Touristenfalle. Jedoch befindet sich hier die nördlichste Destillerie an der schottischen Westküste. Bis 1983 wurde diese Ehre (um wenige hundert Meter) Glenlochy zuteil, der hübscheren der beiden Brennereien, die jedoch schließen mußte und bis heute nicht wieder in Betrieb ging.

Die Ben-Nevis-Destillerie trägt ihren Namen zu Recht. Sie wird vom Wasser gespeist, das der Allt-a-Mhullin Burn von diesem höchsten Berg Schottlands über rotgrauen Granit ins Tal trägt. Die Destillerie ist seit 1825 in Betrieb, nachdem sie von einem Hünen namens „Long" John MacDonald erbaut wurde, der auch die Lizenz dafür erwarb. Durch den großen Erfolg, den er mit dem Ben Nevis Whisky hatte, wurde sein Name in der ganzen Branche bekannt. Die Firma, die auf diesen Namen setzte, und die Destillerie, die ihn berühmt gemacht hatte, gingen irgendwann in den 20er Jahren getrennte Wege. Aber wie es in der Welt des Whiskys schon oft der Fall war, trafen sie wieder zusammen, als Long John International die Destillerie von einer anderen bekannten Persönlichkeit, dem kanadischen Millionär Joseph Hobbs kaufte. Dieser besaß in der Nähe eine Viehranch und errichtete die beiden Coffey Brennblasen – was seinem kurzen Ausflug in die Grain-Destillation zu verdanken ist. Außerdem verkleidete er die Außenwände der Destillerie mit Beton, den er sogar zur Herstellung von zwei Washbacks verwendete. Die Destillerie sieht heute besonders hübsch aus: Die Washbacks sind verschwunden.

Am Nummernschild des Jaguars, der dem Destillerieleiter gehört, kann man sehen, wer nun der Inhaber ist: NIKKA. Nach einer Phase der Unsicherheit mit Long John sind die riesigen kupfernen Pot Stills, die beinahe so aussehen, als wären sie aus rostfreiem Stahl, wieder in Betrieb. Ben Nevis ist vermutlich die einzige Brennerei, wo Sie einfach hineingehen und den Leiter bitten können,

Ihnen ein oder zwei Fässer der neuen Version zum Großhandelspreis zu überlassen – was ein wirklich ideales Geschenk für einen 18. Geburtstag wäre.

Beinahe jeder Whisky, der den Namen Ben Nevis trägt, ist verschnitten. Obwohl es sehr große Vorräte gibt, ist ein Ben Nevis als Single Malt fast nicht zu bekommen. Das ist äußerst schade; einige Kostproben des 12jährigen waren hervorragend, mit einem Toffee- und Nuß-Charakter als Mittelpunkt; andere waren öliger, doch gleichzeitig leichter, mit Orangen-Marzipan-Duft und einem buttercremigen Mittelpunkt – äußerst wohlschmeckend. Es gibt jedoch auch einen 19jährigen, der mit 60 Vol.-% bei voller Faßstärke abgefüllt wird, und obwohl er gar nicht billig ist und in seiner Zusammenstellung eine gewisse Fruchtigkeit vermissen läßt, ist er doch kein Whisky, den man jeden Tag trinken kann. Vom weichen, bourbon-ähnlichen Duft des Ancient Age bis zum Geschmack, der anfangs milchig-fett, danach voll intensiver, süßer Malzigkeit (mit einer ganz feinen Rauchnote im Hintergrund) und im Abgang trocken, mit einem milden Eichen-Vanillefinale ist, stellt dieser Malt den würdigen Abschluß eines Tages dar, bei dem man alle Sorgen vergessen und sich ganz auf das Geschmackserlebnis konzentrieren kann. Ein einfach gigantischer Malt.

OBAN

Es wird immer ein Geheimnis bleiben, warum es in den zerklüfteten Highlands nur so wenige legale Brennereien gegeben hat. Immer schon war genügend Torf und sauberes Wasser vorhanden, was sich zahlreiche illegale Brenner zunutze machten. Einige meinten, daß dieses Gebiet nicht in der Lage wäre, guten Whisky hervorzubringen, und beriefen sich dabei auf den Glenlochy. Doch diese Aussage kann mit einem einzigen Glas des herrlichen Oban problemlos widerlegt werden.

Dieser ist das 14jährige Produkt einer sehr kleinen Malt-Destillerie, einer der letzten, die noch in einem Stadtzentrum liegen. Das ist auch verständlich, denn es war die Destillerie, oder anfangs die Brauerei, um die herum die Stadt wuchs. Darin mag die Erklärung liegen, warum es so wenige Destillerien an der Westküste gibt. Ein wesentliches Merkmal der Inseldestillerien ist, daß sie normalerweise direkt am Meer liegen. Dadurch kann die Ware leicht verschifft werden. Die Verbindungen im Inneren der Highlands sind nach wie vor ziemlich schlecht. Vor zwei Jahrhunderten waren sie allerdings schrecklich. Oban, auf der Straße rund 160 Kilometer von Glasgow entfernt, verfügte über einen hervorragenden Hafen. Aus diesem Grund war dieser Platz nicht nur für die Destillerie bestens geeignet, sondern wurde von der Familie Stevenson auch genutzt, um hier gleich eine ganze Gemeinde sowie ein Hotel zu errichten.

Empfehlung des Connaisseurs

OBAN – DER OZONFRISCHE 19JÄHRIGE ZÄHLT ZU DEN GROSSARTIGSTEN STÄRKUNGSMITTELN DER NATUR.

TOBERMORY – HALTEN SIE NACH ALTEN FLASCHEN MIT DER AUFSCHRIFT „LEDAIG" AUSSCHAU. DIESE VERSPRECHEN ENTWEDER TORFIGE PERFEKTION ODER EINE GROSSE ENTTÄUSCHUNG.

Die Oban Destillerie geht auf 1794 zurück und zählt somit zu den ältesten Destillerien der Welt, die kontinuierlich in Betrieb waren, wenn man von einigen vorübergehenden Stilllegungen im frühen 19. Jahrhundert, in den 30er und in den späten 60er Jahren des 20. Jahrhunderts absieht.

Als die Grundmauern errichtet wurden, war Oban ein unbedeutendes Fischerdorf. Die Destillerie erhielt 1797 eine Lizenz, und mit Hilfe des von den Stevensons eingebrachten Kapitals wurde sie ebenso gut ausgestattet wie jede andere Brennerei Schottlands. Da sie damals wie heute erfolgreich arbeitet, ist es umso bemerkenswerter, daß die beiden Brennblasen, die anfänglich installiert wurden, zwar vermutlich ab und zu repariert oder möglicherweise auch ausgetauscht, jedoch niemals erweitert wurden, so daß ihre Produktionsmenge nach wie vor zu den geringsten der Highlands zählt.

Das Destillierhaus wurde in den späten 60er Jahren umgebaut, blieb jedoch so wie die restliche Brennerei ziemlich beengt. Die Destillerie schließt an die Klippen an, den Lagerraum errichtete man in einer alten Höhle, in der man menschliche Skelette – vier Erwachsene und vier Kinder – aus der Frühzeit entdeckte.

Oberhalb der Höhle befindet sich ein Bauwerk von historischem Interesse, nämlich der Turm von McCaig. Diese schottische

Ein Koloß und ein Koloseum: *Obans großartiger Malt paßt zur wunderbaren Lage*

Bereit: *Die elf Brennmeister und Mälzer von Tobermory nehmen für die Saison von 1928 Aufstellung*

Variante des römischen Kolosseums zählt zu den außergewöhnlichsten und bemerkenswertesten Sehenswürdigkeiten, die man weltweit bei Brennereien findet.

Bis der 14jährige herauskam, konnte man mit einem zwölf Jahre alten, sehr ansprechenden Oban auf McCaig anstoßen. Der Destillerieleiter Ian Williams ist einer der wenigen, die fühlen, welches Alter der Whisky für die Abfüllung braucht. Vierzehn Jahre sind genau richtig für den Oban, der sich zu diesem Zeitpunkt bereits geöffnet hat und den Torf aus dem Wasser von Loch Gleann a'Bhearraidh freigibt, was die traditionelle Rauchigkeit dieses Malts bewahrt und in Harmonie mit dem zarten Eichenton steht. Während der ersten Jahre war seine leichte, würzige Ozonfrische fast schon schroff. Das ist noch immer der vorherrschende Charakter dieses Whiskys, der, so denke ich, in jüngster Zeit durch einen ganz feinen Sherry- und Karamelton abgeschwächt wurde.

TOBERMORY

Von Oban ist die Überfahrt zur Insel Mull mit der Fähre nur kurz. An einem heißen Sommertag wird daraus ein wunderschöner Ausflug zur einzigen Destillerie der Insel, Tobermory, oder Ledaig wie sie manchmal genannt wird. Wenn man von der Destillerie weiter ins Landesinnere wandert, stößt man auf einen herrlichen Wasserfall. Wenn es je einen idealen Platz für die Errichtung einer Destillerie gab, dann ist es dieser.

Die Stadt Tobermory wurde von denselben Stevensons aufgebaut, die auch schon in Oban ganze Arbeit geleistet hatten. Sie standen jedoch nicht mit der fast zur selben Zeit erbauten Destillerie in Verbindung. Diese Tatsache gemeinsam mit dem Umstand, daß sie einst demselben John Hopkin gehörte, auf dessen Name auch heute noch die Lizenz von Oban läuft, ist auch die einzige Gemeinsamkeit der beiden Brennereien. Oban war fast ununterbrochen in Betrieb, während das Schicksal von Ledaig nicht immer ganz so gnädig war. Vor der Wiedereröffnung im Jahre 1972 war die Destillerie fast 42 Jahre lang stillgelegt. Auch unter den neuen Inhabern wurde nur drei Jahre lang – und auch dann keineswegs kontinuierlich – produziert. Bedauerlich, denn einige, auch heute noch erhältliche Abfüllungen waren einfach spektakulär und zählen zu den besten Scotch Whiskys, die es gibt. Als den Inhabern das Geld ausging, verwendeten sie minderwertige Fässer, wodurch sich die Qualität eindeutig verschlechterte. Manchmal kann der Whisky aus diesem Jahrgang einen vollen Körper haben und ungeheuer torfig sein, ein anderes Mal ist er leichter und unharmonisch.

Die arme Destillerie wurde wiederum für vier Jahre stillgelegt, bis 1979 ein Unternehmer aus Yorkshire beschloß, in die schottische Whiskyproduktion zu investieren und Ledaig zu kaufen.

Sein Unternehmen, die Kirkleavington Property Company von Cleckheaton, kannte sich mit Whisky nicht aus und hatte prompt mit Schwierigkeiten zu kämpfen. Wenn man Whisky herstellt, findet man nicht allzu viele Abnehmer, die bereitwillig das Geld dafür auf den Tisch legen, sondern man tauscht den eigenen Whisky gegen andere Versionen ein, um ihn zu verschneiden. Kirkleavington hatte nur die Tobermory Destillerie, daher brachten sie einen Whisky gleichen Namens heraus, der ein wenig von dem alten Ledaig enthielt, aber hauptsächlich aus Vatted Malts anderer Hersteller bestand. Alle die Bemühungen von Joe Hughes, den man angeheuert hatte, um die Produktion wieder in Gang zu bringen, reichten nicht aus, um die Firma am Leben zu erhalten.

Man versuchte zusätzliches Kapital zu beschaffen, indem man die Lagerräume als Wohnungen verkaufte, was aber gleichzeitig bedeutete, daß die gesamte Produktion mit Tankwagen aufs Festland gebracht werden mußte, um dort zu reifen. Außerdem eröffnete man ein Ausstellungszentrum, das zu den ersten in Schottland gehörte, für dessen Besichtigung man Eintritt bezahlen mußte. Sogar Molkereiunternehmern aus der Umgebung gestattete man, gegen Bezahlung ihren duftenden Käse zwischen den Washbacks reifen lassen.

Es war unvermeidlich, daß die Brennerei verkauft wurde, und heute ist sie bei Burn Stewart, den Inhabern von Deanston, in sicheren Händen. Diese Firma wendete viel Zeit und Geld auf, um die Destillerie auf Vordermann zu bringen, bevor sie den Betrieb aufnahm. Als erstes mußte der Käse weg. Burn Stewart betreiben derzeit immer nur zwei der insgesamt vier Brennblasen, verweisen voll Stolz auf ihre eleganten Washbacks aus dem Holz der Oregonkiefer und verwenden ungetorftes Malz. Sie planen jedoch, auch ab und zu stark getorfte Whiskys herzustellen, um die Kenner zu befriedigen, die den 1970er Ledaig besonders schätzen. In Zukunft wird der Single Malt aus ungetorfter Gerste Tobermory heißen; die stark getorfte Version wird weiterhin den Namen Ledaig tragen.

Der derzeit abgefüllte Tobermory ist ein anständiger Tropfen, der allerdings ein bißchen flach ist und ein wenig durch seinen mittelmäßigen Abgang einbüßt. Die jüngeren, noch nicht ausgereiften Versionen scheinen viel mehr Pep zu haben. Sie sind süß wie eine Kokosnuß, und ihre Malzigkeit ist etwas schwerer und fetter. Die aktuelle Version ist nicht ganz ohne Rauchnote, was dem Wasser zu verdanken ist, noch süßer und ziemlich reichhaltig, expansiv und mit Buttercharakter. Die Abfüllungen des Tobermory – oder des Ledaig – werden auch in den nächsten zehn Jahren für Überraschungen sorgen.

ISLE OF JURA

„Unter allen schottischen Insel-Malts weist er die wenigsten inseltypischen Merkmale auf", so charakterisierte einst ein Destillerieleiter vom Festland den Isle of Jura. „Jedesmal, wenn ich ihn verkostete, dachte ich, er wäre aus Speyside oder sogar aus den Lowlands." Das war die herabwürdigende Bemerkung eines Mannes, der lange Zeit auf Islay verbracht hatte und nun der Meinung war, daß ein Inselwhisky in eine bestimmte Kategorie fallen müßte und keine meiner Verteidigungsreden konnte ihn umstimmen.

Er war nicht der einzige, den ich schlecht über den Jura sprechen gehört hatte, obwohl er zu den wenigen zählte, die auch wirklich an Ort und Stelle gewesen waren. Fade, streng, herb – diese Eigenschaften werden ihm immer wieder zugeschrieben. Aber nicht von mir. Sicher, er ist nicht sehr einheitlich. Aber zur rechten Zeit kann er zu einem schillernden Erlebnis werden.

Im Duft erinnert er zwar etwas an Ammoniak, aber darüber muß man hinwegsehen. Wenn man ihn langsam verkostet, wird man dafür entschädigt. Außerdem ist es auch etwas besonderes, daß es auf Jura überhaupt eine Destillerie gibt. Die Insel hat kaum mehr als 200 Einwohner, bei denen es sich um durchwegs robuste Naturen handelt. Es gibt nur eine Straße, ein einsames Hotel und ein einziges, winziges Fährboot, das von Port Askaig auf Islay nach Jura übersetzt. Doch die

Bitte rollen: *Die Jura Destillerie wird von Whyte & Mackay um die Welt getrieben*

Insel ist faszinierend mit ihren bewaldeten, mit Geröll übersäten Hügeln, Lochs, Goldadlern, Wild, trotz Mücken und Giftschlangen.

Auf dem Etikett der offiziellen Destillerieabfüllung sieht man eine tränenförmige Insel, die mitten im Meer liegt. Sonst ist kein Land zu sehen. In Wirklichkeit ist Islay im Südwesten fast zum Berühren nahe, und im Nordosten der Insel, wo die Straße endet, liegt in einer Entfernung von nur rund fünf Kilometern Crinan auf dem schottischen Festland. Trotzdem war die Insel offenbar so einsam, daß George Orwell sich hierher zurückzog, um seinen berühmten Roman *1984* zu schreiben, auch wenn es unwahrscheinlich ist, daß er sich dabei seine Inspiration vom Jura-Malt holte, da die Destillerie zu dieser Zeit bereits seit 48 Jahren stillgelegt war.

Die Isle of Jura Destillerie war mehr als ein Jahrhundert vor Orwells Aufenthalt in Betrieb gegangen. Wie in so vielen anderen Brennereien des späten 18. Jahrhunderts wurde auch hier ursprünglich schwarz gebrannt. Man nimmt an, daß sie um 1810 die Lizenz erhielt. Als der unermüdliche Barnard ungefähr 75 Jahre später zur Destillerie kam, hatten bereits große Veränderungen stattgefunden: „Sie gehört zu den schönsten, die ich gesehen habe und sieht von der Bucht eher wie ein Schloß als eine Brennerei aus." Erst zehn Jahre zuvor war sie umgebaut worden und besaß drei Brennblasen unterschiedlicher Größe, eine Wash Still und zwei Spirit Stills, die es mit denen auf der Nachbarinsel Islay leicht aufnehmen konnten.

Zu Ende des Ersten Welkriegs war die Destillerie nicht mehr in Betrieb. Die Bevölkerungszahl ging zurück, da die Menschen anderswo Arbeit suchten, und die Destillerie wurde dem Verfall preisgegeben. Daher kam es sehr überraschend, als die Blender von Charles Mackinlay 1960 beschlossen, die Brennerei ganz neu aufzubauen, was drei Jahre dauerte. 1978 verdoppelte man die Zahl der Brennblasen von zwei auf vier, und der Malt wurde für Invergordon einer ihrer wichtigsten. Nachdem das Unternehmen von Whyte & Mackay übernommen worden war, erhielt der 10jährige sogar noch mehr Anerkennung am Markt.

Der beste Jura, den ich je verkostet habe – sogar besser als der hervorragende 26jährige –, ein zart getorfter, beinahe sirupähnlicher schwerer Tropfen, stammte aus der Privatabfüllung des Hotels gegenüber der Destillerie. Der Inhaber war ein Destilleriedirektor, dem das Beste zur Verfügung stand. Ein vollmundiger Whisky, so makellos, wie nur möglich, mit einem ganz anderen Körper als der heutige Jura, der seltsam ungetorft ist und am Gaumen kratzt.

ISLE OF ARRAN

Jetzt gibt es eine weitere Insel, die sich ihrer eigenen Destillerie rühmen kann, nämlich Arran. Einst war der Name der Insel, die am Kopf des Firth of Clyde liegt, ein Synonym für geschmuggelten Whisky – „Arran-Wasser". Es gab auch zwei bis drei legale Destillerien, die kurze Zeit im südlichen Teil der Insel in Betrieb waren. Die letzte von ihnen wurde um 1830 stillgelegt.

Die heutige Destillerie liegt jedoch im zerklüfteten nördlichen Teil der Insel, außerhalb von Lochranza. Und obwohl dieses Dorf direkt am Meer liegt und eine wunderbare Aussicht auf Kintyre bietet, ist die Brennerei eine von zwei Inseldestillerien, die nicht von der Brandung umspült werden. (Die andere Destillerie ist Highland Park.) Die Arran Destillerie liegt allerdings in einer Senke, die an drei Seiten von Bergen umgeben ist. Loch na Davie, die Quelle des in der Brennerei verwendeten, getorften Wassers, speist auch den winzigen See. Aufgrund der konstanten Wasserversorgung wurde dieses herrliche Plätzchen 1995 für die Errichtung der Destillerie gewählt.

Der Bau wurde verzögert, da erst ein Goldadlerpärchen hier nisten wollte, und sich später eine geschützte Libellenart niederließ. Das war für das Unternehmen, das den Baubeginn bereits öffentlich angekündigt hatte, ziemlich teuer. Die Brennerei war das geistige Produkt von Harold Curry, dem ehemaligen Geschäftsführer von Seagram, der beschlossen hatte, in die Whiskybranche zurückzukehren. Um Gelder aufzutreiben, verkaufte er Schuldverschreibungen und zahlte den Investoren nach und nach ihre Anteile mit Whisky aus der Destillerie aus.

Die Investoren freuen sich vermutlich über ihren Ertrag. Ich hatte das Glück, als allererster den erstmals destillierten Whisky direkt aus dem Spirit Safe zu verkosten. Am Donnerstag, dem 29. Juni 1995 um 14.29 Uhr, ging ich in die Geschichte ein, da ich nach 160 Jahren, der erste war, der wieder legal produzierten Arran Whisky trank, einen süßen, malzigen Tropfen mit einem Hauch Torf und einer späten, flotten Kakaonote. Die Kostproben, die ich in der Folge erhielt, waren erwartungsgemäß nicht ganz so lebendig, haben jedoch einen gewissen Charme und eine Reichhaltigkeit bewahrt: Ich wette darauf, daß dieser Whisky unter den besseren schottischen Marken zu finden sein wird. Die Destillierapparate sind wunderbar: ein Paar kleine Brennblasen vom Forsyth-Typ, die im Zweifachbetrieb arbeiten und ebenso kleine hölzerne Washbacks sowie ein Maischbottich aus rostfreiem Stahl, aus dem das süße Aroma von getorftem Malz aufsteigt. Die Schönheit der Destillerie wird von ihrem Leiter Gordon Mitchell, der auch die weniger ansprechende Cooley Destillerie in Irland aufbaute, durchaus gewürdigt.

Empfehlung des Connaisseurs

JURA – EINIGE SEHR ALTE UNABHÄNGIGE ABFÜLLUNGEN SIND UNGEWÖHNLICH WÜRZIG.

ISLE OF ARRAN – DER SINGLE MALT WIRD ERST 2001 ERHÄLTLICH SEIN. MACHEN SIE SICH FÜR EINE WHISKY-ODYSSEE BEREIT.

ISLAY

Der Islay Whisky ist ein so eigenständiges Produkt, daß man ihn nicht so einfach zu den schottischen Whiskys zählen kann. Er unterscheidet sich von anderen schottischen Single Malts ebenso wie ein Bourbon, ein irischer oder kanadischer Malt. In seiner reinsten, getorften Form läßt er keinen Kompromiß zu: entweder man mag ihn oder man mag ihn nicht.

BUNNAHABHAIN

Nicht alle Destillerien der Insel erzeugen einen Malt, der so stark getorft ist, daß ein Löffel darin steckenbleibt. Der leichteste, den Islay anzubieten hat, ist der Bunnahabhain (von den Einheimischen entweder „Bannaharv'n" oder „Buna-harv'n ausgesprochen), dessen Malz mit einem Phenolgehalt von zwei ppm, verglichen mit den 35 ppm des Lagavulin, so gut wie ungetorft ist. Das Wasser wird von einem kleinen See in Rohren eingeleitet, damit es nicht die Nährstoffe aus den in dieser Gegend zahlreichen Mooren aufnimmt.

Um direkt vom Festland aus nach Bunnahabhain zu gelangen, nimmt man besser die Fähre nach Port Askaig als nach Port Ellen. In diesem winzigen Hafen stehen ein Hotel und ein Geschäft mit integriertem Postamt. Von hier geht's nur mehr mit dem Fährschiff weiter, das es mit den schrecklichen Strömungen zwischen Islay und Jura aufnimmt. Von der steilen, gewundenen Straße ins Landesinnere führt rechts eine Abzweigung nach Bunnahabhain. Es handelt sich um eine herrliche, einspurige Route durch die Felder, mit wunderbarem Ausblick auf die gegenüberliegende Insel Jura, obwohl man auch auf die Fahrbahn achten muß, da es enge Kurven, todesmutige Schafe und mit Whisky beladene Lastwagen gibt, die einem entgegenkommen könnten.

Bis 1891 gab es weder ein Dorf noch eine Destillerie mit dem Namen Bunnahabhain. Es handelte sich um unbesiedeltes Gebiet, in dem man, wie einige tüchtige Geschäftsleute erkannten, flüssiges Gold finden konnte. Die natürliche Bucht war tief genug, um kleine Dampfboote mit Whisky zu beladen, und es gab jede Menge Torf und Wasser zur Herstellung und Destillation von Malz. Nachdem die Destillerie erbaut worden war, entstand um sie herum ein kleines Dorf (das seltsamerweise ein zusätzliches „n" in seinen Namen aufnahm), in dem es zwei Reihen mit Hütten für die Arbeiter gab sowie größere Häuser für den Leiter und den Steuereintreiber. Am Ende der Reihe baute man eine Schule für die Kinder. Die Hütten stehen heute noch.

Das Malz spielt bei der Zusammensetzung des Famous Grouse eine wichtige Rolle. Niemand kann mit Sicherheit sagen, wann der Bunnahabhain zu einem ungetorften Whisky wurde. Es geschah vor so langer Zeit, daß sich heute niemand mehr daran erinnnern kann. Zwei amerikanische Whiskykenner, James Harris und Mark Waymack, ernteten innerhalb der Branche ein wenig Hohn, da es in ihrem Buch *Single Malt Whiskies of Scotland* einige Ungenauigkeiten gab. Speziell ging es dabei um die Aussage, der Bunnahabhain wäre „ein richtiger, stark getorfter Islay-Malt ... mit einem leichten Jodgeschmack, wie er bei vielen Islay-Malts zu finden ist." Dieser Fehler ist verständlich. Das Buch wurde 1992 geschrieben, als eine besonders irreführende Bunnahabhain-Version in Umlauf war. Als ich in einer der Hütten eine Flasche öffnete, bemerkte ich den ungewohnten Geschmack. Bei den „Islay Whisky Nosing Championships", dem Verkostungswettbewerb der Insel, gelang es mir, sechs von acht Whiskys richtig zu identifizieren, aber bei X und Y konnte ich mich nicht entscheiden und mußte raten: „X ist ein stark getorfter Bunnahabhain, Y ein gering getorfter Bowmore". In Wirklichkeit war X der Bowmore und Y der Bunnahabhain. Niemandem in der Destillerie war klar, warum er so rauchig war. Die beste Erklärung war, daß zwölf Jahre zuvor der Destillerie möglicherweise das Malz ausgegangen war und sie welches von der Port-Ellen-Mälzerei zukaufte. Dieses Malz wurde daraufhin mit den letzten Resten des eigenen, ungetorften Malzes vermischt. Auf Islay hilft jeder jedem – selbst, wenn es sich um eine Konkurrenzfirma handelt.

Die Destillerie ist insofern einzigartig, als das Malz noch immer mit Booten gebracht wird, die an dem langen Pier anlegen. Es ist ein kleines Wunder, daß der Pier noch intakt ist. In einer Entfernung von wenigen hundert Metern verrostet ein Schiff auf den Klippen. Von den hunderten Wracks, die um die Insel liegen, ist es das am leichtesten zugängliche. Anstatt eine sichere Route von Islay nach Jura zu wählen, kam es vom Kurs ab und verfehlte den Pier der Destillerie nur um ein paar Zen-

Empfehlung des Connaisseurs

BUNNAHABHAIN – DIE GEWÖHNLICHE DESTILLERIEABFÜLLUNG IST RECHT GUT.

CAOL ILA – STARK TORFIG MIT PFEFFERNOTE IM DUFT UND GROSSER, SÜSSER MALZIGKEIT.

Scotch on the rocks: *Bunnahabhain bietet dem Whiskykenner eine der spektakulärsten Ausblicke Schottlands*

timeter, bevor es auf Grund lief. Ironischerweise waren der Kapitän und der erste Maat betrunken, wenn auch wohl kaum mit Bunnahabhain.

An einem warmen Sommerabend vor einer der Hütten sitzend den Bunnahabhain zu verkosten, wenn die Sonne gerade untergeht, doch Colonsay und sogar Mull noch in der Ferne sichtbar sind, und die kreideweißen Gipfel der Paps of Jura leuchten, zählt zu den schönsten Augenblicken des Lebens, speziell, wenn man genügend Insektenspray aufgetragen hat. Obwohl er ungetorft ist, weist der Malt als 12jähriger inmitten des sanften Honigtons und der ungleichmäßigen Malzigkeit normalerweise eine leichte Salzspur auf. Ein oder zwei Kostproben der letzten Zeit lassen darauf schließen, daß beim Vatting das Sherryfaß stärker in den Vordergrund tritt. Ich wünschte, es wäre nicht so. Der Bunnahabhain ist so fein, daß man ihn in Ruhe lassen sollte: Er kann gegen die mächtige Traube nicht bestehen. Ebenso wie die gutshofartige Destillerie sollte er wild und ungezähmt und alleine bleiben.

CAOL ILA

Die Reise zurück nach Port Askaig führt auch nach Caol Ila. Von der Straße aus ist bis auf ein paar Gebäude, in denen die Arbeiter wohnen, noch nichts von der Destillerie zu sehen. Die Aussicht, die man unten von den Klippen genießt, zählt zu den schönsten der Insel. Die Gebäude sind an den Felsen geschmiegt, nur wenige Meter vom Sound of Islay entfernt, der engen Wasserstraße zwischen Jura und Islay, deren gälischer Name Caol Ila ist. Das war früher zweifellos die schönste Inseldestillerie. 1846 gegründet, war sie 33 Jahre später im Stil der viktorianischen Gotik erweitert und modernisiert worden. Aus der damaligen Zeit ist nur noch ein Lager erhalten. Wenn Ihnen die heutige Destillerie bekannt vorkommt, erinnert sie Sie möglicherweise an Clynelish oder Teaninich: ein schachtelähnliches Standarddesign, das völlig ohne Charakter ist. Die Betreiber verdreifachten die Produktion der Destillerie, um einen eher gängigen Malt zum Verschneiden zu gewinnen.

Auch der Whisky hat sich verändert, obwohl der Malt, der in den riesigen Brennblasen hergestellt wird, von guter Qualität ist. In vielen Aspekten ist er ebenso gut wie der alte, der nur mit Hilfe von zwei Brennblasen erzeugt wurde und ebenso stark getorft war, jedoch einen etwas pfeffrigen Duft aufwies und das Malz stärker und süßer betonte. Er war öliger als die anderen Insel-Malts, aber auf keinen Fall von solch haftender Öligkeit wie die heutige Version, die länger am Gaumen bleibt und das Malz sowie die anderen Komponenten erst im Abgang zutage treten läßt. Zum Verschneiden ist er gut: Die Menge kann gering sein, da er länger präsent bleibt und dem Blend zusätzliches Gewicht verleiht. Am besten läßt sich der Unterschied vielleicht beschreiben, wenn man darauf hinweist, daß der frühere Caol Ila mit einem leichten Hauch von Zedern- und Kiefernholz, der zur fetteren Komplexität beitrug, besser war, während der neue Caol Ila einen weitaus längeren, stärkeren und öligeren Abgang hat. Der alte Caol Ila ging leider verloren, der im Stil ähnlichste war der Malt aus der Destillation Port

Ein ge-sund-er Whisky: *Aus dem Gälischen übersetzt bedeutet Caol Ila „Sund von Islay"*

Ellen. Welche Ironie, daß auch diese Brennerei sterben mußte, um dem neuen Caol Ila ein Überleben zu ermöglichen.

BRUICHLADDICH

Die Straße nach Bridgend führt durch die fruchtbarsten Gebiete von Islay. Hier und da zweigen Nebenstraßen ab, die zu Bauernhöfen, Forsthütten und sogar zu den Ruinen von drei kleinen, alten Destillerien im Landesinneren führen, die unter dem Namen Lossitt, Daill und Newton bekannt waren. Sie wurden Anfang bis Mitte des 19. Jahrhunderts stillgelegt, als die größeren Destillerien am Meer entstanden, für die es leichter war, ihre Produkte abzusetzen. Sogar die Destillerie Octomore, die neben Port Charlotte nur etwas ins Landesinnere versetzt war, konnte nicht überleben. Heute liegt jede Inseldestillerie am Meer, erhält ihre Fässer direkt von den Booten und verschifft dann den fertigen Whisky. Im 19. Jahrhundert waren die Straßen auf der Insel schlecht, und es war sicher keine leichte Aufgabe, den Whisky bis zur Küste zu transportieren. Wenn nur ein Faß vom Wagen fiel und zerbrach, bedeutete das einen großen finanziellen Verlust.

Der Islay Whisky wurde zur Wende des 19. Jahrhunderts beliebt, was einem Gesetz zu verdanken ist, demzufolge die Insel das einzige Gebiet Schottlands war, in dem keine Steuerbeamten eingesetzt wurden, da die Einhebung der Steuern dem Gutsherrn oblag. Durch diese großzügige Steuerpolitik florierte der Schmuggel, und das getorfte Wasser, mit dem der beim Mälzen verwendete Torf angereichert wurde, verlieh dem Islay Whisky seinen starken, pikanten Charakter, für den er so bekannt wurde.

Die Hersteller von Blends hatten ebenfalls vor, sich auf der Insel niederzulassen, und 1881, als Bunnahabhain an der Nordostküste entstand, baute man Bruichladdich an der Straße nach Port Charlotte. Abgesehen von einer kurzen Zeit zwischen 1920 und 1930, in der die Destillerie stillgelegt war, verzeichnete sie einen bemerkenswerten Aufstieg und produzierte große Mengen an Malt zum Verschneiden, wurde jedoch außerhalb der Insel niemals als Produzent eines eigenen Whiskys bekannt.

Ebenso wie der Bunnahabhain wurde auch dieser Whisky nach dem Zweiten Weltkrieg zu einem fast ungetorften Malt, obwohl diese Veränderung vermutlich langsam ablief, da der großartige, ungewöhnliche, cognacähnliche 21jährige in begrenzter Auslieferung trotz der Sherrynote einige charakteristische Torfspuren aufweist. Der cremige Körper und der etwas süße Nußton haben jedoch den standardmäßigen 10jährigen in jüngster Zeit zum weitaus beliebtesten Insel-Malt gemacht. Man muß nur einen der örtlichen Inselbewohner nach seinem Lieblingswhisky fragen. Wenn es kein Blend ist, nennt er wahrscheinlich den Bruichladdich (ausgesprochen „Bru-ick-läddie"). Trotz seiner lokalen Berühmtheit blieb dieser Whisky nicht von Mißerfolg verschont. 1983 war die Destillerie für kurze Zeit geschlossen, doch 1985, nachdem Whyte & Mackay sie von Invergordon übernommen hatten, wurde sie stillgelegt, nachdem das Unternehmen beschlossen hatte, den Jura als ihren Inselwhisky zu vermarkten.

Verglichen mit den anderen Destillerien der Insel, die in derselben Epoche erbaut wurden, sehen Bruichladdich und ihr Gelände etwas gewöhnlich aus. Doch sobald man durch den überwölbten Torweg schreitet und die Gebäude selbst betritt, fühlt man sich in eine andere Zeit versetzt.

Vor einigen Jahren führte mich ein Arbeiter voll Stolz durch die Brennerei. Das war vermutlich das dritte oder vierte Mal, daß ich dort war, doch man kann sich an diesem Ort niemals sattsehen. Er zeigte mir den Maisch-

bottich, auf dem das Jahr 1881 zu lesen ist, und erzählte mir, der Bottich wäre schon hier, seitdem die Destillerie erbaut worden war. Das ist nicht ganz richtig, denn tatsächlich handelte es sich um den Originalbottich von Bunnahabhain. Es ist interessant, wenn man sich überlegt, welche Islay-Destillerie ihn in 100 Jahren verwenden mag. Ich hoffe, es ist Bruichladdich.

BOWMORE

Nach ein paar Kilometern stößt man auf die Ruinen der Lochindaal Destillerie von Port Charlotte. Einst ein großes Unternehmen, das jedoch seit seinem 100jährigen Jubiläum im Jahr 1929 nicht mehr in Betrieb ist. Die noch vorhandenen Gebäude erfüllen die verschiedensten Zwecke. Bis in die 80er Jahre wurden einige davon von einem anderen Brenner als Lager verwendet. Die nächste Destillerie, die in Betrieb ist, liegt in der entgegengesetzten Richtung. Man fährt zurück nach Bruichladdich und in das Dorf Bridgehead. Ein paar Kilometer weiter südwestlich liegt Bowmore, die Hauptstadt der Insel, ein am Reißbrett geplantes Dorf, das am oberen Ende von der runden Kirche überragt wird, deren Grundriß dem Teufel keinen Platz läßt, sich zu verstecken. Am unteren Ende, am Ufer von Loch Indaal, befindet sich die Bowmore Destillerie, in der sich der Teufel vermutlich am wohlsten fühlen würde.

Bowmore ist nicht nur die älteste Brennerei der Insel (sie existiert seit 1779), sondern eine, die es geschafft hat, sowohl den Touristen als auch den Kennern zu gefallen. Sie hat jährlich kaum mehr als 10 000 Besucher, und könnte auch nicht mehr aufnehmen. Wenn man nicht die Destillerie besichtigen will, kann man das alte Lager Nummer 3 besuchen und in dem Pool schwimmen, der mit Wärme beheizt wird, die beim Destillationsvorgang entsteht.

Es ist wunderbar, daß diese Destillerie so stark in die umliegende Gemeinde integriert ist. Der klassische Lowland Malt, Rosebank, hatte mit Schwierigkeiten zu kämpfen, als neben der Destillerie Leute in neu errichtete Häuser einzogen. Andere Brennereien mußten aufgrund von Abwasserproblemen schließen. Hier verbindet sich jedoch der Tourismus mit der Whiskyproduktion, zwei wichtige Industriezweige für die schwache Inselwirtschaft, die es immer zu spüren bekommt, wenn eine Destillerie nur Kurzarbeit anbietet oder gar schließen muß.

> *Empfehlung des Connaisseurs*
>
> **BRUICHLADDICH –** DER SAMTIGE UND NICHT GETORFTE 10JÄHRIGE IST DER LIEBLINGSWHISKY DER INSELBEWOHNER.
>
> **BOWMORE –** ES GIBT EINIGE GUTE 21JÄHRIGE, DOCH DER SCHOKOLADIGE 17JÄHRIGE IST GROSSARTIG.

Der Geschäftsleiter der Destillerie, James McEwen, ist einer der dynamischsten Whiskyspezialisten der Branche, und sein Enthusiasmus ist ansteckend.

Er ist auch der einzige Destillerieleiter auf der ganzen Welt, der selbst Quellwasser für die Produktion abfüllen läßt, obwohl dieses Projekt hauptsächlich seinem Wunsch entspringt, Behinderte zu unterstützen. Daher ist es kein Zufall, daß Bowmore die einzige Destillerie Schottlands ist, die über eine Rampe verfügt, so daß es auch Rollstuhlfah-

Einfach großartig: *Am Ufer des Loch Indaal gelegen ist Bowmore eine der touristenfreundlichsten Destillerien Schottlands*

rern möglich ist, den gesamten Destilliervorgang zu beobachten.

Seit 1963, als das Unternehmen von Stanley P. Morrison gekauft wurde, entwickelte sie sich zum Aushängeschild der Firma, die sogar auf den Namen Morrison Bowmore umgetauft wurde. Das japanische Unternehmen Suntory erwarb Anteile an Morrison, bis nach langanhaltenden Gerüchten über die schlechte finanzielle Situation, Morrison Bowmore 1994 ein Teil des Suntory-Konzerns wurde.

Das geschah erst, nachdem die Destillerie umfassend rückgebaut worden war. Am bemerkenswertesten war der Austausch der charakterlosen Washbacks aus rostfreiem Stahl gegen solche aus wunderbarem Oregonkiefernholz. Da in der Brennerei auch noch mit Mälzböden gearbeitet wird, wurde dieser Schritt in Richtung Tradition als zusätzliche Aufwertung des sehr guten Whiskys betrachtet.

Von allen getorften Islay-Malts ist dieser der leichteste, obwohl auch er einen eher hohen Phenolgehalt von 20 bis 25 ppm hat. Daher wird er als mittelstark getorft bezeichnet. Die Vielfalt der Bowmore-Richtungen, unter denen der Whiskyliebhaber wählen kann, ist bemerkenswert. Das Unternehmen hat einen jüngeren Malt herausgebracht, dessen Torfnote stark und ungleichmäßig am Gaumen aufprallt. Der 10jährige ist nach wie vor ein ansprechender, etwas süßer Tropfen, und es gibt sogar einige Whiskys, die älter als 21 Jahre sind, darunter den kompromißlosen, 100 Pfund teuren Black Bowmore, dessen reichhaltige, fruchtige Oloroso-Note den starken Torf-Charakter überlagert. Er ist ein Malt für Kenner mit dicker Brieftasche, guten Nerven und robustem Gaumen. Auch die leicht sherry-ähnlichen alten Versionen sind wahrhaft umwerfend und überaus komplex. Ich würde mich jedoch liebend gerne mit einem jüngeren zufriedengeben und das Sherryfaß in Jerez lassen. Der beste Bowmore ist der 17jährige. Jede Destillerie hat ein Alter, in dem ihre Whiskys am besten sind. Bei Bowmore ist es dieses: ein reichhaltig getorfter Whisky mit Malz-, Schokolade- und sogar Honignoten, mit dem ich so manchen Islay-Hasser überzeugt habe.

PORT ELLEN

Die Fahrt von Bowmore nach Port Ellen gehört zu den anstrengendsten Touren der Insel. Sie führt kilometerweit durch Moore, doch wenn man Glück hat, sieht man eine Sumpfohreule. Zur Rechten, jenseits der Ebene, liegt der weitläufige Strand, an dem sich in der Laggan Bay die manchmal sanften, manchmal heftigen Wellen brechen. Dieses Gebiet, in dem der meiste Torf für die Whiskyproduktion der Insel gewonnen wird, ist so flach, daß sich auch der kleine Flughafen hier befindet. Fährt man in die Stadt hinein, sieht man die Pagodendächer von Port Ellen. Diese sind auch von der Fähre aus zu sehen, bevor sie anlegt.

Leider wurde die Whiskyproduktion in Port Ellen eingestellt. Daneben befindet sich zwar eine große Mälzerei von United Distillers, die Destillerie selbst wurde jedoch seit 1984 nicht mehr genutzt. Sie könnte aber wieder den Betrieb aufnehmen: Die Brennblasen befinden sich noch an ihrem Platz und die Gebäude sind auch noch nicht verfallen. Da Teile der Anlage von den Inhabern für andere Zwecke verwendet wurden, müßte man die Ausstattung erneuern.

Es besteht jedoch nur eine kleine Chance, daß hier wieder destilliert wird. United Distillers besitzen auch noch Lagavulin, wo es alles gibt, was für die Vermarktung eines Islay-Malts erforderlich ist. Der Caol Ila dient als „Futter" für die Blends. Port Ellen wurde nicht stillgelegt, weil der Whisky minderwertig war. Tatsächlich war er meiner Meinung nach der sauberste, unkomplizierteste getorfte Malt, der in Schottland in den letzten 20 Jahren erzeugt wurde. (Wenn Sie die Möglichkeit haben, welchen zu kaufen, sollten Sie sofort zugreifen.)

Aber er wurde überflüssig. 1974 war Caol Ila auf dem neuesten Stand der Technik und erforderte ein Minimum an Instandhaltungskosten. Bis zur letzten Schließung hatte die 1880 gegründete Destillerie Port Ellen schon einiges hinter sich: Zwischen 1929 und 1966 war die Destillerie stillgelegt und mußte massive bauliche Veränderungen über sich ergehen lassen. Doch falls nicht jemand mit einem Angebot kommt, dem United Distillers einfach nicht widerstehen können, sind die Chancen für einen Neubeginn äußerst gering.

Scharfer Kontrast: *Nutzlos gewordene Pagodendächer und neue Mälzereien von Port Ellen*

Charlie's Angel: *Laphroaig ist die Lieblingsmarke von Prinz Charles – und viele Whiskyfreunde teilen seine Meinung*

LAPHROAIG

Die Zukunftsaussichten für die Nachbardestillerie Laphroaig sind jedoch ganz und gar nicht übel. Es ist hauptsächlich dieser Destillerie zu verdanken, daß Islay lange Zeit, bevor es den außergewöhnlichen 16jährigen Lagavulin gab, unter Kennern bekannt war. Sie ist das Aushängeschild der Inhaber Allied Domecq, die 1967 die Destillerie kauften. Zu diesem Zeitpunkt war ihr Name bereits international bekannt, besonders auch in den USA, wo der Laphroaig aufgrund des für Islay typischen Jodcharakters während der Prohibition von den Ärzten als „Medizin" verschrieben werden konnte.

Ebenso wie in Lagavulin lagen auf dem heutigen Gelände der Laphroaig Destillerie einst zwei Brennereien, und ebenso wie die benachbarten Destillerien Ardbeg und Lagavulin wurden sie von illegalen Brennern und Schmugglern bevorzugt. Zwischen 1830 und 1860 durchlebte die Ardenistiel Destillerie eine Reihe von Krisen, bevor sie in Vergessenheit geriet. Die in unmittelbarer Nähe gelegene Laphroaig Destillerie, die um 1820 gegründet worden war, wurde jedoch immer bekannter, und ihr Name im 19. Jahrhundert sogar ein Synonym für stark getorften Whisky. Die jahrelangen Streitigkeiten zwischen den Inhabern über Land, Wasserrechte und Anteile konnten der wirtschaftlichen Entwicklung keinen Schaden zufügen.

Es ist erstaunlich, daß gerade dieser wilde und entlegene Teil Schottlands zu einer Zeit, als die Whiskybranche fast ausschließlich eine Männerdomäne war, zu einem Zufluchtsort für weibliche Produzenten wurde. Port Ellen wurde zwischen 1892 und 1905 von der Witwe Lucy Ramsay geführt, während Ardbeg um 1850 von den Schwestern Margaret und Flora MacDougall geleitet wurde. Laphroaig wurde zweimal von einer Frau geleitet – zur Jahrhundertwende für einen längeren Zeitraum von Catherine Johnson, später erbte eine ehemalige Sekretärin die Destillerie als Dank für ihre Dienste.

Das ist vermutlich eine der ungewöhnlichsten Geschichten, die mit Whisky zu tun haben. Anfangs der 30er Jahre verließ Bessie Williamson ihre Heimatstadt Glasgow, wo sie als Lehrerin gearbeitet hatte, um vorübergehend eine Stellung als Stenotypistin beim Inhaber der Destillerie, Ian Hunter, einem

Empfehlung des Connaisseurs

PORT ELLEN – NEHMEN SIE JEDE FLASCHE, DIE SIE BEKOMMEN. BRILLANT.

LAPHROAIG – DIE DUTY-FREE-ABFÜLLUNG MIT FASSSTÄRKE IST BESSER ALS ALLE ANDEREN LAPHROAIG ZUSAMMEN.

Freund ihres Vaters, anzunehmen. Er war von ihren Fähigkeiten so beeindruckt und sie von der Insel so verzaubert, daß er ihr eine Dauerstellung anbot. Später wurde sie seine persönliche Assistentin, doch auch davor schon half sie ihm bei seinen täglichen Aufgaben und bei der Produktion. Als Hunter 1954 verstarb, ohne einen Erben zu hinterlassen, vermachte er seiner Freundin und Sekretärin, die sein volles Vertrauen genoß, die Destillerie zusammen mit seinem gesamten Vermögen. Bessie hatte das Ruder fest in der Hand, und man begegnete ihr mit großem Respekt. Sie wurde beinahe zu einer legendären Figur, die den bereits beachtlichen Erfolg der Destillerie noch steigern konnte. 1967 verkaufte sie die Brennerei an die Long John Distillers, blieb jedoch bis zu ihrer Pensionierung 1972 Geschäftsführerin.

Heute ist der Laphroaig von allen Allied-Domecq-Whiskys derjenige, der sich am besten verkauft. Er ist beinahe schon ein Kultobjekt. Der bekannteste Fürsprecher ist Prinz Charles, von dem die Destillerie das königliche Siegel erhielt. Als er 1994 einen Unfall mit seinem Flugzeug hatte, befand er sich gerade am Weg zur Destillerie.

Trotz des großen Ansehens, das der Laphroaig genießt, haben mich die Standardabfüllungen seit den späten 80er Jahren nicht besonders beeindruckt. Vor rund 20 Jahren konnte man den Torf beinahe kauen. Doch der 10- und sogar 15jährige hatten bis vor kurzem etwas von ihrer charakteristischen Torfigkeit eingebüßt und waren, an dem sonst üblichen Standard gemessen, ein wenig langweilig. Das kann nichts mit der früheren Leitung unter Long John zu tun haben, als der untere Teil der Wash Stills durch rostfreien Stahl ersetzt wurde, der außen einen Kupferanstrich erhielt. Dieses verrückte Experiment überlebte nur sechs Monate, dann kamen die Verantwortlichen wieder zu Sinnen. Jahrelang erzählte ich jedem, der es hören wollte, vor allem den Leuten von Allied Domecq, daß der Laphroaig mehr als andere unter der Kaltfilterung leiden würde. Bei diesem Vorgang werden bei tiefen Temperaturen und einem Volumengehalt von 40 Prozent winzige Feststoffpartikel entfernt, damit der abgefüllte Whisky keine Trübungen aufweist. Die Kostproben, die ich direkt aus dem Faß erhielt, waren weitaus besser. Zum Glück füllen Allied nun selbst einen neuen 10jährigen mit einer „Faßstärke" von 57 Prozent für den Duty-Free-Handel ab. Das ist wieder ganz der gute alte Laphroaig und außerdem bei weitem der beste Whisky, der 1995 neu herauskam. Raten Sie mal – genau, er ist nicht kalt gefiltert.

LAGAVULIN

In Lagavulin, auf derselben Straße ein Stück weiter, gibt es keine solchen Diskussionen über die Qualität: Hier wird der beste Malt für die breite Masse produziert, den man heutzutage finden kann. Die Destillerie befindet sich an einem noch schöneren Plätzchen als Laphroaig. Die zerfallene Ruine von Dunyveg Castle, die einen unheimlichen Schatten über die weißgestrichenen Destilleriegebäude wirft, erinnert an die historische Tradition des Gebiets. Hier lebten einst die Herren der Inseln. Ein besonders hübscher Aspekt der Islay Destillerien ist, daß sie weißgestrichen sind und am Lagerhaus eine fette, dunkle Aufschrift mit ihrem Namen tragen, so daß man von der Fähre aus durch ein Fernglas erkennen kann, an welcher Destillerie man gerade vorbeifährt. Aus irgendeinem Grund scheint Lagavulin immer am hellsten zu strahlen. Dahinter liegen die Berge der nordirischen Grafschaft Antrim, die an klaren Tagen in einer Entfernung von rund 30 Kilometern zu sehen sind.

Von einem so großen Malt würde man erwarten, daß auch seine Destillerie groß ist, was aber nicht der Fall ist. Es gibt vier Brennblasen, die jedoch eher klein und dick sind. In Laguvulin wird mehr Wert auf Qualität als auf Quantität gelegt. Seit ihren eher undurchsichtigen Ursprüngen hat die Brennerei stets einen guten Ruf genossen. Es besteht kaum Zweifel, daß auf diesem Gelände bereits um 1740 Whisky erzeugt wurde. Damals betrieb man ganz in der Nähe zehn illegale Brennblasen, deren Whisky möglicherweise in einer Kooperative zusammengefaßt wurde, bevor man ihn aufs Festland schmuggelte. 1816 und 1817 wurden nebeneinander zwei legale Destillerien errichtet, von denen um 1840 eine die andere übernahm. Die Geschichte sollte sich wiederholen, als Peter Mackie auf demselben Gelände 1905 die Malt Mill Destillerie errichtete, die Teil seines expandierenden Unternehmens White Horse war. Die Brennerei war bis 1960 in Betrieb und verwendete den Maischbottich von Lagavulin (so wie Kininvie heute den von Balvenie verwendet), jedoch eigene Washbacks und Brennblasen. Das einzige Glas, das ich davon verkostete, war stärker getorft als jeder andere Whisky, den ich kenne. Schließlich wurde auch diese Destillerie von Lagavulin übernommen, und meines Wissens nach gibt es aus ihren Beständen nicht mehr ein einziges Faß.

Neben Craigellachie in Speyside (die er erbaute) und Hazelburn in Campbeltown (die er kaufte) war Lagavulin (die er erbte), Mackies wertvollste Destillerie, die bis zum heutigen Tag mit White Horse in Verbindung steht. Scottish Malt Distillers taten gut daran, den 12jährigen herauszubringen, der einen charakteristisch feinen, fast pulvrigen Jodgeschmack und eine kakao-ähnliche Torfnote hat. Als United Distillers ihre „Classic Malts" herausbrachten, wurde der Lagavulin zum Aushängeschild dieser Serie. Als 16jähriger wies er zusätzlich zur vielschichtigen Torfigkeit noch eine zarte Eichennote sowie eine fruchtige Intensität auf, die er beim Vatting in Sherryfässern erhielt. Er war so erfolgreich, daß die Nachfrage nach diesem wunderbaren Tropfen bald größer war als das Angebot und es monatelang keinen 16jährigen Lagavulin mehr gab. Jetzt lagert man zusätzliche Fässer, die gewährleisten, daß die Käufer nicht mehr so lange warten müssen,

Klassischer Malt: *Der stark getorfte 16jährige aus der alten Lagavulin Destillerie ist in aller Welt beliebt*

denn der Lagavulin bleibt der Bestseller unter den „Classic Malts“. Er wird sich wahrscheinlich leicht verändern, wenn auch erst ungefähr im Jahr 2010. Eine Zeitlang hat man den Versuch unternommen, den Phenolgehalt auf 50 ppm zu steigern. Dieses Experiment wurde aber beendet, und der Phenolgehalt beträgt nun wieder 35 ppm, was noch immer sehr stark getorft ist, so stark, daß es die Geschmacksnerven erschüttert. Und ich denke auch nicht, daß der Sherry heute noch immer denselben Einfluß hat wie 1987.

Aber lassen Sie sich nicht durch Selbstzufriedenheit einwickeln: Der Lagavulin ist kein großer Whisky, er ist massiv. Für den Anfänger ist er mit Vorsicht, doch mit Ehrfurcht zu genießen. Er hat Stil und Schärfe. Er hat Klasse. Er beginnt süß, doch hat er eine zarte Trockenheit. Der Torf ist nicht einfach wie beim Brora, sondern vielschichtig. Er ist nicht so komplex wie der Ardbeg, doch hat er zusätzliches Gewicht. Seien Sie also gewarnt, das ist kein Malt, an dem man nippt.

ARDBEG

Durch die seltsame Hufeisenform von Islay steht die Länge der Küste in keiner Relation zur Landmasse. Ein kleines Vogelparadies liegt zwischen den Seen Indaal und Gruinart, die die Insel teilen. Islay ist auch wegen der unterschiedlichen Horizontlinien bekannt, obwohl die Erhebungen einer anderen Insel – Jura – dominieren. Denn Islay ist viel weniger gebirgig als die anderen Inseln der Hebriden. Im Westen, beim ehemaligen Schwarzbrennerort The Oa, sind die Klippen etwa 200 Meter hoch, so daß Flugzeuge manchmal unterhalb der Klippe vorbeifliegen, auf der Sie vielleicht gerade stehen. Hinter Port Charlotte ist das wunderbare Dorf Portnahaven, in dem die Zeit still zu stehen scheint und sich Robben auf kleinen Inseln nahe der Spitze der Halbinsel Rinns in der Sonne aalen. Im Nordosten führt ein Weg von Bunnahabhain zu einem entlegenen Leuchtturm. Weiter südlich liegt ein Niemandsland mit Hügeln und sanften Tälern, das nur zu Fuß zugänglich ist. All diese Orte umgibt eine Aura der Romantik und Schönheit, die Islay von allen anderen Inseln abhebt, die ich besucht habe.

Auf dem Weg zwischen Port Ellen und Kildalton werden Romantik und Schönheit noch von etwas anderem ergänzt – Mystik. Ich kann es nicht wirklich erklären, aber je weiter man die Straße hinaufkommt, desto größer wird das Unbehagen, bis man schließlich die Kirche und das Kreuz von Kildalton erreicht. Die Kirche ist heute eine Ruine, das Kreuz über 1 000 Jahre alt und das einzige vollständig erhaltene keltische Hochkreuz Schottlands.

Empfehlung des Connaisseurs

Lagavulin – Der grossartige 16jährige ist wohl die grösste Herausforderung an den Whiskyliebhaber.

Ardbeg – Die Whiskys aus der Zeit vor 1977 sind Meisterwerke.

Perfektion! *Jahrelang produzierte die Ardbeg Destillerie den großartigsten Whisky auf Erden. Hoffentlich wird das unter Glenmorangie wieder der Fall sein*

Auf dem Weg zurück nach Port Ellen erreicht man rasch Ardbeg, die erste der drei Brennereien, die unter dem Namen Kildalton Destillerien bekannt sind. Möglich, daß die Mystik von Kildalton nur Einbildung ist, doch besteht kein Zweifel, daß Ardbeg von Geheimnissen umgeben ist.

Für mich ist sie ohne Zweifel die großartigste Destillerie auf Erden. Meine Meinung hat sich auch nicht geändert, als man mir Anfang der 80er Jahre in Port Ellen einen Schluck des herrlichen Whiskys anbot. Auch nachdem ich tausende Whiskys in der ganzen Welt verkostet habe, bestätigte sich mein Eindruck nur. In Ardbeg wird ein makelloser Malt hergestellt. Wärmen Sie das Glas erst in der Hand an und lassen Sie dann den Whisky langsam im Mund kreisen. Für den Ardbeg haben wir unsere Geschmacksnerven. Der ehemalige Blendmeister von Bell, Ian Grieve, bezeichnet die Malts gerne als verschiedene Instrumente im Orchester eines Blend. So gesehen ist der Ardbeg die Harfe, die an den Geschmacksnerven zupft, während Laphroaig und Lagavulin die gehämmerten Bässe des Pianoforte sind.

Da der Ardbeg so atemberaubend ist, ist er nur schwer erhältlich. Die Destillerie war zwischen 1981 und 1989 geschlossen, und man fürchtete, sie würde nie wieder öffnen. Die Ironie an der Sache ist, daß Alistair Cunningham von Allied, der Mann, der die Brennerei stillegte, ebenfalls den Ardbeg für den besten Malt hält, den er kennt. Als ich die Destillerie „entdeckte", war sie noch nicht lange geschlossen. Ich fand sie stolz, frisch gestrichen, und die drei Pagoden glitzerten in der Sonne. Heute riecht sie eher nach Moder als nach Torf. Die Lagerräume 4, 5 und 7 mit ihren wunderbaren Kiesböden, die nur einige Meter vom Meer entfernt liegen und aus dem 19. Jahrhundert stammen, wurden ebenso abgerissen wie das elegante Haus des ehemaligen Besitzers.

Früher war dieses Gebiet bei Schmugglern beliebt, vor allem Lagavulin, zwei oder drei Kilometer weiter südlich. Finanzbeamte kamen nur schwer hier her, da unzählige scharfe Felsen aus dem Meer ragen und leicht den Rumpf eines ankommenden Schiffes aufschlitzen können. Ab 1790 war hier eine Schwarzbrennerei, die 1815 legalisiert wurde. Der Brenner, der dies erreichte, war John MacDougall, der so stolz auf seinen Clan war, daß er einst sogar eine Gerichtsstrafe für einen ihm nicht bekannten MacDougall zahlte, da er meinte, daß niemand dieses Namens Unrecht tun konnte. Er beschloß sein Leben an den Rollstuhl gefesselt und von den Dienstboten schlecht behandelt.

Die Destillerie blieb in den Händen der MacDougalls, bis sie 1976 von Hiram Walker, heute Allied Domecq, übernommen wurde. Damit begann sich die traditionellste Destillerie zu verändern. Bis zur Übernahme hatten die Mälzböden sieben Tage die Woche durchgehend gearbeitet, um genug Malz zu produzieren. Ein Jahr später war die Produktion auf 35 Prozent reduziert, und ein sehr leichter beigemischter Malt aus Kirkcaldy verändert den Geschmack. Im Dezember 1980 wurden die berühmten, alten Mälzböden geschlossen und sehr stark getorfter Malt aus Port Ellen geholt. Im März 1981 schloß die Brennerei ganz. Da Laphroaig mit Long John kooperierte, hatte Allied nun zwei stark getorfte Islay-Malts. Als sich die Blendmeister weniger getorften Malts zuwandten, war es der Ardbeg mit seiner geringen Produktion aus einer Wash Still und einer Spirit Still, der den kürzeren zog. Daß die Destillerie den besten Whisky der ganzen Insel herstellte, änderte daran nichts. Nach der Wiedereröffnung im Jahr 1989 arbeitete Ardbeg ohne Unterbrechung, aber mit verminderter Kapazität und nur noch vier Lagerräumen, bis sie 1996 wieder geschlossen wurde.

Es ist bekannt, daß der neue Whisky anders und schlechter war als der vor 1977 produzierte. Als die Mälzereien offen waren, wurde der Torf nur 24 bis 30 Stunden lang gebrannt und dann durch Glanzkohle ersetzt. Der Dampf, der heute aus der Maische aufsteigt, riecht ganz anders. Das letzte Malz, das an Ardbeg geliefert wurde, hatte einen Phenolgehalt von 40 bis 50 ppm, so daß er mit durchschnittlich über 45 ppm nur etwas niedriger als der des alten war. Doch in den industriellen Mälzereien von Port Ellen wird anderer Torf verwendet. Jahrelang stach Ardbeg in Duich Lotts Torf bis 2,5 Meter tief, wo er schwarz und mit sehr dichter Vegetation angereichert war, die dem Malz beim Verbrennen im Ofen einen eigenen Geschmack gab. Nun wird er maschinell in einem anderen Teil der Insel nur bis 1,1 Meter tief gestochen, wo es heller und weniger komplex ist.

Nicht nur das hat sich geändert. Einige der neuen Whiskys, an denen ich roch und die ich kostete, waren weniger körperreich. Das liegt aber nur teilweise am Torf. So wurde zum Beispiel die Destillierzeit anteilsmäßig reduziert, um seinen Ölgehalt zu senken und ihn für mögliche Blendmeister attraktiver zu machen. Und da Allied offenbar den Ardbeg nicht in direkte Konkurrenz zu ihrem Laphroaig stellen wollte (obwohl sie ihn im Duty-Free im Doppelpack mit dem Laphroaig verkauften), wurde der Ardbeg Malt von Allied hauptsächlich zum Verschneiden verwendet. Doch die Destillerie paßte nicht mehr zu Allieds Plänen. Nach einer neuerlichen Schließung verkauften sie letztlich im Februar 1997 für sieben Millionen Pfund an Glenmorangie – die acht konkurrierende Brennereien überboten. So groß ist also das keltische Charisma von Ardbeg.

Was ist so besonders am Ardbeg? Es ist fast unmöglich, den Whisky zu beschreiben – so unwiderstehlich duftet und schmeckt er. Lagavulin hatte viele Jahre lang einen Phenolgehalt von 50 ppm, bevor er auf 35 ppm gesenkt wurde, doch ist das heute ein völlig anderer Whisky. Der Ardbeg hat nicht dasselbe Gewicht. Er erlaubt dem Malz freie Entfaltung im Rauch, so daß der Geschmack am Gaumen von Bitterorangenmarmelade bis zu intensivem Malz, Bitterschokolade, mildem Malz, erdigem Torf, etwas Java-Kaffee, Eiche und Rohrzucker und der Würze vom Talisker, nicht aber seiner Schärfe

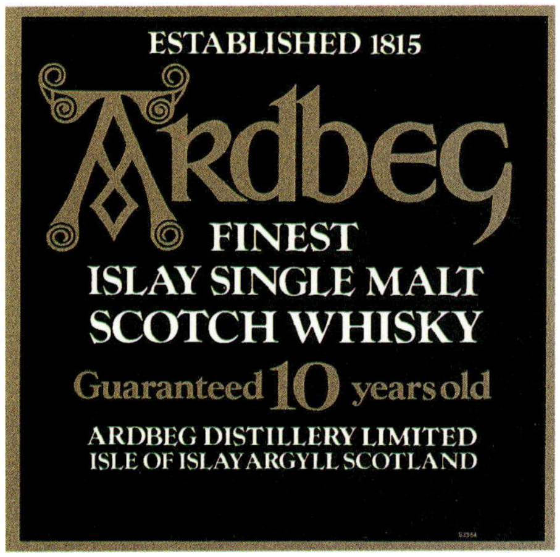

reicht. All das schwebt über dem Gaumen, ohne jemals länger als einige Augenblicke anzuhalten – gibt es Perfektion, dann hier.

Gäbe mir jemand einen Blankoscheck mit der Auflage, eine Destillerie zu kaufen, dächte ich an Edradour in Perthshire, Wild Turkey in Kentucky oder Dickel in Tennessee. Doch diese Gedanken wären in einem Sekundenbruchteil vorüber, denn Ardbeg ist eigentlich die einzige Wahl. Die Restaurierung der wunderbaren Mälzböden würde allerdings mehr kosten. Und das großartige Lagerhaus Nr. 1, wo jahrzehntelang der beste Whisky reifte, müßte wieder seine ursprüngliche Funktion aufnehmen und nicht länger als Lager für Fässer verrotten. Um die Washbacks aus Lärchenholz oder die Maischbottiche aus Gußeisen braucht man sich jedoch ebenso wenig zu sorgen wie um das Wasser: Es fließt noch immer in derselben Güte die sechs oder sieben Kilometer von Loch Uigeadail zu Loch Iarnan (wo man früher den Torf für Ardbeg stach) und nimmt auf dem Weg Torfgeschmack an, bevor es in die Destillerie rinnt. Aber ich würde wieder beginnen, in den Lotts Torf zu stechen, und so aus den Pagodendächern wieder Tag für Tag den hellblauen Rauch aufsteigen lassen und zeigen, daß Ardbeg im einstigen Glanz erstrahlt.

Kenner haben vor kurzem begonnen, mit großer Leidenschaft nach Ardbeg zu suchen. Doch sobald die Abfüller ihre raren Vorräte anbieten, sind sie auch schon wieder spurlos verschwunden. Es könnte zehn Jahre dauern, aber dann würde ich zusehen, daß die Welt immer eine Flasche des besten Ardbeg bekommt.

CAMPBELTOWN

Da Ardbegs größtes Problem ist, daß man seinen Whisky nicht in den Regalen findet, muß ich den Menschen oft raten, den zweitbesten Whisky Schottlands zu kaufen. Das ist Springbank, der mit Glen Scotia in einer der beiden letzten Destillerien in Campbeltown, der einstigen schottischen Whiskyhochburg, produziert wird.

Dieser kleine alte Ort liegt nahe der Spitze der Halbinsel Kintyre und ist einer der Plätze, an denen ein Industriearchäologe, ein Whiskyliebhaber und am besten ein whiskyliebender Industriearchäologe viel Spaß haben können. Vor nur 100 Jahren gab es in dieser Stadt 2000 Einwohnern und 21 Brennereien. Das bedeutete, daß Campbeltown das höchste Pro-Kopf-Einkommen des britischen Reiches hatte und daß sich die Besitzer der Destillerien beim Bau ihrer Villen, den Statussymbolen jener Zeit, übertrumpfen wollten. In den angrenzenden Straßen spielten die Kinder der Destillerie- oder Fischereiarbeiter barfuß vor ihren winzigen, feuchten, überfüllten Wohnungen.

Die Fischereiflotte von Loch Campbeltown ist seit langem ebenso verschwunden, wie die Heringsschwärme und auch die Brennereien, die die Stadt mit Rauch und den See mit Abfällen füllten. Die Sänger, die in den Music Halls „Campbeltown Loch, I wish you were whisky“ (Campbeltown Loch, ich wünschte, du wärst Whisky) schmachteten, wußten nicht, daß sich ihr Wunsch zu einem gewissen Grad erfüllt hatte. Der See ist heute – abgesehen von ein paar riesigen Quallen – so rein wie vor 200 Jahren. Aber dafür trifft man in jeder Straße und Gasse auf die verfallenen und kaputten Überreste einer alten Destillerie oder ihrer Lagerräume, die heute Busbahnhöfe, Fabriken, Werkstätten oder Molkereien sind. Doch vor allem hat sich das Ortsbild stark verändert, da heute die unzähligen Rauchfänge verschwunden sind.

Campbeltown ist seit jenen Tagen etwas gewachsen, doch die Whiskyproduktion hat einen schlimmeren Rückgang erlebt als in Kentucky, Kanada oder in den schottischen Lowlands. Und auch eine der beiden letzten Destillerien, Glen Scotia, kämpft ums Überleben. Sie liegt heute still und steht zum Verkauf. Der Niedergang ist so traurig, weil einige Menschen Campbeltown für die Wiege des Scotch Whisky halten. Wenn es stimmt, daß die Iren die Kunst des Whiskybrennens nach Schottland brachten, waren Islay und Kintyre wohl ihre ersten Anlaufstellen. Denn schließlich ließ sich der Hl. Columba, bevor er nach Iona weiterzog, in Kintyre nieder, als er von Irland aus Schottland christianisierte.

Es besteht kein Zweifel, daß die Stadt und die unmittelbare Umgebung, lange bevor Archibald Galbraith, Matthew Harvey und James Elder 1798 Destillerien gründeten, ein heißes Pflaster für Schwarzbrenner und Schmuggler war. Zur selben Zeit, als diese drei vornehmen Herren das Gesetz hochhielten, destillierten etwa 31 andere unter der Hand. Doch zwischen 1820 und 1840 wurde Campbeltown verrückt nach Whisky: 26 der 35 bekannten Destillerien, von denen viele zuvor Schwarzbrennereien waren, wur-

Die Uhr steht still: *Die Zeit ist nur für zwei Destillerien von Campbeltown noch nicht abgelaufen*

den in dieser Zeit gegründet. Darunter Springbank und Glen Scotia.

Die Brenner von Campbeltown wollten nun gesetzestreue Geschäftsmänner werden. Der erste Grund dafür war der Excise Act von 1823, der zweite vielleicht, daß durch den industriellen Abbau billige Kohle erhältlich wurde. Außerdem verfügte Campbeltown über einen sehr guten Hafen, so daß es kein Problem war, den Whisky ins nahe Glasgow und zu den weiter entfernten Märkten zu befördern. Zwar hatte man nach 1820 eine Glückssträhne, doch zerstörte eine Pechsträhne fast genau 100 Jahre später alles wieder. Kohle wurde teurer, und einer der wichtigsten Märkte Campbeltowns, die USA, litt unter der Prohibition. Nun schloß eine Brennerei nach der anderen. Jahrelang hatten sie sich von schottischen Blendern abgewandt. Einst war ihr stark getorfter Malt sehr gut und teuer gewesen, doch nun produzierten sie nur minderwertige Ware, da sie einander unterbieten wollten und die Destillation kürzten, um Geld zu sparen. Anfang der 20er Jahre hatte die größte und älteste Brennerei der Stadt bereits versucht, sich von den anderen zu distanzieren, und teilte ihren Kunden mit, daß sie keinen Campbeltown Whisky – damals gleichzusetzen mit minderwertigem Gebräu, das auch „stinkender Fisch" genannt wurde – produzierte, sondern Kintyre Whisky.

1934 schloß Riechlachan, eine Destillerie mit ebenso gutem Ruf wie alle Häuser, die Campbeltown Malt hergestellt hatten, und es blieben nur noch Springbank und Glen Scotia übrig. Um diese Zeit begannen beide Häuser nach langen Ruhepausen wieder zu arbeiten. Es gab keine weiteren Katastrophen, und während der Ruf von Glen Scotia ebenso stieg und sank wie das Wasser am Strand von Campbeltown Loch, steht der Name Springbank heute für Stil und Komplexität.

SPRINGBANK

Springbank ist nicht besucherfreundlich, und das ist schade, denn Besucher würden sich in den Nebenstraßen von Campbeltown in eine andere Zeit versetzt fühlen – die Destillerie ist ein arbeitendes Museum, in dem alte Werte und Traditionen nicht nur auf die Etiketten geschrieben werden, sondern Teil der Brennerei selbst sind.

Das ist ohne Zweifel darauf zurückzuführen, daß die Destillerie noch in den Händen der Familie Mitchell ist, die sie 1828 gründete. Familienmitglieder hatten 1825 Riechlachan eröffnet, aber Springbank entstand an dem Ort, wo früher Archibald Mitchells Schwarzbrennerei gewesen war. Dieser Archibald war der Urgroßvater des heutigen Geschäftsführers, Hedley Wright, dessen reizbare Persönlichkeit Garant dafür ist, daß die Destillerie immer etwas abseits vom Rest der Branche steht. Hedley ist der Mann, der eher die Straßenseite wechseln würde, bevor er mit jemandem spricht, den er nicht mag (vielleicht habe ich ihn deshalb in all den Jahren noch nie getroffen). Doch sein Neffe, Gordon Wright, der bis vor kurzem Marketingleiter war, würde bis in den entlegensten Winkel der Erde reisen, um seine wichtige Botschaft all jenen mitzuteilen, die noch nie Springbank Whisky gekostet haben.

Sie mögen vielleicht verschieden sein, aber ihr Ziel ist dasselbe: Springbank soll anders und konstant von höchster Qualität bleiben. In der Brennerei wird teilweise dreifach destilliert, was theoretisch den Whisky leichter machen sollte. Aber das ist zum Glück nicht der Fall. Der Maischbottich ist fast so alt wie die Destillerie selbst, und die traditionellsten aller Washbacks aus Lärchenplanken sind leuchtend rot gestrichen. Die Firma hat vor kurzem sogar die alten Mälzböden renoviert, so daß nun jeder Tropfen Whisky, der aus der Brennblase kommt, auch wirklich in Springbank hergestellt wird. Zu alledem gibt es sogar eine eigene Abfüllanlage, bei der man darauf achtet, daß kein Malt weniger als 46 Vol.-% hat. Man weigert sich, kalt zu filtern oder Karamel hinzuzufügen. Deshalb ist jede Flasche Springbank auch Whisky in seiner reinsten Form. Und nur um anders zu sein, reinigt man jedes Jahr die Brennblasen und stellt einen Malt her, der so stark getorft ist wie nur möglich, und den man nach der Destillerie, die einst an den Hof grenzte und heute zu Springbank gehört, Longrow nennt. Anfang 1997 beschloß man auch noch, bis Jahresende den ersten Whisky vollständig dreifach zu destillieren. So wird Springbank die einzige Brennerei Schottlands mit doppelter und dreifacher Destillation sein.

Springbank hat vielleicht die beste „Sammlung" an alten, niedrigen Lagerhäusern mit Lehmboden in ganz Schottland. In dieser perfekten Umgebung reift der Whisky in verschiedenen Fässern, manchmal sogar Rumfässern, zu hohem Alter. Eine Reihe ist anders als alle Fässer der Welt: Sie enthalten Bio-Whisky und wurden 1992 vom walisischen Biobauern John Onstwedder abgefüllt, der zur Jahrtausendwende einen Whisky schaffen will, der aus rein biologischer Gerste besteht und so natürlich wie möglich hergestellt wurde. Springbank war die einzige Brennerei, die seinen Ansprüchen genügen konnte.

Hedleys gespannte Beziehung zum Rest der Branche, die auch nicht dadurch verbessert wird, daß die Tochterfirma Cadenhead den Single Malt anderer Brennereien abfüllt, erklärt wohl, warum Springbank kaum je für andere Blender abfüllt. Deshalb gibt es den Springbank nur als Single Malt oder als firmeneigenen Blend. Dieser salzige, trockene und leicht ölige Malt hat eine Komplexität, die vor allem beim

Empfehlung des Connaisseurs

SPRINGBANK – SOLLTEN SIE EINEN LONGROW FINDEN – KAUFEN SIE IHN.

Dreifaches Vergnügen: *Springbank ist die einzige Brennerei Schottlands, die getorften, ungetorften und dreifach destillierten Malt herstellt*

schweren, erdigen und wirklich wunderbaren 21jährigen überrascht, bei dem nur minimal Sherryfässer eingesetzt werden. Der 15jährige ist malziger und komplexer, während der 25jährige ein lebhaftes Eigenleben hat. Sogar der Longrow mit seinem wunderbaren Torf behält seinen salzigen Charakter. Und jeder einzelne ist einfach hervorragend.

GLEN SCOTIA

Der Whisky der wieder geschlossenen Glen Scotia Destillerie hat nur einen Bruchteil der Komplexität des Springbank, obwohl der Whisky mit 13 oder 14 Jahren einen wunderbaren Honigton haben kann, der ihn vom salzigen Campbeltown abhebt und ihn zu einem guten, eigenständigen Malt macht. Die Brennerei wurde im Jahr 1832 gegründet und stand einen Großteil der 80er Jahre still. Jetzt ist sie aber im Besitz von Glen Catrine. Sie ist einfach zu gut, als daß man sie sterben lassen sollte, obwohl der Whisky, der im letzten Jahrzehnt hier produziert wurde, ihrem

Ruf wahrscheinlich abträglich sein wird. Heute ist aber sogar die Bezeichnung „Campbeltown Whisky" gefährdet. Als die Scotch Whisky Association 1994 zum 500. Geburtstag des Whiskys Karten ihrer Destillerien versandte, sahen die Besitzer von Springbank und Glen Scotia zu ihrer Überraschung, daß ihr Produkt zu den Highland Whiskys gerechnet wird. Speyside wurde als eigene Region anerkannt, doch Campbeltown war verschwunden.

Als Springbank bat, den „Fehler" zu korrigieren, schrieb die SWA zurück, daß Campbeltown mit nur zwei Brennereien nicht länger als eigene Region gelten kann. Da es auch in den Lowlands nur noch drei Destillerien gibt, ist die Logik von SWA gefährlich und seltsam. Natürlich beeinflußte die Tatsache, daß weder Springbank noch Glen Scotia zu einer SWA-Firma gehören, die Entscheidung. Vielleicht hatte man einfach schon lange keine Möglichkeit mehr gehabt, diese beiden salzigen Malts zu kosten, und weiß daher nicht, daß sie einzigartig sind. Beide Whiskys bleiben Campbeltown Malts und halten die große schottische Tradition aufrecht. Und in jeder Landkarte, in jedem Buch, das ich zu diesem Thema verfasse, bezeichne ich Campbeltown als eigene Region – auch wenn Springbank einmal die einzige Destillerie dort sein sollte.

Kein Zweifel herrscht jedoch darüber, daß diese alte Stadt, in der die ersten schottischen Könige am Schicksalsstein vom Hof von Dalruadhain gekrönt wurden, noch heute eine majestätische Destillerie hat.

Connoisseur's Selection

GLEN SCOTIA – VORSICHT! DOCH MIT 14 JAHREN KANN ER HERVORRAGEND SEIN.

DIE LOWLANDS

Während die zahlreichen schottischen Whiskygebiete – Highlands, Speyside, Perthshire, Islay, sogar Campbeltown – mühelos den Eindruck eines sehr romantischen und historisch bedeutenden Gebiets vermitteln, mußten die Lowlands immer um ähnliche Anerkennung kämpfen.

Dennoch sind viele Teile der Lowlands, des riesigen Gebiets südlich einer imaginären Linie zwischen Greenock und Dundee, ebenso schön wie viele Flecken in und um Speyside. Die immer besser ausgebaute A74 von Carlisle nach Glasgow bahnt sich ihren Weg durch eine teils atemberaubende Landschaft, in der im Laufe der Zeit immer wieder legal oder illegal Whisky gebrannt wurde. Es gab sogar Zeiten, in denen hier weit über 300 Destillerien legal arbeiteten. Anders als in Campbeltown, wo die meisten Brennereien bis weit in die 20er Jahre arbeiteten, schlossen viele hier bereits 100 Jahre früher, nachdem sie ein oder zwei Jahrzehnte lang Whisky produziert hatten. Es überrascht aber nicht, daß sie hier gebaut wurden. Viele standen in Städten, und auch die auf dem Land befanden sich in der Nähe der großen Städte in diesem Teil Schottlands, der dichter besiedelt ist als die Highlands. Die meisten schlossen, weil die Qualität nicht gut genug war oder weil es zu viel Konkurrenz gab. Dennoch hätte man annehmen können, daß mehr als vier Brennereien überleben würden – und selbst bei zweien von diesen vier ist die Zukunft ungewiß. Wie auch Mitte des 19. Jahrhunderts waren die 70er, 80er und 90er Jahre besonders hart.

Empfehlung des Connaisseurs

BLADNOCH – VERGESSEN SIE ALLE, DIE ÄLTER ALS 15 JAHRE SIND.

BLADNOCH

Ein Opfer dieser Zeit war Bladnoch, die ästhetischste Destillerie der Lowlands. Sie wurde offiziell stillgelegt, und es gibt praktisch keine Chance auf Wiedereröffnung. Bis 1993 war sie – in der Nähe von Wigtown, Galloway am Ufer des Flusses Bladnoch – Schottlands südlichste Destillerie. Ohne Zweifel war sie eine der attraktivsten, traditionellen Malt-Brennereien Schottlands, in der auch besonders zarter, hervorragender Malt mit dem Geschmack von Zitronenkuchen hergestellt wurde, wenn man der Destillerie die Chance dazu gab. Doch da sie von Bell's etwas vernachlässigt wurde, wollte der neue Besitzer United Distillers, nicht zu viel Geld in Abwassersanierung und sonstiges stecken. Außerdem war sie so abgelegen, daß der Betrieb teuer war. So wurde sie geschlossen.

Eines der Merkmale der Lowland Whiskys war die dreifache Destillation, bei der die Wash in der ersten Brennblase und das schwache Destillat in der zweiten, mittleren Brennblase mit dem unreinen Rückstand aus der dritten Brennblase destilliert wurde. Diese dritte Blase diente auch als normale Spirit

Land der „Engländer“: *Die Lowlands stehen den Highlands in puncto Schönheit oft um nichts nach*

Still. Theoretisch sollte das Endprodukt alkoholhaltiger und leichter im Charakter sein, da die Schwere bei der Destillation verschwand. Doch laut Barnards Berichten von seinen Besuchen in den Destillerien der Lowlands war es gerade dieser Versuch einiger Brenner, öfters als zweimal zu destillieren, der diese am Ende ruinierte.

Soweit ich das beurteilen kann, besuchte Barnard um 1885 28 Malt-Destillerien in den Lowlands. Eine davon, Glen Mavis, stellte ihren Malt in einer kontinuierlichen Coffey Brennblase her. Cameron Bridge produzierte in einer Brennblase mit einem Behälter, die gemeinsam mit einer kontinuierlichen Brennblase arbeitete, während die anderen 26 zwei bis 18 Pot Stills verwendeten, sechs von ihnen drei Brennblasen. Er beschreibt vor allem zwei Brennereien, die dreifach destillierten, auch wenn eine davon fünf Brennblasen benützte. Diese Destillerie war Greenock, wo die Wash Stills laut Barnard 18 000 Liter faßten, eine Brennblase für die erste Destillation 4 000 Liter und zwei weitere Brennblasen 3 500 bzw. 3 100 Liter faßten. Er behauptet, daß der Whisky „tatsächlich dreimal destilliert ist". Doch bei der Destillation, die er beschreibt, wurde eigentlich vier Mal gebrannt, da das Produkt zweimal durch die letzten beiden Brennblasen lief. Auch wenn er das Ergebnis als „Malt Whisky" bezeichnete, wurde die vierte Destillation offenbar durchgeführt, um ein Destillat mit sehr hohem Alkoholgehalt (vielleicht zwischen 85 und 95 Vol.-%) zu gewinnen. Arbeiteten andere Destillerien auch so – und es ist nicht anzunehmen, daß Greenock die einzige war –, erklärt das, warum der Lowland Whisky minderwertiger war als der Highland-Malt. Außerdem war diese Art der Whiskyproduktion so teuer, daß Brennereien wie Greenock kaum Gewinne abwarfen. So überrascht es auch nicht, daß Greenock im Jahr 1914 geschlossen wurde – erstaunlich ist eher, daß sie so lange durchhalten konnte.

AUCHENTOSHAN

Heute destilliert nur noch eine Brennerei, nämlich Auchentoshan, dreimal. Als sie Anfang des 19. Jahrhunderts in Old Kilpatrick errichtet wurde, lag sie ziemlich weit von Glasgow entfernt am Fluß Clyde mitten auf dem Land. Heute sind die Vororte der Stadt um die Destillerie gewachsen, und neben den Lagerhäusern liegt nun ein Gemeindebau. Der Blick von der Destillerie über den Fluß war einst spektakulär. Heute führt eine Autobahnbrücke, die Erskine Bridge, über den Fluß, und darüber dröhnen Flugzeuge, die den Flughafen von Glasgow anfliegen. Zumindest ist die Destillerie außen noch hübsch und hat sich innen ihren natürlichen, alten Charakter bewahrt.

Erstaunlich wenig ist über die Anfänge der Brennerei bekannt, doch auch ihre jüngere Geschichte ist interessant genug. Sie ist heute in japanischem Besitz und gehört zu Suntorys Morrison Bowmore Gruppe. Als Barnard sie besuchte, gab es nur zwei Brennblasen. Doch seit langem gibt es dort drei, die wirklich dreifach destillierten und nicht nur teilweise wie in Springbank, Benrinnes und Mortlach. In Auchentoshan hat das Destillat nach der Wash Still 18 Vol.-%, 54 Vol.-% nach dem Mittellauf und 81 Vol.-%, wenn es aus der Spirit Still kommt. Die Qualität des Whiskys ist schon lange bekannt, doch in den letzten Jahren wurde die Produktion trotzdem sehr stark reduziert. Zum Glück sieht seit zwei Jahren die Zukunft wieder viel besser aus.

Doch ist der zehn Jahre alte Malt, den ich einst wegen seines erstaunlichen Funkelns am Gaumen schätzte, in letzter Zeit

Auchentoshan: *Eine der letzten in den Lowlands*

nicht mehr so strahlend und im Vergleich zu anderen sogar etwas langweilig. Vor allem hat er sein Markenzeichen, die Würze, verloren. Allerdings wurde 1995 auch die Wash Still ersetzt. Offenbar war sie ziemlich dünn geworden und hatte bei der Destillation zu geringe Mengen an Kupfer abgesondert. Doch die Dinge stehen wieder besser, und mit etwas sorgfältigerer Vermählung wird man vielleicht wieder das wunderbare Aroma von Zitronensorbet erreichen.

LITTLEMILL

Etwas mehr als sorgfältiges Vatting wird nötig sein, um Littlemill zu sanieren. Diese zu Auchentoshan nächstgelegene Destillerie wurde 1772 gegründet. Ich habe seit Ende der 70er Jahre keine vernünftige Abfüllung mehr gekostet. Das Problem dieses Whiskys ist seine intensive Feurigkeit, die manchmal die Geschmacksnerven verbrennt, sonst aber kaum Geschmacksvielfalt bieten kann. Die Brennerei liegt in Bowling an der Straße von Glasgow nach Dumbarton und ist recht attraktiv, doch die neuen Besitzer, Glen Catrine, wissen, daß sie den Whisky nur sehr schwer zu einem erstklassigen Malt machen können und möchten verkaufen.

Niemand weiß, ob die Destillerie je wieder ihren Betrieb aufnehmen wird. Bedenkt man, daß hier bis in die 30er Jahre dreifach destilliert wurde, kann man beim Gedanken an das Produkt nur erschauern. Die Pot Stills, in denen der heutige Littlemill erzeugt wird, sind eigenartig, doch nicht einzigartig und an einen Rektifikator gebunden. Dadurch wollte man größere Kontrolle über das Destillat erlangen, doch experimentierte man in den 70er Jahren auch mit zwei anderen Malts. Einer hieß Dumbuck und war so stark getorft, daß die Blendmeister nicht begeistert waren, der andere, Dunglass, war öliger und ungetorft, überzeugte mich aber nicht. Zufällig betreibt der neue Besitzer Glen Catrine auch einen verstellbaren Rektifikator in seiner ursprünglichen Destillerie Loch Lomond, die weiter oben an der Straße über der Highland-Linie nördlich von Dumbarton liegt. Nur ist das Ergebnis dort viel besser.

Während alte, traditionelle Destillerien in den Lowlands stillgelegt wurden, versuchten einige Brenner, neue zu bauen, deren Betriebskosten zumindest in der Theorie günstiger sind. Man plante, durch den Anschluß von Malt-Destillerien, die Grain-Destillerien voll zu nutzen. Eine davon, Ben Wyvis in den Highlands bei der Invergordon Destillerie, stammte aus dem Jahr 1965. Doch bestand sie – wie die meisten Lowland Destillerien – nur sehr kurz. Der Plan war einfach ein Flop.

KINCLAITH

Die erste neue Destillerie war Kinclaith, die zwischen 1957 und ihrer Stillegung im Jahr 1975 zur Grain-Destillerie Strathclyde in Glasgow gehörte. 1965 wurde Glen Flagler bei der Grain-Destillerie von Inver House in Airdrie gebaut, wo der größte Maischbottich Schottlands stand. In Glen Flagler waren jedoch zwischen 1965 und 1969 traditionelle Pot Stills in Betrieb, bevor man zu Malt Whisky im Stile eines Bourbon wechselte, bei dem die Wash durch eine kontinuierliche Beer Still und danach durch eine Pot Still lief. Bis 1970 wurden hier zwei weitere Malts gebrannt: Islebrae, ein torfiger Lowland Whisky mit einem Phenolgehalt von 15 ppm, der entfernt wurde, da sein Körper nicht an die Schwere eines Islay Whisky heranreichte, und Killyloch. 1982 wurde schließlich die Maltdestillation eingestellt. Als nächste und letzte Brennerei wurde 1966 Ladyburn eröffnet, die zur Gruppe William Grant Girvan gehörte. Ihre vier Brennblasen wurden 1974 stillgelegt, doch hatte sie es zu Ruhm gebracht, da sie das Cover von Ross Wilsons Buch *Scotch: The Formative Years* aus dem Jahr 1970 zierten.

INVERLEVEN

Diese Brennerei war die erste in den Lowlands, sie machte den besten Whisky und ist zumindest offiziell die einzige, die noch arbeitet und deren Destillierapparate intakt sind. Inverleven wurde gemeinsam mit der riesigen Kornfabrik Dumbarton im Jahr 1938 am Ufer des Clyde errichtet. Das rote Steingebäude ist die beeindruckendste Destillerie Schottlands, und Inverleven selbst wirkt daneben winzig. Die ganze Brennerei wirkt überfüllt und eng, als ob sie durch die imposante, angrenzende Destillerie erdrückt würde. Tatsächlich wurde sie 1992 stillgelegt, was aber nicht an der Qualität des Whiskys liegt. Sie ist mit zwei Brennblasen eine der unbedeutendsten Brennereien von Allied Domecq. Einst wurde der Malt in zwei Destillerien produziert. Eine davon war Inverleven, die andere Lomond mit der nach der Brennerei benannten niedrigen „Lomond"-Brennblase, die viel schwereren, öligeren Malt produziert. Nach demselben Prinzip wurde Mosstowie in Miltonduff produziert und Glencraig in Glenburgie.

Inverleven ist ein milder Malt im Lowlands-Stil, den viele Menschen für den besten Grain-Malt halten. Spricht man aber mit den Blendmeistern, die für die stillgelegten Destillerien arbeiteten, hört man, daß diese Whiskys nie ihre Qualität beweisen konnten. Die wenigen heute noch bestehenden Ladyburns sind recht eichentönig. Hier und da gibt es noch einen vernünftigen Kinclaith, manchmal mit einer schwachen Süße, die an Cognac erinnert, und „Spritzigkeit". Doch auch wenn der Glenflagler als neues Produkt nie sehr beliebt war, sind die übrigen Fässer einfach wunderbar. Mit 13 Jahren duftet er sehr angenehm nach Honigwaben und Gewürzen und nur ganz schwach nach Holz. Der Geschmack ist beeindruckend: ein starker Keks-Charakter im Malz, kaum fett, eine wunderbare Süße, die gut zu der schwachen Würzigkeit paßt. Am meisten beeindruckt aber der starke Malzgeschmack. Der Abgang ist leicht eichig und hat etwas von der Bitterkeit von verbranntem Toast, doch die Süße wirkt ausgleichend. Sicher ist, daß er nicht länger im Faß reifen muß.

GLENKINCHIE

Die andere noch arbeitende Destillerie in den Lowlands ist Glenkinchie. Ihre Zukunft ist rosig, da hier einer der Classic Malts von United Distillers hergestellt wird. Die Brennerei wurde um 1830 gegründet und war nie der Demütigung ausgesetzt, auf demselben Gelände zu stehen wie eine Grain-Destillerie. Sie liegt in Pencaitland, fernab jeglicher Industrie im Herzen des hügeligen Gersteanbaugebiets südlich von Edinburgh. Die umliegenden Ortschaften wirken beinahe englisch,

Empfehlung des Connaisseurs

Auchtentoshan – Versuchen Sie nach Möglichkeit ältere Abfüllungen zu finden.

Littlemill – Perfekt für jemanden, den Sie hassen.

Kinclaith – In unabhängigen Abfüllungen sehr unbeständig. Beten Sie vor dem Kauf.

Inverleven – Gordon & McPhail haben dieser Destillerie Gutes getan.

Glenkinchie – Kein klassischer Malt, aber recht angenehm.

Glenkinchie: *Eine bodenständige Destillerie, die leichten Lowland Malt herstellt*

und wenn man nach Pencaitland kommt, könnte man kann leicht denken, daß man sich irgendwo in den Cotwolds befindet und nicht zur produktivsten Destillerie der Lowlands fährt.

Auch wenn das Land um die Destillerie hübsch ist, wirkt doch das eckige, funktionelle Gebäude von Glenkinchie selbst nicht gerade anheimelnd. Der Anblick wird zwar von einem Bowlingplatz für die Angestellten gemildert, wie ihn auch die Caledonian Brauerei in Edinburgh hat. Im Inneren der Brennerei wird der Eindruck allerdings wesentlich angenehmer. Ein ehemaliger Leiter sammelte ansprechende Utensilien, um mit ihnen ein Museum einzurichten. Eines der beliebtesten davon ist ein funktionierendes Destillerie-Modell, das 1925 bei der Empire Exhibition in Wembley, London, ausgestellt wurde. Mir gefallen aber die „dogs" am besten, Kupfergefäße, die Destilleriearbeiter in ein Faß tauchten, wenn niemand zusah. So wurde etwas von dem wertvollen Alkohol abgeschöpft und in den Hosenbeinen versteckt.

Der Whisky von Glenkinchie ist herrlich. Er ist besonders malzig und rauchiger als die meisten Lowland Malts. Der Classic Malt ist zehn Jahre alt und in den ersten Jahren sehr temperamentvoll. Er kann je nach Flasche süß und klebrig oder trocken und flatterhaft sein. Er hat leichten oder mittleren Körper, ist nicht fordernd und angenehm malzig. Die Leichtigkeit ist möglicherweise auf die riesigen Brennblasen zurückzuführen, die beinahe wie aufgebläht wirken.

ST. MAGDALENE

Edinburgh hatte eigene Malt-Destillerien, die aber heute verschwunden sind. Eine weitere Brennerei in diesem Gebiet war St. Magdalene in Linlithgow. Sie wurde 1983 von Scottish Malt Distillers geschlossen, und heute befinden sich Wohnungen in dem Komplex.

Der junge Whisky eignete sich nie besonders gut zum Verschneiden, wenn er auch wie der Glenkinchie doppelt destilliert wurde. Wie auch immer, United Distillers vertreibt heute einen 23jährigen, der leicht unter dem Gewicht der Eiche nachgegeben hat, doch noch immer einen wunderbaren Zitronenton aufweist, der das Malz und den Likör abrundet. Dennoch war mir der Malt mit zehn Jahren lieber. In diesem Alter hatte er noch eine Rauchnote, und das Malz war reichhaltig und ölig, der Abgang toffeetönig und lang anhaltend. Sein Geheimnis war, daß man nie sicher war, ob es süßer oder trockener Malt war. Nach langem Kampf beschloß man schließlich, daß er weder noch – oder beides – war. Der beste 10jährige, den ich gekostet habe, wurde 1982, ein Jahr vor der Schließung, gebrannt, als der Brauer George White gerade die Wasserquelle geändert hatte.

Empfehlung des Connaisseurs

St. Magdalene – Bis etwa zwölf Jahre recht gut.

Rosebank – Wenn Sie je einen 8jährigen finden, verpfänden Sie dafür Ihr Haus.

ROSEBANK

Zehn Jahre später arbeitete George White in einer anderen Destillerie der Lowlands, die vor der Schließung durch United Distillers stand. Vielleicht sollte ich nicht „eine andere“ sondern „die“ sagen, nämlich Rosebank. Ich möchte andere Autoren nicht kritisieren – jeder hat ein Recht auf seine Meinung. Doch als Brian Murphy in seinem *World Book of Whisky* (1978) schrieb: „… muß man zugeben, daß keiner [der Lowland Malts] die strahlende Majestät der größten Highland Malts erreicht …“, konnte ich das Buch nicht mehr ernst nehmen. Ich weiß von einem Blendmeister, der zugesagt hatte, für eine Radiosendung an einer Blindverkostung teilzunehmen. Als er hörte, daß man Rosebank als Lowland Whisky gewählt hatte, versuchte er abzusagen, da er wußte, daß er ihn nie unter den besten Highland Whiskys erkennen würde.

Für mich ist Rosebank der klassische Lowland Malt, und wenn ich auch glaube, daß United Distillers ihre Classic Malts gut gewählt haben, meine ich doch, daß Glenkinchie ihre Achillesferse ist. Rosebank ist der weitaus beste Lowland Whisky. In den Tagen von Scottish Malt Distillers wurde er als 8jähriger abgefüllt und war in Japan sehr beliebt. Man wußte, was man tat, da dies das beste Alter für diesen Malt ist, in dem alles – Zitrusfrüchte und Äpfel, Honig, Malz und die mildesten Gewürze – auf dem Gaumen perfekt verfließt. United Distillers füllen ihn gegenwärtig mit zwölf Jahren ab. Auch in diesem Alter ist er noch hervorragend, wenn auch die Eiche die anderen Geschmacksnoten überwiegt. Der beste Rosebank gehört wegen seines Charmes zu den fünf besten schottischen Malts.

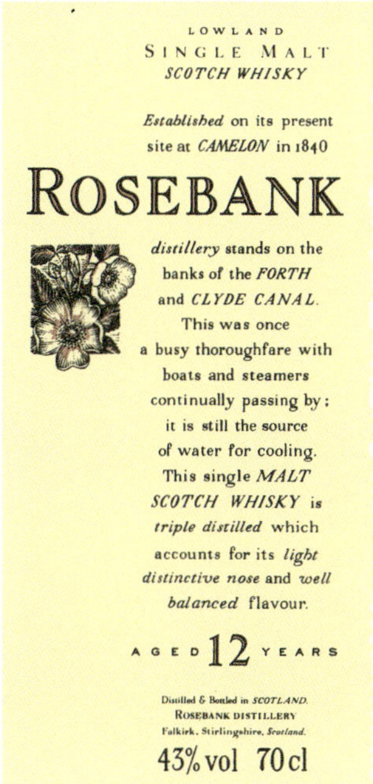

Und dennoch wurde die Destillerie geschlossen. Warum? Nun, erstens liegt sie nahe am Stadtzentrum von Falkirk zwischen der A9 und dem Forth-Clyde-Kanal. Ihren Namen bekam sie wegen der Rosen, die am Ufer des Kanals wuchsen. Die Rosen sind seit langem verschwunden, der Kanal ist überflüssig und liegt brach, und die alte Destillerie, in der einst – ebenso wie in Springbank – dreifach destilliert wurde, steht seit drei Jahren still, und die Hoffnungen schwinden zusehends, daß sie jemals wieder in Betrieb genommen wird. Man bräuchte mehr als 2 Millionen Pfund, um das Gebäude und die Abwasseraufbereitungsanlage auf europäischen Standard zu bringen. Knapp vor Stillegung wurde ich Zeuge des Todeskampfes eines arbeitenden Museums. Die Mälzmühle war älter als alle, die ich kenne, der gußeiserne Maischbottich wirkte, als ob er bei der Eröffnung der Destillerie vor 130 Jahren neu gewesen wäre, und überall im Destillierhaus spürte man ein Gefühl von Alter und Tradition.

Doch wenn Geld im Spiel ist, zählt Tradition genauso wenig wie Qualität. Ich nehme an, daß Dividenden bezahlt und Gewinn gemacht werden muß – ohne diese Philosophie würde keine Destillerie bestehen. Und so wurde eine große Brennerei geschlossen, die sowohl den Lowlands als auch den Whiskyliebhabern sehr fehlt.

Keine Schleusen: *Der Forth-Clyde-Kanal wird noch von Touristen benützt, doch die Zukunft von Rosebank scheint endgültig vorüber*

DIE VERLORENEN DESTILLERIEN SCHOTTLANDS

Von den Toten spricht man immer besser als von den Lebenden. Wir erzählen Geschichten über den alten XY und andere, sprechen über seine Güte und lachen über die lustigen Anekdoten. Aus Respekt lassen wir seine Familie und die weniger guten Eigenschaften aus dem Spiel. So ist es auch mit den verlorenen Destillerien Schottlands. Schließt eine weitere, ist es, als ob dem Land eine weitere Wunde zugefügt würde und sein Erbe immer mehr der Marktwirtschaft weichen müßte.

Natürlich stimmt das auch. Mit der Zeit vergißt man aber manchmal den Grund, warum Destillerien schließen: Manche waren einfach nicht gut genug.

Vor einigen Jahren überflog ich die Regale eines großen, erstklassigen Wein- und Spirituosengeschäftes. Ich fand dort Whiskys von mehr als einem Dutzend Destillerien, die das Zeitliche gesegnet hatten, und der Verkäufer pries jeden einzelnen lang und ausführlich. Wenn das, was er sagte, stimmt, war jeder Single Malt (und ein Single Grain) ganz einfach hervorragend, die Flaschen enthielten den besten Whisky, der jemals erzeugt wurde und bald verschwinden würde, und so weiter. Es war eine ermüdende Rede, und am Ende hatte ich weder die Energie noch die Absicht, ihn zu berichtigen.

Zum Beispiel hatte er einen North Port aus Brechin. War in diesen Flaschen wirklich erstklassiger Whisky, wäre es der erste gewesen, den ich je gekostet hätte. Ebenso waren sein Coleburn und Banff zumindest Meisterwerke, obwohl die Kostproben, die ich im Lauf der Jahre bekommen habe, anderes vermuten lassen.

Die einfache, meist recht unerfreuliche Wahrheit ist, daß viele Destillerien einfach schließen mußten, weil ihr Whisky nicht gut genug war. Die Blendmeister wollten ihn nicht verwenden – nicht nur diejenigen, die für den Inhaber arbeiteten, sondern auch die anderer Firmen, die es ermöglicht hätten, daß der Whisky getauscht würde.

Natürlich gibt es auch Brennereien, die nie hätten sterben dürfen. Ihre Qualität, ihr Erbe und ihre Bedeutung für die Gemeinde hätten die relativ geringe Geldmenge wettgemacht, die für ihre Instandhaltung hätte aufgewendet werden müssen. Man denke an die drei Destillerien von Inverness, Glen Mhor, Glen Albyn und Millburn, die alle Mitte der 80er Jahre dem Aderlaß von Distillers Company Limited zum Opfer fielen. Vielleicht war die Schließung von Glen Albyn gerechtfertigt, da der Whisky immer sehr dünn war und sein Rückstand an Nikotin erinnerte, das in den Kleidern eines sehr starken Rauchers hängt. Aber bei Millburn und vor allem Glen Mhor war das etwas anderes. Millburn war süß und fett wie Honigjoghurt, malzig und standfest wie ein Felsen. Glen Mhor hatte ebenfalls einen Hauch Honig, doch einen etwas rauchigeren Körper, der ihm zusätzliche Tiefe und einen enormen Abgang verlieh. Beide sollten noch arbeiten – jeder Whiskyliebhaber sollte eine Flasche haben.

Wir haben bereits über den sinnlosen Verlust von Rosebank und Port Ellen gesprochen – beide Destillerien machten immer guten Whisky. Das sind nur zwei von etwa 25 Malts und Grains, die man in Whiskygeschäften mit begrenztem Lager finden kann. Und bald könnten es mehr sein: Das Schicksal von Brennereien wie Glenglassaugh und Glen Scotia hängt an einem seidenen Faden, und man wird sehen, was die Zukunft bringt.

Die Frage ist, ob es Sinn hat, Whiskys zu kaufen, von dem es nur geringe Vorräte gibt. Ist man ein echter Kenner, muß die Antwort in vielerlei Hinsicht „ja“ sein. Hätte ich das Geld, wäre ich versucht, zwei Flaschen zu erstehen: eine zum Aufheben, die andere zum Trinken. Oder vielleicht sollte man sie in zwei 35cl-Flaschen umfüllen – wieder eine zum Aufheben, die andere zum Genießen und um den Whisky viele Jahre in Erinnerung zu behalten.

Manche Whiskys schmecken jetzt besser, als zu der Zeit, als sie noch erzeugt wurden. Grund dafür ist, daß einige wie Glenesk (malziger und weicher) und Glenlochy (süßer und angenehmer) mit dem Alter besser geworden sind, obwohl der erstgenannte noch eher schwach ist. Andere haben aber ihren Höhepunkt überschritten und werden

Jüngster Verlust: *Die kleinste schottische Grain-Destillerie, Cambus, stellte hervorragenden Whisky her*

schlechter. Ladyburn findet man heute kaum noch, und die Eiche hat hohen Tribut gefordert. Ein ziemlich alter Glenury wird verkauft, der trotz seines salzigen Eichentons nicht an einen jüngeren, ozonfrischen, vibrierenden 10jährigen heranreicht. Lochside füllt einen eigenen 10jährigen ab, der sehr attraktiv und getreidetönig ist. Gordon & MacPhail haben eine Version aus dem Jahr 1966 voller Pflaumen und gedünsteter Stachelbeeren, ein wahrer Fruchtcocktail von einem Malt, der es wert ist, genau erforscht zu werden.

Auch die verlorenen Grains sind es wert, gesucht zu werden. Viele unabhängige Abfüller spezialisieren sich darauf, sie mit gutem Alter und Faßstärke auf den Markt zu bringen. Einige sind wunderbar, haben aber wenig mit dem Whisky gemein, der einst aus den kontinuierlichen oder Coffey Brennblasen strömte.

Kaum zu finden ist Garnheath, ein solider Grain von Moffat, der seit Mitte der 80er Jahre nicht mehr erzeugt wird. Er war gut und schmeckte mild und kraftvoll zugleich. Für mich war der großartigste Grain aber Cambus. Die kleinste Destillerie Schottlands, die auf das Jahr 1836 zurückgeht, schloß erst vor kurzem. Sogar der junge Whisky direkt aus der Brennblase haftete am Gaumen, schmiegte sich seidenweich an die Geschmacksnerven und lullte sie ein. Mit fünf Jahren war nichts mehr von der Härte oder Schärfe anderer Grains zu merken, und mit zehn übertraf er viele Malts an Vielfalt und Komplexität.

Mit Carsebridge und Caledonian schlossen zwei weitere Grain-Destillerien von United Distillers. Erstere lag neben Cambus in Alloa und hatte sehr charaktervollen Whisky, wenn auch der Corn öliger und von roggenartiger Schärfe war. Die zweite lag in Edinburgh, und ihr Whisky war süßer und nachgiebiger, wenn auch schwächer und unkontrollierter im Abgang. Beide gibt es in hervorragenden unabhängigen Abfüllungen von Signatory.

Ein 27jähriger Lochside Grain, der von James MacArthur herausgebracht wurde, ist lebhafter als erwartet und so eichentönig, wie es ihm geziemt. Seine Schärfe ist zunächst ein leichter Schock. Doch wird sie durch eine delikate, melasseartige Süße abgeschwächt, die einen langen, angenehmen Abgang garantiert. Gegenwärtig muß der beste Grain Ben Nevis sein. Er wird nun mindestens 25jährig verkauft, ist meist süß und in Duft und Körper beinahe identisch mit einem 9jährigen Bourbon. Diese Whiskys sind außergewöhnlich und eine kleine Investition wohl wert, vor allem der 27jährige von MacArthur.

Glen Esk: *Die Heide besteht, der Whisky ist jedoch verloren*

Das ist die einfache Art, die verlorenen Destillerien Schottlands zu besuchen. Schwieriger ist es, die Standorte selbst zu finden. Einige sind völlig verschwunden, andere verfallen still und traurig, wieder andere sind heute Wohnungen, Büros oder, wie Glenlochy, sogar Gästehäuser. Wenn ich diese Mahnmale der Vergangenheit besuche, fühle ich immer den Verlust, auch wenn der dort erzeugte Whisky alles andere als perfekt war. Doch gleichzeitig stelle ich mir auch gerne vor, wie hier das Leben früher gewesen sein muß, wie der Gründer Zeit, Kapital und Energie in das Unternehmen investierte. Ich male mir aus, welche Träume und Ambitionen er hatte.

Diese Träume wurden in vielen Fällen wahr. Doch waren sie ebenso vergänglich wie der Whisky, der in diesen Destillerien produziert wurde und heute immer seltener wird. Schließlich werden nur mehr einige wenige Flaschen übrig bleiben, die bei einer Auktion an Sammler versteigert werden.

3  SCHOTTISCHER GRAIN WHISKY

Schottischem Grain Whisky wurde im Lauf der Jahre übel mitgespielt. Meist wird er als „neutraler Alkohol" bezeichnet, der – angeblich – heimtückisch in einen Malt gemischt wird, um daraus einen Blend zu erzeugen. In den letzten zehn bis 20 Jahren hat er das Image des Bösewichts bekommen, der den erhabenen Malts aus Perthshire, Speyside und von den Inseln zu einer unsanften Landung verhilft. Ich denke, daß auch ich wohl einmal die schottischen Grain Whiskys als neutral abgetan habe, denn das ist die bequeme Art, den Menschen zu erklären, wie Blended Whisky hergestellt wird.

Eines steht aber fest: Der Alkohol, der aus Weizen oder Mais produziert wird, ist alles andere als neutral. Deshalb ist dies das erste Kapitel, in dem die schottischen Grain-Destillerien mit demselben Respekt behandelt werden wie die Brennereien mit den Pot Stills. Natürlich wird kontinuierlich gebrannt, nicht mit Pot Stills, was billiger ist und den Grain-Destillerien nicht den Charme einer Malt-Destillerie verleiht. Die Brennblasen sind riesig, haushoch, oft ist nicht ein bißchen funkelndes Kupfer zu sehen, und es fehlt ihnen die Mystik und Persönlichkeit von Balblair, Inchgower, Edradour und den anderen. Dennoch hat jede Destillerie ihren eigenen Charakter und ihre Geschichte. Wie keine zwei Malts gleich sind, sind auch alle Grain Whiskys verschieden, auch wenn theoretisch alles, das auf 94,4 Vol.-% gebrannt wurde, recht ähnlich schmecken und riechen sollte. Man sollte nicht vergessen, daß 95 Prozent des Scotch, der weltweit getrunken wird, Blends sind. Und von diesen Blends werden 65 bis 75 Prozent aus Grain Whisky hergestellt.

Da diese Grain Whiskys so verschieden sind, setzen sie manche Blendmeister sehr sorgsam ein. Ohne Zweifel wurden die geschmackvollsten Grain Whiskys aus Mais gebrannt. Deshalb besteht zumindest eine Destillerie darauf, weiter dieses Korn zu verwenden, auch wenn der Preis gegenüber Weizen stark gestiegen ist. Mitte der 80er Jahre wechselten die meisten Grain-Brennereien auf Weizen über, um die Kosten zu senken, und ihr Produkt änderte sich stark. Zehn bis zwölf Jahre später sind die Preise dank eines Programmes der Europäischen Union, das den Weizenanbau drosselte, ausgeglichen. Einige Destillerien überlegen seither, wieder Mais zu verwenden. Die Blendmeister sind überzeugt, daß die Unterschiede im Charakter ausgeglichen werden, wenn der Whisky lange genug in den Fässern gereift ist. Das kann bei Grain Whisky stimmen, der mindestens zwölf Jahre alt ist, da er – je nach Alter des Fasses, in dem er reift – ab diesem Alter langsam den Charakter eines Bourbon annimmt. Bei den 3- bis 8jährigen muß man mich von dieser Theorie aber erst noch überzeugen.

Andere Blendmeister verwenden dagegen den Grain, der gerade vorhanden ist, und achten dabei wenig auf den Charakter. Sie vertrauen darauf, daß genügend torfiger Whisky oder fruchtiger, trockener Sherry jeden minderwertigen Grain (im Vergleich zu anderen Grain Whiskys natürlich) überdeckt. Vorsichtig müssen Blender jedoch bei Cutty Sarks, J&Bs und Chivas Regals sein, die einen grasigen Speyside-Ton haben und mit gutem Grain verschnitten werden müssen. Seltsam ist, daß diese Whiskys häufig von den kräftigeren Mais-Grains zusätzliche Festigkeit erhalten. Wie auch immer, alle Blends brauchen verschiedene Grains, damit sie ihr Gleichgewicht erhalten.

Im letzten Jahrzehnt sind Single Grain Whiskys überall in den Regalen erschienen. Heute gibt es auch „offizielle" Destillerie-Abfüllungen neben den oft einzelnen Fässern, die manchmal auf den Listen von unabhängigen Abfüllern wie Cadenheads und Signatory aufscheinen. Die bekannteste Grain-Destillerie ist Cameronbridge, und im Fife, dem Gebiet von Kirkaldy nördlich von Edinburgh, wird dieser Whisky in den Pubs lieber getrunken als Malts oder Blends. Invergordon hat ebenfalls versucht, einen 10jährigen auf den Markt zu bringen. Die Vats sind sicher heute besser als zu Beginn. Und William Grant von Glenfiddich haben ihren Girvan Grain (der in Europa vertrieben werden soll) unter dem Namen Black Barrel herausgebracht. Dieser Whisky mit dem sanften Toffeegeschmack verdient Erfolg. Marketingexperten erklären mir, daß es sich um eine Innovation handelt – was nicht stimmt. 1906 füllte die großartige, heute geschlossene Cambus Destillerie ihren eigenen 7jährigen Single Grain im Zuge des Kampfes gegen die Malt-Destillerien ab, die die Whiskykommission überzeugen wollten, daß Grain nicht

Fertig zum Abflug: *Der Grain Whisky aus Grivans moderner Brennerei ist nun auch abgefüllt erhältlich*

Whisky genannt werden dürfte. In einem Werbeplakat jener Zeit behauptete Cambus, daß ihr Grain nicht die Leber schädige und man auch „nach einem Liter keine Kopfschmerzen bekam". Da ich über die Jahre einigen Grain versucht habe, möchte ich doch bitten, zu unterscheiden ...

Die Grain-Destillerien sterben ebenso wie die Malt-Brennereien. Anfang der 80er Jahre gab es 13 Grain-Destillerien. Heute bestehen davon nur noch sieben, obwohl sich auch eine neue bester Gesundheit erfreut.

GIRVAN

Einst befanden sich am südlichsten Punkt Schottlands, westlich von Robert Burns' Heimatstadt Dumfries, einige Destillerien. Sie schlossen nacheinander, bis nur noch eine übrig blieb: Bladnoch. Am Ufer des gleichnamigen Flusses gelegen, war sie eine schöne schiefergedeckte Brennerei. Sie ist noch immer im Besitz von United Distillers, und der Whisky schmeckte einst wunderbar nach Zitrusfrüchten und war mit acht bis zehn Jahren am besten. Doch da sie so weit von den Hauptanbaugebieten der Maltindustrie entfernt liegt, wurde auch sie geschlossen. Deshalb liegt die südlichste Destillerie Schottlands heute noch weiter im Westen – und Norden.

Der Weg von Glasgow folgt der Ostküste nach Süden vorbei an einer Reihe von verfallenen mittelalterlichen Schlössern und Klöstern; kommt man vom Süden, fährt man durch wildes Hügelland und das spektakuläre Nith Valley, das auch in den Highlands liegen könnte. Die Brennerei liegt am nördlichen Rand von Girvan, das dank vorteilhafter Beleuchtung der alten Stadtteile in der Nacht hübscher ist als am Tag. Von der Ferne scheint die Brennerei eine Außenmauer zu haben, wodurch sie abgeschlossen wirkt. Kommt man aber näher, sieht man, daß die „Mauern" zu den Lagerhäusern gehören. Und wie es den Besitzern William Grant gelungen ist, aus den Destillerien in Dufftown eine richtige Whiskyopolis zu machen, so gleicht Girvan – mit den Kornsilos, dem hohen Destillierhaus mit den säulenförmigen Brennblasen, den riesigen Lagerhäusern – einem Zentrum der Massenproduktion des Grain Whiskys, was es auch tatsächlich ist.

Die Destillerie wurde 1963 gegründet, und einige der Baumeister, die dazu beitrugen, die Anlage in acht Monaten fertigzustellen, wurden eingeladen, hier weiterzuarbeiten. Ich kenne auch keine andere Brennerei, wo die Arbeiter einander schon so lange ken-

Empfehlung des Connaisseurs

GIRVAN BLACK BARREL – SÜSS, BEINAHE KANADISCHER STIL UND SEHR GUT.

nen. Sogar der Portier war bereits Brenner in der Ladyburn Grain-Destillerie, die in den 80er Jahren nach kurzer Zeit stillgelegt wurde.

Die Brennerei sieht ohne Zweifel seltsam aus. Die Washbacks mögen erst vier Jahre alt sein, doch da sie dem stürmischen Wind und peitschenden Regen ausgesetzt sind, der vom nur wenige Meter entfernt gelegenen Meer kommt, sehen sie zehnmal so alt aus. Sogar die Brennblasen stehen im Freien, und zu Weihnachten 1995 froren sie in einem der kältesten schottischen Winter ein und konnten erst nach zwei Tagen so weit aufgetaut werden, daß man den Betrieb gefahrlos wieder aufnehmen konnte. Wenn Sie den langen Spaziergang hinauf zu den Säulen machen, werden Sie verstehen warum: Sogar an relativ milden Tagen weht ein so stürmischer Wind vom Meer, daß man meinen könnte, es reißt einem den Kopf ab. Allerdings ist die Belohnung für den langen Weg ein wunderbarer Ausblick auf die Stadt und auf den kuppelförmigen Ailsa Craig, der rechts dahinter surreal aus dem Meer ragt.

Doch trotz der offensichtlichen Verschwörung, die Fähigkeiten des Brenners zu testen, stellt Girvan besonders sanften Grain Whisky her. Seit 1985 verwenden sie keinen Mais mehr, sondern 90 Prozent Weizen und zehn Prozent Malz. Und seit Girvan mit Weizen destilliert und eine dritte säulenförmige Brennblase besitzt, ist auch der Marktwert bei

Ailsa Craig: *Ein dramatisches Bild von Ayrshire*

Trotz allem: *Der Single Grain Whisky von Girvan sucht Liebhaber*

den Blendern beträchtlich gestiegen. Girvan hatte eine Zeitlang nicht den besten Ruf, und Proben von einem rohen, plumpen Whisky, die ich besitze, beweisen warum. Doch einige aus den frühen 80er Jahren sind körperreich, ölig, beinahe sinnlich am Gaumen – und köstlich. Die Blender sind wegen der Unbeständigkeit auf der Hut.

Heute hat Girvan den vielleicht besten Ruf aller schottischen Grain-Destillerien, und das mit Recht. Probieren Sie selbst den Single Grain Whisky namens Black Barrel. Auf dem Etikett auf der Rückseite erfährt man, daß der Whisky „dreifach destilliert" wurde, was eigentlich übertrieben ist. Doch beweist dieses Produkt, wozu die Destillerie fähig ist und was die Abfüllung in brandneue amerikanische Eichenfässer bringt. Seine beste Eigenschaft ist sein sanfter Aufprall am Gaumen und die langsame Auflösung des süßen Korns ohne eine Spur Härte oder Bitterkeit. In dem neuen Holz schmeckt er wie ein 10jähriger, auch wenn er wohl nur halb so alt ist – er ist überraschend und wunderbar zugleich.

Die Qualität ist auch in einigen Grant Blends zu spüren, wird jedoch in den üppigen Gordon Highlanders deutlich, bei denen man den Grain nur als seidige Unterlage für reichhaltige Malts schmeckt. Der Standard William Grant's Family Reserve, den Generationen unter dem heute altmodischen Namen „Standfast" kannten, ist köstlich, da der Grain sowohl im Geschmack als auch im Duft so deutlich hervorsticht. Wird der Blend älter, tritt der Malt stärker hervor. Allerdings gibt es auch einen anderen Blend von Grant, die amerikanische Version mit 50 Vol.-% aus den Duty-Free-Läden, bei der der Grain stärker zu schmecken ist. Er erinnert zugleich an Pfeffer, Malz und Grain und ist einfach unwiderstehlich.

INVERGORDON

Die schottischen Grain-Destillerien befinden sich traditionell in dem zentralen Gürtel zwischen Glasgow und Edinburgh. Ist Girvan die Ausnahme im Süden, so gilt das für Invergordon im Norden. Abgesehen von der geographischen Abweichung haben diese beiden Destillerien noch andere Dinge gemein. Beide sind relativ neu, Girvan wurde 1963 errichtet, Invergordon 1959. Beide haben auf ihrem Gelände auch Malt-Destillerien errichtet, die in den 80er Jahren stillgelegt und aufgelassen wurden. Und beide werden von den Blendmeistern heute sehr geschätzt.

Tatsächlich ist der Grain von Invergordon heute so beliebt, daß Whyte & Mackay ihre lange aufgeschobene und schließlich teure Übernahme abschlossen, um Kontrolle über diese Destillerie zu erlangen. Invergordon ist nicht nur beliebt, sondern auch die einzige Grain-Destillerie in den Highlands und nur wenige Kilometer von Dalmore, der größten und geschichtsträchtigen Malt-Destillerie Schottlands, entfernt. Seit der Übernahme durch Whyte & Mackay werden beide Brennereien von derselben Firma betrieben.

Während Girvan abgeschieden im Ackerland steht, ist Invergordon zwar in den Highlands, doch umschlossen von den Häusern dieser Hafenstadt. Sie wurde auf dem Landvorsprung erbaut, der den Cromarty Firth, der einige Kilometer entfernt am anderen Ufer liegt, gegen Newhall Point zwängt. Von außen gleicht die Destillerie allen anderen Grain-Anlagen, die seit dem Zweiten Weltkrieg gebaut wurden – sie ist mehr Fabrik als Brennerei. Doch ihr Innenleben macht sie sehr viel interessanter.

Empfehlung des Connaisseurs

Invergordon – Ihr 10jähriger ist mild, unkompliziert und toffeetönig.

Der Leiter Ian Palmer wurde in Invergordon geboren und ist offensichtlich stolz, daß die Destillerie in diesem Gebiet Arbeitsplätze schafft. Invergordon wird effizient geleitet und bringt eine Ecke Schottlands, in der es sonst kaum Chance auf Arbeit gibt, gewisse Sicherheit und Geld. Er ist auch stolz auf den Whisky, den er hier erzeugt.

Es ist nichts besonders Aufregendes an der Whiskyproduktion. Die Maische besteht aus etwa 90 Prozent Weizen und zehn Prozent gemälzter Gerste, die in Batch-Drucktöpfen bei 63 Grad erhitzt und dann in 22 Washbacks vergoren wird, von denen vier im Freien stehen. Die Destillationsmethode ist allerdings kurios. Die erste Brennblase, der Analysator, besteht nur aus rostfreiem Stahl. Die zweite, der Rektifikator, besteht zu 100 Prozent aus Kupfer und hat sogar Kupferplatten. Das mag der Grund sein, warum der Whisky zu den süßesten zählt, der Blendmeistern zur Verfügung steht. Doch ist es kein Frauengetränk: Er hat vor allem in der Mitte eine gewisse Strenge.

Von Invergordon ist ein 10jähriger Grain erhältlich, bei dem die Süße noch zu spüren ist, die Stählernheit durch die Jahre im Holz jedoch etwas gemildert wurde. Außerdem hat er eine starke Toffeenote, die ihn einigen kanadischen Whiskys sehr ähnlich macht. Als er Anfang der 90er Jahre auf den Markt kam, war er meiner Meinung nach recht unbedeutend, doch wurde er durch bessere Fässer oder eine strengere Auswahl stark verbessert. Allerdings war der Grain zum Verschneiden gedacht und ist in den meisten Produkten von Whyte & Mackay stark vertreten. Ihr Blendmeister Richard Patterson meint, daß er das Rezept für einige seiner Blends nicht besonders verändern mußte, seit Invergordon zur Gruppe gehört: Er wurde auch vorher

Guter Fang: *Die Invergordon Destillerie, um die Whyte & Mackay lange kämpften*

Die perfekte Mischung: *Die North British Destillerie in Edinburgh verbindet Tradition mit moderner Technologie*

kräftig verwendet – deshalb drängte man also auf die Übernahme. Er ist wirklich ein feiner Grain, der seiner Herkunft in den Highlands gerecht wird.

NORTH BRITISH

Die North British Grain-Destillerie ist beruhigend anachronistisch. Sogar der Name North Britain, der in viktorianischer Zeit für Schottland verwendet wurde, weist auf eine steife Vergangenheit hin. Und in den Büros sieht man vor allem Holzvertäfelung, eine geschnitzte Treppe und kein einziges Bild, das die Düsternis auflockern würde. North British ist eindeutig konservativ. Und in einer Zeit der Veränderung und Technologisierung ist man glücklich, noch so eine Destillerie zu finden. Aber die Apparate sind so modern wie die einer jeden anderen schottischen Grain-Destillerie.

North British steht in Edinburgh, und ihre Geschichte geht zurück auf die Anfänge der Blends. Der Mann, der das Verschneiden von Grain und Malt Whiskys zu einem leichteren, doch charaktervollen Produkt, „erfunden" haben soll, war Andrew Usher, der für seine Marke Green Stripe berühmt ist. In seinem Windschatten begannen auch andere Firmen, die schließlich zu großen Konzernen wurden, zu verschneiden. Um Kontrolle über den Markt zu erlangen, legten die Destillerien, sehr zum Ärger der Blending Häuser, die keine eigenen Grain-Destillerien hatten, die Preise gemeinsam fest. 1885 gründeten sie eine eigene Destillerie, bei der aber keine Firma die Mehrheit halten konnte. Dadurch konnten sie die Qualität ihres Grain Whiskys kontrollieren. Weiß man, daß das erste Vorstandspräsidium aus John Crabbie von Crabbie's, William Sanderson mit seinem VAT 69 und George Robertson von Robertson & Baxter bestand, ist klar, daß die Firma wunderbar war, und es ist logisch, daß The Distillers Company, die wichtigste Grain-Brennerei, mit ihnen fusionieren wollte. Der Vorstand von North British war daran aber nicht interessiert.

Damals gab es bereits die etablierte und respektierte Caledonian Destillerie in Edinburgh, die man erfolglos zu kaufen versucht hatte. Es gab auch eine Caledonian Eisenbahn. Das Land, auf dem die neue Brennerei stehen sollte, grenzte an die North British Eisenbahnlinie. Vielleicht wählte man deshalb diesen Firmennamen. Die Destillerie blieb bis Mitte der 90er Jahre strikt unabhängig. Heute gehört sie zu gleichen Teilen IDV, die in ihrem J&B unglaubliche 50 Prozent Grain von North British verwenden, und Robertson & Baxter. Keine der Firmen besitzt aber eine Mehrheit. Abgesehen davon hat sich nichts geändert. Es ist die einzige Grain-Destillerie mit eigenen Mälzböden, doch ohne Darre. Grünes Malz verwendet man aus zwei Gründen: Es ist billiger zu produzieren und enzymfreundlicher. Auch wird hier mehr Malz verwendet als in jeder anderen Grain-Destillerie. Die meisten verwenden zehn Prozent, oder neun, wenn sie damit durchkommen. Hier werden sogar 20 Prozent verwendet, was wieder ein Rückschritt ist: Vor 100 Jahren nahmen fast alle schottischen Grain-Brenner

Empfehlung des Connaisseurs

NORTH BRITISH – MIT ETWA ZWÖLF JAHREN REICHHALTIG UND REIF.

LOCH LOMOND – KOMMT ER AUF DEN MARKT, IST ER ÜBERRASCHEND SÜSS.

ner mindestens 25 Prozent gemälzte Gerste. Und wie damals wird das Malz von North British nicht mit Weizen verschnitten, sondern mit Mais, der meist aus Frankreich importiert wird. Es paßt zu dieser Destillerie, daß sie bei Mais blieb, während alle anderen außer einer zu Weizen wechselten. Sie flirtete wohl vor vielen Jahren kurz mit Weizen, doch als J&B und Robertson & Baxter dagegen protestierten, kehrte man rasch wieder zum verehrten Mais zurück.

Auch wenn der Eingang schmucklos ist, machen dies die 37 stählernen Washbacks, sogar die 40 Jahre alten, wieder wett. Sie funkeln alle metallisch: oben golden und darunter silbrig. Hier wird mindestens 72 Stunden vergoren. Und um sicherzustellen, daß der Alkohol danach körperreich und gewichtig ist, wird die Wash in eine von drei glänzenden neuen Coffey Brennblasen geleitet, auf denen ein diamantförmiges Muster auffällt. Der Analysator besteht nur aus rostfreiem Stahl, doch im Rektifikator kommt der Alkohol mit genügend Kupfer – einschließlich der Platten – in Kontakt.

Das neue Produkt ist äußerst ölig und reichhaltig, und bleibt auch während der Reife körperreich. Einige Grains nehmen mit zunehmendem Alter einen Toffeeton an, der an kanadischen Whisky erinnert, doch dieser bewegt sich in Richtung Bourbon, was sicher dem Mais im Malz zu verdanken ist.

Einige Destillerien sind kompakt, während andere sehr verstreut liegen. Die ehemaligen, turmbewehrten Bürogebäude in der Slateford Road, nahe der charmanten, alten Caledonian Brauerei, dienen heute als (überfüllte) Zentrale von Pentlands, den unabhängigen Forschungslabors der Whiskybranche. Direkt dahinter liegen die alten Lagerhäuser mit dem verräterischen Schimmel auf den Steinen. Der wunderbare Duft von reifendem Whisky dringt bis auf die Straße. Die Destilleriegebäude liegen weiter entfernt. Das beeindruckende alte Fußballstadion Heart of Midlothian, das sie einst überblickten, überragt sie heute.

Jeder Whiskyautor träumt davon, eine Destillerie zu besuchen, die Tradition mit modernster Technologie verbindet. Wenn dieser Traum real wurde, fühlt man sich erleichtert. Als erster versuchte dies vor knapp 100 Jahren ein gewisser Alfred Barnard. Und nur hier verwehrte man ihm den Zutritt …

LOCH LOMOND

Zur Westküste hin liegt hinter Glasgow am südlichsten Zipfel von Loch Lomond die neueste Grain-Destillerie Schottlands. Wie North British wurde auch sie mit der Einstellung „der Rest der Industrie ist uns egal" gebaut. Aber das ist auch schon alles, was sie gemeinsam haben.

North British wurde von einem Konsortium aus bedeutenden Whiskyproduzenten

Stille Wasser: *Nach Loch Lomond wurden die Destillerie – und sogar eine Brennblase – benannt*

als eine Art Kooperative errichtet. Loch Lomond wurde mit dem Geld einer kleinen Destillerie- und Blendingfirma gebaut. Wie beim Malt, den man in den Pot Stills gleich daneben herstellt, war auch hier die Philosophie, den Whisky zu horten und billig zu verkaufen. Deshalb schätzen bis heute die wichtigsten Destillerien die Betreiber von Loch Lomond nicht besonders. Doch nach einem Jahr in der Grain-Erzeugung können die wichtigsten schottischen Whiskyproduzenten die Firma nicht mehr ignorieren. Nach einem schmerzhaften Lernprozeß ist der Grain recht ordentlich.

Erstaunlich ist, daß die 8,5 Millionen Pfund, die für den Bau der Destillerie nötig waren, aus Rücklagen kamen und man keinen Penny aufnahm. Die Brennerei liegt in Alexandria, einer kleinen Stadt am Ausgang von Dumbarton in Richtung der Highlands. Die Malt-Destillerie befindet sich in einer ehemaligen Färberei, und die Grain-Anlage wurde auf einer Deponie daneben errichtet. Drinnen glänzt viel rostfreier Stahl, dessen Arbeit ein Hauptcomputer überwacht. Die Destillerie unternahm mit der ersten Gärung am 7. Februar 1994 die „ersten wackligen Schritte“, wie der Leiter John Peterson, ein Veteran aus der Strathclyde Grain Destillerie, meinte.

Da die Brennerei so nah an Loch Lomond liegt, ist der Wasserspiegel in der Umgebung hoch. Die Destillerie hat ein halbes Dutzend Bohrlöcher, um kalziumhaltiges Wasser zu finden. In den zehn Maischbottichen wird Weizen mit den erforderlichen zehn Prozent Malz verwendet. Es gibt nur zwei Brennblasen, wobei der Rektifikator aus Kupfer besteht. Allerdings zeigte sich, daß es schwieriger als erwartet war, den Apparat abzustimmen. 1994 wurde er abwechselnd ein- und ausgeschaltet, und man produzierte nur 100 000 Liter Alkohol. Doch nach monatelanger Einstellung funktionierte es. Heute werden jeden Monat 800 000 Liter erzeugt, von denen ein Teil in den High Commissioner, den Blend der Firma, geht. Der Whisky, der im Sommer 1996 gebrannt wurde, war überraschend mild und süß und duftete deutlich nach Fruchtzucker und Kaugummi. Es ist die Art von Grain Whisky, um den kleine Blender, die große Mengen für billigere Blends brauchen, gebetet haben. Am schwierigsten bei billigem Whisky ist, aus jungem Alkohol Süße zu gewinnen. Wenn Loch Lomond seine Qualität halten kann, wird der Firma und den kleinen Blendern ein Stein vom Herzen fallen.

Doppelter Ruhm: *Dumbarton ist das Ebenbild der Walkerville Destillerie in Kanada*

DUMBARTON

Fährt man von der Loch Lomond Destillerie nach Glasgow zurück, sieht man in einiger Entfernung ein großes, rotes Ziegelgebäude. Das ist nicht irgendeine Brennerei, sondern *die* Destillerie Schottlands. Von hier gesehen, gleicht sie sehr stark der Brennerei von Seagram in Lawrenceburg, Indiana.

Das ist die Dumbarton Destillerie, die 1938 an Stelle einer alten Werft errichtet wurde. Sie ist riesig und besteht außen nur aus rotem Ziegelstein. Geplant wurde die Brennerei von denselben Architekten – Smith, Hinchman und Grills –, die einige Jahre davor die Hiram Walker Destillerie am Ufer des St. Clair River in Walkerville, Kanada, umgebaut hatten.

Dumbarton war Hiram Walkers erster großer Vorstoß am schottischen Markt, und man wollte mit Stil beginnen. Die Firma besaß bereits zwei Destillerien in Speyside – Miltonduff und Glenburgie, aber das war nichts im Vergleich zu dem, was sich am Ufer des Clyde ereignen sollte. Hiram Walker übernahm nicht nur die größte Brennerei Schottlands, sondern baute auch noch eine Malt-Destillerie in den Lowlands, Inverleven, die aber im Vergleich zur Grain-Destillerie winzig und kaum zu sehen war. Da Hiram Walker nun genug Grain Whisky hatte, konnten sie Ballantine, den sie ebenfalls vor kurzem aufgekauft hatten, stärker bewerben.

Wie Walkerville ist auch diese Brennerei heute erfolgreich und wird mit denselben Apparaten betrieben wie früher. Und wie bei Walkerville werden die riesigen Lagerhäuser aus Ziegelstein heute nicht mehr für den Whisky benötigt. Tritt man durchs Haupttor, riecht es nicht nach reifendem Whisky und Getreidemaische. Statt dessen hängt der Duft von röstendem Kaffee in der Luft – in einem der Lagerhäuser wird der Kaffeelikör Kahlua hergestellt. Gegenüber liegt Dumbarton Rock, der 1 500 Meter breit ist und 80 Meter

Empfehlung des Connaisseurs

DUMBARTON – AM BESTEN AB ZWÖLF JAHREN – VERSUCHEN SIE EINEN CORN ZU FINDEN.

STRATHCLYDE – TEMPERAMENTVOLL. MIT 15 JAHREN SIND EINIGE DANK DER EICHE RUHIGER.

aus dem Meer ragt. Gegen Ende des Mittelalters war hier eine Art Alcatraz für in Ungnade gefallene Adelige. Glaubt man einem Destillerieleiter, werden heute Verkaufsdirektoren dorthin verbannt, wenn sie die Ziele nicht erreichen. Es muß dort bereits recht voll sein …

Innen gleicht die Brennerei ebenfalls Walkerville, wo in einer Atmosphäre von viel Tradition und wenig Moderne Canadian Club hergestellt wird. Gleiches gilt auch für Dumbarton. Die Brennapparate sind Relikte, sollen aber hervorragend funktionieren. Ungewöhnlich für eine Grain-Destillerie ist, daß die Feststoffe von der Wort getrennt werden, und daß die Brennblasen nur reine Wash verarbeiten. Die meisten anderen Brennereien destillieren wie auch die amerikanischen Anlagen Feststoffe.

Das Endprodukt ist hochwertiger Grain, vielleicht der fetteste, der gegenwärtig in Schottland hergestellt wird. Noch bevor er in das Faß kommt erinnert er an bittersüße Kakaoschokolade – dieser Grain hat nichts Neutrales an sich. Von der 7,5 Millionen Pfund teuren Modernisierung ist nicht viel zu sehen, außer daß die Destillerie heute auch Weizen verarbeiten kann, wenn sie möchte. Doch ist das neue Produkt kein Vergleich zum alten Corn Whisky.

Dumbarton bleibt ein bedeutender Zusatz zum Ballantine. Der Blendmeister Robert Hick, der vom legendären Jack Goudy persönlich eingeschult wurde, setzt ihn klug ein: Dieser gewichtige Grain könnte den Geschmack leicht übertönen. Heute gibt es eine wahre Flut an Ballantines, angefangen vom Ballantine's Finest über die zwölf, 15, 17, 18, 19 und 21 Jahre alten und den Special Reserve bis hin zum 30jährigen. Der Finest ist in der Tradition von Allied recht gewichtig, doch voller Komplexität, und der Grain ist erst – sehr angenehm – im Abgang zu spüren. Im Gegensatz dazu ist der 30jährige trotz seines Alters leichter und läßt im Duft und im Abgang die feinsten Spuren von Bourbon anklingen – klar, wo die herkommen. Besonders der 21jährige ist schlicht und einfach hervorragend. Der Grain ist zu spüren, doch ist er so leicht, daß er mit der großen Vielfalt des Malt verschmilzt.

Wenig Platz: *Die Strathclyde Destillerie steht in den Gorbals auf nur einen halben Hektar Grund*

Guten Grain herzustellen, ist so eine Sache, wie die Ballantine Blends zeigen. Die wahre Kunst ist aber, ihn richtig einzusetzen.

STRATHCLYDE

Allied Domecq besitzen im Herzen von Glasgow, im berühmt-berüchtigten Stadtteil Gorbals, eine zweite Destillerie. Sie ist auf einem Gelände von nur einem halben Hektar eingezwängt und bei den Einheimischen nicht unter dem Namen der Destillerie, Strathclyde, sondern unter dem Namen des ehemaligen Besitzers bekannt – Long John. Da so wenig Platz ist, gibt es hier keine Lagerhäuser, und der Whisky wird zum Reifen auf das Gelände von Allied bei Dumbarton gebracht. Hier war auch genügend Platz für die winzige Malt-Destillerie Kinclaith, die aber in Whitbreads Tagen abgerissen wurde, als man Kinclaith zu einem Wassertank umbaute. Strathclyde liegt am Südufer an einer besonders engen Stelle des Clyde und wurde 1929 errichtet.

Der Grain aus Strathclyde ist … nun, interessant. Er gleicht keinem anderen schottischen Grain, und das Aroma von gekochtem Kohl bei den jungen Whiskys läßt auch erahnen, warum: In den Brennblasen ist herzlich wenig Kupfer enthalten.

Deshalb wird er nie als Single Grain herauskommen. Doch zum Verschneiden kann er sehr gut sein, wenn er Zeit genug hatte, im Holz seine rauhen Kanten abzuschleifen. Dennoch verwenden ihn die meisten Blendmeister mit Vorsicht, und ich kenne auch einige, die in ihren Blends höchstens zehn Prozent davon einsetzen.

Strathclyde ist besonders effizient und verarbeitet Weizen und nur neun Prozent gemälzte Gerste. Ungefähr ein Drittel der Erzeugnisse wird für Beefeater Gin verwendet, ein weiteres Drittel wird für andere Firmen hergestellt und das letzte Drittel geht in die Produkte von Allied und natürlich Long John. 24 Stunden täglich, sieben Tage die Woche und 42 Wochen im Jahr arbeitet die Destillerie auf Hochtouren. Zehn Wochen lang nehmen die Mitarbeiter Urlaub – dann werden die Apparate repariert. Die Washbacks stehen unter freiem Himmel, während die abgedeckten kontinuierlichen Brennblasen, die die alten Coffey Brennblasen ersetzt haben, nur noch in den Platten und in einem Nagelbett am Analysator und Rektifikator Kupfer enthalten. Der Whisky ist nicht hervorragend, aber vielleicht besser, als der Leiter Richard Russell unter diesen Bedingungen erhoffen kann. Ich würde nur gerne wissen, wie er wäre, wenn ein Kupferschmied den Rektifikator überholen könnte. Wenn auch die Malts von Allied noch nie überragend waren, sind die Blends doch beinahe fehlerfrei. Also muß Strathclyde einen positiven Beitrag leisten, auch wenn immer eine Verbesserung möglich wäre …

PORT DUNDAS

Es gibt noch eine zweite Grain-Destillerie in Glasgow. Sie liegt nördlich des Flusses, nicht weit von Strathclyde entfernt. Ihr Standort widerspricht jeder Logik, und wenn Sie jemals auf der Autobahn M8 gefahren sind, die die Stadt von Osten nach Westen durchzieht, haben sie die Brennerei vielleicht rechts gesehen, doch nicht wahrgenommen. Meist liegen Destillerien niedrig, da sie bei einer Wasserquelle sein müssen. Port Dundas dagegen steht auf einem Hügel über der Stadt, und ihre riesigen, alten Schornsteine sind noch kilometerweit zu sehen.

Ausgangspunkt: *Alfred Barnard begann seine Whiskytour durch Großbritannien in Port Dundas*

Doch ebenso wie andere Destillerien liegt sie am Wasser, nämlich am Forth-Clyde-Kanal. Als man hier Ende des 18. Jahrhunderts zwei Malt-Destillerien baute, wurde sicher auf dem Kanal die Gerste zur Brennerei und der Whisky zu den Märkten transportiert. Die Destillerien schlossen sich um 1860 zusammen, nachdem man hier bereits begonnen hatte, Grain Whisky in Coffey Brennblasen zu produzieren. 1877 wurde die Brennerei Teil der Distillers Company, und trotz des Umbaus bietet sie auch heute noch einen schönen Anblick.

Aber nur von außen. Innen sieht die Sache anders aus. Ich kenne keine andere Destillerie, in der so viel Farbe verwendet wurde, um die Apparate bunt zu streichen. Es scheint, als ob ein Regenbogen als Farbpalette gedient hätte. Könnte man sie transportieren, wären sie vielleicht in einer Galerie ein kleines Vermögen wert. Sollten Sie Port Dundas besuchen, verlangen Sie Whisky. Aber fragen Sie nicht nach dem Innenarchitekten. Die Farben im Gärraum sind besonders interessant. Der Gärbehälter ist ferrarirot gestrichen, daneben leuchtet der Puffertank trabantgrün, unterlegt mit psychedelischem Gelb. Die 19 Washbacks sind dagegen oben nur eierschalenfarben und unten kanarien- bis senfgelb. Als ich das erste Mal eine Führung durch dieses farbenfrohe Spektakel bekam, erklärte man mir alles über Gärzeiten und Hefe. Ich glaube nicht, daß ich ein einziges Wort davon aufnahm.

Sogar die wunderbaren Coffey Brennblasen wurden nicht verschont. Sie sind rot und golden … Einige Blendmeister versuchten einst Port Dundas' Grain Whisky zu meiden, da sie ihn für zu reichhaltig und körperreich hielten, um sich einzufügen. Seit aber die anderen Grain-Destillerien von United Distillers – Cambus, Carsebridge und Caledonian – schlossen, und nur Port Dundas und Cameronbridge übrig blieben, versucht man, die beiden Grains anzugleichen. Heute ist er leichter als vor zwölf Jahren, als ich ihn das erste Mal kostete. Der alte Port Dundas, auf den ich manchmal stoße, bestätigt meine Annahme, daß der Whisky heute vor allem durch den Weizen etwas ruhiger ist. Der

Whisky, der aus Mais gebrannt wurde, strotzt nur so vor Energie und würde jedem Blend Würze verleihen, anstatt sich unterzuordnen.

Dennoch unterscheidet sich der neue Whisky vom Cameronbridge, und das möge noch lange so bleiben. Blendmeister bei United Distillers verwenden ihn, weil er leicht erhältlich ist, und nicht aus Überzeugung. Da die meisten besseren Blends sehr torfigen Hintergrund haben, fügt sich dieser Grain hervorragend in die gute Gesellschaft ein.

Draußen bewunderte ich die schönen alten Gebäude. Als der Leiter Jim Wilson mich hier stehen sah, erzählte er mir voller Begeisterung, daß die Gebäude alle abgerissen und neu aufgebaut werden sollen. Das erschütterte mich, und wenn Alfred Barnard dies gehört hätte, würde er sich wahrscheinlich im Grab umdrehen. Er begann hier seine Reise zu den britischen Destillerien. Als er um 1885 in Port Dundas ankam, war dieses würdevolle, alte Gebäude vielleicht das erste, das er erblickte. Ist heute gar nichts mehr heilig?

CAMERONBRIDGE

Nördlich von Edinburgh, im alten Königreich Fife, führt beim Ort Windygates eine Brücke über den River Leven. Im Sommer tummeln sich Schwalben unter ihren Bögen, während Lastwagen darüberrattern. Es ist ein hübsches Bauwerk aus Stein, auch wenn ein enger Weg, der angebaut wurde, den alten Charme etwas stört. Dennoch ist dies die einzige Brücke, die einer Destillerie ihren Namen gegeben hat: Cameronbridge.

Keine andere der acht Grain-Destillerien Schottlands ist so geschichtsträchtig wie diese. Sie ist die älteste Grain-Destillerie der Welt und wurde 1822 gegründet, nachdem ein junger Mann auf dem Pferderücken die Brücke überquert hatte. Heute gehört es zur Werbelinie der schottischen Whiskyindustrie, Brennereien mit Blends zu verbinden. Doch bei Cameronbridge ist dies nicht nötig. Der junge Mann war John Haig, sein Vater war Brenner, und die Familie war bereits im Januar 1655 im Whiskygeschäft, als ein gewisser Robert Haig bei Alloa dafür bestraft wurde, am Sabbath Whisky zu brennen.

Die Brücke stand neben der alten Cameron Mühle, und der junge John, der gerade von der Universität kam, wollte sich selbständig machen. Aufgrund seines Alters brauchte er das Einverständnis seines Vaters, um das Land zu pachten, auf dem die Destillerie erbaut wurde und 1823 in Betrieb ging. Die Familie Haig hatte es um diese Zeit bereits weit gebracht, und einer seiner Cousins war Alexander Stein, der 1826 die kontinuierliche Brennblase erfand. John Haig war auf Innovation bedacht und installierte sofort diesen Apparat, für den er seinem Cousin einen Penny pro Liter gebranntem Alkohol zahlte. Er hatte auch keine Skrupel, diesen wieder zu entfernen, als einige Jahre später Aeneas Coffey eine viel effizientere Brennblase erfand. Haig war mit dem Iren Coffey nicht verwandt, wohl aber mit der Familie Jameson, die nach Dublin gezogen war, um dort zu destillieren. Die Namen, die damals mit Cameronbridge zu tun hatten, lesen sich heute wie ein Who's Who der Whiskygeschichte.

Schließlich wurde die Destillerie zur vielfältigsten Schottlands. Als Barnard hier war, stellte man Grain Whisky, „Pot Still Irish", „Silent Malt" – wahrscheinlich ein Malt, der in einer Coffey Brennblase destilliert wurde – und „Flavoured Malt" her.

Einige der Gebäude aus jener Zeit gibt es noch, die letzten drei Whiskyarten zum Glück aber nicht mehr. Zum Maischen wird grünes Malz verwendet, und hohe, runde kontinuierliche Brennblasen ersetzen die Coffey Brennblasen. Doch die Verbindung zur Vergangenheit blieb bestehen: Das Geschäft, in dem die Destilleriearbeiter ihren Whisky günstig erstehen, wird spöttisch „Coffey Shop" genannt.

Cameron Brig, der gewöhnliche Single Grain, verkauft sich gut und ist im größeren Umkreis der beliebteste Whisky überhaupt. Doch gibt es heute einen 12jährigen, der leicht als der beste Single Grain am Markt bezeichnet werden kann. Auf dem Etikett wird Barnard zitiert, der sagte, daß der Whisky von Cameronbridge unvergleichlich wäre. Es stimmt, daß der Grain mit seinem rauhen Charme einige Single Malts bei weitem übertrifft.

Berühmtheit: *Cameronbridge ist in Fife populär*

Doch Cameronbridge ist zum Verschneiden gedacht und wird in allen Marken von United Distillers verwendet, darunter in Bell's, White Horse, Black and White, Dewar's und dem wirklich wunderbaren Johnnie Walker.

Die nächste Malt-Destillerie zu Cameronbridge war Auchtertool in den Lowlands, die nach Art der Highlands brannte. Sie verschwand vor vielen Jahren, doch tauchten ein oder zwei Fässer auf, und ein bißchen davon wurde vielleicht mit der Pipette dem Johnnie Walker Blue beigefügt.

Der Auchtertool duftet unter anderem nach süßem Spearmint, hat Anklänge an Eiche und Rauch und einen Hauch milder, trockener Malzigkeit, die in fast kreidiger Vanille gipfelt. Dieser Whisky wäre nicht wirklich interessant, gäbe es da nicht ein kleines Detail: Er wurde 1923 zum 100. Geburtstag der Cameronbridge Destillerie gebrannt.

Empfehlung des Connaisseurs

PORT DUNDAS – MIT ETWA 14 JAHREN IST ER SCHWER, LEICHT WÜRZIG UND VOLLMUNDIG.

CAMERONBRIDGE – DER 12JÄHRIGE IST WUNDERBAR, ER SCHMILZT IM MUND.

4 IRISCHER WHISKEY

Jedes Land braucht seine Identität, und in seinem Whiskey hat Irland etwas sehr Eigenständiges, beinahe Zeitloses. Kein anderes Land stellt Whisky her, der so leicht zu erkennen, so belebend ist, wie reiner irischer Pot Still Whiskey. Bei manchen Malts und Blends, die nicht in Schottland produziert werden, könnte man schwören, sie wären schottisch. Es gibt auch schottischen Grain Whisky, der viele Jahre lang in Eichenfässern gereift ist und alle Charakteristika eines guten Bourbon oder kanadischen Whiskys aufweist. Doch niemand konnte die außergewöhnlichen, köstlichen irischen Whiskeys kopieren.

DIE IRISCHEN WHISKEY-DESTILLERIEN

Was ist aber irischer Pot Still Whiskey? Ich habe die jungen, irischen Brenner Cooley sehr beleidigt, als ich meinte, es wäre falsch, ihren reinen Malt irischen Pot Still Whiskey zu nennen. Wenn die irischen Brenner ein Problem haben, dann das, daß man ihren Whiskey nicht als eigenständige Kategorie anerkennt.

Viele Jahre nach der Gründung in den 60er Jahren haben Irish Distillers die Geschichte verbreitet, daß irischer Whiskey (a) in Irland hergestellt, (b) dreifach destilliert und (c) völlig ungetorft sein muß. Natürlich steht Punkt (a) außer Zweifel, doch die anderen Punkte sind Unsinn. Als Barnard um 1880 nach Irland reiste, wurde in einigen Brennereien zweifach destilliert. Und auch wenn die größeren irischen Brennereien, vor allem die in Dublin, den Torf unter der Malzdarre durch Kohle ersetzt haben, war doch irischer Whiskey früher so getorft wie schottischer. Ein Chemiker, der Mitte des 19. Jahrhunderts eine Schwarzbrennerei in Donegal oder Inishowen besuchte, berichtete, daß etwa 25 Prozent der verwendeten Gerste nicht gemälzt waren, und daß zum Malzdarren Torf verwendet wurde, der auch etwas Rauchigkeit aus dem Moorwasser angenommen hatte, in dem er gelegen hatte.

Und genau diese Art von Whiskey, der in etwa 2000 kleinen Destillerien in ganz Irland gebrannt wurde, hätte jeder Ire sofort erkannt – der Whiskey, der in Dublin produziert wurde, wo Kohle erhältlich war, war im Vergleich leichter. Doch dieser leichtere Whiskey eroberte den Markt jenseits der irischen Küsten immer stärker, je mehr kleine illegale und legale Brennereien schlossen.

So war 1989 die Eröffnung der Cooley Destillerie ein unerwarteter Segen für Irland. Mit ihrem stark torfigen Connemara Single Malt haben sie einen Whiskey in Irland wiedereingeführt, der bereits zu lange verschwunden war. Das rechtfertigt den Erfolg – und die Goldmedaille, die der Whiskey in seinem kurzen Leben bereits erhalten hat. Dennoch ist er trotz aller Behauptungen kein echter irischer Pot Still Whiskey, denn wie sollte man sonst die beiden einzigen Marken – Green Spot und Redbreast – erkennen, die diesen Titel tragen dürfen? Beide sind aus gemälzter und ungemälzter Gerste, ohne Grain Whiskey hergestellt. Eine erstaunliche Menge an irischem Pot Still enthält Powers, einer der gewinnendsten und sicher der rätselhafteste Blend der Welt.

Schade ist, daß die meisten dieser Whiskeys außerhalb Irlands kaum zu finden sind. Meist hat man nur die Auswahl zwischen Jameson, einem milden Blend, dessen Charakter in den letzten Jahren robuster wurde, und Bushmills, einem angenehmen, doch nicht außergewöhnlichem Malt. Es ist seltsam, daß sich der Malt verbessert, wenn man guten Grain zusetzt, wie der hervorragende Black Bush zeigt. Irish Distillers kämpfen hart darum, die Palette des Jameson zu erweitern, um den Menschen die Vorteile des irischen Whiskeys näherzubringen: Sowohl ein 1996 herausgebrachter als auch ein Whisky, der 1997 auf den Markt kommen soll, sind phänomenal.

Jeder sollte sich zumindest eine Woche seines Lebens Zeit nehmen, um den irischen Whiskey auf einer Schiffs- oder Flugreise zur grünsten aller Inseln kennenzulernen.

Es gibt ganz hervorragende Destillerien im Norden und im Süden; oder Kilbeggan, eine zum Whiskeymuseum umgebaute legendäre, längst geschlossene Destillerie, im Zentrum der Insel; Besucherzentren und Pubs mit Dorfgeschäften. Und dann sind da die Einwohner Irlands, stolz, warmherzig und besonders kompetent, wenn es um guten Whiskey geht. Deshalb bleibt Powers auch der beliebteste Whiskey des Landes, während ein guter Schluck Connemara, Redbreast oder Green Spot auf einer Wanderung durch Donegal sicher alle irischen Wurzeln, die Sie haben mögen, ans Tageslicht bringt.

Irisches Erbe: *Hommage an den Pot Still Whiskey*

Whiskeyhimmel: *Die Brusna Destillerie in Kilbeggan in der Grafschaft Westmeath wurde 1987 von Cooley gekauft und zu einem Whiskeymuseum umgebaut*

DIE GESCHICHTE DES IRISCHEN WHISKEYS

Dublin: *Jamesons Destillerie in ihrer Glanzzeit*

Vielfältige und phantastische Legenden ranken sich um den irischen Whiskey. Aus vielen Büchern erfahren wir, daß die frühen Boten des christlichen Glaubens die Kunst der Whiskeybrennerei nach Irland brachten, bevor sie auf die schottischen Inseln weiterfuhren und dieses Wissen mitnahmen. Es wurde bereits St. Patrick die Ehre zuteil, die Destillation auf den britischen Inseln eingeführt zu haben; andere Menschen schreiben dies dem Hl. Columba zu. Offenbar gab es aber bereits 1174 Whiskey, als Henry II. Irland eroberte. In den *Annals of the Four Masters* steht geschrieben, daß „Richard Magrenell, der Herrscher über Moyntyrolas, am Weihnachtsabend des Jahres 1405 n. Chr. am übermäßigen Genuß von aqua vitae starb …, das ihm nicht aqua vitae, sondern aqua mortis war." All diese Geschichten sollen beweisen, daß die Iren und nicht die Schotten den Whisk(e)y erfanden.

All dies ist nur Legende. Nirgendwo findet sich auch nur der kleinste Hinweis oder Beweis. Das soll keine Verteidigung der Schotten sein: Tatsache ist, daß bisher niemand sicher weiß, wo Whisky zuerst hergestellt wurde, und so muß man auch die Geschichten vom irischen Whiskey, der älter als schottischer ist – und umgekehrt –, mit Vorsicht genießen. Sicher ist aber, daß vor langer Zeit in Erin ein bier-ähnliches Getränk gebraut wurde. Jonus schrieb zwischen 589 und 640 n. Chr.: „Als die Stunde der Erfrischung nahte, wurde ein Ale gereicht, das aus dem Saft des Weizens und der Gerste gebraut war." Vielleicht war es auch gebrannt. Doch altes irisches Brehon-Recht kennt die Destillation nicht, und es gibt im Gälischen auch kein Wort dafür. In Wahrheit weiß man es einfach nicht.

Jameson: *Die Gebäude stehen noch, aber der Whiskey wird woanders hergestellt*

Wie in Schottland wurde auch hier das erste aqua vitae aus destilliertem Wein gebrannt, was für Verwirrung sorgen kann. Erstmals wurde die Destillation von Gerste in Irland 1556 in einem Gesetz, das in Drogheda beschlossen wurde, genannt.

Fest steht, daß es Ende des 18. Jahrhunderts etwa 2000, fast ausschließlich illegale, Destillerien in Irland gab, von denen beinahe alle Gerste brannten. Wie in Schottland waren dies meist einfache Hütten, weit von den Wegen entfernt, die das Land durchzogen, und nahe am Torf und dem kalten, klaren Wasser. Königin Elisabeth I. soll irischen Whiskey ebenso geliebt haben, wie ein anderes Hauptnahrungsmittel des Landes, die Kartoffel. So blieb es einem späteren Herrscher und einer späteren Regierung überlassen, Steuern einzuführen.

Damals war ganz Irland der Krone und den Londoner Gesetzen unterworfen. Wie in Schottland wurde die Whiskeydestillation mit dem Gesetz von 1823 revolutioniert, das die Brennerei legalisierte, wenn man eine Lizenz von zehn Pfund zahlte und Brennblasen mit einem Mindestvolumen von 160 Litern besaß. Doch wie in Schottland etablierten sich immer mehr große Destillerien, vor allem in den Städten Dublin und Cork.

Der leichtere, fruchtigere Charakter, der durch die Verwendung von ungemälzter Gerste entsteht, machte irischen Whiskey außerhalb Schottlands zuerst beliebter als Scotch Whisky. Warum erreichte er aber nie dieselbe Stellung? Nun, am Anfang war ein gut gemeinter Fehler. Ein in Irland ansässiger

Gesegnete Insel: *Irlands hervorragende Pubs*

Schotte, Robert Stein, erfand das kontinuierliche Destillierverfahren, das den Iren ein Dorn im Auge war, aber in den schottischen Lowlands großen Anklang fand. Ein stark verbessertes System wurde von Aeneas Coffey entwickelt, der gezwungen war, außerhalb seiner Heimat zu arbeiten, da die irischen Brenner ihr hervorragendes Destillat nicht verfälschen wollten, was sie später bitter bereuen sollten.

Danach kam der Kapuzinermönch Vater Matthew, der Tiraden gegen den Alkoholkonsum losließ. Als er seinen Kreuzzug 1838 begann, gab es 21 000 Lokale in Irland. 1844 war die Zahl auf 13 000 gesunken und mit den Lokalen verschwanden viele Destillerien, die keinen Markt mehr für ihr Produkt fanden. Auf zwei Kundgebungen soll sein *„Total Abstinence Movement"* allein in Dublin 75 000 Menschen bekehrt haben. Vielleicht war das Propaganda – außer Zweifel steht aber, daß die irischen Brenner schwer angeschlagen waren.

Als die größeren irischen Brenner neue Märkte suchten, entdeckten sie, daß ein neuer, leichterer Scotch aus einer Patentbrennblase am Markt war. Er war vielleicht nicht so gut wie irischer Whiskey, aber viel billiger.

Trotzdem gediehen die großen Destillerien in Dublin auch weiterhin. Sie konnten ihren Absatz über das gesamte britische Königreich ausdehnen ... bis 1916 der irische Unabhängigkeitskrieg ausbrach. 1919 begann dann der Bürgerkrieg, und 1921 kam es zur Abspaltung. Mit der Gründung des irischen Freistaats bemerkten die Destillerien in Cork und Dublin plötzlich, daß ihnen die riesigen Märkte des britischen Königreichs, darunter Kanada, Australien, Südafrika, Neuseeland und Großbritannien aufgrund eines Handelsembargos verschlossen blieben. Es wären ihnen noch die USA geblieben, aber hier begann 1920 die Prohibition, die 13 Jahre andauern sollte. Sechs Jahre nach ihrem Ende brach in Europa der Zweite Weltkrieg aus, und die Destillerien bekamen wenig oder kein Korn.

Seltsam ist aber, daß es auch den Destillerien in Belfast, die noch zum britischen Reich gehörten, nicht viel besser erging als ihren südlichen Kollegen. Im Norden erzeugte man meist Malt und schrieb den Whisky nach protestantischer Art ohne „e". Auf gewisse Weise gehörten so die Destillerien nicht zum irischen Whiskey, den Jameson und Power, die damals nur den Binnenmarkt versorgten, als eigene Gattung gegründet hatten. Man hielt irischen Whiskey für minderwertiger als schottischen Whisky – was er nicht war –, und Brenner wie Coleraine erzeugten einen Blend, bis sie in den 60er Jahren schlossen. Kilbeggan, Comber und Tullamore mußten ein Jahrzehnt früher schließen. Bedenkt man, daß sie ein Land mit wenigen Millionen Einwohnern versorgten, ist es ein kleines Wunder, daß sie so lange überlebt hatten.

1966 beschlossen die wenigen irischen Destillerien, die gepeinigten Überlebenden der einst stolzen 2 000 Brennereien, daß drastische Maßnahmen nötig waren, um zu überleben. Jameson, Power und Cork Distillers, die Besitzer der berühmten Marke Paddy, schlossen sich zusammen. Man legte die beiden Dubliner Destillerien still und errichtete eine neue Brennerei neben der bestehenden, doch alternden Anlage von Cork Distillers in Midleton. Nur Bushmills in Nordirland gehörte anfangs nicht dazu, trat Irish Distillers aber am Anfang der 70er Jahre bei.

Seit damals arbeiten nur die Destillerien Bushmills und Midleton in der Gruppe, und die Marken Jameson und Bushmills werden international vermarktet, während Paddy und Power an der Heimfront kämpfen. Doch 1989 entstand eine dritte Brennerei bei Dundalk, die unabhängige Cooley Destillerie in irischem Besitz. Irish Distillers, heute eine Tochterfirma der französischen Pernod Ricard Gruppe, versuchte sie zu übernehmen, doch die irische Regierung vereitelte dies. Seit damals haben die neuen Brenner eine Reihe von hochwertigen Malts und Blends auf den Markt gebracht ... sehr zum Ärger von Irish Distillers. Nachdem Cooley das Angebot von Irish Distillers abgelehnt hatte, war ihre finanzielle Lage schlecht. Die Brennerei konnte nur gerettet werden, weil die Destillerie Heaven Hill aus Kentucky für 1,6 Millionen Dollar Cooleys Whiskey kaufte und in Nordamerika auf den Markt brachte. Die Lage bei Cooley ist noch nicht rosig, doch bereits besser als 1994, als man zu wenig Geld hatte, um zu brennen.

Bei Irish Distillers geben jedoch einige inzwischen zu, daß die Eröffnung von Cooley zum Besten gehört, was der Industrie passieren konnte, da es nun wieder Konkurrenz unter den irischen Destillerien gibt. Der Markt ist für Innovationen offen, und es scheint, daß Cooley oder United Distillers alle zwei Monate ein neues Produkt herausbringen. In den letzten Jahren wurde aus der

Prost! *Ein Beispiel für frühe Werbekunst von John Jameson's (oben)*

stagnierendsten und vorhersehbarsten Whiskeygattung die weitaus aufregendste.

MIDLETON

Es gibt noch immer Orte auf den Inseln, die überraschen und begeistern können, und dazu gehört Cork im Süden Irlands mit seinen vielen Brücken und Kirchen. Wenn Sie die Stadt auf einer Geschäftsreise kennenlernen, werden Sie zurückkommen wollen, um sie auch privat zu genießen.

Oder Sie möchten ein Wochenende nur mit den Whiskeys verbringen, die Sie lieben werden. Cork und Whiskey sind untrennbar verbunden. In der Stadt selbst wird nicht mehr produziert, auch wenn in der alten North Mall Destillerie sehr gute Whiskeys verschnitten und abgefüllt werden. Diese liegt auf einer Insel, umgeben von den beiden Armen des Flusses Lee, auf der einst ein altes Kloster stand. Als die Destillerien Daly's, The Watercourse und The Green noch mit North Mall um die Vorherrschaft stritten, hing das köstliche Aroma von gemälzter und gemaischter Gerste über der Stadt. 1867 erkannten sie, daß sie zu viel Whiskey für zu wenige Kunden produzierten, und zwei Tage vor Weihnachten desselben Jahres schlossen sie sich zur Cork Distillers Company zusammen. Allerdings stammte diese Idee ursprünglich von Brennern, die nicht in Cork ansässig waren.

Auf der schönen Straße, die von Cork nach Osten Richtung Youghal führt, liegt auf halbem Weg die kleine Stadt mit dem passenden Namen Midleton. Hier lag die James Murphy Destillerie, die von derselben Familie wie die Murphy Brauerei in Cork betrieben wurde. James Murphy wurde der Herrscher über das Imperium der Cork Distillers, und Midleton war neben North Mall die einzige Brennerei, die weiter arbeitete. 1920 wurde North Mall durch ein Feuer zerstört,

Empfehlung des Connaisseurs

MIDLETON GREEN SPOT 40 % – EIN EDLER POT STILL MALT MIT AUSSERGEWÖHNLICHEM CHARAKTER.

und so blieb nur noch Midleton. Besucht man heute den kleinen Ort Midleton, unterscheidet er sich auf den ersten Blick nicht von vielen anderen Orten. Midleton ist nicht schön, hat aber den typisch irischen Charme und sieht aus wie britische Städte vor den 60er Jahren, bevor Bauträger, Stadträte mit Scheuklappen und blinde Architekten in Aktion traten. Erreicht man die Stadt von Süden, steht unmittelbar rechts ein großes, offenbar außergewöhnliches Gebäude. Das ist der alte Komplex der ehemaligen Midleton Destillerie, und damit keine Verwechslung entsteht, wurde eine auf Hochglanz polierte, kupferne Pot Still in den Eingang gestellt.

Die Produktion der Midleton Destillerie ist außergewöhnlich, doch wird der Besucher nie sehen, wie der Whiskey entsteht. Die neue Destillerie liegt trotz ihrer Größe hinter Bäumen versteckt, die gewährleisten, daß das Charisma der alten Brennerei nicht durch die daneben liegende neumodische Anlage, die einer kanadischen oder schottischen Grain Destillerie gleicht, zerstört wird. Das ist wirklich schade, denn die heutige Brennerei von Midleton ist eines der großen Wunder der Whisky-Welt und würde Pilgerscharen und Anbetung verdienen. Doch muß der Besucher mit den ursprünglichen Gebäuden Vorliebe nehmen – aber auch dieser hübsche Kompromiß ist durchaus einen Besuch wert.

Ihr Mittelpunkt ist die größte Pot Still der Welt, deren Nietnähte auf ihr hohes Alter und deren Knollenform auf die irische Herkunft hinweisen. Sie faßt im Betrieb 126 592 Liter und braucht fast einen ganzen Raum. Alles in dieser Destillerie wirkt groß. Grund dafür ist wohl, daß sie Ende des 18. Jahrhunderts nicht als Destillerie, sondern als Textilfabrik gebaut wurde. Als diese scheiterte, wurde das Gebäude schnell zu einer Kaserne, bevor es 1825 die Murphys kauften, die erkannten, daß die Lage am Fluß Dungourney ideal für die Whiskeyproduktion war. An der Brennerei befindet sich noch ein riesiges Metallrad, das ein Holzrad ersetzte und stark genug war, um die Destillerie mit dem nötigen Strom zu versorgen.

Doch als Midleton den neuen Irish Distillers beitrat, waren die Tage der alten Brennerei gezählt. Neun Jahre nach dem Zusammenschluß wurden im Juli 1975 die neuen Gebäude eröffnet und die stolze alte Destillerie stillgelegt. Menschen wie der derzeitige Leiter, Barry Crocket, hatten an diesem Tag gemischte Gefühle: Er war begeistert, das neue, funktionelle Gebäude mit den riesigen, eingebauten Gärbottichen betreten zu können, doch verließ er mit Wehmut den Ort seiner Geburt!

Eines ist aber sicher: Der Whiskey aus der heutigen Midleton Destillerie unterscheidet sich stark von dem aus den alten Pot Stills. Doch so wunderbar der alte Whiskey auch war, der neue ist ebenfalls in Ordnung, und die Brennerei produziert einen der besten Whiskeys auf Gottes Erden. Im alten Gebäude befand sich auch eine säulenförmige Brennblase für Grain Whisky, der zum Verschneiden verwendet wird. In der neuen Destillerie stehen einander die Pot Stills und Patentbrennblasen im selben, tempelförmigen Destillierhaus gegenüber. Waren die Behälter in der alten Brennerei typisch irisch plump, so sind die neuen hoch und schlank und wohl die größten der Welt. Deshalb ist auch das Destillat leichter, doch wegen der geheimen Tricks, die beim Betrieb der Brennblasen angewendet werden und der ständigen Veränderungen bei der Destillation und dem verwendeten Korn kann auch recht ausgewogener Whiskey entstehen.

Bevor Cooley öffnete, kam jeder Tropfen irischen Whiskeys – abgesehen vom Bushmills – aus Midleton. Das war recht bemerkenswert, denn jeder, der einen Paddy,

Dublins Fluß: *Der Liffey teilt die Stadt und trennte früher auch die berühmten Destillerien Jameson und Power's*

Powers und Jameson 1780 nacheinander gekostet hat, wird bestätigen, daß sie in Geschmack und Art völlig verschieden sind. Doch genau das wollte Midleton erreichen. Ich denke, es ist fair und richtig zu sagen, daß keine andere Destillerie der Welt in der Lage ist, so viele verschiedene, qualitativ hochwertige Whiskeys zu erzeugen.

Die alte Midleton Destillerie war vor allem für eine Marke berühmt: Paddy. Dieser Whiskey war nach dem Topverkäufer von Cork Distillers, Paddy Flaherty, benannt, der jedem ein Glas Old Irish Whisky zahlte. Bis vor kurzem war das der einzige irische Whiskey, der ohne „e" geschrieben wurde. Bestellten Wirte telefonisch oder schriftlich Whisky, verlangten sie nicht Old Irish, sondern „Paddy Flahertys Whisky". So wurde die Marke nach dem genialen Verkäufer umbenannt. Früher war dieser Whisky recht schwer, doch heute gehört er zu den leichteren irischen Sorten. Man verwendet für diesen Malt den leichtesten der drei in Midleton erzeugten. Das wiederum schwächt den reinen Pot Still ab und bewirkt, daß das Korn im Charakter stärker durchkommt.

Midleton produziert noch einige andere leichte Whiskeys für kleine, traditionelle Märkte. Auch wenn Tullamore Dew heute zu Allied Domecq gehört, wird der Whiskey von Midleton erzeugt. Es ist ein unbedeutender, dünner, frustrierender und darüberhinaus charakterloser Whiskey. Ein 12jähriger, der in den Duty-Free-Läden verkauft wird, ist trotz eines schleppenden Beginns um einiges besser und wird sogar sehr angenehm, da er die gewisse Reichhaltigkeit der Pot Stills vermittelt.

Auch drei andere Blends, die hier produziert werden, sind recht seltsam. Einer, den man nie pur bekommt, geht direkt in Bailey's Irish Cream. Mit einem derart körperreichen Whiskey versehen verwundert es nicht, daß Bailey's weit über allen anderen Likören steht. Der Blend ist viel komplexer als Dunphy's, der für Irish Coffee verwendet wird, obwohl der beste dieser Marke in der Fisherman's Wharf, San Francisco, verkauft wird. Nehmen Sie eine Straßenbahn zu diesem Kai und steigen Sie vor dem Buena Vista Café aus. Dort wird ein eigener irischer Whiskey mit dem Namen des Cafés verkauft, der exklusiv von Barry Walsh hergestellt wird, der auch alle anderen Whiskeys außerhalb von Midleton verschneidet. Dieser Whiskey ist auch pur recht köstlich, er hat gerade die richtige Menge an Pot und Malt. Doch im Buena Vista kann man zusehen, wie er großzügig gleichzeitig in ein Dutzend Gläser geleert wird und daraus der wohl beste Irish Coffee der Welt entsteht. Die Nachfrage ist so groß, daß jedes Jahr 36000 Flaschen Buena Vista benötigt werden.

Ein weiterer leichter irischer Whiskey ist der neue, vor kurzem umbenannte Old Dublin. Er wird für den Billigmarkt hergestellt, hat wenigstens eine unmißverständlich irische Aura und ist nicht übel, wenn er auch einige deutliche Mängel aufweist. Er reicht jedoch nicht an Hewitt's heran, einen seltenen Blend aus Midleton und Bushmills.

Midleton Destillerie ist für Jameson in der ganzen Welt bekannt. Auch wenn es Irish Distillers leugnen, bin ich mir sicher, daß er in den letzten ein bis zwei Jahren etwas an Körper und Süße gewonnen hat. Wie auch immer, er eckt grundsätzlich wenig an, was laut Hersteller dem irischen Charakter entspricht, aber den Trinker nicht sehr herausfordert. Weltweit gesehen ist Irish Distillers nur eine kleine bis mittelgroße Firma, die gegen Giganten kämpft, und so dachten sie, es wäre besser, alles auf eine Karte zu setzen, anstatt die große Vielfalt und Bandbreite des irischen Whiskeys zu präsentieren. Die Entscheidung ist zwar verständlich, aber auch traurig, da viel bessere Whiskeys wie Powers und Redbreast auf ihre Entdeckung warten. Seit kurzem können aber amerikanische Kenner den Powers zu einem Preis erwerben, der ihn konkurrenzfähig macht.

Irish Distillers haben in den letzten zwei Jahren viel getan, um dem Liebhaber vielfältigere Whiskeys zu präsentieren. Seit einiger Zeit gibt es den wunderbaren, komplexen Jameson Crested 10 (den ich wähle, wenn es keinen Powers gibt), den viel schwereren, doch leicht sherrytönigen 1780 und den Distillery Reserve, der dick wie ein Oloroso ist – er wird nur im Besucherzentrum von Midleton verkauft. Diese drei Whiskeys sind hervorragend und lassen keinen Zweifel daran, wie mild, aber doch kräftig irischer Whiskey sein kann.

Tolle Küfer: *Die Faßbinder aus der Jameson Destillerie in der Bow Street, Dublin, um 1920*

Das Beste kommt aber noch. Die Firma hat endlich ihrem vorzüglichen Blendermeister Barry Walsh die Möglichkeit gegeben, mit qualitativ hochwertigen Marken zu arbeiten, und er hat sie nicht enttäuscht. Soeben hat er ein neues Label, Jameson Gold, vollendet, den ersten, der einen reichen Honigton inmitten der Pot-Still-Frische und dem sehr süßen, milden Korn erkennen läßt. Er ist ein Meisterstück. Sein neuer Jameson 12, der mehr nach Sherry schmeckt und daher am Gaumen weniger brillant ist, ist ebenfalls ein sehr guter und großer Whiskey von beträchtlicher Klasse und Substanz. Seltsam am Jameson 12 ist, daß es nun mit dem 1780 und dem Reserve drei 12jährige gibt – einzigartig für alle Marken, denke ich. Es war wunderbar, sie während der letzten sechs Monate nebeneinander zu kosten, und es ist schwer zu sagen, welcher der beste ist.

Diese Whiskeys sind stimmungsabhängig: Der 1780 (benannt nach dem Jahr, in dem der Schotte John Jameson in Dublin gelandet sein soll und sein Destillerieimperium gründete) hat einen flüchtigeren, vielleicht komplexeren Duft, und obwohl er am Gaumen nicht lax ist, läßt er doch sehr feinen Korngeschmack anklingen, der ihn leichter macht. Der Jameson 12 dagegen hat einen volleren, komplexeren Körper und eignet sich für die ruhigere Zeit nach dem Abendessen oder vor dem Einschlafen. Er ist für irischen Whiskey ungewöhnlich fett am Gaumen. Der Distillery Reserve mit seiner reichen Sherrywürze ist für nachdenkliche Momente geschaffen. Alle drei zeichnen sich auch durch ihren Pot-Still-Charakter aus. Sie sind sehr fein, und wenn man sie selbst zu gleichen Teilen mischt (vielleicht mit etwas mehr 1780), so erhält man einen Blend, der die Geschmacksnerven in Euphorie versetzt.

Midleton: *Diese stolze alte Destillerie ist heute stillgelegt, bleibt aber ein beeindruckendes Museum*

Die drei besten Whiskeys, die aus Midleton kommen, haben einen anderen Charakter. Sie sind Beispiele für hervorragenden irischen Pot Still. Der Powers wird zum Preis eines guten Blend verkauft, enthält aber etwa 70 Prozent reinen Pot Still Whiskey, der zu 60 Prozent aus ungemälzter Gerste besteht. Das ergibt den geschmackvollsten, reifsten Blend, den man bekommen kann – er ist so irisch wie der Blarney Stone und Guinness.

Früher kauften Händler Fässer des irischen Whiskeys und füllten sie selbst ab. Heute gibt es nur noch einen dieser Händler, Mitchel of Dublin. Sie produzieren noch immer einen 100 Prozent reinen Pot Still namens Green Spot. Keine Reise nach Irland kann ein Erfolg sein, wenn Sie ohne ihn heimkehren. Er ist außerhalb des Mitchel-Geschäfts in der Kildare Street in Dublin kaum zu finden, repräsentiert aber irischen Pot Still höchster Qualität: Der 8jährige hat von allem etwas, das hervorragenden irischen Whiskey ausmacht. Etwas leichter zu finden ist der Redbreast, ein 12jähriger reiner Pot Still, den Irish Distillers wieder auf den Markt brachten. Als Gilbey Vintners die allerletzten Fässer ihrer berühmten Marke ausgingen, verwendeten sie einen 25jährigen Pot Still aus der alten Jameson Destillerie in Dublin. Irischer Whiskey läßt sich in Fässern nicht so gut lagern wie schottischer, so daß er ziemlich ausgelaugt war. Er ist nun viel besser, hat einen vielversprechenden Duft, und der Geschmack hält, was er verspricht. Er ist selbstbewußt, schmeckt nach Honig, Toffee und Gewürzen, und ein herrlicher Sherryton keimt aus der festen Umklammerung des Pot Still.

Was machen aber alle, die einen original Midleton suchen? Nun, es gibt noch welchen. Früher enthielt der Midleton Very Rare, ein guter, ständig besser werdender, aber viel zu teurer Vintage Blend, Spuren des überschüssigen Midleton. Nun brachten Irish Distillers einen Whiskey aus einem Faß Midleton aus dem Jahr 1964 mit dem Namen Dungourney heraus. Er ist überwältigend: Der Duft von Akazienhonig, Pot Still und reifem Kornfeld reflektiert den reinen und frischen Geschmack, der kaum von Eiche gestört wird. Einen schwereren, einfacheren Old Midleton (der korrekt „Whisky" heißt) füllten die Besitzer des hervorragenden Toucan Irish Pub in Soho, London, 1995 ab. Er wurde vor 1960 gebrannt und hat deshalb eine stärkere Eichennote im Eukalyptus- und Minzenduft, doch der süße und fette Körper des Pot Still ist wirklich wunderbar. Diese beiden ausgezeichneten Pot-Still-Abfüllungen sind wohl die letzte, köstliche Verbindung zu einer längst vergangenen Zeit.

Empfehlung des Connaisseurs

Jameson Gold 43% – Das jüngste Produkt und ein erstaunlich schöner Whiskey.

Powers 40% – Ein klassischer irischer Whiskey voll köstlichem Pot Still.

Green Spot 40% – Ein reiner Pot Still, der vor allem in Dublin erhältlich ist, doch wegen seines Charmes und seiner Erhabenheit berühmt ist.

COOLEY

Zu lange waren Jameson und Bushmills die einzigen irischen Whiskeys, die man in den Bars der Welt finden konnte. Seit kurzem tauchen aber einige seltsame Namen an den unglaublichsten Orten auf: In Illinois entdeckte ich einen Tyrconnell und einen Millar's Special Reserve in Deutschland. Wichtiger ist jedoch, daß sie beide sehr gute irische Whiskeys sind. Es ist erstaunlich, was etwas Konkurrenz bewirken kann. Diese Marken aus der Cooley Destillerie haben Irish Distillers einen Stich versetzt. Sie sind unabhängig, haben auf bestimmte Art Irland einen großen Dienst erwiesen, da sie allen zeigten, welch angenehme Überraschung in irischem Whiskey stecken kann.

John Locke's: *Die alte Destillerie war einer der romantischsten Plätze Irlands*

Die Cooley Destillerie selbst gehört zu den am besten versteckten der britischen Inseln. Sie liegt nordöstlich von Dundalk in einer Ecke der Grafschaft Louth, unweit der nordirischen Grenze. Das Gebiet ist politisch ebenso sensibel wie die Grosvenor Road in Belfast, wo sich die alte Dunville Destillerie befand. Es paßt also, daß sie einen Dunville Blend erzeugt. Die offizielle Adresse ist Riverstown, aber sie werden diesen Namen kaum auf der Karte finden, da Riverstown eher ein Gebiet als ein Ort ist und auf einer winzigen Halbinsel zwischen Dundalk Bay und Carlingford Lough liegt, deren Spitze Cooley Point heißt.

Die Cooley Destillerie ist ein Schock fürs Auge: Sie wirkt wie ein gestrandetes Kriegsschiff, doch ist sie nicht das einzige Gebäude dieser Art. Wenn Sie durch das abgelegenste Gebiet von Inishowen beim Malin Head fahren, werden Sie bei einem ähnlichen Gebäude vorbeikommen. Und ich entdeckte, daß es derselbe tschechische Architekt für denselben Zweck gebaut hatte, nämlich um Alkohol aus Kartoffeln zu destillieren. Die Brennerei wird zwar keinen Schönheitspreis gewinnen, aber sie ist zumindest grün gestrichen und fügt sich so bis zu einem gewissen Grad in die sanften Hügel der Cooley Mountains ein, die hinter dem See in die wirklich romantischen Mountains of Mourne übergehen.

Man muß sagen, daß die Produkte der Destillerie heute nichts mehr mit dem Industriealkohol gemein haben, der hier ursprünglich gebrannt wurde. Der Whiskey ist ganz einfach hervorragend.

Cooley ist die einzige irische Brennerei, die zweifach destilliert. Die Brennblasen kamen aus Nordirland, wo sie ursprünglich die alte Comber Destillerie zu neuem Leben erwecken sollten. Als der Plan fallen gelassen wurde, griff Cooley dankbar zu. Sie wurden zu hier erzeugten Washbacks aus rostfreiem Stahl und zu einem Gärbottich aus der heute geschlossenen Inver House Destillerie in Schottland hinzugefügt. Bisher gibt es keinen offiziellen Whiskey, der Cooley heißt, weil der Name angeblich nicht zieht. Statt dessen neigt man dazu, berühmte alte Marken wieder aufleben zu lassen und den wildesten Regionen des Landes Tribut zu zollen. Diese beiden Ansprüche sind in The Tyrconnell vereint, was sowohl ein Gebiet als auch ein berühmter, beinahe vergessener alter Whiskey und der Single Malt von Cooley ist. Als man 1989 mit der Maltproduktion begann, wurde er als Mischung von drei und vier Jahre altem herausgebracht, die sehr schnell gereift waren. Heute ist er ein Vat aus fünf und sechs Jahre alten Whiskeys.

Die ursprüngliche Marke hatte drei Sterne, heute sind es fünf. Aber lassen Sie sich nicht täuschen! Das hat nichts mit dem Alter zu tun, es sieht einfach besser aus! Einige der ersten Abfüllungen von The Tyrconnell waren nicht so toll – einige Fässer waren zu dieser Zeit eher schwach. Doch wurden die Vats geglättet, und der alte 3-Stern duftet sogar besser als der heutige 5-Stern, bei dem viel mehr süßes Malz durchschimmert. Doch ist der Geschmack des jetzigen Blend besser. Er ist im Vergleich zu den ersten Abfüllungen, die nach einem wunderbaren Start rasch nachgaben, da sie wegen ihrer Jugend mit der Eiche nicht ausgeglichen waren, sehr malzreich, selbstbewußt und schwach würzig. Cooley Single Malt wird auch unter anderen Namen verkauft.

Wenn schon The Tyrconnell viel älter als fünf oder sechs Jahre wirkt und neben exzellentem Gewicht und Ausgeglichenheit über köstliches Malz verfügt, wo steht dann der erhabene Connemara? Irland hat dank der

älteren und sherrytönigen Jamesons bereits einige mächtige Whiskeys, doch reicht keiner an diesen heran. Es wurde reichlich getorftes Malz verwendet und mit etwas ungetorftem versetzt. Das Ergebnis ist ein Muß für alle, die die feineren Islay Malts mögen. Auch wenn er nicht so ölig ist wie einige dieser Whiskys, sind Komplexität und Körper doch vergleichbar.

Wie Midleton macht auch Cooley sehr guten Grain Whiskey, der aber etwas zähflüssiger und süßer ist und sich so für ein breiteres Spektrum an Blends eignet. Zuerst gab es nur zwei, Kilbeggan und Locke's, die sich ursprünglich sehr ähnlich waren, wobei Locke's nur durch den höheren Malzgehalt voran lag. Heute bilden verschiedene Whiskyes die Palette ihrer Möglichkeiten. An der Spitze stehen Inishowen und Millar's Special Reserve, der zuerst Millar's Gold Label hieß und den Namen änderte, um Probleme mit einem schottischen Blender zu vermeiden. Er ist voll und üppig am Gaumen und angenehm süß. Der Inishowen braucht ein gewisses Maß an getorftem Malz, um einem irischen Blend die einzigartige Tiefe zu geben. Knapp darunter und weit vor den anderen liegt Kilbeggan, süß und ausgeglichen. Auf dem Etikett sieht man die alte Locke's Destillerie in Kilbeggan, das schönste Whiskeymuseum der Welt, in dessen Lagerhäusern Cooleys Whiskeys reifen. Sie werden in O'Hara's, einem angenehmen doch sehr kornlastigen Whiskey, und in Locke's, dem es gegenüber dem früheren an Charme und Komplexität mangelt, verwendet.

Bedenkt man aber, daß die Firma nur einen Single Malt und einen Single Grain hat, ist das Ergebnis außergewöhnlich gut. Gemein ist den Whiskeys ein sehr milder Charakter und eine liebliche Moorigkeit. Gesetzt, die Brennerei kann weiter arbeiten, hat sie noch weitere Möglichkeiten besser zu werden.

Empfehlung des Connaisseurs

CONNEMARA 40% – AUSSERGEWÖHNLICHER, STARK GETORFTER MALT, DER COOLEYS GRÖSSE ZEIGT.

KILBEGGAN 40% – DER BESTE IHRER BLENDS, SEHR ORDENTLICH UND MALZIG.

BUSHMILLS

Fährt man durch Irland und sieht die Reste der alten Destillerie von Kilbeggan, die dicken, dachlosen Mauern der ehemaligen Jameson Brennerei in Dublin, auf der anderen Seite des Liffey die massiven Pot Stills von Powers unter freiem Himmel, die verfallenen Lagerhäuser von Tullamore und schließlich die riesige alte Anlage von Midleton, so wird klar, daß in jeder dieser Brennereien Whiskey in größerem Maßstab hergestellt wurde als in Schottland. Vielleicht mußten sie deshalb schließen.

Doch wenigstens eine Destillerie gibt es noch in Irland, die auch in Schottland am Ufer von Loch Indaal in Islay, über dem Cromarty Firth oder auch an einem Flußufer in Keith stehen könnte. Die alte Bushmills Destillerie, wie sie korrekt heißt, ist die letzte Brennerei in Nordirland, und so sieht sie auch aus. Sie hat Doppelpagoden, die ihr durch die Fischgrätfliesen spätviktorianischen oder auch edwardianischen Charme verleihen. Die Steinwände sind alt und solide und zeugen von Tradition und einstigem Glanz. Sie steht in der wildromantischen Grafschaft Antrim mit den sanften Hügeln und Bergen, die über weiten oder tief eingeschnittenen Tälern aufragen. Neben vielen kleinen, verborgenen Buchten und versteckten Häfen kann man auch das geologische Wunder von Giant's Causeway, einer durch Lava geformten Ansammlung von Basaltsäulen, bewundern.

Bushmills fühlt sich wohl in der Zeitlosigkeit und ist ein kleines Rätsel. Die Destillerie erzeugt Malt Whiskey, der aber gegenwärtig besser zum Verschneiden geeignet ist denn als Single Malt. Heute produziert sie Single Malt, aber das war nicht immer so: Als Barnard um 1880 hierher kam, beobachtete er die Herstellung von traditionellem irischen Pot Still Whiskey, dieser Mischung aus gemälzter und ungemälzter Gerste. Doch sollte sich das bald ändern. Ich besitze eine leider leere Flasche Bushmills aus der Zeit der Jahrhundertwende. An ihr fällt auf, daß ein traditionelles, knollenförmiges Gefäß und die Wörter „Pure Malt" eingraviert sind. Eine andere Eigenart von Bushmills sind die seltsamen, vielleicht falschen Geschichten, die man über die Brennerei erzählt.

Eine davon erzählte mir ein Freund in den USA. Offenbar schütteten Bekannte von ihm Bushmills in den Abfluß und schworen, nie wieder einen zu kaufen, nachdem sie gehört hatten, daß sich die Destillerie strikt weigerte, Katholiken einzustellen. Da ich nicht in der Brennerei arbeite, weiß ich natürlich auch nicht, was bei Bewerbungsgesprächen gefragt wird. Aber ich kann dies kaum glauben. Es stimmt schon, daß sich nur einige Meter von der Destillerie entfernt ein Häuserblock befindet, der so strikt protestantisch ist, daß sogar die Bordsteine rot, weiß und blau gestrichen sind. Aber andererseits gehört Bushmills zu Irish Distillers mit Sitz in Dublin, die wiederum der französischen Getränkefirma Pernod Ricard gehört. Hier stehen also zwei stark katholische Kulturen protestantischem Sektierertum gegenüber. Außerdem hat die Stadt Bushmills einen der niedrigsten katholischen Bevölkerungsanteile im Norden. Offenbar wurde eine große Menge hervorragender Whiskey sinnlos verschüttet, aber das zeigt die politischen Spannungen in dieser Region.

Viel schwerer zu glauben ist, daß laut Irish Distillers Bushmills die älteste Brennerei der Welt sein soll. Sie ist es nicht. Ohne Zweifel ist sie alt, und auf meiner besagten Flasche steht ebenso wie auf dem 100jährigen Etikett, daß sie „1784 gegründet" wurde. In diesem Gebiet soll aber auch schon 50 Jahre früher schwarz gebrannt worden sein. Doch das scheint nicht auszureichen, denn auf jeder Flasche steht heute das Jahr 1608 (von 1784 ist keine Rede), und daß der Whiskey „aus der ältesten Whiskeydestillerie der Welt" kommt.

Grund für die Behauptung ist, daß 1608 König James I. an Sir Thomas Phillips, den Bevollmächtigten der Provinz Ulster, eine Lizenz erteilte, um „in der Grafschaft Colrane, auch O Cahanes genannt, oder in dem als Rowte bezeichneten Territorium in der Grafschaft Antrim" Whiskey zu brennen. Das ist ein großes Gebiet, und tatsächlich wurde bis 1978 von der Colraine Destillerie Whiskey produziert, obwohl man hier nicht auf das Alter der Brennerei pochte. Es ist aber erwiesen, daß die Bushmills Destillerie erst 1784 gegründet wurde, und daß sie die älteste Destillerie Irlands, nicht aber der Welt ist. Nur um diesen Punkt zu untermauern, hätten Sie oder ich, wenn wir in diesem Gebiet 1996 oder 1997 eine Brennerei eröffnen, ebenso wie Bushmills das Recht, sie älteste Destillerie der Welt zu nennen. Oder vielleicht sollte ich eine in dem Teil Schottlands eröffnen, in dem Bruder John Cor wirkte und meine neue Firma mit 1494 bewerben: Das wäre ebenso verrückt, wie die Strategie dieser Marketing-

Bushmills Destillerie: *Die Brennerei wurde 1784 gegründet, und ihr Malt wird immer besser*

experten. Denn für den ernsthaften Whiskytrinker ist es frustrierend und irritierend zu sehen, wie ein Marketinggag schließlich als falsche „Geschichte“ auf einer Steintafel verewigt wird.

Deshalb achte ich nur wenig darauf, was auf den Whisk(e)yflaschen steht, sondern konzentriere mich auf den Inhalt. Bei Bushmills bin ich immer beeindruckter von dem, was ich finde. Der standardmäßige 10jährige Single Malt ist zwar wenig aufregend, doch er scheint an Stil und Intensität zu gewinnen, wenn er noch einige Jahre reifen dürfte. Die Italiener bekommen ihn mit fünf Jahren, wenn er ebenfalls ein attraktiver, malziger, süßer, öliger Tropfen ist. Doch mit doppeltem Alter schwächt sich sein Charakter ab.

Vielleicht liegt das daran, daß der Bushmills dreifach destilliert und somit leichter wird. Um danach den Charakter zu steigern, wird er in frischen Sherryfässern gelagert, wo er zusätzlichen Körper und Fruchtigkeit erhält. Diese Eigenschaften kommen am stärksten beim 11jährigen mit dem Namen Distiller's Reserve zum Tragen, der nur am Flughafen Heathrow in der Allders-Serie „Whiskys der Welt“ verkauft wird. Er hat einen kräftigen Sherryton, der aber nicht verhindert, daß eine herrliche Süße und schokoladige Malzigkeit durchschimmern und einen wunderbaren Ausgleich schaffen. Doch auch bei all dem Gewicht dominieren die flüchtigen Noten am stärksten. In geringerem Ausmaß gilt das auch für den Downtown Radio, einen 10jährigen, der zum 20. Geburtstag des Belfaster Senders herausgebracht wurde. Allerdings werden hier Sherryfässer in der zweiten Abfüllung verwendet, was ihn noch üppiger macht. An der Spitze der Bushmills Malts steht jedoch der Distillery Reserve, ein hervorragender 12jähriger. Der leicht ölige Sahne-Toffee-Duft ist einfach wunderbar. Das Toffee explodiert auch am Gaumen und bildet den süßesten und ausgereiftesten Bushmills Malt, den ich je gekostet habe. Es würde mich überraschen, wenn man diese Qualität auch auf den standardmäßigen 12jährigen übertragen könnte, aber einen Versuch wäre es wert.

Bei den Blends ist der Bushmills schon heute wegen seines hohen Standards etabliert. Der Black Bush ist der majestätischste, auch wenn er in letzter Zeit Konkurrenz von einem anderen Duty-Free-Blend mit dem Namen 1608 bekommen hat. Black Bush ist der seidigste der irischen Blends. Er hat einen Maltanteil von beachtlichen 75 Prozent, und der 7jährige wird mit sehr gutem, sechs Jahre altem Grain Whiskey aus Midleton gemischt. Das Ergebnis ist wunderbar, und seine Komplexität und Köstlichkeit werden höchstens von Powers geschlagen, auch wenn der Black Bush hart daran arbeitet, die Geschmacksnerven zu beruhigen. Im Gegensatz dazu versucht der 1608 alles, um dem Gaumen wieder Leben einzuhauchen. Da er nur zu zehn Prozent aus Grain Whiskey besteht, ist er ein Blend. Der Zusatz von 14jährigem zum vorherrschenden 12jährigen unterstreicht die Würzigkeit inmitten der Sherrytöne. Dieser Whiskey trinkt sich zu gut, und die Reserven sind gering.

Einige andere Blends sind nicht so gut, aber heute besser als je zuvor. Eine Marke, die rein für den nordirischen Markt produziert wird, ist Coleraine, in dem der Grain dominiert – er ist eher mäßig. Der andere ist viel besser – Bushmills Original oder White Bush, wie er manchmal auch genannt wird, war vor einigen Jahren ganz furchtbar und völlig ohne Charme. Durch Kritiker (von denen ich wohl der lauteste war) angestachelt, begannen aber die Blendmeister von Bushmills zu arbeiten, und sie änderten nicht nur den Charakter, sondern auch das Alter. Das Ergebnis ist nicht klassisch, aber erstmals kann ich ihn trinken, ohne das Gesicht zu verziehen.

Viele Jahre kam nichts Neues von Bushmills, aber das ändert sich nun. Anfang der 90er Jahre war es eine große und angenehme Überraschung, als der 1608 erschien. Doch in den letzten Jahren wurde sehr viel mit verschiedenen Fässern experimentiert. Und irgendwann werden wir wohl erleben, daß der Malt in Portweinfässern seine letzte Reife erhält, wie dies in Glenmorangie geschieht. Man hat 54 davon gekauft und soeben einen 16jährigen auf den Markt gebracht. Es gelang mir, einen Whiskey zu kosten, der fünf Monate lang in einem Portfaß gereift war, und er war nicht sehr beeindruckend, da er sehr verwirrend und spritzig schmeckte. Die Experimente haben Bushmills ins Ungewisse geführt, und Blendmeister Barry Walsh hat die Nerven bewahrt und beobachtet, wie die verschiedenen Holzarten zu etwas verschmelzen, das die Nase, nicht aber die Geschmacksnerven verführt. Das Aroma ist sehr erhaben, da sich Orange und Marzipan mit Praline verbinden. Der leichte Pfefferduft explodiert am Gaumen mit ungewöhnlichen Weintönen. Der Charakter ist wunderbar und völlig anders. Es ist sehr aufregend, wenn sich eine so traditionelle Destillerie wie Bushmills daranmacht, die Geschichte des irischen Whiskeys umzuschreiben.

Empfehlung des Connaisseurs

Bushmills Distiller's Reserve: Fass-Stärke – Immer eine hervorragende Wahl.

5  BOURBON & ANDERE AMERIKANISCHE WHISKEYS

Den größten Teil des Jahrhunderts haben schottische und irische Brenner die Lorbeeren eingeheimst. Es wurden unzählige Bücher und Artikel darüber verfaßt, wie die alte Kunst der Destillation in diesen schönen, wilden Landschaften ausgeübt und perfektioniert wurde. Über amerikanischen Whiskey wurde sehr wenig gesagt. Das ist schade, da kein anderes alkoholisches Getränk so sehr mit der Geschichte des produzierenden Landes verbunden ist wie der Bourbon mit den USA.

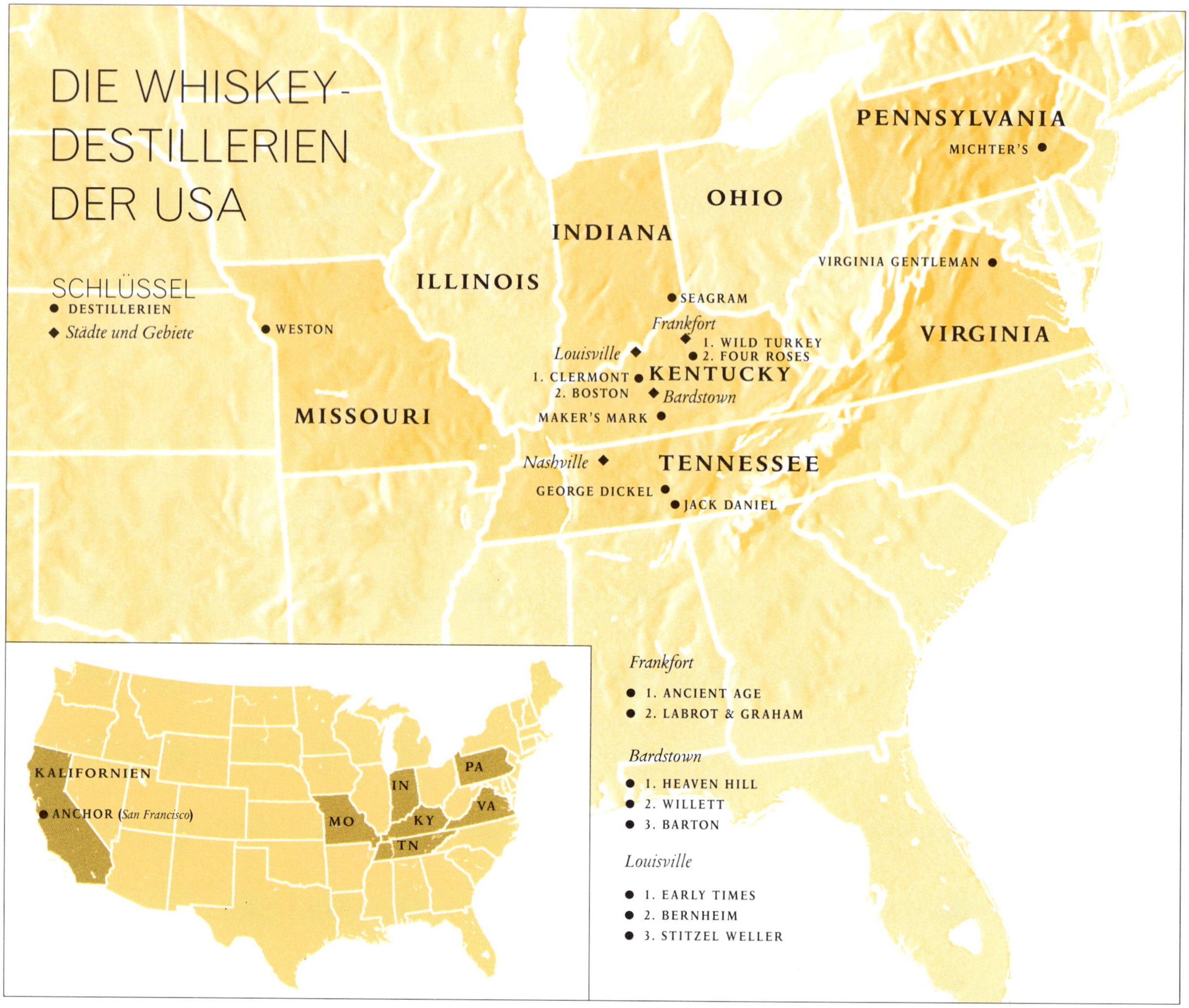

Cumberland Gap: *Der grau verhangene Himmel garantiert saftige Weiden und prägt den Charakter der außergewöhnlichen Kentucky Whiskeys*

George Washington machte Whiskey. Abraham Lincolns Vater arbeitete in einer Destillerie in Kentucky und verkaufte sogar sein Haus für Bargeld und Whiskey. Das Getränk hat Kriege ausgelöst und legendäre Charaktere geschaffen. Und die Ironie dabei ist, daß es von Schotten und Iren, die mit ihren kargen Besitztümern durch den Cumberland Gap von Virginia nach Westen zogen, ins Land gebracht worden war.

Das zusätzliche Einkommen, das sie durch das Alkoholbrennen erhielten, konnte in jenen harten, unwirtlichen Wintern das Zünglein an der Waage zwischen Untergang und Überleben sein. Vor 200 Jahren galt Kentucky als das gelobte Land: Die Indianer hatten es „Ken-tah-teh" genannt, „das Land, wo wir leben werden". Doch trotz der natürlichen Ressourcen lebten hier einige der ärmsten Menschen Amerikas. Und bis heute stellt die Schwarzbrennerei ein wichtiges Einkommen dar.

Obwohl es in Amerika hunderte Destillerien gibt, wird Bourbon – von der ersten Maische bis zum Abschluß der Destillation – heute nur noch in Kentucky und Indiana hergestellt. In Maryland und Pennsylvania ist die Branche tot und in Virginia hängt sie an einem seidenen Faden. Eine Untergruppe des Bourbon, der Tennessee Whiskey, wird in zwei Destillerien hergestellt, doch außerhalb der USA häufig als Bourbon serviert, obwohl er sich stark davon unterscheidet.

Vielleicht hat deshalb der Bourbon kaum ein Image. Trotz seiner langen Geschichte ist es ihm nicht gelungen, die Vergangenheit zu romantisieren und damit Aufmerksamkeit zu erregen. Fragen Sie, was Bourbon ist, man wird Sie anstarren und bestenfalls etwas über Kentucky murmeln. Fragen Sie nach dem Namen eines Kentucky Whiskeys, wird man Ihnen wahrscheinlich Jack Daniel's, einen Tennessee Whiskey, nennen.

Dennoch können die Brenner von Kentucky und Tennessee auf vieles stolz sein. In mancher Hinsicht ist diese Region schöner als Irland oder Schottland. Sie hat keine zerklüfteten Küsten und es liegen auch keine verschlafenen Brennereien am Fuße schneebedeckter Berge. Doch sind die Destillerien vom Rispengras Kentuckys umgeben. Außerdem ist dieser Staat für seine Lieder und Pferde berühmt, und es gibt riesige Scheunen, in denen der hier angebaute Tabak getrocknet wird. So weit das Auge reicht erstrecken sich sanft geschwungene Wiesen und bewaldete Hügel. Auf dem Weg nach Tennessee, dem anderen Bundesstaat, dessen Schönheit von vielen Schriftstellern gerühmt wurde, sieht man auch hohe Berge.

Das auffallendste an der Region ist ihre Größe. Der Bundesstaat ist riesig, hat aber eine geringe Bevölkerungsdichte, und die Menschen dort sind sehr gutmütig. Ich habe dieses Land lieben gelernt und verbringe nun auch einen Teil des Jahres hier. Hier wird Whiskey hergestellt, der nicht nur gut, sondern phantastisch ist. Denn wenn die Schließung so vieler Brennereien aufgrund der sinkenden Nachfrage eine gute Seite hatte, dann die Tatsache, daß der Bourbon heute im Durchschnitt besser ist als anderer Whisky. Und ehrlich gesagt muß er das auch sein, wenn er überleben will.

Ich hoffe, daß die Welt endlich aufwacht und erkennt, welche Größe in diesen Flaschen mit den oft schäbigen, altmodischen Etiketten steckt.

Zum Verlieben: *Amerikas exzellente Whiskeys*

DIE GESCHICHTE DES BOURBON

Whiskey war vielleicht nicht der erste Alkohol, der auf amerikanischem Boden gebrannt wurde, aber sicher der wichtigste. Tatsächlich stand Whiskey weit unten auf der Liste der Spirituosen, die die ersten Siedler Neuenglands konsumierten. Brandy aus heimischem Obst war besonders beliebt. Es gab Apfelbäume in Hülle und Fülle, und Apfelbrandy – der sogenannte „Applejack" – war ebenso populär wie Brandy aus Pfirsichen, Pflaumen oder Kirschen. In den Wintermonaten wurden die Früchte jedoch durch Kartoffeln und Rüben ersetzt. Getreide wurde nur selten und in so geringem Maße verwendet, daß nur die Familie, die den Alkohol brannte, ihn auch konsumierte.

Vor allem Rum wurde zum wichtigsten Getränk der Bewohner der Neuen Welt, da Brennblasen die Melasse, die mit den Zuckerrohr-Schiffen von den Westindischen Inseln kam, verarbeiteten. Laut Berichten aus jener Zeit war der Rum aus New York ebenso gut wie jener aus der Karibik und bildete den wichtigsten Industriezweig Nordamerikas.

Erst als die Nachfahren der Kelten vor Hunger und religiöser Verfolgung aus Großbritannien nach Amerika flüchteten, begann man in größerem Rahmen Getreide zu destillieren. Doch die Schotten und Iren mußten feststellen, daß ihre Religion in der Neuen Welt ebenso wenig toleriert wurde wie in ihrer Heimat. Deshalb ist es verständlich, daß sie weiter nach Westen bis Pennsylvania und Virginia zogen, um eigene Siedlungen zu gründen, in denen sie vor politischer und religiöser Verfolgung sicher waren. Sie gingen trotz der Not, die sie erwartete, und nahmen die Kunst der Whiskeydestillation mit.

In Pennsylvania fanden die Siedler ein Land vor, in dem Roggen in Hülle und Fülle gedieh, und so brannten sie daraus Rye Whiskey. 1779 trat sogar ein Gesetz in Kraft, laut dem Whiskey nur aus Roggen und Gerste gebrannt werden durfte. Je weiter die Siedler nach Westen zogen, desto schwieriger wurde es, kleines Getreide wie Roggen, Gerste, Weizen und Hafer zu pflanzen. So verwendete man eine Pflanze, die in diesem Teil der Welt beheimatet war – Mais. Heute muß Bourbon Whiskey 51 Prozent Mais enthalten. Die frühen Siedler hatten eine weise Wahl getroffen.

Daniel Morgan: *Whiskeykämpfer*

Doch auch nachdem sich die ersten Familien in Pennsylvania niedergelassen hatten, waren sie nicht sicher vor Einmischung durch die britische Regierung, die bereits 1684 den ersten Excise Act verabschiedet hatte. Doch wie die Schotten und Iren bereits in ihren viel kleineren Heimatländern entdeckt hatten, konnte man dieses Gesetz nicht ohne weiteres durchführen. Deshalb beschloß man in Pennsylvania vorerst, es zu ignorieren. Die Dinge änderten sich allerdings Ende des 18. Jahrhunderts, nachdem man am 3. März 1791 ein Gesetz verabschiedet hatte, wonach alle Brennblasen registriert werden mußten.

Der amerikanische Unabhängigkeitskrieg war seit zehn Jahren vorüber, als 1794 nach dreijährigen Spannungen wieder Kämpfe aufflammten. Diesmal zwischen den Bauern in Pennsylvania und der Miliz, die eingesetzt worden war, um Geld für den Whiskey einzutreiben. Die Einheimischen waren außer sich, weil sie Steuern für etwas zahlen mußten, das sie selbst anpflanzten und das steuerfrei gewesen wäre, wenn sie es gegessen hätten. Viele waren genau aus diesem Grund von den britischen Inseln geflohen. Weitere Spannungen wurden durch die Not verursacht, die die Strafen mit sich brachten. Anders als bei ähnlichen Unruhen in Schottland und Irland, wo kleine, lokale Brenner und Schmuggler gegen Steuereintreiber und teilweise auch gegen die Armee kämpften, beschlossen die Bauern in Pennsylvania, sich zusammenzutun und gemeinsam zu kämpfen – der Whiskeyaufstand hatte begonnen. Bei den Kämpfen gab es Opfer auf beiden Seiten, doch schließlich gewann die Regierung dank der 15 000 Mann, die Washington – der selbst Whisky brannte – entsandte, um den ersten Bürgerkrieg des Landes niederzuwerfen. Überraschend ist, daß er mehr Männer brauchte, um die Whiskey-Armee zu besiegen als die britische. Als der Whiskeykrieg vorüber war, waren die ersten Brenner bereits in Kentucky etabliert. Viele waren von Maryland und Virginia durch den Cumberland Gap gekommen. Der Name Bourbon stammt von einem Gebiet in Kentucky, das 1792 der neunte Bundesstaat der USA geworden war. Bevor Kentucky ein eigenständiger Staat wurde, war dieses Gebiet die westlichste Region von Virginia gewesen. Dann wurde es in fünf Teile geteilt, von denen eine riesige Region Bourbon war. Heute ist sie in zwei Teile gespalten und im Vergleich recht winzig. In der Hauptstadt, Paris, gibt es kein einziges Alkoholgeschäft, auch wenn man entgegen der allgemeinen Annahme in einigen Bars und Restaurants Alkohol bekommt. Vor mehr als 200 Jahren gab es viele Whiskeybrenner in der alten Region Bourbon. Bereits damals galt der Whiskey von Kentucky als der teuerste von Amerika und der Bourbon als der beste.

Viele werden von verschiedenen Whiskeyetiketten oder -büchern als erste Bourbon-Brenner genannt. Zu den Favoriten gehören Elijah Craig, Evan Williams, James Ritchie, Daniel Boones Cousin Wattie und andere. Die wenig romantische Wahrheit aber ist, daß niemand weiß, wer es war. Natürlich gehörten diese Männer zu den ersten, die Bourbon brannten, aber niemand weiß, wer wirklich der erste war.

Bekannt ist, daß im Laufe des 19. Jahrhunderts die kommerzielle Whiskeyproduktion in den USA zunahm. 1838 erschien in Morewood ein Bericht, aus dem nicht hervorgeht, was man destillierte, wohl aber, daß es 3 594 Brennblasen in Pennsylvania, 2 000 in Kentucky, 591 in New York (viele zur Herstellung von Rum und Brandy), 560 in Connecticut, 343 in Ohio und 126 in Georgia gab. Die Zahl der Brennblasen in Tennessee ist nicht bekannt, doch wurden hier 3 204 000 Liter Alkohol destilliert, etwa ein Drittel der Produktion von Kentucky und Virginia.

Die ersten kommerziellen Destillerien Amerikas waren eher primitiv. Es waren meist Holzgebäude, und obwohl es anfangs Pot Stills gab, wurden diese im Lauf der Zeit durch kontinuierliche Brennblasen ersetzt. Die Gärung muß besonders spektakulär gewesen sein, da man anstatt der großen Bottiche oft Fässer verwendete. In der Daviess County Destillerie in Owensboro wurden zum Beispiel 1883 die Brennblasen von nicht weniger als 720 Maischbottichen gespeist. Und um diese Zeit begannen die Brenner auch saure Maische anstatt der süßen für die Destillation zu verwenden.

Schottische und irische Brenner verwenden traditionell süße Maische aus frischem Getreide bei jedem Gärprozeß. Saure Maische, der schon Zucker entzogen ist, wird aus dem vorherigen Gärprozeß genommen, so daß sie „sauer" ist. Man dachte, daß die Säuren in dem heißen, feuchten Klima der Destillerie gewisse natürliche Bakterien kontrollieren konnten, um ein Verderben der Maische zu verhindern. So entwickelte sich langsam aber sicher der Charakter des Bourbon, wie wir ihn kennen.

Als diese Brennereien immer größer wurden, wuchsen auch Bestrebungen, die sie in den Ruin treiben wollten. Abstinenz wurde ein wichtiges Thema, und Organisationen, die oft eng mit der Kirche kooperierten, stimmten einen Chor der Mißbilligung an. Die prüde Einstellung zur Whiskeyindustrie ist auch heute noch offensichtlich. Viele Geschichten von Bundesstaaten und Gemeinden wurden damals geschrieben, in denen das Bestehen der Whiskeyindustrie geleugnet wurde, auch wenn sie zu den florierendsten Branchen gehörte. Doch fielen die Brenner derart in Ungnade, daß sogar die Gebirgsbewohner Kentuckys, die einst die Schmuggler ruhig ihren Geschäften nachgehen ließen – und deren Häuser und Scheunen auch abbrannten, falls sie dies nicht taten –, immer öfter ihre Nachbarn verrieten, die Whiskey brannten.

Gemeinde für Gemeinde, Staat für Staat wurde die Whiskeydestillation und jeglicher Alkoholkonsum verboten. Die Prohibition zwischen 1919 und 1933 ist eines der bekanntesten Kapitel der amerikanischen Sozialgeschichte. Aus ihr entwickelte sich eine neue Sprache und ein völlig neues System von Schwarzmärkten. Es war eine Zeit, in der populistischer Bibelextremismus über Vernunft und Intellektualität siegte. Der Preis war das organisierte Verbrechen, unter dem das Land noch heute leidet. Doch hielt die Prohibition lange vor dem Volsted Act in den USA Einzug. In Tennessee war schon seit 1910 kein Alkohol erhältlich, und die Destillerien waren nach Norden, nach Kentucky und noch weiter abgewandert.

Als das Gesetz aufgehoben wurde, hatte die Bourbonindustrie unermeßlichen Schaden erlitten. Ein Großteil des Whiskeys, der vor 1919 hergestellt worden war, wurde als „Medizin" verwendet, von Gangs gestohlen oder war zu alt und holzig zum Trinken. Die meisten Brenner hatten nicht genügend Kapital, um von vorne zu beginnen. Noch schlimmer war, daß die Amerikaner sich an den weniger intensiven Whiskey gewöhnt hatten, der aus Kanada, Schottland oder Irland eingeschmuggelt wurde. Bourbon war und ist im Vergleich dazu recht schwer. Rye Whiskey war noch schwerer und ist heute nicht mehr

Whiskeyjäger: *Geschniegelte Bundesbeamte zeigen stolz ihren neuesten Fang*

erhältlich. In der Folge verschwanden die einst blühenden Industrien von Maryland, Pennsylvania und Missouri und auch in Kentucky sieht man die Ruinen von Dutzenden Destillerien, die einst berühmt waren und heute vergessen sind.

Wenn es heute eine Kampagne gegen Bourbon gibt – und die immer geringer werdenden Verkaufszahlen am Heimmarkt scheinen das zu beweisen –, hat sie mit Gesundheit zu tun. Diejenigen, die fürchten, daß der Inhalt einer Whiskeyflasche ihrer Gesundheit abträglich ist, haben sich schwächeren Getränken zugewandt. Seltsam ist, daß die Ärzte, denen ich verschiedene Kostproben gegeben habe, anderer Meinung sind. Doch Qualität scheint heute vor Quantität zu kommen, und das mag auch richtig sein. Brenner in Kentucky, Tennessee und auch Kalifornien liefern nun starke, teure und qualitativ hochwertige Whiskeys, die man mit Genuß trinkt.

Da nur noch elf Destillerien in Kentucky und zwei in Tennessee in Betrieb sind, können wir nur beten, daß das Sterben in der Industrie ein Ende hat. Zumindest die Schwarzbrenner in den Bergen von Georgia, Tennessee und Kentucky arbeiten noch hart. Aber es ist an der Zeit, daß das Land sich wieder an den Alkohol gewöhnt, für den die Vorfahren sogar zu den Waffen griffen: Rye und Bourbon – in Maßen, natürlich – gilt es wieder zu entdecken.

KENTUCKY

Frankfort

Von der auf einem Hügel gelegenen Grabstelle des Pioniers Daniel Boone kann man einen großen Teil des Stadtzentrums von Frankfort bewundern. Die Stadt wirkt sehr amerikanisch: ordentliche, linear angeordnete, hübsche Häuser, die Straßen klar zu sehen; hier und da elegante, größere Gebäude und als strahlende Krönung St. Paul's. All dies wird umrahmt von stark bewaldeten, steil aufragenden Hügeln und dem tiefen Wasser des Kentucky River, der manchmal klar blau, oft aber schmutzig braun als natürliche Grenze fungiert. Dieser Fluß gab dem Ort indirekt seinen Namen. Stephen Frank war ein früher Forscher, der von Indianern getötet worden war, nachdem er eine Nacht am Flußufer vor einer Höhle verbracht hatte. Zu seinem Andenken wurden hier eine Brücke und ein Ort errichtet – Frankfort. Daniel Boone wäre glücklich, könnte er dieses Panorama nach 200 Jahren geschmackvollen Wachstums sehen – von hier aus sieht man die Einkaufszentren nicht!

Da Boones Verwandte später führende Brenner von Kentucky wurden, ärgert ihn vielleicht, daß man die Destillerie von seinem Grab aus nicht sehen kann. Es gibt eine in Frankfort – eigentlich zwei, aber beide folgen dem Wasser aus der Stadt hinaus. Die nächste liegt in Leestown, einst ebenfalls eine winzige Grenzgemeinde, die heute an die Hauptstadt von Kentucky anschließt, aber von ihr noch nicht aufgesogen wurde. Die Brennerei ist alt und trägt heute den Namen Leestown Distilling Company. Es gibt keinen Whiskey mit diesem Namen, doch wenn Sie in den USA leben würden, wäre Ihnen sicher der Name Ancient Age bekannt.

Daniel Boone: *Pioniergeist*

ANCIENT AGE

Manche amerikanische Whiskeys sind sehr bekannt, traditionsreich und stolz. Von anderen Destillerien wiederum hört man nicht viel, obwohl sie großartigen Whiskey machen. Der Bourbon von Ancient Age gehört ohne Zweifel zu den besten Whiskeys der Welt. Für mich hat nur ein Whiskey von Kentucky mehr Klasse als dieser.

Würde Ancient Age zu einer der großen Destillerien gehören, wäre er heute international so bekannt, wie er es verdient. Doch im Moment muß er sich regelmäßig mit den Gold- und Silbermedaillen für die Single Barrel Bourbons begnügen. Aber die Zeit wird kommen für den wunderbaren 10jährigen AAA, den vielleicht komplexesten gängigen Bourbon am Markt.

Die Destillerie selbst ist etwa so beeindruckend wie andere in Nordamerika. Sie gleicht etwas der heute stillgelegten Gooderham & Worts Destillerie in Toronto, Kanada, da ihre Gebäude viele Jahre der Veränderung und Expansion widerspiegeln. Wie Gooderham & Worts wurde Ancient Age nahe am Wasser errichtet, und man sieht noch heute die Stufen, die einst zu den Booten führten. Die Familie Blanton begann hier um 1860 zu brennen. Zehn oder 20 Jahre später war die Brennerei in den Händen von Edmund Haynes Taylor, der sie an Captain George T. Stagg verkaufte, um sich auf den Bau einer neuen Destillerie in Glenns Creek konzentrieren zu können, die heute unter dem Namen Old Taylor Destillerie bekannt ist. Taylor hatte bereits die Leestown Destillerie,

Zeitlos: *Die verschiedenen Architekturstile der Ancient Age Destillerie*

auf Old Fashioned Copper getauft, in der während eines großen Teils des Jahrhunderts der OFC gebrannt wurde. Als Stagg Destillerie erhielt sie während der Prohibition als eine von sechs Brennereien in Kentucky eine Lizenz zum Destillieren. Die anderen waren Glenmore in Owensboro, Old Forester, Stitzel Weller, National und Frankfort in Louisville. Die Brennerei blieb aber während dieser finsteren Zeit trotzdem geschlossen, vielleicht weil die Lizenz nur für eine kleine Menge rezeptpflichtigen Alkohols galt.

Die Ancient Age Destillerie ist der Traum jedes Architekturhistorikers – und jedes Whiskeyhistorikers. Einige der Gebäude, vor allem die, in denen zu Beginn der Prohibition die alte Dickel Destillerie nach ihrer Übersiedlung aus Tennessee untergebracht war, sind aus demselben Kalkstein, den auch die Destilleriebauer von Glenns Creek bevorzugten. Die Firma ließ vor kurzem einen Spezialisten kommen, der Ancient Age untersuchte und Teile davon mit derselben lachsrosa bis ziegelroten Farbe strich, wie es die Erbauer getan hatten. Mit ihren dunkelgrünen Fensterrahmen kann die Destillerie ein leichter Schock sein, wenn man sie das erste Mal sieht.

Am besten besucht man die Brennerei im Winter oder zu Frühjahrsbeginn. Vom anderen Ufer des Kentucky, nahe der Abwasseraufbereitungsanlage, sieht man die Destillerie mit all ihren Baustilen am besten. Überragt wird sie von einem kunstvollen Wasserturm, auf den in großen, weißen Buchstaben auf rotem Hintergrund Ancient Age geschrieben steht. Die Aufschrift ist bei Einbruch der Dämmerung viele Kilometer weit zu sehen. Mit dem Rauch, der in die kalte Luft aufsteigt, ist das ein hübsches Bild, das im Sommer hinter dem dichten Blätterwerk verschwindet. Doch gibt es dafür eine Entschädigung. Kinder spielen auf dem Rasen und

Wie echt: *Die lebensgroße Statue zollt Colonel Blanton Tribut*

unter den Bäumen im Garten, durch den ein kleiner Bach mit herrlichen Holzbrücken fließt. In der Nacht wirkt die grabsteinweiße Statue von Colonel Blanton, dem legendären Brennmeister, geisterhaft. Am Morgen kann man sehen, wie ein Blaureiher einen Goldfisch frühstückt, und der Schatten des Colonel wirkt gütiger.

In den Gebäuden befindet sich eine geradlinige Destillerie, in der man den für Kentucky typischen Humor spürt. Auf einem Treppenabsatz ist ein Warnschild: „Ruhe! Verkoster bei der Arbeit!" Am Destillierhaus steht ein Doubler Wache, und einen Stock höher läuft eine Beer Still mit einem Drittel ihrer Kapazität. Der Gärraum ist unvergeßlich: zwölf Riesen aus Gußeisen fassen je 368 000 Liter. Manchmal spürt man das seltsame, teigige Aroma, das bei der Gärung von reiner, ungemälzter Gerste für den japanischen Markt entsteht.

Bei Ancient Age geht es nicht nur geschäftig, sondern geradezu hektisch zu. Aber Personal ist genügend vorhanden. Nur wenige Destillerien füllen so arbeitsintensiv ab. In der Abfüllhalle der Single Barrels sind etwa 25 Leute mit Ein- und Auspacken und sonstigen Tätigkeiten beschäftigt. Doch die Firma ist sehr stolz auf ihre Single Barrel Abfüllungen und hält den Aufwand für gerechtfertigt.

Dafür versucht man, bei anderen Dingen Geld zu sparen. Gegenwärtig wird geprüft, ob der Reifeprozeß des Whiskeys beschleunigt werden kann, wenn man die Temperatur in den geheizten Lagerhäusern ständig ändert. Sieht man in zwei Jahren kein Ergebnis, wird der Versuch aufgegeben. Die treibende Kraft der Firma, Vizepräsident Joe Darmond, bewertet die Chancen auf Erfolg philosophisch: „Versucht man die Natur zu drängen, geht dies meist schief."

Interessant ist ein Besuch von Ancient Age am Montag. Dann kann man einen kleinen, onkelhaften Mann sehen, der manchmal eine Kappe trägt, immer lächelt und dafür sorgt, daß alles wie am Schnürchen läuft. Das

Empfehlung des Connaisseurs

HANCOCK'S RESERVE – CHARAKTER VON SCHLECHTEM MALT UND UNGEWÖHNLICHER KAFFEE- UND HONIGTON IM ABGANG. HERVORRAGEND.

Lebende Legende: *Elmer T. Lee, einer von vier lebenden Männern, nach dem ein Bourbon benannt ist*

ist Elmer T. Lee, der erst vierte Destillerieleiter von Leestown seit 1912. Er war zwischen 1952 und 1980 tätig, und obwohl er heute in Pension ist, muß er doch jedes Faß von dem Whiskey, der seinen Namen trägt, verkosten und freigeben. Er ist nur einer von vier noch lebenden Männern, nach denen ein Whiskey benannt ist. Da nicht weniger als drei Elmer Lees im Telefonbuch von Frankfort stehen, scheint am Etikett vielleicht das T. auf, um Verwechslungen zu vermeiden. Elmer hat enzyklopädisches Wissen über die Herstellung von Bourbon. Und er konnte nicht nur guten Whiskey produzieren, sondern erkannte ihn auch im Lager. Nur ein Schluck von seinem Elmer T. Lee reicht, um zu wissen, daß dies immer noch der Fall ist.

International ist die Destillerie für ihre Single Barrel Whiskeys bekannt. Nur Wild Turkey kann noch mit ihnen mithalten. Ancient Age Single Barrel oder Whiskeys mit Faßstärke sind klassische, wenn auch sehr unterschiedliche, Bourbons. Ihre Herkunft ist klar, doch zumindest beim Duft ist Elmer T. Lee führend. Er ist äußerst komplex, zugleich elegant und körperreich. Der delikate Geschmack beginnt mit einer flüchtigen Mais- und Roggennote und stark geeichter Vanille. Diese Single Barrel Whiskeys sind sechs bis acht Jahre alt, haben jedoch immer denselben Charakter. Im Duft kommt dem Elmer ein Whiskey am nächsten, der mit ihm eng verbunden ist – Blanton's Single Barrel. Obwohl er sich besser verkauft, wird hier nicht jedes Faß geprüft. Dieser Single Barrel Bourbon kam als erster vor mehr als zehn Jahren auf den Markt. Er ist viel mächtiger und fruchtiger als der Elmer T. Lee, doch nicht so süß und körnig wie der schäumende Rock Hill Farms Single Barrel. Benchmark ist der mildeste, am wenigsten geradlinige Whiskey von Ancient Age, doch wird er mit dem Alter immer besser. Er wird heute von Brennmeister Gary Gayheart hergestellt, der bewiesen hat, daß er zu Recht in die Fußstapfen von Colonel Blanton und Elmer T. Lee getreten ist. Garys eigenes Meisterwerk ist Hancock's Reserve, der zwar nach Elmer T. Lee duftet, doch auf dem Gaumen einen komplexen Geschmack nach Toffee, Malz und Mais entwickelt, der unendlich anhält. Der Kaffee- und Honigton im Abgang runden ihn wunderbar ab. Kosten Sie diese Whiskeys, bleiben Sie sicher dabei.

Sind Sie je in Kentucky, müssen Sie einen anderen wunderbaren Leestown Bourbon suchen, den 10jährigen Ancient Ancient Age. Den trinke ich hier vielleicht am häufigsten – nicht zuletzt, weil man ihn nur in Kentucky bekommt.

Es ist schwer zu sagen, warum der AAA so gut ist. Sehr oft versetzen zehn Kentucky-Sommer im Holz einem Bourbon den Todesstoß. Nur sehr wenige können so viel Eiche aufnehmen, und keiner der Single Barrels reift so lange. Dennoch findet man kaum Eiche im AAA. Der Duft ist nicht sehr spektakulär. Erst am Gaumen erkennt man, daß er etwas ganz Besonderes ist. Die milde Würze hält sich ebenso wie der Abgang, der mit einer Likörattacke beginnt, die schließlich immer schwächer wird und einen intensiven Sahne-

Toffeeton annimmt. Sogar mit 43 Vol.-% ist der Abgang des AAA betörend lang.

Es ist beruhigend zu wissen, daß nicht alle Ancient Age Whiskeys einen exotischen Touch haben. Einige sind nur altmodische Whiskeys, die zu jung sind, um mit mehr als betörender Schönheit zu überzeugen. Manche bringen es aber nicht so weit. Auf dem Heimmarkt wird ein 38 Monate alter vertrieben, der so grün und fast so ätzend wie eine unreife Orange ist. Man findet nur einen Karamelton bei ihm. Das Gute an ihm ist, daß er eindimensional und plump ist. Obwohl die metallische Härte doch einen gewissen Reiz hat, ist der Abgang nicht zu verzeihen. Doch zeigt das nur, was weitere zehn Monate in den Lagerhäusern ausmachen können. Der Standard Ancient Age, ein 4jähriger, wird auch außerhalb der USA teils unter dem Namen Bullitt vertrieben. Er ist viel fetter und süßer und hat eine Öligkeit, die ihn beträchtlich milder macht. Während der 38 Monate alte auch unter den Brennern nur als Unterlage für das Eis und einen Schluck an einem heißen Tag angesehen wird, ist der etwas ältere Bruder bedeutend besser, vor allem der süßere, noch nussigere 50 Vol.-%.

Es gibt noch weitere Versionen, wie einen 6jähigen, der zur Verwirrung 10-Stern heißt. Er hat nicht denselben Charme wie ein vier oder zehn Jahre alter, doch nun werden wir pingelig: Tatsächlich ist er hervorragend, hat aber einen Toffeeton wie sonst nur die besten kanadischen Whiskeys. Außerdem gibt es den Barrel 107, einen 10jährigen mit passendem Alkoholgehalt, der am Gaumen riesig ist und stark nach Veilchen und dunklen Kirschen schmeckt. Aufregend.

Wenn Sie gelernt haben, jeden Aspekt dieser Bourbons zu lieben und von der Holzveranda aus das Abbild des verehrten Colonel Blanton sehen, das sich im funkelnden Strom spiegelt, wird Sie plötzlich die Erkenntnis überkommen: Ancient Age ist keine Destillerie, sondern eine Institution. Eine Hüterin der besten Bourbon-Tradition.

Nichts ist trauriger als eine stillgelegte Destillerie – außer vielleicht drei stillgelegte Destillerien nebeneinander. Und bis zum Sommer 1996 fand man genau das auf einer schmalen Nebenstraße, die von Frankfort entlang des malerischen Glenns Creek nach Süden führt.

Das Schlimmste an dem Anblick war die Tatsache, daß man mitten in Kentucky war. Doch scheint es, daß eine Destillerie von den Toten auferstanden ist und das Tal wieder nach gemaischtem Mais duftet.

Da die Old Crow Destillerie bis 1987 in Betrieb war und jederzeit wieder aufsperren könnte, sollte man meinen, das wäre sie. Oder vielleicht die Old Taylor Destillerie, die 1,5 Kilometer entfernt liegt und zwar nach 20jährigem Stillstand etwas mitgenommen aussieht, doch mit genügend Geld wieder auf den letzten Stand gebracht werden könnte. Nein, es ist keine von beiden. Statt dessen wurde die Labrot & Graham Destillerie, die etwa fünf Kilometer weiter südlich auf der anderen Seite von Millville liegt, 1996 nach 25jährigem Stillstand wieder eröffnet.

LABROT & GRAHAM

Von allen Destillerien Kentuckys habe ich diese aus ästhetischen und vielleicht rein romantischen Gründen immer am meisten geliebt. Ich schaffte es zwar nie, den alten Whiskey zu kosten, doch kann ein Ort wie dieser nur wunderbaren Bourbon erzeugen. Bis zum Frühjahr 1995 war die Destillerie kaum mehr als eine Ruine, die grimmig, doch erfolgreich Ruhm und Tradition nachhing. Über einer Tür steht mit stark verblichener schwarzer Farbe auf einem Mühlstein: „Old Oscar Pepper Distillery Est. 1838 Labrot & Graham Est. 1878".

Dennoch bewahrte sie ihre große Schönheit und die stark strukturierten, dicken Kalkmauern, die sich vom blauen Wasser und den grünen Weiden der Umgebung abheben. Von der oberen Straße wirkte sie besonders schön. Blickte man von einem Haus auf die Destillerie hinunter, schien sie der Natur zu trotzen. Einige kleinere Gebäude hatten bereits den Kampf gegen den Verfall aufgegeben, nur die Lagerhäuser – einige aus Stein, andere aus roten Ziegeln – sahen noch so stabil aus, wie die Fässer, die sie einst beherbergten. Die Brennerei wurde von einem streunenden Hund namens Bourbon bewacht, mit dem sich mein Sohn James anfreundete und der uns auf unseren Spaziergängen den Flußdamm bei der Destillerie entlang begleitete. In einem Baum oberhalb der Brennerei erklang der tiefe, hohle Ruf eines Kardinalvogels, der uns beim Spielen zusah, und manchmal stieß in der Nähe ein Ziegenmelker herab. Es war der Himmel auf Erden.

Das scheint nicht so lange her, doch wurde die Destillerie inzwischen renoviert und an Stelle des alten Hauses ein Besucherzentrum für etwa 100 000 Touristen pro Jahr errichtet.

Ist die Destillerie einmal fertig, wird man hier auch keinen gewöhnlichen Whiskey produzieren. Anders als die Bourbons, die derzeit in Kentucky gebrannt werden, wird dieser nur in kupfernen Pot Stills erzeugt. Als Brown-Forman beschloß, hier einen sehr speziellen kleinen Whiskey zu produzieren, wollte man auch nicht knausern. Einen Teil des 10 Millionen Dollar-Budgets verwendete man für den Rückkauf einer Destillerie, die man geschlossen, und für Land, das man in den 70er Jahren verkauft hatte. Man bestellte drei Brennblasen bei Forsyths, den berühmten schottischen Kupferschmieden, und brachte sie hierher. In der Planungsphase hieß es: „Wir wollen unseren Whiskey so produzieren, wie die ersten Brenner von Kentucky."

Empfehlung des Connaisseurs

WOODFORD RESERVE – EIN KLASSISCH SÜSSER BOURBON MIT EINEM HAUCH KARAMEL-TOFFEE (IN EARLY TIMES DESTILLIERT).

Revival: *Mit drei brandneuen Pot Stills ist die Labrot & Graham Destillerie wieder am Leben*

Es ist unwahrscheinlich, daß diese zähen Familien, die Schottland und Irland verließen und sich durch den Cumberland Gap bis nach Kentucky durchkämpften, im selben Ausmaß dreifach destillierten, und wenn sie es taten, haben sie viel kleinere Brennblasen verwendet als Labrot & Graham.

Die Zusammensetzung der Maische sollte dem Old Forester entsprechen: 72 Prozent Mais, 18 Prozent Roggen, zehn Prozent gemälzte Gerste. Im Jahr 2001 wird aber ein völlig anderer Whiskey aus diesen Fässern fließen. Dafür sorgen die Pot Stills. Man hat der Versuchung widerstanden, den einzigen Malt Whiskey Kentuckys zu erzeugen, und das ist gut so – Labrot & Graham produzierten Bourbon, nicht Malt. Sie haben bereits eine Marke, Woodford Reserve, herausgebracht, die nach der exklusiven Region benannt ist, in der sie erzeugt wird. Er wird nach derselben Getreidemischung hergestellt und bei Early Times gebrannt. Der Blendmeister Lincoln Henderson wählte einige Fässer, die viel süßer waren als der normale Old Forester und lagerte sie im Lagerhaus H von Labrot & Graham. Das Ergebnis ist ein klassischer, süßer, wirklich herrlicher 7jähriger Bourbon mit einem Hauch von köstlichem Karamel-Toffee.

Auch die erste der drei Pot Stills unterscheidet sich von allen anderen der Welt. Sie sieht von oben gleich aus, hat aber unten die Form eines Kreisels. Um nicht zuviel Bourbon-Charakter zu verlieren, beschloß das Team, das die Destillerie plante, durch die erste Brennblase „feste" Wash laufen zu lassen und das Bier wie beim kontinuierlichen Verfahren mit Dampf zu behandeln. Doch da es in einen Bottich lief, hatte der Whiskey dank des vielen Kupfers, mit dem er in Kontakt kam, weitaus geringeren Alkoholgehalt und mehr Geschmack. Das vorher nicht getestete System verursachte einiges Herzklopfen: In der Brennblase entstand ein Strudel, der den Apparat erzittern ließ, doch das ist nun bereinigt. Um das Leben einfacher zu machen, arbeiten die Brennblasen für die zweite Destillation (oder Intermediate Still, wie man in Schottland und Irland sagen würde) und die Spirit Still mit klarem Alkohol.

Nach den Experimenten – auch mit anderen Mischungen – wurden die Brennblasen im alten Gebäude nebeneinander aufgestellt. Anstatt der alten Gärbottiche aus Stahl nahm man zwei kleine Schönheiten aus Zypressenholz, die nur je 30 000 Liter fassen. Zwei Kühlspiralen wirken wie Teile eines Skeletts an einem Platz, wo noch zwei weitere hinkommen sollen.

Im Frühjahr 1995 hatte ich von den korrodierenden Rohren der alten Gärbottiche einige Feststoffe vom letzten Bier entnommen, das je hier erzeugt wurde. Diese sind heute ebenso verschwunden wie die Brennblasen im rückwärtigen Teil der Destillerie. In der Woche davor war das erste neue Bier durch die Brennblasen eins und zwei geronnen. Um 12.40 Uhr war die Spirit Still erhitzt. Und so hatte ich um 13.56 Uhr Ortszeit, fast genau ein Jahr nach Arran, die Ehre, als erster den ersten trinkbaren Alkohol aus der neuen Destillerie zu kosten. Nachdem Steve Hughes, der Blendmeister von Brown-Forman, den Schwenkhahn zum Alkoholspender bewegt hatte, füllte er ein Glas und roch daran. Ich füllte ein Glas und kostete. Wir hatten den Fortschritt des Whiskeys überwacht. Bedenkt man, daß er dreimal destilliert worden war und daß die Maische großteils aus Mais und nicht aus Gerste bestand, war er überraschend reichhaltig. Er war sehr leicht würzig, doch war die Süße fruchtig und dank des Roggens, der die Reise gut überstanden hatte, vielleicht etwas nussig. Der Abgang erinnerte deutlich an Kakaopulver, war erst leicht süß, doch dann angenehm bitter. Lincoln Henderson fand später eine exakte Beschreibung: Praline.

Viele Leute waren über die Qualität des Whiskeys sehr erleichtert. Sie hatten bereits in der Early Times Destillerie in Louisville die

Brennblasen betrieben und Tests durchgeführt, als Glen Morays Leiter, Edwin Dodson, zur Unterstützung aus den Highlands geholt wurde. Diese Unterstützung machte sie zuversichtlich – doch war man überrascht, als das Dampfventil zu blasen begann, sich die Spirit Still erwärmte, und sich ein Arbeiter während der Destillation aus Versehen gegen den Notabschalter der Brennblase lehnte.

Diese Ereignisse waren erst frustrierend, werden aber bald zu einer weiteren Anekdote in der langen und wunderbaren Geschichte von Labrot & Graham werden. Hier beschloß ein Destillerieleiter, dem Diebstahl von Whiskey vorzubeugen, indem er einige Fässer vergällte. Diejenigen, die am nächsten Tag krank waren, landeten im Gefängnis. Und ein Steinmetz, der das Gebäude restaurierte, zeigte zur Brückenwaage und meinte: „Sehen Sie das? Hier fiel mein Onkel tot um."

Das ist wirklich Kentuckys schillerndste Whiskeyregion. In der Old Taylor Destillerie, wo ich eine winzige Wohnung habe, möchte mein Vermieter Cecil die Destillation mit sehr kleinen Pot Stills wieder aufnehmen. Die Old Crow Destillerie wurde von derselben Familie Pepper eröffnet, die auch die Oscar Pepper Destillerie gründete und danach an die Herren Labrot und Graham verkaufte. Die Peppers sollen bereits um 1780 in der Nähe der Old Crow Destillerie mit der Whiskeyproduktion begonnen haben. Bereits 1812 wurde hier legal gebrannt, bevor die Destillerie offiziell gegründet wurde.

Es gibt keine hinreißendere Destillerie als diese, wie noch sehr viele Whiskeyliebhaber und Touristen mit großer Begeisterung entdecken werden.

Mein Sohn und ich werden nun keine ruhigen Abende mehr in der Natur auf diesem Grundstück verbringen können, wo nur ein Pfiff oder Ruf genügte, um vier flinke Beine hurtig und liebevoll anzulocken. Bourbon ist weg, aber Gott sei Dank ist der Whiskey zurück.

Neue Destillerie: *Der Pot Still Whiskey von Labrot & Graham wird erst im Jahr 2001 zur Abfüllung bereit sein*

Lawrenceburg

WILD TURKEY

In Kentucky muß man nicht sehr weit fahren, um in Begeisterung zu geraten. Meist ist es die Landschaft. Oft aber auch der Whiskey. Manchmal ist es eine Kombination von beidem. Beim Wild Turkey sind die Begeisterungsstürme kilometerweit zu hören.

Die wilde Schönheit von Kentucky, wo sich seit hunderttausenden Jahren Flüsse ihren Weg durch den Sandstein gebahnt haben, ist spektakulär. Und als die Ripy-Brüder in die Fußstapfen ihres Vaters traten und etwas außerhalb von Lawrenceburg eine Destillerie oberhalb der Tyrone Destillerie errichteten, schienen sie zu wissen, was sie taten.

Ein Photo von E. F., J. C. und Forest Ripys Investition aus jener Zeit könnte auch in einem unwirtlichen Moor in Yorkshire gemacht worden sein. Die charakterlosen Gebäude mit dem vielsagenden Schornstein sind in Nebel gehüllt. Heute wirken sie mit dem ungewöhnlichen braunen, abblätternden Anstrich genauso schäbig. Kein Wunder bei der Lage über einer Schlucht des Kentucky River, in der sich 80 Meter weiter unten Flußbarsche und Schildkröten tummeln.

Neben der Destillerie erstreckt sich der rostige Rahmen einer Bahnbrücke etwa 500 Meter von einem Felsen zum anderen. Die Schienen sind noch da, wenn auch leicht verbogen und verrostet. Einst wurde das Getreide auf diesem Weg zur Destillerie geliefert, doch würde heute kein Zug mehr hier fahren. Nur Filmfirmen machen von Zeit zu Zeit davon Gebrauch, wenn sie eine hochdramatische Szenerie benötigen. Oder Abenteurer. Die Brücke ist einspurig und nicht gesichert, so daß man in freiem Fall von den Schwellen stürzen kann.

Wunderbar wild: *Zypressenholz-Gärbottiche*

Die Schienen führen nach Lawrenceburg, und diese Strecke wird auch noch von einer kleinen Lok befahren – sie kann nicht groß sein, da noch eine wacklige Brücke wartet. Zum Abladen steht der Zug so nah am Eingang zum Destillierhaus, daß man fast schon den Bauch einziehen muß, um vorbeizukommen.

Manchmal schaue ich in der Nacht im Destillierhaus vorbei. Das Summen der kupfernen Beer Still ist dann intensiver. Der auf Hochglanz polierte Doubler besteht ebenfalls nur aus Kupfer und schimmert in der düsteren Umgebung gleich neben dem Ausgang zu den Schienen. Man denkt, den Whiskey schmecken zu können, der hier entsteht.

Am besten kann man den Gärprozeß aber tagsüber beobachten. Dann überwacht Jimmy Russell, der Destillerieleiter, jeden Schritt der Whiskeyherstellung. Ich hatte im Lauf der Jahre das Glück, in der ganzen Welt legendäre Brenner zu treffen, von denen ich, wie ich hoffe, viel gelernt habe. Aber obwohl ich sie alle respektiere, bezweifle ich dennoch, daß sie ein derartiges Gefühl für Whiskey haben und ihn so lieben wie Jimmy. Als er 1954 hier zu arbeiten begann, gab es noch einen Ripy, den Sohn des Gründers der Destillerie, Ernest Ripy.

Einst blickten wir in den alten Gärbottich aus Zypressenholz. Keiner sagte ein Wort, als wir die einschläfernden Dämpfe aufsogen. Ich bemerkte, daß sich die Form der Blasen änderte. Wie er mir erklärte, war das eine Möglichkeit festzustellen, wie weit die Gärung bereits fortgeschritten war. Er studierte kurz die erdnußförmigen Blasen, überlegte und nannte die Stundenzahl. Auf Nachfrage bei einem Aufseher stellte sich heraus, daß er recht hatte. Jimmy verrichtet seine Arbeit mit der ruhigen Gelassenheit eines Mannes, der genau weiß, was er tut. Die Besitzer der Destillerie, Pernod Ricard, schicken ihn auch nach Europa, um Seminare zu leiten. Er liebt diese Reisen. Doch am besten und wohlsten fühlt er sich in den schäbigen Gebäuden der Destillerie über dem Kentucky River.

Jimmy ist auch einer der wenigen Brenner, die ich getroffen habe, die so wie ich der Meinung sind, daß Whiskey am besten um 50 Vol.-% ist. 50,5 ist die magische Zahl. Es versteht sich von selbst, daß von den acht Bourbons von Wild Turkey vier diese Stärke haben und zwei sogar noch stärker sind. Sogar der außergewöhnliche Straight Rye hat 50,5! Ist es reiner Zufall, daß ein Mann, der sein Leben dem Whiskey verschrieben hat und von denen lernte, die dies ebenfalls taten, die Destillerie leitet, die den wohl besten Whiskey der Welt erzeugt? Ich glaube nicht. Aber ich bin sicher, daß die Tonnen an Kupfer, mit denen er in Berührung kommt, sehr viel dazu beitragen. Es könnte auch der offenbar unendliche Wasservorrat sein, der aus einem sehr quellenreichen Gebiet stammt. Weiter unten am Hügel in Richtung der beinahe verschwundenen Stadt Tyrone sieht man die Ruinen von mindestens drei Destillerien. Die größte davon ist die erste Ripy Destillerie, die um 1880 als die größte von Kentucky galt und heute inmitten von Feldern mit Burley Tabak steht.

Was hat es also mit diesen beiden Reihen von Gärbottichen auf sich, die direkt hinter dem Destillierraum stehen? Die zweite Reihe besteht aus neun Gärbottichen aus rostfreiem Stahl, von denen jeder 120 000 Liter faßt. In der ersten Reihe stehen je fünf Bottiche hintereinander, die sich genau dem Raum anpassen. Neun davon bestehen aus Zypressenholz und sind genau doppelt so groß wie die von Labrot & Graham, jedoch unterschiedlich hoch. Diese Gärbehälter wirken abgenützt, doch ist der abgerundete Holzrand von unermeßlicher Schönheit.

Herrlich: *Der Kentucky River mit der Bahnbrücke, die einst zur Wild Turkey Destillerie führte*

Die Gärbottiche aus rostfreiem Stahl zeigen, wie Wild Turkey steht. Entgegen dem allgemeinen Trend steigt der Absatz von Wild Turkey kontinuierlich. Das Plus betrug jährlich eine Zeitlang sogar 14 Prozent, was die Destillerie unter enormen Druck setzte, genug produzieren zu können, um die Nachfrage des Marktes zu befriedigen. Das gelang allerdings nicht. Durch die Kapazitätsengpässe besann sich das Haus jedoch seiner Wurzeln.

Die Austin Nichol Company wurde 1855 als Importeur für Lebensmittel und Spirituosen gegründet. Im Zweiten Weltkrieg, als es wenig schottischen und irischen Whisk(e)y gab, konzentrierte sich der Besitzer Thomas McCarthy auf seinen Bourbon, den er auch selber schätzte. Die Spezialität seiner Firma war ein 8jähriger mit 50,5 Vol.-%, den er aus einer geheimen Quelle bezog. 1942 nannte er die Marke Wild Turkey. In der Zwischenzeit war aus der Ripy Destillerie die JTS Brown Destillerie geworden, die unter anderem auch an Austin Nichol lieferte. Als man dort beschloß, eine Destillerie zu kaufen und Wild Turkey selbst herzustellen, fiel die Wahl auf JTS Brown, die seit 1971 als Wild Turkey Destillerie firmiert.

Da die Nachfrage nach Wild Turkey so groß war, enthielten manche Brände eine Zeitlang Whiskey aus mehr als einer Destillerie. Doch das ist heute selten geworden. Ich besitze eine Flasche 6jährigen 43,4 Vol.-%, den ich ursprünglich für einen Ancient Age hielt. Das ist nicht überraschend, denn Wild Turkey verwendete mit Vorliebe Ancient Age (mein zweitliebster Bourbon), um die Lager aufzustocken. Zuletzt verschnitten sie 4 000 Fässer mit 20 000 Fässern Wild Turkey, doch merkte man es noch immer. In der Vergangenheit verwendete man auch Rye Bourbon von Stitzel Weller, in den vergangenen Jahren wurde nichts mehr zugekauft.

Wer diese Praktiken ablehnt, weiß die Traditionen der Bourbonherstellung nicht voll zu schätzen. Ich denke, daß der Whiskey interessanter wird und Kenner weiterhin beschäftigt. Es ist sehr unwahrscheinlich, daß ein Wild Turkey, der in den USA verkauft wird, etwas anderes enthält als den Alkohol, der ursprünglich durch die Doubler lief. Und die Premium und Single Barrel sind „der wahre Jakob". Stellen Sie einen Kentucky Spirit neben einen Blanton, werden Sie wissen, was ich meine. Man kann vielleicht darüber streiten, welcher besser ist, nicht aber über die Herkunft.

Deshalb bin ich überzeugt, daß Wild Turkey heute der beste unverschnittene Whiskey der Welt ist, den man kaufen kann. Ardbeg von Islay ist vielleicht noch besser, doch kaum erhältlich. Und die raren Flaschen können deutliche Unterschiede aufweisen.

Bekanntlich kann der Wild Turkey mit 43,4 Vol.-% etwas temperamentvoll sein, und die 4jährige Standardabfüllung mit dem braunen Etikett ist einfach zu jung für einen Grand Cru und am Gaumen wenig schmeichelnd. Doch sobald Sie den 50,5 Vol.-% kosten, der 8jährige Anteile enthält, werden Sie entdecken, welcher Genuß Sie erwartet. Zum ersten Mal kommt der reiche Honigton zum Tragen, der bei zwei rein 8jährigen bestätigt wird. Der traditionelle Kentucky Legend mit Faßstärke entfaltet sich mit seiner Mischung aus 75 Prozent Mais, 12 Prozent Malz und 13 Prozent Roggen. Greifen Sie zum 8jährigen Single Barrel Kentucky Spirit, werden Sie erkennen, daß Sie einen großen Whiskey vor sich haben. Es gibt einen 12jährigen Bourbon, den ich einfach liebe, da er trotz seines eichigen Beginns großartig und komplex bleibt. Er duftet nach geschälten Orangen, Akazienhonig, Rosinen, Melasse, Roggen und vielem mehr. Wer ihn kostet, wird schlicht überzeugt. Ich denke manchmal, er sei mein liebster Whiskey. Aber er ist es nicht wirklich.

Denn rundherum perfekt ist nur der Rare Breed. Dieser Bourbon, der in den Duty-Free-Läden als 1855 Reserve verkauft wird, scheint davon zu profitieren, daß er aus einer Mischung aus sechs, acht und zwölf Jahre altem Wild Turkey besteht, auch wenn der 12jährige im Vergleich besser duftet. Eiche, Honig, Mais und Roggen, in der speziellen Art des Wild Turkey vermischt schwingen sich in dieser Komplexität zu neuen Höhen auf. Nur manchmal wird er von einem Single Barrel – vor allem dem Kentucky Spirit – übertroffen.

In drei Jahren, mit 65, wird Jimmy Russell vielleicht in Pension gehen müssen. Er hätte bereits mit 60 gehen können, wollte aber nicht. Für einen Mann, der auch in seiner Freizeit zur Destillerie fährt, um ihre spezielle Aura zu spüren, ist es nicht wahrscheinlich, daß er geht, wenn es ihm die Regierung vorschreibt. Aber eines Tages muß es sein. Sein Sohn, der von seinem Vater, dem Meister aller Brennmeister, ausgebildet wurde, wartet bereits.

Empfehlung des Connaisseurs

RARE BREED (AUCH 1855 RESERVE) – EICHE, HONIG, MAIS UND ROGGEN VERMISCHEN SICH IN EINER ART, DASS DIE KOMPLEXITÄT NEUE HÖHEN ERREICHT. PERFEKTION IN VOLLENDUNG.

FOUR ROSES

Es gibt Destillerien verschiedenster Form und Größe. In Kentucky und Tennessee sind sie besonders vielfältig, doch kommt keine dem schönen und außerordentlichen Anblick jener wahren Whiskey-Kathedrale gleich, die rechts auf einer kleinen Straße liegt, einer Abzweigung der Route 127 knapp vor der Abfahrt Blue Grass Parkway.

Einst hieß sie Old Joe's. Heute ist sie im ganzen Bundesstaat als Four Roses bekannt. Betrachtet man die einzigartige spanische Fassade, könnte sie auch Old José's heißen. Mit ihrem besonders auffallenden zitronengelben Anstrich wirkt sie, als wäre sie direkt aus der staubigen mexikanischen Sierra Chihuahua in diese schöne, saftige, hügelige Region um Lawrenceburg, im Herzen von Anderson County in Zentralkentucky, versetzt worden.

Eine Besonderheit dieser Destillerie ist, daß ihr Whiskey heute von Bourbontrinkern in der ganzen Welt, nur nicht in den USA, geschätzt wird. Die Besitzer, Seagram, beschlossen, den Straight Bourbon vom lokalen Markt zu nehmen und sich auf den Blend zu konzentrieren. Der Name Four Roses ist in den USA zwar bekannt, doch erinnern sich die 250 Millionen Einwohner nur mehr verschwommen an den Straight.

Trotz des exquisiten Charmes der Brennerei ist die Ernüchterung groß, wenn man das Büro betritt. Links befindet sich ein alter, hölzerner Mechanismus zum Wiegen der Fässer; darauf sind Schilder von Destillerien, die einst zu Seagram gehörten, heute aber geschlossen sind: Athertonville, Cynthiana, Midway, Lawrenceburg, Fairfield, Louisville. In Louisville gab es sogar eine mit dem Namen Frankfort, sie existiert aber ebenfalls nicht mehr. Ein weiterer berühmter Name ist verschwunden, aber zumindest besteht die Brennerei noch. Mir war sie als Old Prentice Destillerie bekannt, bis man 1986 beschloß, ihr einen Markennamen zu geben und sie auf Four Roses umtaufte. Schon früher existierte übrigens eine Four Roses Destillerie in Shively, bei Louisville, gleich neben Early Times, die aber ebenfalls geschlossen wurde.

Der Ursprung des Namens Four Roses ist uramerikanisch. Keine andere Whiskeynation gab so viele berühmte Namen an Destillerien weiter. Abgesehen von wenigen Ausnahmen verkaufen schottische Brenner ihre Single Malts unter dem Namen der Destillerie. Die Namen der Blends wechseln manchmal zwischen verschiedenen Firmen , doch bleibt der Inhalt häufig gleich oder ist wenigstens einem bestimmten Stil treu. Beim Bourbon werden die Marken verkauft, wenn die Brennereien schließen; und obwohl manchmal die Getreidemischung und/oder die Hefe unverändert bleiben, kann sich der Geschmack mit der Destillerie stark ändern.

Natürlich weiß ich nicht, wie Four Roses schmeckte, als Paul Jones 1888 die Marke aus seiner Heimat Georgia nach Kentucky brachte. Aber sicher hatte sie wenig mit dem heutigen, federleichten Stil gemein. Wie die Marke und somit die Destillerie zu ihrem Namen kamen, ist fraglich. Seagram selbst gehen auf Nummer sicher und geben auf den verschiedenen Etiketten unterschiedliche Versionen zum besten. Eine Geschichte besagt, daß der Whiskey nach vier Schwestern namens Rose benannt ist. Einer anderen Version zufolge wurde er nach der Verlobten von Paul Jones benannt, die als Zeichen ihrer Verlobung vier Rosen trug. Es ist unwahrscheinlich, daß jemand die wahre Geschichte finden wird.

Wie auch immer, Four Roses hat auch seine Gegner. Manche meinen, daß er nicht zum Macho-Image des Bourbon paßt, und daher einen Teil des Marktes nicht erreicht. Der Ruf: „Hey bud! Four Roses … and put it in a dirty glass (He! Vier Rosen … aber in einem schmutzigen Glas!)", klingt in amerikanischen Bars einfach komisch. Und der Charakter des Whiskeys ist auch nicht sehr muskulös, sondern vielmehr leichtfüßig.

Ein Gang durch die Destillerie gestaltet sich vergnüglich. Er bleibt ohne Überraschungen, bis man den Gärraum erreicht, der ein seltsames Gefühl der Zeitlosigkeit vermittelt, wenn die Sonne durch die Fenster scheint. Einige Gärbottiche sind sehr alt und noch verwitterter als die von Wild Turkey. Die offenen Gärbottiche, die aus natürlichen, unbearbeiteten Materialien bestehen, lassen das Herz jedoch höher schlagen. Guter Whiskey ist eben absolut nicht synthetisch. Und dies wird beim Anblick des Gärraumes nur bestätigt.

Als Joe Peyton nach seiner Ankunft im Jahr 1818 seine erste Destillerie gründete, hatte er wohl das gleiche Bild vor Augen. Der einzige Unterschied war, daß damals in einem Faß und nicht in einem riesigen Bottich vergoren wurde. Die hölzerne Brennerei von Old Joe wurde schließlich durch einen Steinbau ersetzt. Geht man heute über den schattigen Rasen hinter der Four Roses Destillerie, gelangt man nach kurzer Zeit zu einem Wald, wo moosbewachsene, stolze Überreste ähnlich einer alten römischen Festung stehen. Die zahlreichen Ruinen einstiger Destillerien um Lawrenceburg erkundet man besser im Winter als im Frühjahr oder Sommer. Dann ist das Blätterwerk nicht so dicht und man tritt auf weniger Mokassinschlangen – alte Destillerien aus Stein sind ihr Reich.

Obwohl die heutige Brennerei, die 1910 errichtet wurde, seit den 40er Jahren zu Seagram gehört, hat sie heute eine neue Leitung. 1995 ging der Leiter Ova Haney nach 13jähriger Tätigkeit in Pension. In Schottland oder Irland wären wohl Manager der Mutterfirma auf Besuch gekommen, es hätte Reden und eine Goldmedaille gegeben. Ovas letzter Arbeitstag war ein Freitag und endete zu Mittag mit einem Festessen für seine Mitarbeiter (aber ohne Bourbon, da sie im Dienst nicht trinken dürfen). Drei Angestellte der Lagerhäuser im nahen Bardstown zupften ein Abschiedslied auf der Gitarre, das sie für ihn

Die Schöne von Kentucky: *Das auffallende Gebäude der Four Roses Destillerie könnte auch eine Tequila Brennerei sein*

geschrieben hatten. Beinahe zwei Jahre später geht mir dieser Ohrwurm noch immer nicht aus dem Kopf.

Gegenüber der Four Roses Destillerie liegen Lagerhäuser, die aber von Wild Turkey benützt werden. Der neue Leiter Jim Rutlege braucht sich nur um die Angelegenheiten auf dem Gelände der Brennerei zu kümmern. 1996 lieferte die Destillerie kurze Zeit den gesamten Bourbon der Firma, als die Produktion in der Seagram Destillerie in Lawrenceburg, Indiana, eingestellt war. Anders als die meisten Brenner von Kentucky, die lieber mit einer gut erprobten (oder einfach billigen) Getreidemischung arbeiten, erzeugt man bei Four Roses verschiedene Bourbons, die dann zu unterschiedlichen Produkten verschnitten werden. Tatsächlich ist Four Roses – abgesehen von den Single Barrel Whiskeys – der Kentucky-Bourbon mit der komplexesten Struktur.

Heute hat Seagram nur noch vier Marken, die alle den Namen Four Roses tragen. Der Standard Bourbon ist der Yellow Label. Er enthält allein elf verschiedene Bourbons, wenn man unterschiedliche Hefezusätze, Destillierstärken und Getreidemischungen in die Zählung einbezieht. Hauptbestandteil ist ein Bourbon, der sich aus 75 Prozent Mais, 21 Prozent Roggen und vier Prozent Malz zusammensetzt. Das ist ein sehr hoher Roggenanteil, der durch die Hefe abgeschwächt wird – zu sehr vielleicht, denn ich habe das Gefühl, daß er hier und da etwas langweilig wirken kann.

Am weitaus liebsten habe ich persönlich den Black Label, bei dem nicht nur ältere Whiskeys verwendet werden. Bei diesem Whiskey stammen außerdem 60 Prozent des Blends von einem Whiskey mit 60 Prozent Mais, 36 Prozent Roggen und vier Prozent Malz. Sie müssen das natürlich nicht wissen, um festzustellen, daß der Black Label einen harten, doch fruchtigen Roggencharakter hat, der nach dem Mais erst im Duft und danach auch am Gaumen zu bemerken ist. Der würzige Sirup im Abgang beweist, daß der Bourbon Substanz hat. Black Label ist ein sehr zufriedenstellender Whiskey, der immer wieder beweist, daß Bourbon sehr viel mehr als eindimensional und rein eichentönig sein kann, wie man dies bis vor etwa 15 Jahren fälschlich immer noch glaubte.

Der Platinum ist ebenfalls sehr roggenhaltig, doch erreicht er nicht die Komplexität des Black Label, so wunderbar er auch ist. Der Single Barrel schmeckt immer verschieden, auch wenn der Verschnittstil von Four Roses hier deutlich zu spüren ist, da er trotz all des Roggens und Toffees kaum je als komplex bezeichnet werden kann.

Schade ist, daß Four Roses noch nicht einmal im Bundesstaat, geschweige denn in den gesamten USA als Straight erhältlich ist. Er unterscheidet sich sehr stark von allen anderen Bourbons. Der Black Label verdient es sicher, unter die besten Whiskeys von Kentucky gereiht zu werden.

Empfehlung des Connaisseurs

BLACK LABEL – FRUCHTIGER ROGGEN-CHARAKTER IN DUFT UND GESCHMACK; DER WÜRZIGE SIRUP IM ABGANG STEHT FÜR GEHALTVOLLEN BOURBON.

Clermont und Boston

JIM BEAM

Nur wenige hundert Meter von der Interstate 65 entfernt, auf dem Weg von Louisville nach Nashville, liegt die kleine Stadt Belmont auf eisenerzhaltigem Land. Sie ist auf den ersten Blick bemerkenswert farblos, die Häuser modern und niedrig, und es gibt kein Anzeichen für Industrie. Die Bewohner scheinen nichts lieber zu tun, als mit den Hunden spazierenzugehen und den Garten zu pflegen. Es gibt wenig Hinweise darauf, daß keine andere Stadt der Welt von so viel Gold umgeben ist. Verläßt man Belmont in Richtung Westen, endet die Straße bald in militärischem Sperrgebiet. Es wäre unklug, hier weiterzufahren, schließlich geht es nach Fort Knox, dem großen Zentrum der amerikanischen Nationalbank, in dem die Goldreserven der USA lagern – bewacht von Kameras und Gewehren.

Fährt man etwa zwölf Minuten mit dem Auto südlich Richtung Boston, gibt es noch mehr Gold: flüssiges Gold mit dem Namen Jim Beam, der in zehntausenden Fässern in 35 riesigen Lagerhäusern reift. Für den zufälligen Besucher ist es vielleicht genauso einfach, Fort Knox zu finden wie die Bostoner Jim Beam Destillerie – über beide spricht man nicht. Auf jeder Flasche Jim Beam wird Clermont erwähnt. Das ist eine kleine Brennerei im Nordwesten von Belmont, die den Ort ebenso dominiert wie The Glenlivet den letzten Winkel von Speyside.

Bei der Ankunft in der Destillerie kann es recht geräuschvoll zugehen. Loks ziehen mit lautem Pfeifen Getreidewaggons. Die Touristen und Lastwagen, die kommen und gehen, machen die Brennerei zur geschäftigsten Kentuckys. Hier ist die Whiskeyabteilung des riesigen Imperiums von American Brands. Sie machen um den Bourbon ebensoviel Wind wie Jack Daniel's um den ihren in Tennessee. Und das aus gutem Grund. In manchen Gebieten – vor allem außerhalb der USA – hat Jim Beam einige Kritiker. Doch ich halte diese Kritik für ungerechtfertigt. Da es auf den Flaschen keine Jahresangabe gibt und der Jim Beam überall erhältlich ist, ist er ein leichtes Ziel für alle, die die Auffassung vertreten „wenn es viel davon gibt, muß er schlecht sein". Ich möchte nur wissen, wie viele Jim Beams und andere Bourbons diese Kritiker gekostet haben. Ich halte Jim Beam für leichten, doch exzellenten Whiskey.

Trotz allem ist es der Destillerie gelungen, das Flair eines Familienbetriebs aufrecht-

Sumpfland: *Die Bostoner Beam Destillerie wurde bei der Überschwemmung im März 1997 zu einer Insel*

zuerhalten. In Brennereien wie George Dickel oder Jack Daniel's gibt es schon lange keine Verbindung zur Familie mehr. Doch in der 203jährigen Geschichte von Jim Beam ist kein Tag vergangen, an dem die Brennerei nicht vom Gründer Jacob Beam oder einem seiner direkten Nachfahren betrieben worden wäre. Heute arbeitet in der Produktion der mehr als stattliche Booker (Fred) Noe. Er ist der Sohn des bedeutendsten Mannes, der mit Kentucky Whiskey zu tun hatte, nämlich Booker Noe, dem Enkel von Jim Beam, der die Destillerie nach der Prohibition 1934 wieder in Betrieb nahm.

Es muß Ende der 70er oder Anfang der 80er Jahre gewesen sein, als ich auf Verdacht bei einer Brennerei anrief, um etwas über die Bourbonherstellung zu erfahren. Ich hatte erst kurze Zeit davor bemerkt, daß Bourbon dem Scotch ebenbürtig ist. 15 Jahre später weiß ich nicht mehr, welche Destillerie es war, ich weiß nur, daß der Leiter gerade in einer Konferenz war. Doch der Mann am Telefon meinte, er wisse zu wenig. Er sagte: „Also wenn Sie wirklich was über Bourbon erfahren wollen, rufen Sie den Boß von Jim Beam, Booker Noe, an. Er weiß alles über die Herstellung von Whiskey und seine Geschichte." Und das stimmt. Gemeinsam mit Jimmy Russell von Wild Turkey und Elmer T. Lee von Ancient Age gehört Booker zu den wichtigsten Brennern Kentuckys, von denen zwei noch arbeiten.

Er hat sich heute aus dem Alltagsgeschäft zurückgezogen und fungiert als wichtiger Botschafter – eine Position, in die er geboren wurde und in der er brilliert. Vieles hat sich verändert, seit seine Familie 1794 mit der Destillation begann. Heute gibt es 19 Gärbottiche, die je drei Anteile Maische fassen, und eine säulenförmige Brennblase mit einem Durchmesser von beinahe zwei Metern. Abgesehen vom Kupferhelm ist die Brennblase aus rostfreiem Stahl. Sie erzeugt das erste Destillat mit 62,5 Vol.-%, das in einen kupferverkleideten Doubler fließt, wo der Alkoholgehalt um weitere fünf Prozent erhöht wird. Ganz oben im Destillierhaus fungiert ein zusätzlicher Teil der Brennblase als Filter, um das Äthylkarbonat zu reduzieren, das vor

Mr. Beam: *Jim, Urenkel von Jacob*

allem in den USA von manchen Behörden beanstandet wird. Beam hatte lange Probleme mit recht hohem Äthylkarbonatgehalt, doch dank des Filters ist das jetzt vorüber.

Von der Spitze des Destillierhauses von Clermont sieht man das weitläufige, hügelige Gebiet von Bernheim Forest. Dieser Ausblick ist ein weiteres Geschenk des bekannten Brenners an die Öffentlichkeit, und für einen Whiskeyautor und Vogelbeobachter wie mich ist dieser Platz das Paradies. Unter den auf den Hügeln gelegenen Pinienwäldern ist ein Schildkrötensee, an dem man verschiedene Spechtarten, Hüttensänger, Carolinameisen, Carolinakleiber und viele andere Tiere beobachten kann. Und weiter südlich, außerhalb des Waldes, liegt die Boston Destillerie.

Sie steht auf viel flacherem Land als ihr nördlicher Nachbar und wurde als einzige bekannte Brennerei von einem Tornado heimgesucht. Noch heute arbeiten Männer hier, die sich an den schrecklichen 3. April 1974 erinnern, als ein Wirbelsturm im Nordwesten wie aus dem Nichts auftauchte und direkt auf das Gelände zusteuerte. Er verfehlte die Destillerie nur um wenige Meter, riß jedoch das Dach und vier Wände von einem Lagerhaus ab und wirbelte volle Fässer von den Gestellen, als ob sie nichts wiegen würden. Weitere Lagerhäuser in der Nähe fielen dem unheilvollen Sturm zum Opfer. Wie durch ein Wunder wurde niemand verletzt, doch ging sehr viel Bourbon verloren und das Lagerhaus, das am schwersten beschädigt war, mußte schließlich abgerissen und neu aufgebaut werden – es waren nur noch die Gestelle mit den Fässern übrig. Fotos im Büro zeigen die Destillerie am Tag nach dieser Katastrophe.

Es ist wirklich gut, daß die Destillerie, die 1953 errichtet wurde, unbeschädigt blieb. Ich denke, daß sie besseren Whiskey produziert als Clermont – er ist sehr ausgeglichen, prickelnd und süßer, da der Roggen deutlicher zum Vorschein kommt. Er schmeckt auch würziger. All das beweist, daß zwei Brennereien nie denselben Whiskey herstellen können, auch wenn sie die gleichen Apparate und Zutaten verwenden.

Das Wasser ist natürlich unterschiedlich. Das von Clermont kommt vom Long Lick Creek und den Seen Bernheim und Sportsman, während das von Boston aus dem Wilson Creek stammt. Auch hier stehen 19 Gärbottiche, die vielleicht etwas größer und anders zusammengesetzt sind, doch jenen in Clermont stark gleichen. Der Doubler ist ebenfalls anders ausgerichtet. Doch wollte man immer zwei Bourbons herstellen, die man nicht unterscheiden konnte. Durch einen Verschnitt mögen sie sich angleichen, doch sonst vive la différence!

Nur ein Bourbon von Jim Beam kommt ausschließlich aus den Boston Brennblasen. Er war der erste, nicht kalt gefilterte Bourbon, der auf den Markt kam. Dieser Bourbon ist zwischen sechs und acht Jahren alt. Die Flasche, die ich besitze, ist mit sieben Jahren, acht Monaten und 63 Vol.-% ein sanfter Gigant, wie Booker selbst auch. Doch so mangotönig, nussig-süß und herrlich er auch ist, er reicht nicht an den besten Bourbon von Beam, den Knob Creek, heran – einen 50 Vol.-%. Dieser 9jährige ist zwar süß, aber im Vergleich trockener, und sein Abgang erinnert an Bitterschokolade. Doch macht ihn die roggenhältige Härte für mich zu einem forscheren, genaueren Whiskey der Spitzenklasse. Ein weiterer Clermont Batch, Baker's – der nach dem pensionierten Brennmeister Baker Beam, einen Großneffen von Jim Beam und Cousin dritten Grades von Booker benannt ist –, hat einen schönen Honigton, erreicht aber nicht dieselbe Klasse.

Außer dem kleinen Batch gibt es noch andere Whiskeys von Jim Beam, die aber nicht diesen Namen tragen. American Brands kaufte 1987 National Distillers auf, die einige alte Brennereien wie Old Crow, Old Taylor und Old Grand-Dad besaßen. Alle drei lagen bei Frankfort und wurden nach der Übernahme geschlossen. Doch einer anderen Kentucky-Tradition zufolge blieben die Namen und drei sehr verschiedene Whiskeys mit der letzten Hefe und den Getreidemischungen aus diesen Brennereien bestehen, um eine gewisse Kontinuität zu wahren. Old Crow – ein 4jähriger – ist der beste davon und beinahe schon klassisch. Er ist der forscheste, reinste, malzigste und zitrustönigste Whiskey von Jim Beam und hat eine wunderbare Roggenbasis. Old Taylor, ein guter 6jähriger mit bitterem Roggenton, läßt ebenfalls die Geschmacksnerven tanzen. Den meisten Roggen enthält Grand-Dad. Er ist vier Jahre alt und somit jünger, als daß er die Blütezeit der Brennerei am Ufer des Elkhorn River nördlich von Frankfort noch erlebt hätte. Mit Ausnahme des wunderbaren 50,5 Vol.-% ist er recht enttäu-

Werbekunst: *Ein Poster von Jim Beam*

Verwüstet: *Nach dem schrecklichen Tornado, der im April 1974 ein Lagerhaus zerstörte*

Gut erhalten: *Der Besitzer Cecil Withrow möchte im 90 Jahre alten Spring House in der Old Taylor Destillerie wieder zu brennen beginnen*

schend. Ich besitze eine Literflasche Old Grand-Dad von 1995, der charmant ist und nach mehr schmeckt. Doch eine andere Abfüllung, die ich habe, ist hart und beinahe undurchdringlich – diesen Whiskey beobachte ich genau.

Die Beam-Marken selbst haben besonders wenig Roggengehalt und bestehen je zur Hälfte aus Boston und Clermont Whiskey. Der Gehalt kann jedoch je nach Verfügbarkeit gewisser alter Bestände bis zu 20 Prozent schwanken. Für gewöhnlich ist der Jim Beam White Label etwa viereinhalb Jahre alt und ein guter, eleganter Bourbon für den Einstieg, wenn auch vielleicht nicht so fruchtig und grastönig wie früher. Beam's Choice zeigt, was sechs Monate ausmachen können. Er ist nicht sehr komplex, doch äußerst seidig. Der 7jährige Beam zeigt manchmal Eigenschaften, die älteren Bourbon vermuten lassen und besitzt einen öligen Mais-Charakter. Der australische Markt liebt den Beam Gold Label, einen 8jährigen, der überraschend forsch für 50 Vol.-% ist. Er soll fast identisch mit dem besten Jim Beam, dem Black Label, sein. Mit 45 Vol.-% ist er der komplexeste von allen, da er sehr üppig ist und alten Toast mit der reichen Milde von Mais verbindet.

Von einer anderen Destillerie kommt Basil Heyden, ein kleiner Bourbon. Er wurde nach einem der ersten Brenner von Kentucky benannt, der angeblich bereits 1796 mit der Whiskeyherstellung begann. Die Familie Heyden blieb bei der Brennerei, und man nimmt an, daß sie Old Grand-Dad zu Ehren von Basil schufen. Er ist köstlich, roggentönig forsch, doch gleichzeitig auch delikat und mild. Es wäre ein Sakrileg, etwas anderes als Wasser hinzuzufügen. Beam kann auf sein eigenes Erbe wirklich stolz sein. Darüberhinaus finde ich es äußerst erfreulich zu sehen, daß dieses Unternehmen die Größe besitzt, auf majestätische Weise anderen zu gedenken, die in der Whiskeyproduktion Pionierarbeit leisteten.

Empfehlung des Connaisseurs

Knob Creek – Exzellente Ausgewogenheit von süss und trocken, Bitterschokolade im Abgang.

Black Label – Der komplexeste Jim Beam: Er ist üppig und verbindet alten Toast mit der Milde von reichhaltigem Mais.

Old Crow – Forsch, rein, malzig und zitrustönig mit wunderbarer Roggenbasis.

Loretto

MAKER'S MARK

Laut Straßenkarte ist die Maker's Mark Star Hill Destillerie nicht sehr weit von Beam's Bostoner Brennerei entfernt. Doch tatsächlich ist die Anreise über die gewundenen Nebenstraßen von Kentucky ein Abenteuer. Von allen Destillerien der Bundesstaaten Kentucky, Pennsylvania, Massachusetts und Virginia vermittelt diese kleine, abgelegene Produktionsstätte am Rand der unbedeutenden Stadt Loretto am besten das Gefühl von freier Natur, von diesem ursprünglichen Pioniergeist, der zur Eroberung des Westens geführt haben muß. Eigentlich ist Maker's Mark nicht die westlichste Destillerie von Kentucky, sehr wohl aber die südlichste.

Maker's Mark rühmt sich, klein, ordentlich, kompakt und sauber zu sein und hervorragenden Whisky zu produzieren. Ich schreibe hier Whisky, da sie eine der beiden Destillerien ist, die ihr Produkt schottisch, nicht irisch schreiben. Doch welche Schreibweise auch immer, die Qualität des Bourbon steht außer Zweifel.

Wie in den winzigen Brennereien Edradour und Speyside in Schottland ist man auch hier überzeugt, daß der Whisky wegen der Überschaubarkeit der Anlage exzellent und körperreich ausfällt. Und wie bei den anderen beiden Destillerien fließt ein Bach über das Gelände. Bei Maker's Mark trocknet der Bach jedoch im Sommer bei Temperaturen bis zu 40 °C – die es in den Highlands selten gibt – leicht aus. Deshalb wird das Wasser für die geringe Produktion von 36 Fässern pro Tag einem See entnommen, der einen halben Kilometer von der Destillerie entfernt liegt.

Bill Samuels: *Whiskeyprediger*

Sogar von meinem alten Haus in Kentucky in der Nähe von Frankfort ist es ein weiter Weg nach Loretto, trotzdem gehört er zu meinen liebsten. Ein Sonnenaufgang kann das Herz erwärmen, doch der Sonnenuntergang in Star Hill ist unvergeßlich – die Lagerhäuser heben sich gegen den goldenen Himmel ab, das Destillierhaus ragt schwarz gegen den dunkler werdenden Himmel auf.

Erhabene Destillerie: *Der rot-schwarze Anstrich weist deutlich auf Maker's Mark hin*

An einem Ort wie diesem erwartet man fast, daß Daniel Boone vorbeikommt und „howdy" ruft. Statt dessen taucht Bill Samuels auf. In diesem wirklich wunderbaren Teil von Kentucky, der sich von Boston nach Norden bis Frankfort erstreckt und in dem man alle hundert Meter von einem Hügel eine neue herrliche Aussicht genießt, liegt westlich von Bernheim Forest ein kleiner Ort namens Samuels, der nach seinen Ahnen benannt ist. Daneben liegt Deatsville, wo die Reste der ursprünglichen Destillerie der Familie Samuels neben einer Bahnlinie verrotten. Die Lagerhäuser stehen noch, und in ihnen reift Maker's Mark Whisky. Bis 1894 war der Ort als Samuels' Depot bekannt, nach William Samuels, der wie so viele andere Ende des 18. oder Anfang des 19. Jahrhunderts seine Heimat Virginia verließ und sein Einkommen aus einer Mühle aufbesserte, indem er eine Destillerie anbaute. Es war die erste in diesem Teil von Nelson County. Und beeindruckt Sie das noch nicht genug: die Samuels waren auch durch Heirat mit Jesse und Frank James verwandt. Eine geladene, legendenträchtige Pistole dieser beiden Revolverhelden hängt heute im Sitzungssaal der Destillerie.

Der charismatische Bill Samuels, der wohl mehr Flugkilometer als jeder andere Brenner zurückgelegt hat, um das Evangelium des Bourbons zu predigen, gehört zur siebenten Generation dieser stolzen Familie in der Destillation, auch wenn heute die Firma ein Teil der riesigen Allied Domecq Imperium ist. Bis 1953 war Star Hill eine abgewirtschaftete und ruhige Brennerei mit dem nicht sehr passenden Namen Happy Hollow. Doch Bills Vater William erkannte ihr Potential, erstklassigen Whisky zu produzieren, und setzte sehr viel Energie daran, Maker's Mark und die passende Destillerie aufzubauen.

Bis heute nimmt sie einen besonderen Platz im Herzen der Bewohner Kentuckys ein, und viele Brenner zählen sie aus Loyalität zu den besten zwei oder drei. Ältere Brenner, die heute bereits in Pension sind, erinnern sich noch mit Schaudern an die ersten Flaschen Maker's Mark. Doch innerhalb weniger Jahre erreichte die Destillerie jene Qualität von Whiskey, für die sie heute berühmt ist und um die sie beneidet wird.

Bills Vater beschloß, eine ungewöhnliche Mischung zu erfinden, die bis heute etwa gleich geblieben ist. Sie besteht aus 70 Prozent Mais mit 14 Prozent Weizen und 16 Prozent gemälzter Gerste. Der Maisanteil kann bis 75 Prozent steigen, die kleinen Getreidesorten werden dann entsprechend reduziert. Doch glaubt man bei Maker's, daß der Winterweizen den Unterschied macht. Die Whiskey von Stitzel Weller bestehen ebenfalls zum Großteil aus Weizen, doch ist keiner so mild wie der von Maker's Mark.

Es muß wohl noch andere Gründe geben, wie etwa die Eichenholzfässer, die im Freien gelagert werden. Damit halten die Samuels als letzte Brenner von Kentucky diese teure Tradition aufrecht. Es könnten aber auch die Gärbottiche sein. Die ersten acht Gärbottiche in Gärraum 1 bestehen aus Zypressenholz und fassen je 38 632 Liter. Sechs weitere Bottiche aus rostfreiem Stahl stehen in Gärraum 2, von denen jeder 41 952 Liter faßt und im kleinen Vorraum, dem Gärraum 3 über Hardin's Creek stehen drei weitere Stahlbottiche, die je 41 200 Liter fassen. Was die Debatte über die Vor- und Nachteile von hölzernen Gärbottichen gegenüber stählernen angeht – der Whisky, der dort abgefüllt wird, sollte die Unterschiede zeigen. Bisher konnten noch keine gefunden werden.

Die hölzernen Gärbottiche sind wirklich schön. Umgeben von Holzwänden, -böden und -decken wirken sie wie ein Triumph der Natur. Doch nicht nur das Material zählt. Auch der Inhalt ist wichtig, und hier unterscheidet sich Maker's Mark von den anderen Brennern Kentuckys.

Für gewöhnlich besteht die blubbernde, toffeebraune Maische in Kentucky aus 25 Prozent Rückstand, dem Bier, das während der Destillation von den Feststoffen getrennt wurde (tatsächlich darf Bourbon nicht weniger enthalten, um Bourbon genannt zu werden). Dieser Rückstand, dem schon bei der vorherigen Destillation der gesamte Zucker entzogen wurde, gibt der Maische die Säure. Das bewirkt zweierlei: Erstens werden durch den hohen pH-Wert alle unerwünschten Organismen in der Wash abgetötet und zweitens wird die Kontinuität erhöht, da bei jeder Gärung ein Teil der letzten Gärung enthalten ist. Bei Maker's Mark macht der Rückstand mehr als 33 Prozent aus.

Und abgesehen von Labrot & Graham achtet keine andere Destillerie darauf, daß der Alkohol mit so viel Kupfer in Kontakt kommt. Die säulenförmige Brennblase ist winzig und steht neben der Mühle. Sogar hier ist die Star Hill Destillerie sorgfältig: Das Korn wird gerollt, nicht gestampft. Man sagt, daß ein etwas geringerer Ertrag den höheren Geschmack aufwiegt. Und dann ist da der berühmte Doubler von Maker's Mark, ein funkelnder Kupferbottich mit Kuppel, der den Alkoholgehalt sanft erhöht.

Der rohe Alkohol, der hier gemacht wird, ist recht charakteristisch. Er duftet anders als die anderen Whiskeys von Kentucky, ist recht grün und am Gaumen herrlich trocken. Andere Brenner sind schon seit langem neugierig, mit welcher Filtermethode dieser neue Whisky hergestellt wird: Er läuft durch Holzkohle, bevor er in ein neues Faß gefüllt wird. So werden einige der schwereren Bestandteile entzogen. Um sicherzugehen, daß nichts verloren geht, wird der fertig gereifte Whisky nicht kalt gefiltert.

Leider gibt es in der Welt nicht sehr viel Maker's Mark, was eine Firma wie Allied Domecq schwer erträglich findet. Doch außer zusätzlichen Gärbottichen hat Bill Samuels alles getan, um die Forderungen der Mutterfirma nach größerer Produktion abzuwehren. So erwies sich der Mangel an verwendbarem Wasser sowohl als Nachteil wie letztlich auch Segen.

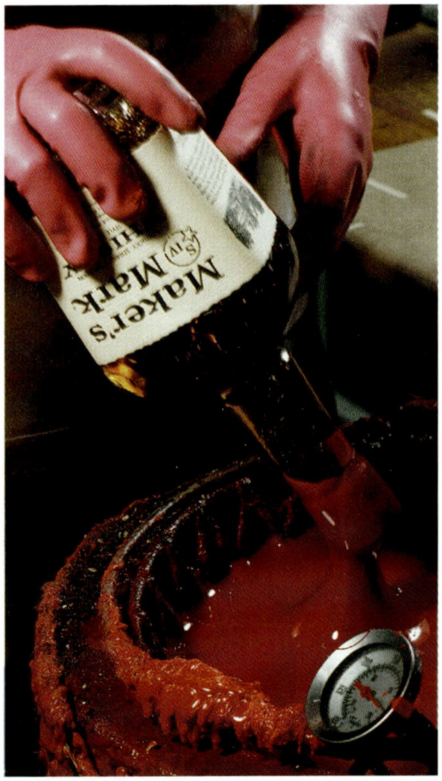

Das i-Tüpfelchen: *Siegel von Marker's Mark*

Red Seal ist der verbreitetste Whisky von Maker's Mark (von Hand in rotes Plastikwachs getaucht), der 45 Vol.-% hat und fünfeinhalb Jahre alt ist. Er verhält sich rätselhaft: ein recht schwerer Körper verbindet sich mit einem leichten Charakter und einem unglaublich langen Abgang. Er besitzt genau die richtige Würze, die man von einer Weizenmischung erwartet; und wie um zu zeigen, daß er alles hat, schmeckt er auch sehr süß. Es gibt auch einen mit 50,5 Vol.-%, Gold Sealed, der perfekt ausgeglichen ist und noch spritziger und intensiver schmeckt. Doch am besten ist der sehr seltene Black Seal, ein Gedicht von einem Bourbon mit 47,5 Vol.-%. Der Weizen verbindet sich mit sanfter Eiche, während der Brand am Gaumen trocken und cremig abgeht. Bei ihm verschmilzt das Beste vom Bourbon und vom kanadischem Whisky. Grund dafür sind nicht nur die zusätzlichen zweieinhalb Jahre im Faß. Sehr viel hat es auch damit zu tun, wo die Fässer lagerten. Bei Star Hill lagern sie in einem Bereich, wo der Whisky langsamer reift. Ergebnis ist ein leich-

Empfehlung des Connaisseurs

BLACK SEAL – WEIZENDUFT. ER SCHMECKT WUNDERBAR REICHHALTIG NACH TROCKENER SAHNE.

terer, vanilletönigerer Whisky ohne die mächtigen, likörhaften Röstaromen, die oft in älteren Bourbons enthalten ist. Es gibt einen noch selteneren Maker's Mark mit 47,5 Vol.-%, den 1983 Vintage, der den Black vielleicht noch übertrifft, da er sehr ausgeglichen und wunderbar honigtönig ist. Ich kann nicht behaupten, daß er mein liebster Bourbon ist, doch ist er sehr beeindruckend und trifft die Geschmacksnerven so genau wie eine Kugel aus Jesse James' Pistole.

Bardstown

In Bardstown gibt es schöne Wohnhäuser mit Terrassen, wie sie für die Südstaaten charakteristisch sind, ein wunderbares Whiskey-Museum, dessen Besuch für jeden Whiskeykenner Pflicht ist, und ein paar sehr geschäftige Destillerien innerhalb der Stadtgrenze sowie zwei bis drei Brennereien außerhalb der Stadt. Das komische am Jim Beam Whiskey ist, daß man meinen könnte, er stammt aus der Region um Frankfort, wenn man das Etikett liest, auf dem zur allgemeinen Verwirrung „Beam Clermont Frankfort Kentucky" geschrieben steht. Clermont liegt viermal näher bei Bardstown als die Hauptstadt, und Beams Bostoner Destillerie ist noch näher. Da dieses Gebiet so eng mit Whiskey verbunden ist, ist es nicht verwunderlich, daß das jährliche Bourbon Festival im schönen Städtchen Bardstown abgehalten wird.

HEAVEN HILL

Die meisten Menschen, die Kentucky Whiskey getrunken haben, werden den Bardstown-Bourbon kennen, auch wenn sie sich dessen nicht bewußt sind. Die Heaven Hill Destillerie liefert vermutlich mehr Whiskey an Privatkunden als die gesamte restliche Bourbon-Branche. Die Zahl der Labels, unter denen man ihren Whiskey findet – angefangen bei früher berühmten amerikanischen Marken, die heute nur mehr lokale Bedeutung haben, bis hin zu eigenen Supermarktabfüllungen – ist ebenso verwirrend wie überwältigend. Das Unternehmen gibt zu, die genaue Zahl selbst nicht zu kennen. Doch einen fürchterlichen Nachmittag lang sah es so aus, als würde Kentucky eine große Institution verloren gehen. Es war am 7. November 1996, als sich in Zentral-Kentucky ein starkes Gewitter entlud und der Blitz im Lagerhaus „J" einschlug. Bevor irgendjemand reagieren konnte, war das Gebäude ein flammendes Inferno. Durch die starken Windböen dehnte sich das Feuer innerhalb von Minuten auf Lagerhaus „I" aus und von dort immer weiter.

Augenzeugen, mit denen ich gesprochen habe, beschrieben eine unglaubliche Szenerie: Fässer flogen durch die Luft und explodierten, brennender Whiskey ergoß sich als blauflammiger Strom, als rund 90 000 Fässer zerstört wurden. Ein höllischer Anblick in Heaven Hill. Der brennende Whiskey floß in die Brennerei, die ebenfalls zerstört wurde. Während die Destillerie abbrannte, hoffte in zwei bis drei Kilometern Entfernung ein weiterer Brenner, daß sich die Windrichtung ändern würde. Zu seinem Glück tat sie das auch.

Ich persönlich fühlte einen Kloß im Hals, als die alte Heaven Hill Destillerie zerstört wurde. Sie zählte zu meinen Lieblingsplätzen. Doch als ich nur wenige Wochen später mit dem Inhaber Max Shapira sprach, klang er ganz und gar nicht besorgt. „Schau her, Jim. Wir arbeiten wie gewohnt, haben keine einzige Marke verloren und jede Bestellung ausgeliefert." Destilleriebrände kommen in Kentucky seit 200 Jahren vor.

Die Produktion wurde vorübergehend in die Early Times Destillerie in Louisville verlegt, wo freie Kapazitäten genutzt werden können und nach der hauseigenen Getreidemischung destilliert wird. In der Zwischenzeit ist Max mit den Plänen für den Wiederaufbau der Heaven Hill Destillerie beschäftigt.

Doch ich werde die alte Brennerei immer vermissen. Wie in Ancient Age herrschte hier eine Atmosphäre, die den Whiskey schon klassisch erscheinen ließ, bevor man auch nur einen Tropfen davon gekostet hatte. Alles war alt und traditionell; man unternahm nichts, um die Touristen zu beeindrucken, aber alles, um den Whiskeytrinker anzusprechen. Während die jüngeren Heaven Hill Whiskeys zwar manchmal recht nett aber nie außergewöhnlich sind, sind die Marken ab sechs Jahren klassischer Whiskey aus einer klassischen Destillierie.

Es gab Stimmen, die Brennereien wie das alte Heaven-Hill-Werk in Kentucky, die Alberta Destillerie in Kanada und die schottische Girvan Destillerie als nicht gerade sauber kritisierten. Sie stammten von Leuten, die sterile Brennereien bevorzugen. Für mich war Heaven Hill eine jener Destillerien, die wunderbar abgenutzt aussahen, ein Walter Matthau unter den Brennereien, eine urige Persönlichkeit in einer Branche, in der Charakter so bedeutsam ist.

Der „Hopper Scale Floor" zählte zu den stimmungsvollsten Destillerieabteilungen im gesamten Bundesstaat, an der sich seit der Errichtung der Brennerei wenig geändert hatte. Hier wurde noch ganz ursprünglich gearbeitet und das Ergebnis war hervorragend, wie die Qualität des Whiskey bestätigt. Auf diesem Geschoß lagen rund 18 Meter lange Schienen, auf denen kleine Selbstentladewaggons aus Stahl genau die erforderliche Menge an geschrotetem Mais aus Indiana sowie Gerste und Roggen aus North and South Dakota hereinbrachten. Diese winzige Bahn führte über Löcher im Holzboden, durch die das Getreide in den jeweiligen Kocher geschüttet wurde, wo man es mit großer Sorgfalt maischte: Wie überall in Kentucky wurde der Mais erst auf 60 °C und nach der Beigabe von Roggen auf 75 °C erhitzt. Wenn die gemälzte Gerste hinzukam, wurde die Maische schließlich wieder auf 65 °C abgekühlt.

Aufgrund der Tatsache, daß Heaven Hill weltweit eine Reihe von Kunden beliefert, die ihr eigenes Label führen, ist die Produktion

Empfehlung des Connaisseurs

ELIJAH CRAIG - EICHENTON IM DUFT, NUSSTON AM GAUMEN, LANGER, ÖLIGER, SÜSSER ABGANG.

Die Brandkatastrophe: *Ein weiteres Lagerhaus von Heaven Hill fällt den Flammen zum Opfer*

enorm und beträgt 400 bis 500 Fässer pro Tag. Das konnte man an den beiden Gärräumen sehen, die zusammen 31 Gärbottiche enthielten, von denen sechs je 200 000 Liter faßten. Am ansprechendsten waren Nummer 2, 3, 5 und 14, Bottiche aus knorrigem Zypressenholz mit alten Brettern, die außen gekalkt waren. Die Hefe gab den ersten Hinweis auf eine Verbindung mit Beam: Hopfen als Konservierungsmittel und nicht zum Abschmecken (obwohl er sicher dennoch zum Geschmack beiträgt).

Diese Praxis ist in schottischen Destillerien unbekannt, im Raum um Bardstown jedoch allgemein üblich. Und Beams finden sich hier mehr als genug. Der Brennmeister ist Parker Beam (sein Vater Earl, der die Hefe nach Heaven Hill brachte, war früher der Brennmeister), und sein Stellvertreter ist sein Sohn Craig, dessen Enthusiasmus selbst für alte Hasen ansteckend wirkt. Craig ist der Ur-ur-ur-Enkel desselben Jacob Beam, der die erfolgreiche Dynastie begründete. In diesem Teil der Welt des Whiskeys gibt es überall Beams, und darauf sind sie auch stolz.

Nicht weniger beeindruckend war das Destillierhaus mit seinen kupfernen Beer Stills und einem Doubler, und die Aufstellung der Brennblasen in nur wenigen Metern Entfernung von den Kochern machten sie – auch vor dem Brand – zu den wärmsten von Kentucky. Von der Destillerie bergauf in Richtung des Stadtzentrums von Bardstown lag ein Komplex mit 25 Lagerhäusern, von denen jetzt nur mehr ein halbes Dutzend stehen. Einige davon weisen ungewöhnliche, steile Giebeldächer auf. Doch Heaven Hill benötigt Lagerkapazitäten für eine halbe Million Whiskeyfässer, so daß zusätzlich noch 19 Lager bei der alten Samuels' Destillerie in Deatsville und bei der direkt in Bardstown befindlichen Chapin & Gore Destillerie verwendet werden.

Bei beiden handelt es sich um alte Kentucky-Destillerien, die nicht mehr in Betrieb sind. Obwohl die Lage von Heaven Hill in einer hübschen Senke am Fluß auf eine alte Brennerei schließen ließe, geht die Destillerie nur auf 1935 zurück. Eigentlich bedurfte es nur eines Blicks auf die geschwärzten Ziegel, um zu wetten, daß die Brennerei zumindest seit der Jahrhundertwende bestand, und der Staub des gemahlenen Korns, der bereits Teil des Bauwerks zu sein schien, verstärkte noch den Eindruck, daß es sich um eine sehr alte Destillerie handeln müsse. Obwohl es noch keine endgültigen Pläne für die neue Brennerei gibt, meint Max, er würde es besonders schätzen, wenn der Teil der Fassade, der den Brand überlebt hat, in das neue Gebäude integriert werden könne.

Wenn man ihre Lage bedenkt, ist es nur schwer zu glauben, daß es hier noch keine Whiskeyproduktion gab, als die ersten Einwanderer nach Kentucky kamen. Doch wäre da nicht ein achtloser Notar gewesen, wäre die Destillerie nach William Heavenhill, einem Bauern, dem das Gelände im späten 18. Jahrhundert gehörte, Heavenhill genannt worden. Als die Shapira Brüder, eine Familie von Geschäftsleuten aus Kentucky, kurz nach dem Ende der Prohibition beschlossen, in die Whiskeyproduktion einzusteigen, wählten sie diese günstige Lage an der Straße nach Loretto und in der Nähe von zwei Seen, welche die Destillerie mit dem erforderlichen Wasser versorgen konnten. Sie wollten die Brennerei Heavenhill nennen. Als die Dokumente mit dem Namen Heaven Hill zurückkamen, blieb es jedoch dabei.

Die Destillerie ist nach wie vor in den Händen der Shapiras und somit die letzte unabhängige Brennerei in Kentucky. Dort, wo die Reihe der unzähligen Lagerhäuser an der ruhigen Landstraße nach Bardstown endet, steht ein neues, eingeschoßiges Bürogebäude, in dem Max Shapira, der derzeitige geschäftsführende Vizepräsident, und sein Personal arbeiten. Während in der rund einen

Kilometer entfernten Brennerei in den Tagen vor dem großen Brand alle recht ruhig und entspannt arbeiteten, war Max das perfekte Gegenteil. Mit der Schnelligkeit eines Maschinengewehrs beantwortete er eine endlose Zahl an Telefonaten und traf seine Entscheidungen. In diesem Teil der Erde wirkte er wie ein Einmann-Tornado, der nach der Brandkatastrophe noch an Schnelligkeit gewonnen hat.

Manchmal bleibt es ihm nicht erspart, Whiskey aus anderen Destillerien zuzukaufen, um die Vorräte aufzufüllen, die bis zu 500 000 Fässer betragen. Vor dem Brand war das nicht so oft der Fall, doch kann nun jede Marke jederzeit davon betroffen sein, wenn auch nicht die erfolgreichen Produkte: Der Stil von Heaven Hill bleibt unverwechselbar.

Es gibt verschiedene 4jährige, die gerne als Eigenmarken abgefüllt werden, darunter den Heaven Hill und den Dant; in diesem Alter kann man sie jedoch bestenfalls als feurig bezeichnen. Sie unterscheiden sich sehr deutlich. Bei den einen tritt das Malz stärker in den Vordergrund, bei den anderen der Roggen. Alle haben jedoch den gleichen Anteil an kleinen Getreidesorten. Einige sind ordentlich, wenn auch wenig komplex, andere wiederum etwas unharmonisch. Alle verfügen über eine gewisse Rohheit, die darauf schließen läßt, daß dieser Whiskey länger im Eichenfaß bleiben sollte. Ich finde, daß diejenigen mit dem stärkeren Roggenton mehr Charakter haben.

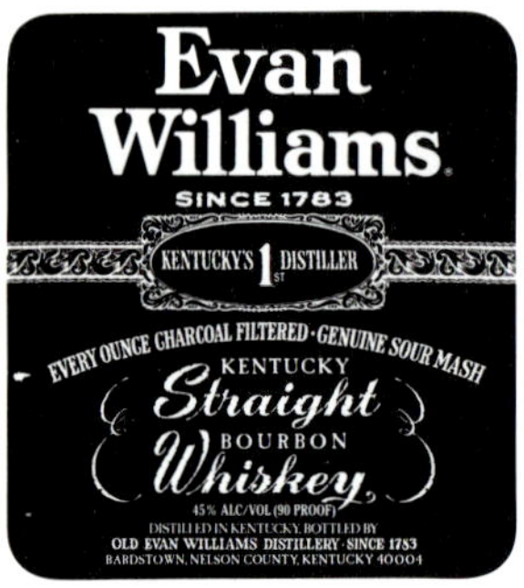

Man hatte die Idee, die Namen berühmter Bourbon-Pioniere, wie Elijah Craig und Evan Williams, als Markennamen zu verwenden. Diese Whiskeys sind hervorragend. Letzterer ist als 7jähriger mit seiner süßen Toffeenote und dem Zimtgeschmack, der den verlockend würzigen Duft ausgleicht. Er ist einer meiner speziellen Favoriten. Ersterer reift fünf weitere Jahre und verdoppelt während dieser Zeit seine Reichhaltigkeit und Komplexität, wobei die kleinen Getreidesorten große Wirkung zeigen. Im Duft schwelt eine Eichennote, er schmeckt geröstet und nussig und die Süße wird im langen, öligen Abgang noch verstärkt. Ein wirklich großartiger Whiskey, der beste aus der gesamten Produktion.

Abgesehen von den 4jährigen gibt es bei den Produkten von Heaven Hill noch eine Reihe von fein abgestimmten Bourbons. Der 6jährige verfügt über eine angenehme Note, die an Orangenschalen und einen sanften Toffee-Geschmack erinnert. Beim 10jährigen steht der Karamelton im Vordergrund, obwohl er auch Anklänge von Minze, Milch und Hefe bietet und gleichzeitig über eine herrlich offensive Roggenhärte verfügt. Die Fruchtigkeit sticht etwas zu stark hervor, doch die Vanilletöne sind wesentlich robuster. Lauter kompakte Whiskeys, die voller Selbstvertrauen eine starke Toffeenote und fruchtige Komplexität zur Schau stellen.

Zweifellos verkörpert Heaven Hill einen Stil, der unmißverständlich Bourbon, jedoch völlig spezifisch ist. Sieht man eine Flasche mit der Aufschrift „Distilled in Bardstown", besteht die Chance, daß sie aus Heaven Hill stammt und einen Versuch wert ist. Trägt sie die Aufschrift „Distilled in Bardstown Aged 6 Years" (in Bardstown destillierter 6jähriger), werden Sie einen ausgesprochen guten Kentucky Whiskey genießen …

WILLETT

Fährt man die Straße nach Loretto rund eineinhalb Kilometer weiter, führt links eine schmale Abzweigung zur umgebauten Willett Destillerie. Manchmal kommt es vor, daß auch hier ein bis zwei Marken aus Heaven Hill hergestellt werden. Doch für den Kenner gibt es hier zwei Whiskeys, die ein Muß sind, nämlich die Schwergewichte Johnny Drum und Noah's Mill. Beide wurden in der alten Willet Destillerie hergestellt, die in den frühen 80er Jahren ihre Pforten schloß. Johnny Drum hat als 15jähriger denselben Duft wie alter irischer Pot Still Whiskey, bei dem die harten, kleinen Getreidesorten die Nase attackieren. Seine Reife erinnert an ungemälzte Gerste: ungewöhnlich, aber wirklich gut. Der noch ältere Noah's Mill schmeckt ein wenig, als wäre er von seinem biblischen Namensvetter in Eichenfässern von seiner Arche erzeugt worden. Er hat seinen Höhepunkt bereits überschritten, doch einige Flaschen weisen nach wie vor eine feine Süße auf.

Während der letzten acht Jahre wurde die Destillerie, die von den Lagerhäusern von Heaven Hill überragt wird, von den Willetts unter der Leitung von Even Kulsveen langsam wieder aufgebaut. Sie hoffen, 1997 den Betrieb wieder aufnehmen zu können und verwenden eine traditionelle Kentucky Beer Still in Verbindung mit einer Pot Still. Der Whiskey, der versuchshalber hergestellt wurde, ist recht gut geworden: Bei dieser großzügigen Menge an Roggen und Gerste kann man nur hoffen, daß er das auch in Zukunft sein wird.

Wie die meisten Museen hat auch das Whiskeymuseum von Bardstown viel vom Wesen eines Eisberges: Nur ein kleiner Teil ist sichtbar. Das bedeutet nicht, daß man Ihnen einen frostigen Empfang bereiten wird – ganz im Gegenteil, Sie können hier sicher die herzliche Gastfreundschaft erleben, für die Kentucky berühmt ist. Allerdings führt man der Öffentlichkeit nur einen Bruchteil dessen vor, was tatsächlich zur Verfügung steht. Bedenkt man, daß hier trotz der Größe des Gebäudes Platzmangel herrscht, machen die Kuratoren ihre Arbeit wirklich gut. Man hat nie genug Zeit, um alle ausgestellten alten Label, Flaschen und Apparate zu besichtigen. Besonders beeindruckend sind die kleinen Pot Stills, die aus dem letzten Jahrhundert stammen.

Das Museum geht auf die Idee des verstorbenen Oscar Getz, einst Inhaber einer Destillerie in der Stadt, zurück. Ursprünglich war das Museum unter beengten Platzverhältnissen in seiner Destillerie untergebracht. Seit den 80er Jahren steht es auf dem heutigen Gelände.

BARTON

Eine besondere Ironie liegt in dem Umstand, daß Getz Inhaber der Barton Destillerie war. Von allen Brennereien, die derzeit in Kentucky und Tennessee in Betrieb sind, ist diese am schwersten zugänglich, wenn man nur zufällig vorbeikommt, ohne vorher einen Termin vereinbart zu haben. Es lohnt auch kaum. Ohne unfreundlich sein zu wollen, muß ich sagen, daß die Barton Destillerie außerhalb von Louisville auch die am wenigsten reizvollste Brennerei ist.

Sie ist anders als alle Bourbon-Destillerien in Kentucky. Nur die eingeschoßigen Büros neben dem Destilleriegebäude haben ein gewisses Alter zu bieten. Das ist kaum überraschend, wenn man bedenkt, daß die heutige Brennerei auf das Jahr 1946 zurückgeht. Die Gebäude sind ebenso zweckmäßig wie die Anlagen aus rostfreiem Stahl. Auch hier stehen die Gärbottiche im Freien, ein Konzept des späten 20. Jahrhunderts, um die Kosten für die Errichtung von Wänden einzusparen. Die strikte Temperaturregelung bewahrt die Maische vor den eiskalten Wintertemperaturen von unter Null Grad und der glühenden Sommerhitze von rund 35 °C. Selbst die Flaschen zeigen nur wenig Romantik; „Distilled and Bottled by Barton Distilling Company … Distilled Spirits Plant – Kentucky – 12“.

Eine weitere Ironie liegt in dem Umstand, daß das Museum in Barton errichtet wurde, einer Destillerie, die nur höchst ungern Details über ihre Whiskeyproduktion preisgibt. Der Mann, der für den seltenen Empfang von Autoren verantwortlich war, Jerry Dalton, ist zwar ein hervorragender Gastgeber mit gutmütigem Naturell und einem entwaffnenden trockenen Humor, doch hat er die Firma vor kurzem verlassen. Aber wenn man ihn nach Details über den Charakter des Whiskeys befragte, verweigerte Jerry sogleich die Aussage.

Das soll nicht heißen, daß es für mich schwierig war, die Produktionsanlagen zu sehen. Es gibt zwei Wash-Behälter mit je rund 61 000 Liter Fassungsvermögen. Der Mehlbrei wird aus Gerste von der Hammermühle, Roggen und gemälzter Gerste (in dieser Reihenfolge) hergestellt. Das Wasser stammt aus dem rund 125,5 Hektar großen Lake Teurs, der von Kalksteinquellen gespeist wird. Außerdem gibt es 13 riesige Gärbottiche, von denen jeder rund 200 000 Liter faßt. Die Gärzeit variiert zwischen 74 und 78 Stunden. Bei der Gärung werden nicht ganz 25 Prozent Rückstand verwendet. Berücksichtigt man die Vergangenheit des Unternehmens, überrascht es nicht, daß die rund 17 Meter hohe, zwei Meter breite Beer Still hauptsächlich aus rostfreiem Stahl besteht und nur einen Kupferhelm hat. Außerhalb des Gebäudes befindet sich der rund 24 000 Liter fassende Doubler, in dem der Alkoholgehalt von 62,5 Vol.-% auf 67,5 Vol.-% erhöht wird. Der Doubler ist zur Gänze aus Kupfer, was man allerdings aufgrund der Verschalung nicht sehen kann.

Die Barton Destillerie verfügt über 30 siebenstöckige Lagerhäuser und nimmt beinahe einen ganzen Stadtbezirk ein. In jedem Lagerhaus haben 20 000 Fässer Platz. Bezüglich ihres Inhalts verstanden Jerry und ich uns perfekt: Ich stellte die Fragen, er weigerte sich, sie zu beantworten.

Was ist der älteste Whiskey in den Fässern, Jerry? Keine Aussage. Habt ihr auch Whiskey von anderen stillgelegten Destillerien? Keine Aussage. Nehmt ihr Fässer aus verschiedenen Teilen des Lagerhauses, um den Marken zu einem eigenständigen Charakter zu verhelfen? Keine Aussage. Habt ihr Bourbons mit verschiedenen Getreidemischungen? Keine Aussage. Allerdings nicht ganz – ich erhielt ein widerwilliges „möglicherweise“ als Antwort auf diese Frage. Seit einiger Zeit vermute ich, daß sie für eine Destillerie, der es so wichtig ist, so viele 4jährige herauszubringen, zuviele verschiedene Whiskeyarten haben. Einzig der Very Old Barton ist älter, ein 6jähriger, versetzt mit ein paar Spritzern länger gereifter Whiskeysorten, die ihn in Form bringen.

Das Seltsame an diesem Schweigen ist der Umstand, daß die Barton Whiskeys irgendwie anders sind. Nicht nur im Vergleich zu den Produkten anderer Destillerien, sondern auch untereinander. Bei manchen, wie zum Beispiel Colonel Lee, der entweder mit 40 Vol.-% oder als BIB (Bottled in Bond) erhältlich ist, fällt es mir schwer, auch nur irgend etwas Positives zu sagen. Andere, wie der Kentucky Gentleman, besitzen eine gewisse rohe Roggennote, die meinen Instinkt anspricht. Doch bei keinem von beiden ist Eleganz mit im Spiel. Einige können sicherlich mit Recht behaupten, einen komplexen Charakter zu haben. Diese Whiskeys werden für eine spezielle Preisklasse entworfen und kommen am Markt gut an. Es sind dies auch Marken, für die man ab und zu in den Supermarkt fährt. Denn schließlich ist man nicht immer zu seidenglatter, honigtöniger Perfektion aufgelegt.

Bei Barton habe ich keine Ahnung, wie ein mehr als sechs Jahre alter Whiskey schmeckt. Oder warum die Marketingleute nicht einen Bourbon herausbringen, bei dem der typische Stil des

Empfehlung des Connaisseurs

JOHNNY DRUM (WILLETT) – DER DUFT VON ALTEM IRISCHEN POT STILL WHISKEY MIT REICHLICH KLEINEN GETREIDESORTEN. UNGEWÖHNLICH ABER KÖSTLICH.

KENTUCKY GENTLEMAN (BARTON) – EINE ROGGENHÄRTE, DIE DEN INSTINKT ANSPRICHT. DER ABGANG IST AUSSERGEWÖHNLICH.

Hauses noch eine Zeitlang im Faß gezähmt werden kann.

Am angenehmsten ist der Very Old Barton, der Whiskeys enthält, die teilweise älter als sechs Jahre, aber sicherlich nicht unter sechs Jahren sind. Er ist in verschiedenen Stärken erhältlich, angefangen von 40 Vol.-% bis zur beliebten BIB-Version mit 50 Vol.-%. Es mutet seltsam an, doch der VOB ist nicht der beste Whiskey, den das Unternehmen erzeugt.

Aus der ganzen Serie ist der BIB im wahrsten Sinne des Wortes um eine Nasenlänge voraus. Alle Versionen sind angenehm, wobei der 40%ige süßen Gerste- und Roggen-Charakter zeigt und der BIB noch eine Ladung gereifte Eiche zulegt. Ein großartiger Whiskey für eine kalte Winternacht. Selbst der schwächste unter ihnen schmeckt noch immer heiter und beruhigend.

International ist der Ten High, der einst zu Hiram Walker gehörte, am bekanntesten. Er ist mit seinem blumigen Stil dem gleich um die Ecke erzeugten Jim Beam sehr ähnlich. Auch weist er eine Malzigkeit auf, durch die man sich in die schottischen Highlands versetzt fühlt, und die irgendwie an Benriach erinnert.

Es ist bei weitem der mildester Malt des Hauses. Er ist auch viel besser als der Colonel Lee, obwohl auch er keine Komplexität zeigt, sondern versucht, möglichst unauffällig zu bleiben. Dennoch verfügt er über genügend Vanille und Karamel, um zu beweisen, daß er auch wirklich ein Bourbon ist. Er ist jedoch nicht zu vergleichen mit dem alten Stil von Hiram Walker, der schwerer, reichhaltiger im Roggen, öliger und insgesamt befriedigender war. Der Kentucky Tavern kann eine verwirrende Marke sein: Ursprünglich wurde er vermutlich in Glenmore destilliert, heutzutage kommt er dagegen wahrscheinlich eher aus Barton.

Am leichtesten läßt sich der Unterschied erklären, indem man sagt, daß The Glenmore anfangs viel süßer schmeckt, nach einem vielversprechenden Beginn mit Malz-Mais-Charakter jedoch unausgewogen wird und in einen – offen und ehrlich gesagt – unangenehmen Abgang übergeht. Man kann ihn nicht verfehlen. Bei dem in Barton erzeugten Whiskey handelt es sich um einen BIB mit 50 Vol.-%, dessen Duft süßer und malziger ist, mit einem knusprigen Roggenton zu Beginn, der ebenfalls in einen schwachen, eher charakterlosen und etwas unreifen Abgang übergeht.

Der einzige Bourbon, der auf die Vergangenheit der Destillerie hinweist, ist der Tom Moore. Moore errichtete bereits 1879 auf dem Gelände von Barton die erste Destillerie, von der heute nichts mehr übrig ist. Dieser Whiskey ist recht repräsentativ für den Stil des Hauses: Anfangs drängen sich die kleinen Getreidesorten auf, doch der Duft und der erste Geschmack sind etwas zurückhaltender, abgesehen von der bekannten Ansammlung komplexer und veränderlicher Merkmale. Am aufsehenerregendsten ist das Finale mit reifen Kirsch- und Schokoladenoten. Ob man es glaubt oder nicht, der Geruch des geleerten Glases erinnert an gebratenen Reis. Vielleicht nicht die Art von Whiskey, bei der man sofort ins Schwärmen gerät, doch sicherlich eine, die eine längere Prüfung wert ist.

Mein Favorit ist jedoch auf jeden Fall der Kentucky Gentleman, der über weitaus stärkeren Roggen-Charakter verfügt als vielleicht jeder andere Bourbon. Auch der Abgang ist außergewöhnlich mit pflaumig-fruchtigen Vanille-, Kakao- und sogar Kaffeetönen. Alles in allem ein typisch herber Barton.

 Whiskey und Wasser: *Der Ohio River wird seit über 200 Jahren mit der Destillation und dem Verschiffen von Whiskey in Zusammenhang gebracht*

Louisville

Einst wurde Louisville vom Whiskey überschwemmt. Die größte Stadt von Kentucky wird im Norden und Westen vom Ohio River begrenzt, an dessen gegenüberliegendem Ufer Indiana beginnt. Auch hier gab es eine blühende Whiskeyindustrie, die nun, abgesehen von Seagrams magerer Präsenz, verschwunden ist. Schon vor dem Bau der Eisenbahn war Louisville ein guter Platz für kommerzielle Destillierbetriebe. Der breite und gut schiffbare Ohio River bot sich zum Materialtransport in die Destillerien und zum Verschiffen der Waren an.

Die kleinen Destillerien, die erst die wachsende Stadt, dann den Bundesstaat und schließlich das ganze Land belieferten, wuchsen zu beachtlicher Größe heran. Viele davon wurden leider zu groß und produzierten zuviel Whiskey. Innerhalb der Branche kam es zu immer mehr Übernahmen und im Zuge der unvermeidlichen Rationalisierung galten zahlreiche Destillerien als unrentabel. Heute ist Louisville als Pendant zum schottischen Campbeltown übersät mit stillgelegten, verfallenen Lagerhäusern, rostenden Wassertürmen und schwarzen Schornsteinen. Es sind die Überreste blühender Destillerien, die früher die Lebensader der Stadt waren.

EARLY TIMES

Vor genau 100 Jahren gab es innerhalb der Stadtgrenzen 21 Destillerien. Heute sind es nur noch zwei (wenn man die Satellitenstadt Shively mitrechnet). Die Destillerie in Shively, die bis heute überlebt hat, heißt heute Early Times. Entsprechend der Tradition von Kentucky war das natürlich nicht der Name, den sie bei ihrer Gründung hatte. Die Destillerie wurde 1935 errichtet und Old Kentucky Destillerie getauft. Seitdem wurde ein Großteil der Brennerei, die 1940 von Brown-Forman gekauft wurde, umgebaut.

Für eine Stadtdestillerie macht Early Times einen erstaunlich ländlichen Eindruck. Andererseits liegt sie auch nur einen Katzensprung von Churchill Downs entfernt, wo das Kentucky Derby stattfindet. Von der Destillerie führt eine herrliche Prachtstraße, die eher an einen Park als an eine Destillerie erinnert, in Richtung Stadtzentrum. Selbst die kleinen Holzhütten um den Eingang vermitteln eine saubere, gesunde, ländliche Atmosphäre. Kein Wunder: Sie werden von den Inhabern der Destillerie ebenso gereinigt wie die Bäume, die von einem schwarzen Schwamm befallen sind, der überall dort wächst, wo Whiskey reift und somit in jedem Destillerielager auf der ganzen Welt zu finden ist.

Am Ende der Straße sieht man einen rostenden Wasserturm, der in demselben matten Grün gestrichen ist wie die Gärbottiche. Hier stand einst die alte National Destillerie. Vom Dach der Destillerie aus sieht man in gegenüberliegender Richtung ein riesiges Gebäude aus Ziegelstein, das zur Four Roses Destillerie gehörte, die sich einst in Louisville befand. Nach den Eisenbahnschienen und den neuen Lagerhäusern gelangt man zu der Straße, die zur Produktionsstätte des früher allgegenwärtigen Yellowstone führt. Einige Kilometer weiter südlich, näher beim Stadtzentrum, liegt die stillgelegte Old Forester Destillerie.

Während sich Early Times hinter seinen geputzten Bäumen versteckt, war und ist Old Forester mit dem auffallenden Wasserturm in Form einer Whiskyflasche ein Wahrzeichen der Stadt. Heutzutage wird der Old Forester in Early Times hergestellt, und um ehrlich zu sein, er ist der bessere der beiden Whiskeys, die hier produziert werden. Es handelt sich eigentlich um Whisky. Wie auch Maker's Mark, wurde der Old Forester niemals mit „e" geschrieben. Der Early Times besaß früher schon ein „e", verlor es jedoch.

Empfehlung des Connaisseurs

OLD FORESTER BONDED – EINE MISCHUNG VON HONIG UND GEWÜRZEN GEHT IN EINE BEEINDRUCKENDE RÖSTUNG ÜBER. GROSS UND KOMPLEX.

Meiner Meinung nach ist der Old Forester deshalb besser, weil er eine gute Portion Roggen (18 Prozent) enthält. Early Times hat nur 11 Prozent davon und dafür mehr Mais, und das merkt man. Als richtiger Bourbon gewinnt der Old Forester, was seine Tiefe und Komplexität betrifft. Doch die meisten Amerikaner werden nicht wissen, wie Early Times Bourbon schmeckt. In allen Bundesstaaten wird er als „Old Style Kentucky Whisky" vermarktet. So will Brown-Forman zum Ausdruck bringen, daß der abgefüllte Whisky nicht in neuen Eichenfässern reift, wie es einem Bourbon entsprechen würde, sondern in gebrauchten, wodurch er nicht dieselbe Qualität aufweist. Dieser Whisky schmeckt zeitweise recht angenehm, doch wenn man klassischen bevorzugt, sollte man ihn lieber nicht trinken. Der Early Times hat einen spielerischen Charakter und gewisse Merkmale, zu denen Charme und Komplexität leider nicht zählen. Doch finde ich einen großen Schluck dieses erfrischenden, starken Whiskys recht aufbauend, wenn es mir schlecht geht.

Old Forester ist etwas anderes. Seit langem ist er die wichtigste Bourbonmarke von Brown-Forman, die ihn als erste herausgebracht haben. Er verfügt über Stil und köstlich tiefen Whiskycharakter. Es gibt den Old Forester als 43%ige sowie als 50%ige BIB-Version, wobei erstere trotz ihres niedrigeren Alkoholgehalts würzig und süß ist und letztere einen wirklich starken gerösteten Geschmack hat. Bei beiden handelt es sich um große, komplexe und höllisch gute Whiskys. Unabhängig von der Stärke ist auf jeder Flasche Old Forester vermerkt: „Auf dem Markt ist nichts Besseres erhältlich." Diese Behauptung wird im

Namen von George Gavin Brown aufgestellt, dessen Unterschrift sich auf jeder Flasche findet. Er begann um 1870 mit dem Verkauf dieser Marke, ungefähr 100 Jahre nachdem seine Vorfahren Schottland verlassen hatten, um in den USA ein neues Leben zu beginnen. Zuerst verkaufte er ihn als Vatted Bourbon, bei dem Bourbon aus verschiedenen Destillerien gemischt wurde. Die Flasche wurde versiegelt, um sicherzustellen, daß nicht daran herumgepfuscht wurde, ein häufiges Problem in dieser Gegend.

Der Stammbaum von Early Times läßt sich sogar noch weiter zurückverfolgen. Anfangs gehörte die Brennerei weitläufig zum Imperium von Beam. Die erste Destillerie wurde in Nelson County in der Nähe von Bardstown errichtet, an einem einsamen Ort, der Beam's Station genannt wurde. Nachdem sie eine Zeitlang nur im kleinen Rahmen betrieben worden war, wurde Early Times Whiskey 1893 als Handelsmarke registriert. Bis zum Beginn der Prohibition verzeichnete die Early Times Destillerie ein beträchtliches Wachstum und zog mehrmals um. Seit 1979 teilt sie das Gelände mit Old Forester, obwohl es diesmal Early Times war, die auf ihrem Platz blieb.

Trotzdem werden 80 Prozent des hier produzierten Bourbon nach der Early-Times-Getreidemischung von 79 Teilen Mais, elf Teilen Roggen und zehn Teilen Malz hergestellt, im Vergleich zu dem bodenständigeren Rezept von 72-18-10 des Old Forester. Early Times wird nicht nur für den „Old Fashioned“ und als Straight Bourbon verwendet, sondern geht auch als geschmackgebendes Destillat nach Kanada. Für jede dieser Stilrichtungen hat die Destillerie kürzlich auf ein dreifaches Destillierverfahren umgestellt: Beer Still, Thumper, Doubler, wobei ein alter Thumper als Doubler dient. Mit Hilfe dieses Systems sollen einige der schwereren Noten beseitigt werden, damit der Whisky sauberer wird. Das ist er sicherlich, obwohl er seinen vollen Charakter bewahrt hat, auch wenn beim Old Forester der Mais stärker hervortritt, als man annehmen würde. Einmal im Jahr wird hier auch recht anständiger Rye Whisky erzeugt.

Die Ziegel von Bernheim: *Kentuckys neue Destillerie wird von ihren Lagerhäusern überragt*

Zum Glück bleibt die Destillerie bei der Whiskyproduktion. Vor nicht allzu langer Zeit stieg sie nämlich erfolglos in die Fischzucht ein. Die Fische, die mit den Abfällen aus der Whisky-Produktion gefüttert werden sollten, starben massenweise. Seit das Lagerhaus zum Testgelände der Pot Stills für die Dreifachdestillation der Labrot & Graham Destillerie umgebaut wurde, wird es wieder ohne Todesfälle genutzt. Nachdem man ein wenig daran herumgebastelt hatte, funktionierten sie perfekt. Vielleicht war das ein Wink Gottes, um die Whiskyleute darauf hinzuweisen, daß Destillerien die Aufgabe haben, Whisky herzustellen.

BERNHEIM

Diese neue Destillerie weist viele Merkmale einer traditionsreichen Brennerei auf. Trotzdem ist sie auf dem modernsten Stand, wie es sich für eine Destillerie, die erst 1992 eröffnet wurde, auch gehört. Gleichzeitig vermittelt sie den Eindruck, daß alles am richtigen Platz und sehr traditionsbewußt ist.

Vielleicht liegt das an den 13 riesigen Lagerhäusern, die ganz aus Ziegelstein bestehen. Am Boden sind Metallschienen verlegt, auf denen kein Zug fährt, sondern wie in Labrot & Graham Fässer transportiert werden. Diese Lagerhäuser sind sogar für Louisville etwas Besonderes. Wenn man herumspaziert und sie bewundert, bekommt man leicht einen steifen Hals, so riesig sind sie. Jedes faßt 20 000 bis 25 000 Fässer, doch aufgrund ihrer Höhe bleiben die unteren Geschoße relativ kühl: Es ist beeindruckend, wie die Reifegeschwindigkeit gesteuert werden kann. Die Blender erhalten dadurch eine überdurchschnittlich große Auswahl.

Bernheim liegt in einer weniger reizvollen Umgebung als die anderen Kentucky-Destillerien. Sie steht inmitten von Häusern, die schon bessere Tage gesehen haben, und Straßen, durch die man im Dunkeln lieber nicht alleine geht. Trotzdem herrscht eine stark historische Atmosphäre. Das bewirken nicht nur die Lagerhäuser, die die Destillerie überragen. Auf der Rückseite befindet sich ein alter Schornstein, der einst zur berühmten Belmont Destillerie gehörte, deren hübsche Flaschen noch manchmal bei Versteigerungen zu haben sind. Abgesehen davon sind von jener Destillerie, die auf 1881 zurückgeht und einen Meilenstein der Bourbondestillation in Jefferson County darstellt, nur noch die Lagerhäuser übrig. Kurz nach ihrer Errichtung war sie eine unter vielen, die sich auf dem lokalen und überregionalen Markt behaupten mußten. Ihr stärkster Konkurrent war die nur wenige Meter entfernte Astor Destillerie. Beide Brennereien gehörten später zu United Distillers. Als Gebäude und Maschinen schon stärker abgenutzt waren, wurden sie geschlossen. Hier müssen Einsparungspläne im Spiel gewesen sein, denn innerhalb eines Jahres nach der Öffnung von Bernheim wurde auch die Stitzel Weller Destillerie stillgelegt und ihre Produktion von Weizenbourbon auf die andere Seite der Stadt verlagert.

Seit Ende 1996 kann man den Astor wieder verkosten. United Distillers erzeugen nämlich wieder die seltenen Whiskeys bereits stillgelegter Destillerien. Als einer der ersten wird der Henry Clay auf den Markt kommen, ein 16jähriger, der 1980 von Astor hergestellt wurde. Trotz dieses für einen Bourbon enormen Alters wirkt sein Duft kaum überkocht und der Eichenton wird durch die Honignote ausgeglichen. Mit 59,5 Vol.-% ist er so körperreich, wie man es sich bei einem Bourbon nur wünschen kann, und wie durch ein Wunder verdirbt ihn das übermäßige Alter nicht. Die Gewürznote vermischt sich ausgewogen mit dem Vanilleton und der Roggen tritt ebenfalls hervor. Großartig für jeden Kenner und Liebhaber des alten Astor. Selbst wenn man die lange Reifezeit berücksichtigt, ist er ganz anders als alle Versionen, die heute sonst noch in Bernheim hergestellt werden.

Bevor sie auch die Aufgaben der Stitzel Weller Destillerie übernehmen mußte, kam Bernheim ganz gut mit ihren eigenen Marken zurecht. I. W. Harper und Old Charter werden beide in einer Beer Still aus rostfreiem Stahl hergestellt. Neben dieser steht noch eine weitere Brennblase, deren Helm und Kondensatoren aus Kupfer sind. Sie dient der Herstellung von Weizenbourbon für die Serien Weller, Old Fitzgerald und Rebel Yell.

Sowohl für den Weizen- als auch für den Rye Whisky werden Maischbottiche aus rostfreiem Stahl verwendet, ebenso wie ein Thumper, der den Vorgang vollständig macht. Die Hefe ist unterschiedlich, doch die Destillationsmethode ist dieselbe. Die Firmenpolitik besteht darin, diese Whiskeys mit etwas niedrigerem Alkoholgehalt zu produzieren als in Kentucky allgemein üblich ist und auch mit niedrigeren Stärken ins Faß zu füllen – das heißt mit ungefähr 56 Vol.-% statt 62,5 Vol.-%. Man vertritt die Meinung, daß der Whiskey mehr von seinem ursprünglichen Stil und Aroma bewahrt, wenn sein Alkoholgehalt bei der Abfüllung nicht mehr so stark reduziert werden muß. Andererseits sagt man, daß in diesem Fall weniger aktiver Alkohol vorhanden ist, der mit dem Holz reagieren kann. Zweifellos haben beide Arten Vor- und Nachteile.

Empfehlung des Connaisseurs

PRESIDENT'S RESERVE – EIN ORANGE-TOFFEE-DUFT IN WUNDERBARER HARMONIE MIT WÄRMENDEM PFEFFER UND EINEM WALNUSSTÖNIGEN ABGANG.

Bei der Art der Lagerung gibt es einen großen Unterschied. Die Rye Whiskeys reifen immer in mächtigen Ziegelbauten, während man in Stitzel Weller hübsche, alte, optisch ansprechendere Lagerhäuser hat, die mit Eisen verkleidet sind, so daß sich die Hitze länger hält und sie sich daher besser für den Weizenbourbon eignen.

Die Marken mit dem Roggenrezept sind äußerst traditionsreich. Der Name I. W. Harper wurde von Isaac „Ike" Bernheim, dem Begründer der Destillerie, höchstpersönlich ausgewählt. Er war nach Kentucky eingewandert und stieg mit seinem Bruder durch den Kauf eines einzigen Bourbonfasses ins Whiskeygeschäft ein. Die beiden Brüder waren so erfolgreich, daß sie schon kurz nach der Jahrhundertwende ihre erste Destillerie errichteten. Sie wurden so reich, daß sie dem Volk von Kentucky eines der schönsten Naturreservate vermachen konnten, Bernheim Forest, der in den Provinzen Bullitt und Nelson liegt.

Hinter dem Namen I. W. Harper, dem die Familie Bernstein einen Großteil ihres Reichtums verdankt, steht eine interessante Geschichte. Da sie zur Vermarktung des Whiskeys nicht unbedingt ihren eigenen Namen verwenden wollten, „borgten" sie den eines Freundes und setzten Ikes Initialen I. W. davor. Dies mag zwar seltsam klingen, doch war das in der damaligen Zeit die gängige Methode, um Geschäfte zu machen. Wenn der Name gut klang, verwendete man ihn einfach, gleichgültig, ob er wirklich mit dem Whiskey in Zusammenhang stand.

Auch heute zählt dieser Whiskey zu den bodenständigen Sorten. Während der Weizenwhiskey ein paar Jahr länger reifen sollte, ist der Rye schon im zarten Alter durchaus genießbar. Die Standardversion I. W. Harper Gold Medal ist dafür ein gutes Beispiel: Die

Old Master: *Der kleine Ike Bernheim blickt hinter seiner Büroeinrichtung aus dem 19. Jahrhundert hervor*

Ein gutes Dutzend: *Dreizehn Angestellte von Stitzel Weller (um 1930)*

jugendliche Frische der kleinen Getreidesorten schafft einen Bourbon, der die Geschmacksnerven unter Beschuß nimmt. Der 50,5 Vol.-% ist wesentlich schwerer und reicher, wobei hier der Mais stärker hervortritt. Doch beide verblassen im Vergleich zu President's Reserve, bei dem sich ein Orange-Toffee-Duft wunderbar mit einer wärmenden Pfeffernote verbindet, um anschließend in einen äußerst feinen und delikaten Gaumen und walnußtönigen Abgang überzugehen. Am beeindruckendsten ist allerdings der süße Duft.

Auch der Duft der Old-Charter-Marken ist überdurchschnittlich, doch nachdem der jüngste ein 8jähriger ist, ist das nicht weiter erstaunlich. Beim 8jährigen mit 40 Vol.-% dominiert zumindest im Duft und im ersten Geschmack eine starke Honignote, während der Mittelteil vom Roggen geprägt ist. Der Abgang wird jedoch nicht mehr dem vielversprechenden Beginn gerecht. Das Gleiche kann man vom 10jährigen sagen, dessen Finale keinesfalls so gut ist wie der anfänglich feine Mais- und Eichencharakter. Doch zwei zusätzliche Jahre tun ihm gut. Old Charter Classic ist ein 12jähriger Bourbon, der vom ersten bis zum letzten Moment voller Überraschungen steckt. Durch die kleinen Getreidesorten erhält er einen reschen, verlockenden, äußerst geschmackvollen Körper, der mit einer herrlichen kakao-ähnlichen Bitterkeit abgeht. Es hilft ihm auch, daß er 45 Vol.-% hat. Nach einem weiteren Jahr ist der 13jährige Proprietor's Reserve sogar noch besser. Mit seinem Geschmack nach geröstetem Zimt ist er der komplexeste der Serie.

Von diesen Bourbons kann man viel über die Reifung des Kentucky Whiskeys lernen. Sogar bei einem Alter von über zwölf Jahren ist die Eichennote nicht zu kräftig. Die eleganten, alten Lagerhäuser aus Ziegel dienen eben nicht bloß als hübsche Fassade.

STITZEL WELLER

Anfang der 90er Jahre schmückten Werbeplakate für Rebel Yell die Londoner U-Bahn. Die Marketingleute hatten erkannt, daß sich jüngere Whiskytrinker nicht für Getränke interessierten, die auch nur im entferntesten an die ältere Generation erinnerten. Daher wurden Markennamen, die Old soundso hießen, schlichtweg abgelehnt. Jahrelang war Rebel Yell ausschließlich in den Südstaaten verkauft worden. Da sich United Distillers nun in die Bourbonbranche eingekauft hatten, stand ihnen eine Reihe von Markennamen zur Verfügung, mit denen sie in den internationalen Markt eintreten konnten. Es wurde argumentiert, daß ein Name wie Rebel Yell eine gewisse Anziehungskraft auf ein Zielpublikum ausübe, das noch nicht reif für ältere Versionen sei.

Um die projektierte Nachfrage zu befriedigen, arbeitete die Stitzel Weller Destillerie auf Hochtouren. Doch trotz der Hoffnungen, trotz Testverkostungen und Werbung blieben die großen Umsätze aus. Als das Angebot die Nachfrage übertraf, füllten sich die Lagerhäuser mit Weizenbourbon. Die Brennblasen wurden stillgelegt und die Destillerie geschlossen.

Ausnahmsweise gebe ich hier nicht den Marketingleuten die Schuld. Ihre Pläne waren einleuchtend, das Label mit der Flagge der Südstaaten äußerst geschmackvoll. Wäre ich eine Spielernatur, hätte ich sicherlich auf den Erfolg dieser Marke gesetzt. An dem Whiskey war auch absolut nichts auszusetzen. Ich mochte ihn damals, ich mag ihn heute. Rebel Yell war so individuell und charaktervoll wie jeder andere Kentucky Whiskey. Er hatte nichts von der Schwere einiger amerikanischer Whiskeys – was eigentlich ein Plus war –, sondern einen verlockenden, malzigen, pfeffrig-würzigen Duft, der nach und nach in delikaten, komplexen Geschmack überging.

Heute ist die Destillerie nicht in Betrieb. Die gesamte Arbeit, die für ihre Marken erforderlich ist, wird mühelos von der rund sechs Kilometer entfernten Bernheim Destillerie bewältigt. Daher ist die Chance, daß diese wunderbaren kupfernen Beer Stills wieder in Betrieb gehen, gleich null. Die 28 Gärbottiche werden sicherlich nie wieder mit Wash unterschiedlicher Lebendigkeit und Süße gefüllt und die beiden weißgestrichenen, gußeisernen Maischbottiche, die beide mehr als 44 000 Liter fassen, sind nutzlos. Würde hier jemals wieder produziert, dann sicherlich in weitaus kleinerem Rahmen.

Die Destillerie in ihrer heutigen Form geht ungefähr auf das Jahr 1935 zurück, obwohl ihre Wurzeln bei W. R. Weller bis 1849 zurückzuverfolgen sind. Während der Prohibition wurde Weller mit den Stitzel Distillers zusammengelegt, die 1870 gegründet wurden. Am Schornstein sieht man noch heute die nach der Prohibition übliche Beschriftung mit dem Markennamen, wie es auch bei der La Salle Destillerie in Montreal und Glenmore in Owensboro der Fall war, bis deren Schornstein Ende 1995 von Barton, den neuen Inhabern, einfach abgerissen wurde. In Stitzel Weller ragt der legendäre „Old Fitzgerald" hoch in den Himmel, wodurch die Destillerie leichter zu finden ist, als es sonst in diesem Labyrinth von kleinen Straßen, die sich kreuz und quer durch diesen Teil von Louisville ziehen, der Fall wäre.

Die Destillerie liegt auf einem grünen, bewaldeten Gelände, das sie ebenso wie Early Times für die Wanderdrossel, den Blauhäher und den Whiskeyliebhaber gleichermaßen interessant macht. Umgeben von Azaleen und Magnolien sind die Gebäude äußerst hübsch, obwohl sie aus Ziegelstein bestehen. Am alten Eingang, der mit Holzschindeln verkleidet ist, kann man die Warnung von Pappy Van Winkle lesen, der kurz nach der Jahrhundertwende die Destillerie leitete: „Eintritt für Chemiker verboten". Das war eine klare Absage an alle, die Bourbon auf nicht-herkömmliche Weise produzieren wollten.

Der Name am Schornstein erinnert auf beeindruckende Weise an den Old Fitzgerald, der die Destillerie ins Laufen brachte. Die Marke selbst ist jedoch weniger imposant als der Schornstein. Der 43%ige zeigt im Alter von vier Jahren, warum Weizenbourbon länger reifen müßte, obwohl die 50%ige BIB-Version, wenn auch nicht perfekt, so doch süßer ist und dadurch ein oder zwei Mängel überdecken kann. Der Very Old Fitz, ein 12jähriger mit 45 Vol.-%, ist für diejenigen geeignet, die – zumindest im Glas – Komplexität lieben. Auf das Apfelbrandy-Aroma

Öffnungszeit: *Die Fenster der alten, eisenverkleideten Lagerhäuser von Stitzel Weller*

Zeichen der Zeit: *Vor 100 Jahren ließ Pappy Van Winkle, Präsident von Stitzel Weller, keine Chemiker in seine Destillerie*

und den noch immer unreifen Duft folgt eine Karamel- und Vanillecremenote. Das ist die Art von aufreizendem Bourbon, die ich liebe.

Die Weller-Serie folgt einem ähnlichen Muster. Der jüngere Special Reserve hinterläßt keinen Eindruck auf Nase und Gaumen, doch der 10jährige Centennial und der Antique lassen einen vor Wonne aufjauchzen. Beim ersteren handelt es sich wiederum um einen komplexen Weizenbourbon, der Zartheit mit immer stärker werdenden, wärmenden Pfeffernoten verbindet.

Der Antique befreit sich von alldem: kein Herumspielen der kleinen Getreidesorten, nur ein enormer Vanilleton, der den Gaumen umhüllt. Und dennoch ist Spielraum für den Mais offen, der dem Whiskey Tiefe verleiht, sowie für Weizen und Malz, die für Form und Komplexität verantwortlich sind. Bei beiden Varianten lohnt sich die Suche. Man kann nur hoffen, daß auch die Brennblasen von Bernheim dieser Aufgabe gerecht werden.

Für den lagernden Weizenwhiskey, der für den Rebel Yell bestimmt war, wird eine völlig neuen Marke eingeführt: der Dickel. Während der Prohibition gehörte Stitzel Weller zu den sechs Destillerien im Bundesstaat, die Whiskey für medizinische Zwecke herstellen durften. Damals produzierten sie auch für zwei weitere Brennereien in Louisville, nämlich Old Forester und Frankfort. Ironischerweise arbeiten sie aber nicht für Stag in Frankfort, wo zu dieser Zeit die Dickel Destillerie, damals ein Flüchtling aus Tennessee, untergebracht war. Als späte Wiedergutmachung möchten sie nun George Dickel RX Cascade, den Prohibitions Whiskey, herausbringen. Er schmeckt völlig ungewöhnlich: Berge von weichem Karamel, nichts auch nur annähernd Komplexes, trinkt er sich so leicht wie kaum ein anderer Bourbon. Er wurde für ein jüngeres Zielpublikum kreiert, deshalb ist er auch so simpel. Sein Geschmack stammt von Holzkohlestückchen, die beim Abfüllen beigemengt werden, ein Element des Reifeprozesses im Tennessee-Stil. Das Ergebnis ist eine einmalige Mischversion: halb Kentucky, halb Tennessee Whiskey, aber insgesamt köstlich.

Empfehlung des Connaisseurs

Very Old Fitzgerald – Ein 12jähriger komplexer Bourbon, mit Apfelbrandy-Aroma, unreifem Duft und Karamel und Vanilletönen.

Zumindest haben die zusätzlichen Lagerräume, die neben den Bahnschienen geschaffen wurden, dazu geführt, daß es nun erstmals auch ein ernstzunehmendes Archiv für die Whiskeyproduktion von Kentucky gibt. Während man im Museum von Bardstown auf längst vergangene Zeiten zurückblicken kann, geben die Aufzeichnungen von Stitzel Weller einen so guten Einblick in die Branche, daß jeder Student seine Freude daran hätte. Das Archiv wird vom ansässigen Historiker Mike Veach geleitet.

MISSOURI, ILLINOIS UND INDIANA

WESTON

Man kann einen ganzen Tag lang von Louisville aus schnurgerade in westliche Richtung fahren und befindet sich immer noch im ehemaligen Bourbon-Gebiet. Nach dieser beschwerlichen Route durch St. Louis und Kansas City, die mehr als 800 Kilometer lang unerbittlich über immer flacher werdendes Land führt, möchte man sich in der gußeisernen Badewanne entspannen, die einst jenem Mann gehörte, der vor 100 Jahren Inhaber einer Destillerie war, die so weit westlich lag, daß sicherer Handel beinahe schon unmöglich war.

Die Destillerie steht bis zum heutigen Tag. Obwohl sie 15 Jahre lang nicht in Betrieb waren, sind Brennblasen und Gärbottiche noch in ausgezeichnetem Zustand und werden gerne von Touristen besichtigt, die vielleicht im Benner House wohnen. Diese Pension liegt in der Main Street von Weston, einer bezaubernden Stadt in Missouri (oder Miz-zor-a, wie die Einheimischen diesen Bundesstaat aussprechen) am Ufer des berühmten alten Flusses gleichen Namens. Das Haus wurde 1898 von George Shawhan gebaut. Hier findet man noch einige Flaschen von Shawhans „Four Generations Bourbon“ und „Peer and Pioneer American Whiskey“. Auch nach all diesen Jahren sind die Korken noch intakt, doch vom Whiskey selbst fehlt jede Spur.

Die Stadt erhielt ihren Namen in Anspielung auf ihre westliche Lage und auf ihren Gründervater, Tom Weston, dessen Aufgabe es war, sie zu entwerfen. Es dauerte nicht lange, bis eine Destillerie hinzukam. Passenderweise wurde das Gelände auf dem sie erbaut wurde, um 1830 einem indianischen Händler für ein einziges Faß Whiskey abgekauft. Die Destillerie geht auf das Jahr 1844 zurück; Sklaven errichteten sie ursprünglich als Kühlfabrik. Zwölf Jahre später wurde das Werk zu einer Brennerei, die den durstigen Mittleren Westen bedienen sollte. In der Folge hieß sie Blue Springs, Holladay, Shawhan, Old Weston und bei ihrer Schließung 1985 McCormick's Destillerie.

Schon lange gibt es keinen Bourbon mehr, der in Weston erzeugt wird. Es gelang mir jedoch in einem nahegelegenen, gemütlichen irischen Pub, das früher selbst eine Brauerei war, einen Original-Weston-Corn Whiskey zu bekommen, der sich als süßer, voller und komplexer erwies als sein Nachfolger, welcher eher dem schwereren Missouri Whiskey ähnelt. Die Firma McCormick ist nach wie vor im Geschäft und führt sogar einen weiteren Bourbon, der nicht aus Kentucky stammt, sondern von der Pekin Destillerie nahe Peoria in Illinois. Sie wurde in den 20er Jahren aus rotem Ziegelstein erbaut und stellt seit 1991 keinen Whiskey mehr her sondern Äthanol. Beide Destillerien gehörten einst zur Mid West Grain Company, bevor McCormick von anderen Investoren übernommen wurde. Dieser Bourbon ist vermutlich der süßeste in den ganzen USA; und der weicheste. Die Maische besteht aus 74,5 Prozent Mais, 15 Prozent Roggen und 10,5 Prozent Malz und wird nur einmal in der Beer Still auf große Stärke, d.h. auf rund 80 Vol.-%, destilliert ohne Verwendung eines Doubler oder Thumper. Ein kleiner Tip: Sehen sie einen McCormick oder einen Stillbrook, auf dem „Distilled in Illinois“ steht, kaufen Sie ihn, da er rasch verschwinden und durch den Heaven Hill aus Kentucky ersetzt werden wird. Beide Whiskeys aus Illinois sind offiziell 36 Monate alt, doch der Stillbrook schmeckt und fühlt sich wesentlich älter an. Er ist sehr delikat und explodiert am Gaumen, ähnlich einem jungen Ancient Age oder George Dickel. Der McCormick ist weitaus langweiliger, obwohl der Roggen stärker hervortritt.

Es ist wirklich schade, daß eine Destillerie in Missouri auf Illinois-Bourbon verzichtet. 1995 erwog McCormick die Möglichkeit, die Destillerie wieder in Betrieb zu nehmen, entschied sich aber dagegen. Andererseits gibt es eine starke Nachfrage nach seltenerem Bourbon, daher kann man nur hoffen, daß eines Tages 800 Kilometer westlich von Louisville wieder Whiskey hergestellt wird.

Empfehlung des Connaisseurs

SAM COUGAR (SEAGRAM, INDIANA) –

EIN HERRLICHER BOURBON, VOLLER ROGGENHÄRTE UND WÜRZE. EIN WIRKLICH WOHLSCHMECKENDER WHISKEY DER TOPKLASSE.

SEAGRAM, LAWRENCEBURG

Am 2. Juni 1996 schien der Bourbon ein wenig von seinem Glanz zu verlieren, als die Brennblasen der Lawrenceburg Destillerie zum – wie man annahm – letzten Mal in Betrieb waren.

Dabei handelte es sich nicht um die Four Roses Destillerie nahe Lawrenceburg in Kentucky, sondern um eine Brennerei westlich von Cincinnati, Ohio, in einer Stadt in Indiana, die zufällig und zur großen Verwirrung denselben Namen trägt wie die der Schwester in Kentucky. Die Destillerie sollte nicht völlig stillgelegt werden, da hier mit Maschinen, die auf dem neuesten Stand sind, Seagrams Gin und Wodka produziert wird. Doch das offensichtliche Ende der Whiskeyherstellung war ein trauriger Aspekt, der, als in Kentucky und Kalifornien gerade neue Destillerien eröffnet wurden, zeigte, wie empfindlich diese Branche ist. Es schien, als gäbe es in Indiana keine Whiskeyproduktion mehr. Und

Wieder im Geschäft: *Die Seagrams Destillerie in Indiana stellt wieder Bourbon und Rye her*

ich war der Ansicht, Seagram hätte einen riesigen Fehler gemacht: Auf der ganzen Welt gibt es keinen Whiskey, der so voll spröder Reichhaltigkeit ist. Doch schon wenige Monate später fiel der Entschluß, wieder zu arbeiten. Der Indiana Whiskey war gerettet.

Rund 110 Jahre früher hätte das Ende der Whiskeyproduktion für den Bundesstaat Indiana keinen Verlust bedeutet. Zu beiden Seiten des Ohio River gab es damals eine Überproduktion, und die Brenner von Kentucky wollten alleine bleiben und wünschten keine Verbindung mit den minderwertigeren Whiskeys von Indiana. Selbst der Kentucky Whiskey, der in Covington, am Rand von Cincinnati, erzeugt wurde, galt als unzureichend. Man meinte, alles was nördlich des Flusses produziert wurde, könne nur Tage, Wochen oder bestenfalls Monate alt sein. Die Brenner von Kentucky rühmten sich, daß sie ihren Whiskey mindestens drei bis vier Jahre reifen ließen – das war ein weiterer Grund, warum dieser Bourbon einen so guten Ruf erlangte. Außerdem betrug sein Maisanteil 70 Prozent, während er in Indiana und Ohio wesentlich höher lag. Die abschätzige Ansicht des bekannten Brenners John Atherton im Jahre 1888 war typisch für diese Zeit: „In diesen Häusern am Ohio River ... wird ein Whiskey hergestellt, der, wie ich vermute, als qualitativ hochwertig bezeichnet wird. Da er jedoch nicht reifen kann, kann er auch nicht als Kentucky Whiskey auf den Markt kommen." Es liegt eine gewisse Ironie in dem Umstand, daß Seagram die Athertonville Destillerie schon zehn bis 20 Jahre vor der kurzfristigen Stillegung ihrer nördlich des Flusses gelegenen Destillerie geschlossen hatte.

Aus der Ferne betrachtet wirkt die Lawrenceburg Destillerie groß und kompakt. Sie liegt inmitten von uncharakteristisch fruchtbarem Land und ähnelt Dumbarton in Schottland und Walkerville in Kanada, die ebenfalls aus Ziegelstein schachtelförmig angelegt sind und die umliegenden Gewässer überragen. Heutzutage findet man um die Destillerie die Überreste einer aufgelassenen Brennerei, des Schenley-Werks, das nur wenige Meter entfernt ist. Einmal ging ich durch das verlassene Gebäude, wo ich über Glasscherben und verfaulende Fußböden steigen mußte. Einige alte Dokumente lagen umher, getränkt mit ausgelaufener Maische.

Es ist unwahrscheinlich, daß es der Destillerie von Seagram ebenso ergehen wird, wenn auch nur dank des Gin- und Wodkageschäfts. Die Whiskeydestillation wurde im Februar 1997 wieder aufgenommen. Bis zum Ende des Sommers stehen 97 Destilliertage zur Verfügung. Was danach passieren wird, kann niemand mit Sicherheit sagen. Obwohl der Whiskey aus dieser Region so gering geschätzt wird, fand ich persönlich ihn einfach hervorragend. In den 14 Gärbottichen, die eine Kapazität von rund 100 000 Liter haben und anläßlich des 100. Geburtstags der Brennerei im Jahre 1965 installiert wurden, erzeugte man viele Whiskeyarten für den 7 Crown, darunter einen herrlich fruchtigen, üppigen Gerstenwhiskey sowie zwei Bourbonversionen, eine mit einem unglaublichen Roggenanteil von 35 Prozent und einem Maisanteil von nur 60 Prozent. Bei diesem handelt es sich mit Leichtigkeit um den stählernsten und geschmacklich intensivsten Bourbon, den ich zu meinem Glück entdeckt habe (auch wenn er nie als Straight erhältlich war). Der Bourbon, der 75 Prozent Mais enthält, ist eine wesentlich weichere Angelegenheit. Drei Rye Whiskeys vervollständigten das Sortiment: einen exquisiten, süß-würzigen, der nur gemälzte Gerste enthielt, einen mit nur 52 Prozent Roggen, und einen dritten aus 95 Prozent Roggen und 5 Prozent gemälztem Roggen. Der Grund für die gute Qualität all dieser Whiskeys war vielleicht das härteste Wasser in ganz Nordamerika. Oder auch die Größe der Beer Still, die nur 1,2 Meter Durchmesser hatte, während der Doubler riesengroß war, mit Leichtigkeit der größte in den USA. Beide Brennblasen waren bedeutenderweise zur Gänze aus Kupfer.

Mit diesem erstklassigen Background ist der Indiana Whiskey schon meilenweit zu erkennen. Im Moment gibt es davon nur einen Straight, den Sam Cougar Black, der ausschließlich für den australischen Markt bestimmt ist. Der durchschnittlich 6jährige, der aus 75 Prozent Mais und 20 Prozent Roggen hergestellt wird, ist ein Whiskey, der die Geschmacksnerven vollständig gefangen nimmt. Der Indiana Whiskey ist so wohlschmeckend, wie man ihn nur finden kann, und enthält sogar reinen irischen Pot Still Whiskey. Seine Roggennote ist kompromißlos und einfach fabelhaft.

VIRGINIA UND PENNSYLVANIA

VIRGINIA GENTLEMAN

Eine einzelne, kleine, ungewöhnlich geformte kupferne Pot Still ist das einzige, was von der Maschinerie der einst großen Whiskey-Tradition Virginias übrig ist. Einsam und verlassen trotzt die Brennblase dem Lauf der Geschichte, dem die größte amerikanische Tradition zum Opfer fiel.

Kentucky war nur eine Provinz in einem riesigen Land, das sich bis in unbekannte Gebiete erstreckte. Im nördlicher gelegenen Pennsylvania begannen die Einwanderer aus keltischen Ländern, Getreide statt der sonst üblichen Melasse zu destillieren. Daraus kann man ersehen, warum Virginias Stellung in der Whiskeywelt unvergeßlich ist. 1838 veröffentlichte Morewood Details über die Destillationsmethoden in den USA. Die genaue Anzahl der legalen Destillerien in Virginia kannte er nicht, doch bei der Herstellung von Spirituosen lag der Bundesstaat noch vor Kentucky an dritter Stelle. Mit ziemlicher Wahrscheinlichkeit handelte es sich beim weit überwiegenden Teil dieser Spirituosen um Whiskey.

Heute gibt es nur mehr einen einzigen Virginia-Whiskey, nämlich den Virginia Gentleman. Sieht man die Labels genau an, findet man zwei Versionen: Den älteren, einfacheren sollten Sie sofort mitnehmen, wenn Sie ihn sehen. Falls Sie eine verstaubte, halbleere Flasche davon finden, die irgendwo in einer Bar verkümmert, überreden Sie den Barkeeper, sie Ihnen zu überlassen. Denn hierbei handelt es sich um eine aussterbende Spezies: um Virginia-Whiskey, der noch zur Gänze in diesem Bundesstaat hergestellt wurde. Als ich im April 1995 zum letzten Mal die Destillerie besuchte, kam ich in ein Lager, das noch zur Hälfte mit Fässern aus der alten Destillerie gefüllt war. Jetzt sind sie weg, jedes einzelne davon. Jede heute ausgelieferte Flasche Virgina Gentleman wird in Heaven Hill zweifach destilliert, bevor der „White Dog", der rohe Alkohol aus der zweiten Destillation, in Eisenbahntanks nach Fredericksburg gebracht wird, wo er ein drittes und letztes Mal in einer kupfernen Brennblase destilliert wird.

Das heißt nicht, daß der heutige Virginia Gentleman nur ein auffrisierter Kentucky-Bourbon ist: bei weitem nicht. Er wird nach einem ausgeklügelten Rezept aus kleinen Getreidesorten hergestellt, genau wie der alte Virginia Gentleman: 65 Prozent Mais, 20 Prozent Roggen und 15 Prozent Malz. Außerdem war er in Kontakt mit der ungewöhnlichsten Pot Still der USA, die aufgrund ihres schneckenförmigen Designs einen leichten Whiskey erzeugt, der zusammen mit den kleinen Getreidesorten und dem Kupferkontakt eine gewisse Komplexität garantiert.

Die ursprüngliche Virginia Gentleman Destillerie entstand in den Jahren nach der Prohibition. Damals befand sie sich im heutigen Reston. Sie wurde vor etwa 60 Jahren auf weitläufigem Ackerland errichtet; heute haben sich die Außenbezirke von Washington DC bis hierher ausgedehnt und von der alten Destillerie, die 1987 geschlossen wurde, ist nichts mehr zu sehen. Jay Adams legte die Produktion still, als die wirtschaftliche Lage es unmöglich machte, mit der Whiskeyproduktion ganz von vorn zu beginnen und dabei in die schwarzen Zahlen zu kommen. Er verlegte die Firma nach Süden in die reizende historische Stadt Fredericksburg, die auf halbem Weg zwischen Washington DC und Richmond liegt. Ein Spaziergang durch das Zentrum von Fredericksburg ähnelt einer Zeitreise. Die weißen Häuser mit den Holzschindeln haben sich in den letzten 100 Jahren nicht verändert und ab und zu sind noch die Narben des Bürgerkriegs zu sehen. An den Einschußlöchern von Musketen und Kanonenkugeln sieht man, wie nahe an der Hauptstadt sich der amerikanische Bürgerkrieg abspielte. Auch heute, nach eineinhalb Jahrhunderten, sind diese Narben noch nicht beseitigt.

Fredericksburg ist vermutlich die ansprechendste amerikanische Stadt, ähnlich wie Frankfort, jedoch eleganter und hübscher. Mit der Whiskeyherstellung hat sie nun eine weitere Attraktion zu bieten. Die Destillerie befindet sich in einer ehemaligen Zellophanfabrik, sieht jedoch aus, als wäre sie zusammen mit dem Lager bereits Anfang des 20. Jahrhunderts errichtet worden. In einem dieser Lagerhäuser steht die alte Beer Still von Reston, die rein theoretisch wieder in Betrieb genommen werden könnte, obwohl die Chancen dafür gleich Null sind.

So macht man guten Whiskey: *A. Smith Bowman, Gründer von Virginia Gentleman's*

Noch immer in Betrieb: *Im neuen Werk von Virginia Gentleman's steht nur eine Brennblase*

Jay Adams ist es mit Hilfe einer einzigen Enddestillation gelungen, den Virginia Whiskey am Leben zu erhalten. Zu seinem Erstaunen beschwerte sich nicht ein einziger Kunde, als er 1996 vom ursprünglichen Virginia Whiskey aus Reston auf die Fredericksburg-Version umstieg.

Zweifelsohne ist der Reston Whiskey der bessere, da er schwerer, körperreicher und unglaublich komplex ist, was auf die kleinen Getreidesorten zurückzuführen ist, die enorm geschmacksintensiv sind. Er ist einfach ein weltweiter Klassiker. Der Fredericksburg Whiskey ist wesentlich leichter, nicht ganz so komplex. Sein Geschmack ist ansprechend, wenn auch nicht so intensiv: ein guter Whiskey, der sich leicht trinken läßt und genügend kleine Getreidesorten beinhaltet, um die Geschmacksnerven auf Trab zu halten. Und außerdem ist er aus Virginia. Dafür sollte man dankbar sein.

MICHTER'S DESTILLERIE

Die kleine Stadt Scheaferstown liegt inmitten der grünen Hügellandschaft zwischen dem Einzugsgebiet von Philadelphia und der Stadt Harrisburg, die von einem Fluß in zwei Teile geteilt wird. Gleich in der Nähe befindet sich die Gemeinde der Amish, und dahinter, im Norden, liegen die niedrigen Blue Mountains. Diese ehemalige Wildnis, die von den ersten amerikanischen Siedlern kultiviert wurde, ist die Heimat eines herrlichen Whiskeys, der heutzutage extrem schwierig zu finden ist: Rye Whiskey.

Die Michter's Destillerie in Scheaferstown war tatsächlich früher eine Roggenbrennerei. Anhand von Aufzeichnungen kann man sehen, daß hier seit 1753 Whiskey hergestellt wurde. In diesem Jahr baute die Familie Shenk, wie tausende andere Farmer auch, eine Destillerie, um ihr fruchtbares Land und die Getreidemühle optimal zu nutzen. Niemand kann mit Sicherheit sagen, was dort wirklich hergestellt wurde, doch es ist ziemlich wahrscheinlich, daß Roggen dabei eine wichtige Rolle spielte. Die Brennerei war 40 Jahre lang in Betrieb, als im Westen des Bundesstaats die Whiskey-Rebellion aufflackerte. Doch die Besteuerungsansprüche der Regierung konnten die legale Whiskeyproduktion nicht umbringen. Ende des 19. Jahrhunderts arbeitete die Destillerie auf rein kommerzieller Basis. 1861 war sie an Abe Bomberger gegangen, dessen Name für die Brennerei und den Rye Whiskey verwendet wurde. Wie so viele andere auch, geriet die Destillerie während der Prohibition in Vergessenheit, um nach dem Zweiten Weltkrieg wieder zu neuem Leben zu erwachen. Ein Mitglied der Familie Beam stellte die Brennerei wieder auf die Beine, und ab Mitte der 50er Jahre war ein reichhaltiger neuer Bourbon namens Michter's Pot Still erhältlich. Dieser wurde tatsächlich zum zweitenmal in einer Pot Still destilliert, nachdem für die erste Destillation eine traditionelle amerikanische Beer Still zum Einsatz kam.

Trotz der guten Qualität des Whiskeys verfügten die Brenner nicht über ausreichende Marketingerfahrung, um seinen Erfolg zu gewährleisten. 1988 mußte die Destillerie endgültig schließen. Adolf Hirsch, ein Whiskeyexperte, kaufte einige Vorräte aus dem Jahr 1974 und brachte sie als sehr alten Bourbon unter seinem Namen heraus. Dieser Whiskey gehört nun der Familie Hue, die in Covington, Kentucky, die Spirituosenhandlung „Cork 'n' Bottle" führt. Sie scheint im Alleingang ihrer Stadt zu dem Ruf verhelfen zu wollen, daß es hier guten Whiskey gibt.

Damit er nicht noch älter wird, lagert man den Bourbon nun in Stahltanks. Der 16jährige Hirsch ist der bessere von beiden. Auch wenn der 20jährige Bourbon (und alte Flaschen des 19jährigen) eine ansprechend würzige, saftige Eichen- und Minznote hat, ist er doch etwas langweilig, was sein Alter unterstreicht und von seinen Stärken ablenkt. Sein jüngerer Bruder hat die Altersgrenze noch nicht überschritten und ist daher noch sehr lebhaft.

Im Duft verfügt er über eine köstliche Honignote und am Gaumen über jugendliche Mais-Öligkeit, die sich mit seiner Süße verbindet. Ein großer, überzeugender, qualitativ hochwertiger Whiskey. Doch seltsamerweise würde man nie auf die Idee kommen, daß er aus Pennsylvania stammt. Auf dem nüchternen, an Rotwein erinnernden Etikett findet sich nirgends ein Hinweis auf den Bundesstaat oder auf Michter's Destillerie. Entweder ist das unabsichtlich passiert oder es kommt auch hier wieder der alte Snobismus hinsichtlich der Qualität von Bourbon, der nicht in Kentucky produziert wurde, zum Vorschein. Tatsächlich ist er jedoch ziemlich bemerkenswert.

Es ist ein kleiner Trost, daß aufgrund ihres historischen Werts zumindest die alte Destillerie gesetzlich geschützt ist. Leider genoß der Whiskey nicht diesen Schutz: Anfang 1996 wurden alle Bourbonvorräte, die sich noch in den Lagern der Michter's Destillerie befanden, aufgrund eines gerichtlichen Erlasses zerstört. Einbrecher hatten sich immer wieder bedient. Auch die Qualität des Whiskeys war fraglich. Die Chance, daß die Brennerei wieder in Betrieb geht, ist fast Null. Man kann also nur hoffen, daß sich der Unternehmergeist, der zur Errichtung neuer Destillerien in Kalifornien und Kentucky führte, auch in Richtung Westen der USA ausbreiten wird.

Empfehlung des Connaisseurs

VIRGINIA GENTLEMAN – LEICHTER KÖRPER MIT DEM CHARAKTER VON KLEINEN GETREIDESORTEN.

HIRSCH 16-YEAR-OLD (MICHTER'S) – KÖSTLICHE HONIGNOTE IN DUFT UND GESCHMACK MIT JUGENDLICH ÖLIGEM MAIS, DER SICH MIT DER SÜSSE VERBINDET.

TENNESSEE

Einst war Tennessee ein Bourbon-Staat wie jeder andere auch. Es gab keinen großen Unterschied zwischen dem Whiskey aus den zahlreichen Brennblasen, die in der ganzen Region zu finden waren, und dem Whiskey aus dem nördlich gelegenen Virginia und Kentucky.

Die Siedler, die durch den Cumberland Gap nach Westen zogen, kamen im Norden bis ins tiefste Kentucky und im Süden ins heutige Tennessee. Welche Richtung sie auch einschlugen, ihre Kenntnisse über die Whiskeyproduktion reisten mit ihnen. Und so wurde der Whiskey in Tennessee ebenso wie in Kentucky zu einem alltäglichen Getränk, obwohl hier im Süden Roggen und Gerste nicht so gut gediehen. Deshalb perfektionierten Pennsylvania und Maryland den Rye, während sich Kentucky und Tennessee auf Corn (Maiswhiskey) konzentrierten.

Tennessee ist ein Bundesstaat, dessen Schönheit uns das Blut in den Adern gerinnen läßt. Kentucky ist zwar mein liebster Platz auf Erden, doch sein südlicher Nachbar liegt nicht weit dahinter. Vor 200 Jahren war die Reise dorthin für die Siedler eine äußerst beschwerliche Angelegenheit. Sie führte über Berge, durch Wälder und tiefe, breite Flüsse wie den gewundenen Cumberland. Heute bewältigt man die Strecke von den Bourbon-Provinzen in Kentucky spielerisch auf der Interstate 65.

Bevor man über die Grenze fährt, kommt man am Mammoth Cave National Park vorbei, der zur Rechten liegt. Nach ihm wurde eine Destillerie benannt, die einst recht guten Whiskey produzierte. Ich hatte das Glück, den 18jährigen zu verkosten, der 1909 destilliert wurde und noch 85 Jahre danach eine starke, süße Toffeenote und einen Roggenton inmitten seines Eichen-Charakters aufwies. Es wäre interessant, einen Tennessee Whiskey des gleichen Jahrgangs zu probieren. 1910 verspürte der Bundesstaat die ersten Zwänge der Prohibition, die erst neun Jahre später für das ganze Land gesetzlich verpflichtend wurde.

Das war ein Schlag für die blühende Whiskeybranche. Vor knapp 100 Jahren gab es in Tennessee rund 700 Destillerien, die legal Whiskey produzierten, und ungefähr doppelt so viele illegale Brennereien, die hauptsächlich in den Gebirgsregionen nahe der Grenze zu Kentucky und Georgia betrieben wurden. Die Schwarzbrennerei ist nach wie vor sehr stark vertreten, doch gibt es heutzutage nur mehr die beiden legalen Destillerien Jack Daniel und George Dickel, die sich bester Gesundheit erfreuen; und selbst sie haben den Betrieb von Tennessee in andere Regionen verlegt. Für beide war das ein kluger Schritt, der ihnen letzten Endes das Leben rettete.

Erst 1941 wurde Tennessee eine eigene Whiskeykategorie zugesprochen, die sich von Bourbon und Rye in wesentlichen Punkten unterschied. Einige sind der Ansicht, daß der Sour Mash Whiskey, der in Tennessee produziert wird, ein spezieller Fall ist. Doch macht das auch jede Bourbon Destillerie in Kentucky ähnlich – es handelt sich lediglich um das Zusetzen von sauer schmeckenden, zuckerfreien Rückständen der vorigen Destillation, die in die nächste Maische eingebracht werden, um zu verhindern, daß in den warmen Gärräumen die Bakterien besonders rasch gediehen.

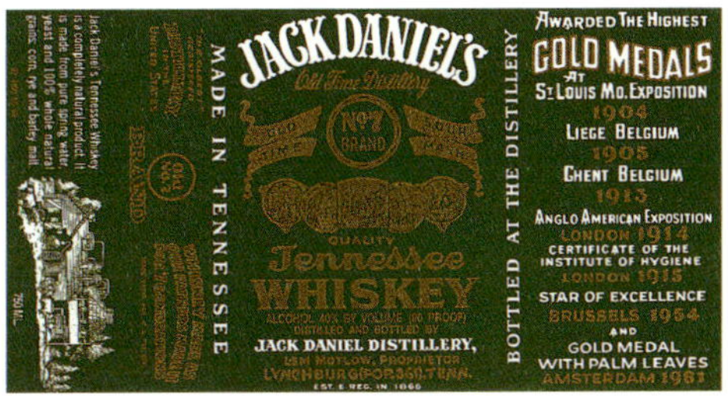

Seltsam ist, daß die beiden Destillerien, die sich hier befinden, einen so völlig unterschiedlichen Stil haben: Eine produziert schweren, öligen, die andere leichteren, flüchtigeren Whiskey. Beiden gemeinsam ist jedoch das Recht, in der Destillerie Whiskey zu verkaufen, eine Praxis, der sich Kentucky schließlich angeschlossen hat. Dadurch ist es einfacher geworden, den Tennessee Whisk(e)y gleich an Ort und Stelle zu verkosten.

JACK DANIEL

Verlangt man außerhalb der USA, Kanada eingeschlossen, einen Bourbon, bekommt man vermutlich zuallererst eine vertraute Flasche mit Jack Daniel's Black Label in die Hand gedrückt. Doch Jack ist kein Bourbon sondern ein Tennessee Whiskey.

Seltsam daran ist jedoch, daß zwischen dem amerikanischen Bürgerkrieg und dem Zweiten Weltkrieg Jack Daniel sehr wohl Bourbon produzierte. Als der Bundesstaat 1910 von der Prohibition getroffen wurde, verlegte man die gesamte Produktion nach St. Louis. 23 Jahre lang war der Name Jack Daniel für seinen Missouri-Bourbon berühmt!

Mittlerweile hat sich die Destillerie als Hersteller von Tennessee Whiskey etabliert, und der Umstand, daß einem sofort Jack Daniel's einfällt, wenn man an Bourbon denkt, stört die Produzenten in dem kleinen, hübschen Städtchen Lynchburg wenig. Sie tun natürlich beleidigt, aber sie sind hocherfreut, denn von allen amerikanischen Spirituosen genießt der Jack Daniel's weltweit einen besonderen Ruf.

Der Erfolg von Jack Daniel ist nicht ganz klar. Jeder Marketingexperte wird Ihnen erzählen, wie böse die Welt da draußen ist, und am bösesten überhaupt ist das jüngere Zielpublikum, das den dunklen Spirituosen immer mehr den Rücken zuwendet und ungerechtfertigterweise Wodka vorzieht. Mit Ausnahme eines einzigen Whiskeys und das ist der Jack Daniel's. Die überforderten Marketingleute werden ferner behaupten, daß die jungen Leute nichts davon wissen wollen, wie es früher war – sie wollen alles so, wie es jetzt ist. Und, was vielleicht noch wichtiger ist, sie wollen nur Dinge, die nach nichts schmecken. Beiden Anforderungen wird der Jack Daniel's nicht gerecht.

Auf jeder Plakatwand, in jeder Zeitschrift, so scheint es, sieht man eine Werbung mit alten Männern in Schaukelstühlen, die traditionelle und für den Süden typische alte Whiskeyfässer betrachten. Das ist so hausbacken und altmodisch wie nur möglich. Und trotzdem funktioniert es. Der Whiskey selbst ist so reichhaltig, ölig und kompromißlos wie ein getorfter Islay. Und doch mögen ihn die jungen Leute und tragen sogar seine T-Shirts, um auch in der Mode ihre Loyalität zu Jack Daniel's kundzutun.

Ein Grund für diesen Trend ist, daß der Daniel's oft mit anderen Sachen gemischt wird, und so nicht in voller Stärke zum Tragen kommt. Manchmal wird er allerdings auch getrunken, wie die Natur ihn geschaffen hat, und das mit viel Genuß. Die breite Masse hat erkannt, daß es nichts auf der Welt gibt, was einem Jack Daniel's gleicht. Die Puristen finden jedoch kaum ein gutes Wort für ihn. Er fällt in dieselbe Kategorie wie Jim Beam: zu gewöhnlich und daher nicht wert, daß man ihm Beachtung schenkt. Die Stärke, mit der er auf den Gaumen trifft, wird als rauh und plump bezeichnet. Vielleicht haben die Kenner recht. Das allein bedeutet aber nicht, daß Jack Daniel's ein schlechter Whiskey ist. Man muß einige der selteneren Abfüllungen von Blendmeister Lincoln Henderson kosten, die sogar die kritischsten Puristen nicht ignorieren können. Und würden sie sich hinsetzen und den JD mit 40 Vol.-% oder 43 Vol.-% bei Raumtemperatur probieren und sein Charisma entdecken, könnte er ihnen am Ende gar schmecken.

Die Destillerie, die eine knappe Fahrtstunde von der Grenze zu Alabama entfernt liegt, ist ein äußerst lohnenswertes Besuchsziel. Auf jeder Flasche Jack Daniel's kann man nachlesen, wo er hergestellt wurde: Lynchburg, 361 Einwohner. So groß war der Ort, als ein kleiner Mann mit enormen Selbstvertrauen 1884 beschloß, hier eine Destillerie zu errichten. Heute leben hier sehr viel mehr Menschen, obwohl das hübsche Stadtzentrum mit den altmodischen Geschäften noch immer das alte Tennessee verkörpert.

Strenger Wächter: *Jack Daniel gründete während des Bürgerkriegs sein Whiskey-Imperium*

Barrel House No. 1: *Das Allerheiligste der Liebhaber von Tennessee Whiskey*

Empfehlung des Connaisseurs

BARREL HOUSE I – MASSIV. SEHR VIEL MALZ DRINGT AN DIE OBERFLÄCHE, WO ES SICH MIT DEM TYPISCHEN ALKOHOLGESCHMACK UND DEN RUMTÖNEN DER GUYANA POT STILL VERBINDET. EIN KLASSIKER.

Allein wenn man durch die Brennerei geht, fragt man sich, warum Tennessee Whiskey anders als Bourbon sein soll. Schließlich wird Bourbon in Virginia und Indiana produziert und bis vor etwa zehn Jahren auch in Pennsylvania, Illinois, Missouri und anderen Bundesstaaten.

Die Maische im Kocher besteht aus unspektakulären, völlig normalen 80 Prozent Mais, 12 Prozent Roggen und 8 Prozent Malz; die Kochmethoden sind dieselben wie überall anderswo sonst; auch die Gärbottiche sehen gleich aus wie anderswo, auch wenn es viele davon gibt. Die vier Beer Stills mit einem Durchmesser von je eineinhalb Metern entsprechen ebenfalls dem Durchschnitt, wenn auch einem guten. Vielleicht ist es der Umstand, daß Jack Daniel nur einmal destilliert wird, der ihn zu einem Tennessee Whiskey macht. Nein, das ist es auch nicht, obwohl das für seine Reichhaltigkeit bürgt. Unter den Beer Stills befindet sich ein Doubler, der jedoch nur den Dampf vom Bier-Erhitzer nochmals destilliert. Dies ist eine einzigartige Erscheinung, nicht nur in der USA, sondern weltweit. Sie bewirkt auch die Schwere des Whiskeys: Kein anderer Whiskey in den USA ist auch nur halb so schwer wie JD.

Er wäre noch schwerer, wenn nicht eine Methode angewendet würde, die Tennessee Whiskey erst wirklich zu Tennessee Whiskey macht: die Holzkohlenfiltration. Das nennt man „mellowing“ (mildern). In rund dreieinhalb Meter hohen Behältern mit Ahornholzkohle werden die stärkeren Fuselstoffe herausgefiltert. Im Anschluß an die Brennblasen durchläuft der Whiskey diese Behälter, was zirka vier Tage dauert. Erst wenn er unten wieder herausrinnt, wird er ins Faß gefüllt.

Die Holzkohle schwächt den intensiven Charakter des JD etwas ab und bringt eine weitere Geschmacksnote ein. Das Ahornholz wird in der Destillerie palettenweise angezündet, ein Prozeß, bei dem der Zucker erhalten bleibt, der später teilweise in den Whiskey übergeht. In Anerkennung der spezifischen Ergebnisse der Holzkohlenfiltration verlieh die amerikanische Regierung 1941 dem Tennessee Whiskey offiziell seinen eigenen Status neben dem Rye und dem Bourbon, als welcher der JD bis dahin immer bezeichnet worden war.

Jack Daniel ist legendenumrankt und das mit Recht. Obwohl ursprünglich nur rund 1,60 Meter groß, erscheint er uns heute als Riese. Er war kaum 20 Jahre alt, als er die Kunst der Destillation erlernte und während des amerikanischen Bürgerkriegs einen Markt

Old Time No.7: *Auf der ganzen Welt beliebt*

entdeckte ... und seine Berufung. Als der Krieg vorbei und das Land wieder im Normalzustand war, fiel es ihm leichter, gute Geschäfte zu machen, und er zögerte nicht, neben einer Wasserquelle mit dem Namen Cave Spring, die er selbst entdeckt hatte, seine eigene Destillerie zu errichten. 1866 begann die Produktion in diesem Teil von Lynchburg, der „Hollow“ (Senke) genannt wird.

Die Geschichte Jack Daniels hat ein ungewöhnliches, leider auch trauriges Ende. Eines Tages gelang es ihm nicht, seinen Safe zu öffnen, daher wollte er ihm in einem Wutanfall einen Tritt verpassen. Das Ergebnis war ein gebrochener Knochen, der niemals richtig verheilte. Der Schmerz wurde immer unerträglicher, und wenige Wochen später starb der Destilliermeister Jack Daniel an den Folgen einer Infektion.

Anläßlich seines Todes im Jahre 1911 entstand der berühmte Black Label. Bis dahin war der Old No. 7 in lebhaftem Grün gehalten. Diese Tennessee-Marke existiert auch heute noch im Südosten der USA und landesweit in kleinen Regionen. Als 4jähriger Straight ist dieser Whiskey mindestens 18 Monate jünger als der Black Label, doch einige Amerikaner wollen gar nichts anderes: Der trockenere, leichtere Charakter ist ganz anders als bei allen Produkten, die in der Destillerie sonst noch hergestellt werden. Es gibt einen weiteren leichten Whiskey, den Gentleman Jack, der teilweise dieselben Merkmale aufweist, doch viel süßer ist. Der Alkoholgeschmack ist zwar auch hier präsent, jedoch von feinerer Struktur. Er ist besonders geschmeidig, da er ein zweites Mellowing durchlaufen hat, im Zuge dessen der gereifte Whiskey vor der Abfüllung durch kohlegefüllte Behälter geschickt wird. Eine seiner Besonderheiten besteht darin, daß er zwar denselben intensiven Alkoholgeschmack wie der Black Label hat, jedoch genauso alt wie der Green Label ist.

Während der letzten Jahre wurden zwei neue Jack-Daniel's-Marken eingeführt, die beide qualitativ äußerst hochwertig sind: eine für den Fernen Osten und Duty-Free-Läden, die andere für den Verkauf in der Destillerie. Die Produktion eines blutjungen 12monatigen mit wunderbarem Charakter und dem Namen Lem Motlow wurde dagegen eingestellt. Motlow war Jack Daniels rechte Hand und übernahm nach dessen Tod die Destillerie. Nach dem Ende der Prohibition versuchte er viele Jahre lang, die Brennerei zu retten, indem er mit verschiedenen potentiellen Käufern verhandelte, darunter auch Schenley. In den Archiven von United Distillers in Stitzel Weller stieß ich einst auf einen Brief, den er selbst in seiner klobigen Schrift verfaßt hatte, und in dem er geradezu um eine Übernahme bettelte. Das Angebot wurde jedoch abgelehnt – vermutlich der schwerwiegendste Fehler in der Geschichte des amerikanischen Whiskeys. Heute würde jeder Spirituosenhersteller seine rechte Hand dafür geben.

Abgesehen vom finanziellen Erfolg des Black Label handelt es sich bei den beiden

Feuer legen: *Die alte Tradition der Jack Daniel's Destillerie, bei der Paletten mit Ahornholz angezündet werden*

qualitativ hochwertigsten Marken um zwei wahre Schönheiten, von denen nur geringe Mengen produziert werden. Master Distiller ist ein 6jähriger, dessen Whiskeys aus den oberen Etagen der südlichen Lagerhäuser stammen. Er schmeckt doppelt so alt wie er ist. Diese süßeste aller JD-Marken stellt auch am meisten Roggen zur Schau, obwohl auch der Mais entsprechend hervortritt. Ein wunderbarer Whiskey voller Finesse.

Ich hatte das Glück, im Inneren von Barrel House 1 nach oben zum Buzzard's Roost („Bussardstange") zu klettern und den Whiskey direkt vom Faß zu verkosten, wo er in kochend heißer Umgebung lagert. Grund dafür ist das Dach des eisenverkleideten Gebäudes, das die Form einer umgedrehten Bratpfanne hat. Ausgewählte Fässer verbleiben dort ein Jahr, nachdem sie vorher bereits fünf Jahre lang in anderen Teilen des Lagerhauses gereift sind. Der Whiskey aus der Flasche, ganz zu schweigen von dem aus dem Faß, ist umwerfend köstlich. Er schmeckt ziemlich deftig und hat nur einen Hauch von der Seidigkeit des Master Distillers. Doch Komplexität ist nicht sein Fall. Er ist kein großer, sondern ein massiver Whiskey, mit großen Mengen Malz, das an die Oberfläche dringt, unterstützt von der Schwere des Alkoholgeschmacks, der für die ganze Serie typisch ist, und von der Wirkung der Guyana Pot Still. Mit dem spät hervorkommenden Malz ist dieser Whiskey einfach zauberhaft und ein absoluter Klassiker. Wenn Sie, so wie ich, ein Liebhaber der getorften Islay Whiskys sind, sollte er für Sie gerade das Richtige sein.

Aber was ist mit Jack Daniel's Old Time No. 7? Er kommt vielleicht nicht an diese beiden herrlichen Whiskeys heran, ist jedoch einer, der zu jeder Tageszeit genossen werden kann und zeigt, daß ein Whiskey nicht charakterlos sein muß, um die breite Masse anzusprechen. Auch die größeren, geschmacklich intensiveren Whisk(e)ys aus Schottland, Irland und den USA müssen nicht nur dem Kenner gefallen, sondern können auch ein neues Zielpublikum gewinnen. Auf vielerlei Art ist er eher mit einem Leuchtfeuer als mit einem Leuchtturm zu vergleichen – er explodiert am Gaumen, zeigt jedoch auch, wie großartig große, schroffe Whiskeys sein können. Für jeden von uns.

Südlicher Charme: *Die Werbelinie von Jack Daniel's trieft vor ländlicher Nostalgie*

DICKEL

Die Cascade Hollow Destillerie von George Dickel öffnet allen Kennern und Whiskeyliebhabern die Augen, besonders aber jenen, die den Stil einer Brennerei gerne in eine entsprechende Schublade einordnen. Sie verhöhnt sogar diejenigen, die behaupten, daß man Tennessee Whiskey mit „e" schreibt. George Dickel erzeugt Whisky.

Die Destillerie ist nicht nur stolz darauf, daß sie Whisky herstellt, sondern auch, daß es neben Wild Turkey der komplexeste und weltgewandteste Whisky der gesamten USA ist. Wäre er ein Bordeaux, dann ein Lafite.

Warum ist er dann so wenig bekannt? Auch wenn er nachweislich der beste Whisky Amerikas ist, hinkt er, was die Werbung angeht, doch weit hinter Jack Daniel's und Jim Beam her; und das war schon immer so. Jedes Jahr kommen 300 000 Besucher, um zu sehen, wie Jack Daniel's hergestellt wird. Einige von ihnen tragen, ähnlich den Fußball- oder Basketballfans, sogar seine ausgebleichten, schwarzen T-Shirts. Doch nur 7 000 schaffen die 25 Kilometer nach Cascade Hollow, und ein Dickel-T-Shirt sieht man nur äußerst selten.

Die Destillerie liegt in einem Tal, das es mit jedem schottischen aufnehmen kann. Die umliegenden Hügel sind nicht so düster wie bei Dalwhinnie in den schottischen Highlands, so weich und verwittert wie die von Speyside oder so stark bewaldet wie die in Japan. Statt dessen liegt Cascade Hollow inmitten von hügeligen, saftigen Wiesen, die von Bäumen umgeben sind, wie man sie sonst eher in der Schweiz, Liechtenstein, Österreich oder vielleicht im englischen Lake District findet.

Vielleicht ist das der Schüssel der besonderen Anziehungskraft von Cascade Hollow: Die Destillerie ist sehr schwierig zu finden, und wenn man es geschafft hat, erkennt man, daß man zu den vom Schicksal Begünstigten gehört. Während Daniel's in der Stadt liegt und leichter zu finden als zu verfehlen ist, muß man schon über eine sehr gute Landkarte und die Fähigkeit verfügen, verwirrenden Schildern zu folgen, wenn man zu Dickel will. Obwohl die Destillerie seit 1. Januar 1995 selbst Whisky verkaufen darf, liegt Cascade Hollow nach wie vor ein wenig auf dem Trockenen. Die Farmer wollen nicht, daß auf ihrem Grund und Boden Wegweiser zur Destillerie aufgestellt werden: Ab und zu sieht man sogar heute noch umgeworfene und zerbrochene Schilder am Straßenrand, zerstört von denjenigen, die meinen, als Rächer Gottes agieren zu müssen und die behaupten, keine noch so große Summe Geldes könne sie dazu bewegen, die Menschen ins Verderben zu führen.

Ein versteckter Klassiker: *Verglichen mit JD ist die George Dickel Destillerie unbekannt*

Falls Sie sich doch hierher verirren, beachten Sie, daß in den Hotels meist kein Whisky ausgeschenkt werden darf. Daher erlauben einige von den freundlicheren Hoteliers wie die Underwoods im nahegelegenen Parish Patch Inn, das zum Teil eine Farm, zum Teil ein Hotel ist, daß Sie Ihren eigenen Whisky mitbringen. Bei der ländlichen Atmosphäre von Dickels wäre ein Aufenthalt in der Stadt völlig unpassend.

Überraschenderweise ist Tullahoma, die nächste Stadt, nicht weit entfernt. Die Hauptstraße ist ziemlich spektakulär: Zwei breite Fahrspuren und genau dazwischen ebenso breite Bahnschienen. Tullahoma wurde mit dem Bau der Eisenbahn gegründet, da sich hier eine Station für die Mannschaft und für gelegentliche Passagiere des Chattanooga Choo Choo befand, der nach Nashville fuhr. Aufgrund dieser guten Bahnverbindung wuchs die Stadt im Zweiten Weltkrieg auf doppelte Größe. Viele Soldaten, die hier zu Ausbildungszwecken stationiert waren, blieben auch, nachdem der Krieg zu Ende war.

Nur zehn Minuten nach Verlassen der Stadt überquert man bei Normandy eine Bahnspur und befindet sich im tiefsten Tennessee, rund eineinhalb Kilometer von der versteckt liegenden Dickel Destillerie entfernt.

Der ländliche Eindruck wird noch verstärkt, wenn man in nur wenigen hundert Metern Entfernung an einem Feldweg auf die Überreste des ursprünglichen Gebäudes stößt, das nicht viel mehr als eine Hütte war, wie Mitte des 19. Jahrhunderts in dieser Region üblich. Zwischen Blätterwerk und abgebrochenen Ästen kann man noch einige umgestürzte Mauern sehen. Wenige Meter neben Cascade Hollow befindet sich ein Wasserfall. Der alte George wußte, warum er diesen Platz wählte.

Doch wer war George Dickel, dieser Mann mit dem unmöglich klingenden Whiskynamen? Die meisten Brenner aus Kentucky oder Tennessee benannten ihre Destillerie nach dem Ort, an dem sie gegründet wurde oder nach der so über-

George Dickel: *Der deutsche Gründer der Destillerie*

aus wichtigen Wasserquelle. Diejenigen, die dafür ihren Nachnamen verwendeten, waren oft irischer oder schottischer Abstammung.

Dickel war dagegen Deutscher und wurde 1818 bei Frankfurt am Main geboren. 1844 kam er in die USA. Vermutlich wurde er deshalb Brenner, weil seine Eltern eine Mühle betrieben. Bereits 1870 trat er ins Whiskeygeschäft ein, und 1879 gründete er seine eigene Destillerie. Seine Marke benannte er zuerst nach dem Wasserfall auf seinem Gelände – Cascade Whisky.

Wenn man die Destillerie besucht, lohnt es sich, nach einer speziellen Attraktion Ausschau zu halten. Dabei handelt es sich um eine alte Flasche mit jahrhundertealtem Label, auf der man die Aufschrift „Tennessee Whisky" lesen kann. Ein gewagter Schritt, denn zur damaligen Zeit bezeichnete Jack Daniel seinen Whisky noch als Bourbon, möglicherweise um den Absatz zu steigern. Doch es war Daniel, der sich darum bemühte, daß die amerikanische Regierung dem Tennessee Whiskey seinen eigenen Status gewährte. 1941 hatte er Erfolg, doch wurde der Dickel ironischerweise zu dieser Zeit in Kentucky produziert.

Da in Tennessee die Prohibition einsetzte, wurde das ursprüngliche Gelände 1910 aufgegeben. Der erste Umzug erfolgte in die Destillerie von Stitzel Weller in Louisville, die bis 1937 die Lizenz für die Herstellung von Dickel Whisky besaß.

Dann kaufte Schenley den Namen und verlegte die Produktion nach Stagg, in die heutige Ancient Age Destillerie. Dickel war an seinen „Ausgangspunkt" zurückgekehrt: von Frankfurt nach Frankfort.

Die heutige Destillerie wurde 1958 als beinahe rechteckiger Zweckbau aus roten Ziegeln errichtet. Obwohl sie nicht so stimmungsvoll ist wie Georges alte Hütte, gelingt es ihr doch, sich in die sagenhafte Schönheit der umliegenden Natur einzufügen.

Destillerieleiter David Backus hat seinen Teil dazu beigetragen, indem er die Destilleriemauern mit Kletterpflanzen zuwachsen ließ, um die Gebäude besser zu integrieren. Die kleinen, als Geschäfte dienenden Blockhütten stechen aber ins Auge. Hier befindet

Dickel No. 12: *Flüssiges Gold*

sich das Destilleriegeschäft, das so aussieht, als wäre es von George persönlich gebaut worden.

Der Whisky, den Dickel verkaufte, war einmalig: mit Faßstärke abgefüllt, mindestens elf Jahre alt, groß und ohne die charakteristische Öligkeit des Daniel's. Er hatte nicht die Finesse der jüngeren Dickels, speziell des 8jährigen No.12. Dieser Whisky verfügt über außergewöhnliche Eleganz, die beim Duft beginnt, wie es bei wirklich großen Whiskys immer der Fall ist. Hier die komplizierten Verbindungen zu lösen, ist wie nach einem Regenbogen zu greifen: Das Spektrum ist erstaunlich und klar definiert, doch man kann niemals den Anfang oder das Ende erfassen. Am Gaumen verhält er sich nicht weniger rätselhaft, und am sportlichsten gelingt er mit 45 Vol.-%.

Der 11jährige wurde durch einen 10jährigen namens Special Barrel Reserve ersetzt, der auch öliger und süßer ist. Selbst der jüngste der Serie, der 5- und 6jährige Old No. 8 rühmt sich verlockender, reichhaltiger Zitronen- und Kakaotöne, auch wenn er weder an die Intensität noch an die Komplexität seiner älteren Brüder herankommt.

Der Destillerieleiter verläßt sich auf die seit 90 Jahren bewährte Mischung von 81 Prozent Mais, elf Prozent Roggen und acht Prozent gemälzter Gerste, auf selbst produzierte Hefe und die beiden Brennblasen. Die Getreidemischung könnte einen Hinweis liefern: Der Whiskey, der dem Dickel am ähnlichsten ist, ist Ancient Age, für den ein ähnlich hoher Maisanteil verwendet wird. Außerdem wurde der Dickel 21 Jahre lang in dieser Destillerie erzeugt.

Die Beer Still ist ebenso wie alle anderen in Kentucky und Tennessee eine unspektakuläre, effiziente säulenförmige Brennblase. Die Spirit Still ist jedoch eine Doubler Pot Still. Wahrscheinlich spielen sich hier die magischen Prozesse ab: Sie ist zwar aus rostfreiem Stahl, doch ihre Heizspirale ist aus Kupfer.

Die Filtration läuft bei Dickel anders, auch wenn sie prinzipiell dem Tennessee-Stil der Holzkohlenfiltration folgt. Hier verwendet man Wolldecken, die ober- und unterhalb aufgelegt werden, damit die Holzkohle nicht verklumpt und der Whisky gleichmäßig durchläuft, anstatt langsam durch die freien Stellen zu tropfen.

Vielleicht verdankt der Dickel seine Komplexität der Reifung. Die Destillerie ist die einzige in ganz Kentucky und Tennessee, die eine eingeschoßige Lagerung hat, um allen Fässern die gleichen Bedingungen zur Verfügung zu stellen. Außerdem wurden die Lager hinter der Destillerie auf einer Erhöhung errichtet, wo sie im Winter starkem Frost und im Sommer großer Hitze ausgesetzt sind. Sie werden jedoch zu jeder Zeit vom Wind belüftet, der hier am Talboden sanfter bläst. Niemand kann mit Sicherheit sagen, warum der Dickel Tennessee so gut ist. Vermutlich nicht einmal der alte George selbst, der ebenso wie Jack Daniel nach einem Unfall – in diesem Fall ein Sturz vom Pferd – unter Schmerzen verstarb.

Empfehlung des Connaisseurs

No. 8 – Verlockende Zitronen- und reiche Kakaotöne.

No. 12 – Aussergewöhnliche Finesse und Eleganz mit schillernder Komplexität.

Special Barrel Reserve – Neben dem Wild Turkey produziert Dickel den raffiniertesten Whiskey der USA.

RYE WHISKEY

Von den zahlreichen verschiedenen Whiskeysorten, die weltweit erhältlich sind, ist der Rye Whiskey derjenige, der am wenigsten verstanden wird. Fragt man nach einem Rye, bekommt man meist, wenn überhaupt, einen Canadian Club vorgesetzt. Das ist zwar ein Rye, doch wird kanadischer Whisky meist überhaupt als Rye und nicht als Whiskey bezeichnet. Mit Ausnahme einer einzigen Destillerie, Alberta, wird kanadischer Whisky aber aus Mais und nicht aus Roggen hergestellt. Kanadischer Whisky mag zwar Roggen enthalten, doch wurde er nur hinzugefügt, um ihm eine gewisse Persönlichkeit zu verleihen.

Die besten Rye Whiskeys der Welt gibt es in Kentucky und heute auch in Kalifornien. Einst genossen Pennsylvania und teilweise auch Maryland den Ruf, die besten Rye-Produzenten zu sein. In den USA haben sie jedoch ihre Anziehungskraft verloren. Schuld daran ist vor allem die Prohibition. Während dieser Zeit gewöhnte sich eine ganze Generation daran, keinen Alkohol zu konsumieren, und wenn, dann etwas leichteren als heimischen Bourbon oder Rye.

Die meisten Destillerien Nordamerikas haben zu irgendeinem Zeitpunkt Rye hergestellt, wenn auch oft nur als geschmackbringendes Destillat. Einer der besten Ryes wurde im Seagram-Werk in Indiana produziert und in den Seven Crown sowie ab und zu auch in andere Bourbon Blends eingebracht. Heute wird Rye nur von drei Destillerien in Kentucky erzeugt: von Jim Beam, die zwei davon haben; von Heaven Hill, die zwei Marken, aber nur eine Stilrichtung führen; und von Wild Turkey, die nur diese Marke führen – aber mit 50,5 Vol.-% bleibt sie immer in Erinnerung, wenn man sie einmal verkostet hat.

In Großbritannien wird kein einziger Rye Whiskey vermarktet, was nicht ungewöhnlich ist. Außerhalb der USA gibt es nur einige wenige Länder, die Straight Rye importieren. Er hat kein Image und da der Absatz ohnehin so gering ist, will niemand Arbeit oder Geld in die Vermarktung investieren. Rye wird als Anachronismus oder Kuriosität angesehen. Für mich ist er allerdings eines der Wunder dieser Welt. Mit dieser überragend mächtigen Komplexität, die man erst zähmen und verstehen lernen muß, kann er mit den besten Islay-Whiskys konkurrieren. Hat man ihn in seiner ganzen Vielschichtigkeit begriffen, stößt man auf einen beinahe unglaublichen Schatz.

Es waren jedoch nicht die zähen Bewohner von Maryland und Pennsylvania, die den Rye Whiskey erfanden. Als man in der neuen Welt begann, Whiskey zu produzieren, wurde Rye Whiskey gezwungenermaßen bereits getrunken, wenn er erst Tage, Wochen oder bestenfalls Monate alt war. Hier kommen wir in einen Bereich, in dem die Grenzen zwischen den verschiedenen Whiskeyarten verschwinden. 500 Jahre bevor sich die Amerikaner an diesem kraftvollen Gebräu stärkten, war es bereits in Mitteleuropa und weiter im Norden stark verbreitet und wurde später Wodka genannt. In diesen Ländern gab es jedoch keine Bestrebungen, dieses alkoholische Getränk, sozusagen den Vorläufer des Wodka, in Fässer zu füllen und reifen zu lassen.

Zu dem Zeitpunkt, als in den USA Alkohol aus Roggen hergestellt wurde, erkannte man, daß eine gewisse Zeit im Faß diesem Getränk ähnlich wie Corn Whiskey und irischem oder schottischem Whisky zusätzlichen Geschmack verleiht und es weicher und reifer macht. In Kentucky wurde der Whiskey auf Grundlage von Mais Bourbon genannt, nach der Provinz, in der die besten Brenner zu Hause waren. In Pennsylvania nannte man den Rye Whiskey Monongahela, nach dem Fluß, der durch Pittsburgh und die westlichen Teile des Bundesstaats fließt und nach der kleinen Ansiedlung, die daneben entstanden war – kurz, nach der Region, in der der beste Rye Whiskey erzeugt wurde.

Heute gibt es nur einen Rye Whiskey aus 100 Prozent Roggen, der kommerziell vertrieben wird. So wie das amerikanische Gesetz festlegt, daß Bourbon mindestens 51 Prozent Mais enthalten muß, darf auch in Straight Rye Whiskey nicht weniger als 51 Prozent Roggen sein. Aber während sich die Bourbonproduzenten nicht scheuen, den Maisanteil auf 80 Prozent zu heben, gibt es keine Bestrebungen, den Roggengehalt ebenso stark zu erhöhen. Erstens ist Roggen wesentlich teurer als Mais, zweitens ist er schwieriger in der Handhabung und drittens haben die Brenner Angst, daß er aufgrund seines intensiven Geschmacks die Kunden abschreckt. Wie wir sehen werden, hat nur die Anchor Destillerie in San Francisco beschlossen, einen Whiskey herzustellen, der ausschließlich Roggen enthält.

Bereits Anfang des 19. Jahrhunderts hatten einige amerikanische Brenner festgestellt, daß sie das beste Ergebnis erhielten, wenn sie zwei Drittel Roggen und ein Drittel Mais verwendeten. Dieser Roggen war jedoch gemälzt, wodurch sein Geschmack viel weicher wurde, als es heute bei den Kentucky Ryes der Fall ist.

Wenn Roggen schon teuer ist, dann erst recht gemälzter Rog-

Nicht gebührend gewürdigt: *Leider wird in der Wild Turkey Destillerie Rye Whiskey nur ein- bis zweimal jährlich abgefüllt*

gen. Aus diesem Grund beinhalten in Kentucky alle Roggenmischungen einen ähnlich hohen Anteil an gemälzter Gerste, nämlich zwischen zehn und zwölf Prozent, zur Unterstützung der Gärung. Der Rest ist Mais. Der Roggen wird nicht gemälzt. Das Ergebnis ist ein Whiskey mit einem ähnlich ölig schweren Körper wie der Islay, jedoch mit der reschen, harten Fruchtigkeit eines irischen Pot Still Whiskeys, bei dem ebenfalls ungemälztes Getreide, in diesem Fall Gerste, verwendet wird.

Während der Gärung ist Rye Whiskey eindeutig zu erkennen. Er ist dunkler als Bourbon und gibt einen reichhaltigeren, fruchtigeren und stechenderen Duft ab. Das Getreideöl sammelt sich oben im Gärbottich, ist jedoch eher braun als blutrot wie beim Bourbon. Die Gärzeit ist für Rye und Bourbon ebenso gleich wie die Destillationszeit, doch der junge Alkohol schmeckt ganz anders. Der Wild Turkey besitzt beispielsweise eine augenscheinliche Fruchtigkeit, die dem Whiskey eine Härte verleiht. Diese findet man beim Bourbon nicht, auch wenn der Mais-Charakter hier auch einiges zu bieten hat. Der Roggen ist schärfer, süßer, mit einem beinahe sauren, unreifen doch köstlich fruchtigen Nachgeschmack; der durchschnittliche junge Bourbon ist hingegen flacher und weniger würzig. Daher kann man sagen, daß nach voller Reifung der Rye Whiskey wirklich herausragend wird.

Was den Wild Turkey betrifft, vertritt Jimmy Russell die Auffassung, daß er bereits nach vier Jahren seine volle Größe erreicht hat. Und mit seinem Alkoholgehalt von 50,5 Vol.-% zählt er zu den spektakulärsten Spirituosen Nordamerikas. Er ist sehr direkt, seine Öligkeit ist noch so deutlich wie im Gärbottich, und das für Wild Turkey typische Honigwachs verleiht ihm große Tiefe und einen Hauch Ingwer im Abgang.

Doch ebenso wie die Bourbons von Destillerie zu Destillerie verschieden sind, trifft das auch auf die Ryes zu. Vom Wild Turkey hebt sich etwa der Heaven Hill Rye ab, der unter den Namen Pikesville und Stephen Foster bekannt ist. Der Duft ist ganz anders, hier verbirgt sich der Roggen hinter Karamelbonbon- und Ledertönen. Doch am Gaumen kommt der Roggencharakter viel stärker zur Geltung und die großen Mengen süßer Öle versuchen vergeblich, seine Härte in den Griff zu bekommen. Ein Hauch von Minze macht ihn etwas leichter, doch der Abgang ist komplex mit einem Fruchtsaftspritzer vor dem trockenen Finale. Für diejenigen, denen der Wild Turkey zu vollblütig und verwegen ist, bietet der Heaven Hill Rye eine relativ flache, doch köstliche Alternative.

Es sind die Leute von Jim Beam, die sich wirklich bemühen, Rye Whiskey am Leben zu erhalten und zwar große Mengen davon. Sie produzieren zwei Versionen, die einen gänzlich unterschiedlichen Charakter haben. Der eine ist der berühmteste aller Straight Ryes: Old Overholt, benannt nach einem Farmbrenner, der seit 1810 Monongahela herstellte. Der sahnige Duft geht mit ziemlicher Sicherheit auf die Hefekultur zurück, die Zitrustöne dagegen auf die Getreideart. Und weil die Hauptzutat Roggen in besonders großzügiger Menge vorhanden ist, dürfte es sich um einen recht harten Rye handeln. Im

Geschmack ist er erstaunlich cremig, und paradoxerweise benötigt der Roggen mehr Zeit als die anderen Geschmacksrichtungen, bis er zur Geltung kommt. Wenn das schließlich der Fall ist, schmeckt er vorerst feucht und süß, bevor er den trockensten, lebhaftesten Abgang seiner Art zur Perfektion bringt.

Als wenn das noch nicht großartig genug wäre, produziert Beam auch noch den besten Rye Whiskey, den man für Geld kaufen kann. Und zwar unter dem Jim Beam Label, das den Inhalt als „Mild and Mellow" (mild und sanft) bezeichnet. In diesem Fall weiß ich wirklich nicht, was mild und sanft bedeutet. Gleich einem Vulkan explodiert der Geschmack und macht diesen Whiskey zu einem der großartigsten der Welt. Der herrliche Duft ist roggenintensiv und ölig, vielleicht mit einem Hauch Lavendel zur Abstimmung. Sobald er mit dem Gaumen zusammentrifft, verteilt sich das Roggenöl im Mund und schafft eine bittersüße Fruchtigkeit. Der Abgang ist steinhart, da der Roggen stärker wird und auch ein wenig Eiche durchkommt, und – er hat nur 40 Vol.-%! Mir wäre es durchaus recht, würde Beam auch einen 50,5 Vol.-% herausbringen.

Bei all diesen Ryes handelt es sich um 4jährige. Beim Wild Turkey liegt der Roggengehalt bei rund 54 bis 55 Prozent, je nach Art des Getreides. Der Anteil an gemälzter Gerste beträgt zwölf Prozent. Der Heaven Hill enthält 52 Prozent Roggen und zwölf Prozent Gerstenmalz; Jim Beam hat 51 Prozent Roggen. Den höchsten Roggenanteil hat der Old Overholt mit 61 Prozent. Während Wild Turkey, Heaven Hill und Old Overholt nur einmal im Jahr erzeugt werden, produziert Jim Beam möglicherweise zweimal und ruft die Destillerien in Claremont oder Boston zu Hilfe, je nachdem welche zur Verfügung steht.

Die alten, traditionellen Roggenstaaten haben die größten Märkte für diese herrlichen Whiskeys, wobei Pikesville außerhalb von Maryland kaum zu finden ist. Nur der Wild Turkey ist auch außerhalb der USA gut vertreten. Rund 40 Prozent der Produktion gehen nach Japan.

Empfehlung des Connaisseurs

Jim Beam Rye – Ein Vulkan voller Roggenintensität. Als einer der grössten Whiskeys der Welt, lässt er niemand los.

Wild Turkey Rye – Das für die Destillerie typische Honigwachs verleiht ihm grosse Tiefe. Im Abgang ein ganz feiner Ingwerhauch.

Getreidetransport: *Roggen und andere Getreidesorten werden mit der Bahn in die Jim Beam Destillerie von Clermont gebracht*

OLD POTRERO

In der Geschichte Hollywoods gibt es einige große Augenblicke, in denen Whiskey eine wichtige Rolle spielt. Es gibt sogar sehr große Momente. Für mich ist eine Szene unvergleichlich und eine der fesselndsten, die je im Kino gesehen wurden. Eine zweiminütige Szene im Film *The Big Sleep* sagt alles: ein verstaubtes Second-Hand-Buchgeschäft in Kalifornien, eine intelligente, schlagfertige, schöne Verkäuferin. Humphrey Bogart genießt den Augenblick, er schaut in den strömenden Regen hinaus und sagt: „Weißt du, zufällig habe ich gerade eine Flasche mit gutem Rye in der Tasche." Ein Angebot, dem das Mädchen im Buchgeschäft nicht widerstehen kann. Sie versperrt die Türe, er öffnet die Flasche, und sie trinken gemeinsam ... Das ist mein absoluter Traum.

Dieser Rye kam sicher aus dem Osten der USA, aus Pennsylvania oder Maryland. In den 40er Jahren wäre er jedenfalls nicht aus Kalifornien gekommen. Heute hat San Francisco seine eigene Destillerie, obwohl fast kaum jemand davon weiß. Im Moment führt sie nur eine Marke, den Old Potrero, der nicht nur aufgrund der Tatsache, daß er in Kalifornien produziert wird, heraussticht: Er stammt aus einer Pot Still, und was noch ungewöhnlicher ist, er besteht zu 100 Prozent aus gemälzter Gerste. Allein aus diesem Grund zählt er zu den seltensten Whiskeys der Erde, die kommerziell vertrieben werden.

Genau genommen konnte sich San Francisco bis zum Frühling 1996 nur eines heimischen Whiskeys rühmen: des Buena Vista, eines irischen Blends, der von irischen Brennern in Midleton ausschließlich für das berühmte alte Café auf der Fisherman's Wharf hergestellt wird, wo man das Klappern der Straßenbahnwaggons vernehmen kann. Bis zu diesem Zeitpunkt hätte niemand in dieser schönen Stadt sagen können, daß es hier eine Destillerie gibt. Die Aufstellung der Apparate und die Versuche mit dem ersten Destillat erfolgten insgeheim. Selbst in dem Gebäude im Stadtteil Potrero, in dem sich die Destillerie befindet, wußten die wenigsten, was vor sich ging, da die winzige Pot Still in einem Bereich untergebracht wurde, zu dem der Zutritt verboten war.

Tatsächlich befindet sich die Destillerie in einer Bierbrauerei, und zwar nicht in irgendeiner Brauerei. Das Bier, das hinter den dicken, stolzen und eleganten Mauern aus der Zeit nach der Prohibition erzeugt wird, schätzen viele Bierkenner auf der ganzen Welt. Es handelt sich um die Anchor Brauerei, die das berühmte Steam Beer, das köstliche Liberty Ale, ein handfestes Porter und aufreizend komplexe Christmas Ales liefert. Bei diesem bedeutenden Vermächtnis erwartet man von Old Potrero natürlich auch einen besonderen Whiskey.

Ebenso wie diese speziellen, wirklich klassischen Biersorten, ist auch der Whiskey die Schöpfung von Fritz Maytag. Der Minibrauereien, die nach dem Erfolg der Anchor wie eine Welle die USA überschwemmten, war er zwar überdrüssig, dafür nahm er mit vollem Elan den Destillationsbetrieb auf. Der Name Maytag ist in den USA sehr bekannt. Es gibt einen Maytag Waschmaschinenkonzern, der nun zur Hoover-Gruppe gehört, jedoch vom Urgroßvater des Braueres und Brenners gegründet wurde. Sein Vater brachte dem Land den Maytag Blue, eine der großartigsten Käsesorten Nordamerikas. Jetzt setzt der Sohn, Fritz Maytag, die kreative Familientradition fort.

Anker hoch! *Fritz Maytag präsentiert Amerikas neueste – und älteste – Whiskeyart*

Aber das ist noch nicht alles: Ich kenne keinen anderen Brenner auf der Welt, der für die Produktion von Whiskey, Bier und Wein verantwortlich ist. Sein Haus liegt nördlich von San Francisco in einer wunderbaren Landschaft, wo die Provinzen Napa und Sonoma zusammentreffen, inmitten des wichtigsten Weinbaugebietes von Kalifornien, betreibt er einen Weingarten, und sein Rotwein York Creek genießt (ebenso wie das Bier und sicherlich auch schon bald der Whiskey) einen ausgezeichneten Ruf.

Fritz spricht lange, viel und offen über seine Biere und Weine. Auf seinen Rye geht er nicht so stark ein. Die Offenheit, mit der er über sein Bier sprach, ist vielleicht ins Auge gegangen, und man könnte schwören, daß er und Jerry Dalton, der früher bei Barton war, Blutsbrüder sind.

Als ich 1995 erstmals die Anchor Destillerie besuchte, lag ein Mantel des Schweigens über ihr. Ich mußte schwören, nichts von dem, was ich wußte, zu schreiben, im Rundfunk zu sagen oder auf sonstige Art an die Öffentlichkeit zu tragen, bis der Rye auf dem Markt war. Und selbst heute noch habe ich keine Ahnung, woher der Roggen stammt (obwohl ich gerne rate – vielleicht aus North Dakota), oder wo er gemälzt wird (vielleicht ganz im Stillen von denjenigen, die auch die gemälzte Gerste für das Bier liefern), wie lange die Destillation dauert usw. Doch darauf habe ich gerne verzichtet, durfte ich doch das Embryonalstadium eines zukünftigen Weltklasse-Whiskeys miterleben und diesen als erster Autor verkosten. Ich probierte den reifenden Whiskey, der erst sechs Monate alt und doch schon äußerst charaktervoll war. Er übertraf jeden anderen Rye, der nicht älter als drei Jahre war, bei weitem. Ich nehme an, daß das teilweise auf das Mälzen des Getreides und teilweise auf die Brennblase (die ich hier absichtlich im Singular anführe) zurückzuführen war.

Fritz träumte davon, einen Whiskey zu produzieren, den die ersten amerikanischen Siedler wiedererkennen würden. Er sollte nicht nur kommerziell verwertet werden, sondern auch eine Hommage an die große amerikanische Whiskeytradition sein. Fritz hatte entdeckt, daß Roggen unter den ersten Getreidesorten war, die mit Erfolg destilliert wurden. Von den ersten Siedlern hatten viele, speziell die Iren und Schotten, bereits in ihrer Heimat gelernt, in einer einzelnen, kleinen Kupferbrennblase zu destillieren.

Auch in der Anchor Destillerie macht man das so. Old Potrero, der erste Whiskey, der auf den Markt kam, war in der gleichen Brennblase zweifach destilliert worden, auch wenn bei den ersten Versuchen, die 1994 begannen, ein seltsames Gebräu entstand. Er gab zu: „Wir destillierten einfach, zweifach, dreifach und öfters, wenn auch nicht mit Absicht. Unsere ersten Versuche waren nicht sehr erfolgreich: Die halbe Zeit wußten wir nicht, was wir taten." Beim Aufbau des Destillationsprozesses wußten sie jedoch, was sie zu tun hatten. Die Maische und Gärung erfolgte nicht in alten Fässern wie vor 200 Jahren, sondern in Behältern aus rostfreiem Stahl, wodurch die Dinge mit einer für das 20. Jahrhundert typischen Effizienz gesteuert wurden. Seltsamerweise ziehen es viele schottische Brenner vor, in großen Washbacks aus Oregonkiefer zu gären: Diese Destillerie kommt den alten Methoden am nächsten.

Fritz läßt sich beraten – von den besten Experten, die er finden kann – und hört ihnen genau zu. Aber nur er allein entscheidet, was gemacht wird. Und so schuf er einen einfach herrlichen Whiskey. Der einzige, der einem ernsthaften Vergleich standhält, ist der gemälzte Rye aus Lawrenceburg in Indiana, der ihn als 8jähriger im Duft übertrifft, doch im Geschmack unterlegen ist. Das ist eine Leistung, da der gemälzte Rye von Lawrenceburg selbst ganz hervorragend ist.

Man darf jedoch nicht glauben, daß der Old Potrero einen minderwertigen Duft hat. Er wurde in neuen Eichenfässern gereift, damit er die volle Tiefe erhält, und sobald das Glas warm ist, duftet er nach Honig, Geißblatt und Gewürzen. Doch seine Jugend läßt sich nicht verleugnen. Am Gaumen kommt er in voller Größe zur Geltung: äußerst intensiv bietet der Roggen Fruchtigkeit und köstliche Öle, und das Malz schafft reichhaltige Komplexität, mit der sich kein anderer Whiskey dieses Alters messen kann. Im langen, öligen Abgang wird die Honignote noch stärker und verbindet sich mit Schokolade sowie einer sagenhaften Roggenhärte. Einfach brillant.

Der Name Old Potrero ist eine Anspielung auf das amerikanische Gesetz, das absurderweise verschiedene Wörter verbietet, um das Alter eines Produkts zu beschreiben – mit Ausnahme des Wortes „alt". Alt ist er nicht, doch gibt es auf der ganzen Welt auch keinen 13 Monate alten Whiskey wie diesen.

Einen Kritikpunkt gibt es jedoch: Der Whiskey ist fast nirgends erhältlich. Da Fritz wußte, daß ihm von der Destillation im Dezember 1994 nur 1 448 Flaschen zur Verfügung standen, widerstand er der Versuchung, seinen Whiskey an die bekanntesten Spirituosenhändler der Welt zu liefern. Für den Fall, daß das Produkt einschlug, hätte er die Nachfrage nicht befriedigen können. Stattdessen kann man ihn in Toprestaurants in Baltimore, Washington, New York und passenderweise auch in San Francisco finden. Doch ist er nicht billig – für ein Glas muß man bis zu 17 Dollar zahlen. Eine weitere Lieferung, die im Dezember 1995 destilliert wurde, kommt 1997 als Verstärkung heraus.

All das dient wiederum als Beweis für eine Rennaissance des amerikanischen Whiskeys. Nach diesem außergewöhnlichen ersten Versuch warte ich jetzt schon gespannt auf den nächsten Rye. Humphrey Bogart hätte gesagt: „Spiel's noch mal, Fritz."

Empfehlung des Connaisseurs

OLD POTRERO – HONIG, GEISSBLATT UND GEWÜRZE. SEHR INTENSIV UND KOMPLEX.

6 KANADISCHER WHISKY

Unter den kanadischen Whiskyproduzenten herrscht eine kaum merkliche, wenn auch verständliche Paranoia. Immerhin schlug so gut wie jede Regierung seit Staatsgründung satte 83 Prozent Steuern auf jede Flasche, was die Branche beinahe umbrachte. Und ähnlich wie in Kentucky glauben auch die Kanadier ungerechtfertigterweise, daß ihr Whisky zwar gut, jedoch historisch unbedeutend sei und daher niemals denselben Ruf haben werde wie schottischer oder irischer Whisky.

Natürlich kann man kanadischen Whisky nicht mit schottischem vergleichen, da er mit anderen Getreidesorten gemacht wird. Er wird anders destilliert und unterscheidet sich zum Beispiel auch in der Reife. Ebenso unangebracht wäre es, irischen mit schottischem Whisky zu vergleichen. Das hat nichts mit Qualität zu tun, sondern einzig und allein mit dem Stil des Whiskys. Und kanadischer Whisky hat sicherlich sehr viel Stil.

Durch die langen und beschwerlichen Reisen, die ich von der Westküste über die Rocky Mountains und die Prärien zu den saftig grünen Landschaften Nova Scotias unternahm, wurde ich nicht nur zum ersten Autor, der jemals alle in Betrieb befindlichen Destillerien eines so großen Landes besucht hat, sondern erhielt auch eine Bestätigung für meine lang gehegte Vermutung: Kanada darf sich einer Reihe von Whiskys mit vielfältigem Charakter rühmen. Im allgemeinen ist die Qualität gut – in manchen Fällen hervorragend.

Vom Beginn der Prohibition in den USA bis zur Zeit des Wirtschaftswunders nach dem Zweiten Weltkrieg und bis in die sicheren 70er Jahre war kanadischer Whisky weltweit sehr gefragt. Man baute neue High-Tech-Destillerien, um die verstärkte Nachfrage zu bewältigen, und es schien, als wäre kanadischer Whisky immer richtig am Platz. Doch dann ging weltweit die Nachfrage nach Spirituosen zurück, und in Kanada mußte eine Destillerie nach der anderen schließen, bis schließlich nur mehr neun übrigblieben.

Leider hat Kanada einige recht gute Destillerien eingebüßt, von denen meiner Meinung nach keine qualitativ besser war als Beaupré, Seagrams Niederlassung in Quebec. Als ich mich für Recherchen zu diesem Buch gerade in Montreal aufhielt, mußte ich mitansehen, wie die Destillerie La Salle, die vom legendären Samuel Bronfman so liebevoll aufgebaut worden war, von Bulldozern niedergewalzt wurde. In seiner Distiller's Company erzeugte Bronfman große Mengen Whisky, der während der freudlosen Epoche der Prohibition in die USA geschmuggelt wurde.

Es liegt Ironie in der Tatsache, daß Seagram die alten Destillerien abreißen läßt. Denn dieses Unternehmen hat sich besonders dafür engagiert, daß die Tradition des Destillierens in der Öffentlichkeit bekannt wurde. In Waterloo, Ontario, gibt es noch drei schöne Lagerhäuser aus Sandstein. Zwei davon werden demnächst geschliffen, wenn nicht bald jemand realistische Pläne für den Weiterbetrieb präsentiert. Das dritte wurde zu einem Museum umfunktioniert, das jeder Whiskyliebhaber, der sich im Land befindet, ansehen sollte. Von der Waterloo Destillerie selbst ist nichts mehr zu sehen. Sie zählte einst zu den beeindruckendsten der Welt, bis sie geschlossen wurde und abbrannte.

In Toronto steht noch immer die älteste Whisky Destillerie; nicht nur die älteste Kanadas, sondern des ganzen nordamerikanischen Kontinents. Gooderham & Worts beendeten 1957, nach 120 Jahren, die Whiskyproduktion in der Destillerie, produzierten allerdings noch bis 1990 Rum. Heute gibt die Destillerie, die zu Allied Domecq gehört, ein beeindruckendes Zeugnis der kanadischen Whiskytradition. Ihre Gebäude gehen auf die Expansion des Unternehmens zurück, die bis zur Jahrhundertwende andauerte. Die 1863 errichteten und noch völlig intakten Mälzböden sind das wahrscheinlich wichtigste und stimmungsvollste Relikt einer vergangenen Epoche, das ich je in einer Destillerie gesehen habe.

Der Verwalter führte mich umher und berichtete voll Freude über seine Pläne für einen Umbau. Man kann nur beten, daß ihn jemand aufhält, denn einige der wertvollen alten Apparaturen wurden bereits entfernt und als Sperrmüll verschleudert. Die Gooderham & Worts Destillerie ist für die kanadische Whiskyindustrie die letzte Chance, zu beweisen, daß sie über eine ebenso lange Tradition verfügt wie andere. Da sie so nahe am Zentrum von Toronto liegt, hätten auch unzählige Touristen die Möglichkeit, dies selbst festzustellen. Vielleicht finden Sie ja heraus, welche Schätze es unter den vielen berühmten, jedoch unterschätzten kanadischen Whiskys gibt.

DIE KANADISCHEN WHISKY-DESTILLERIEN

DIE GESCHICHTE DES KANADISCHEN WHISKYS

Meist läßt sich nicht genau feststellen, wann ein Land begann, Whisky zu produzieren. Dank der Lizenzerteilungen, die von den Regierungen aufbewahrt werden, kann man mit weitaus größerer Sicherheit sagen, ab welchem Zeitpunkt Whisky auf legale Weise hergestellt werden durfte. Allerdings sind es die Erzählungen über die Whiskypioniere, die sowohl von den Autoren als auch von den Werbeleuten am meisten geschätzt werden. Da ist zum Beispiel die überaus romantische Geschichte des ersten Scotch von Bruder John Cor, die mindestens 500 Jahre alt ist.

Man vergleiche diesen Bericht mit den frühesten Aufzeichnungen über Whisky in Kanada aus den Tagebüchern der Pelztierjäger, die schon vor rund 200 Jahren, als das Land mühevoll „zivilisiert" wurde, mit den Indianern Handel trieben. So etwas bekommt man nie zu hören, wenn es um die Geschichte des kanadischen Whiskys geht. Daraus sieht man, wie die Geschichte eines Landes und seiner Spirituosen untrennbar verbunden sind. William Henry arbeitete im südlichen Manitoba als Pelztierjäger für die North West Company. Aus einer Tagebucheintragung von 1802/03 geht hervor, welche Auswirkungen Whisky und andere Spirituosen auf die kriegerischen Eingeborenen hatten. Hier sollte man ihn eigentlich „Todeswasser" nennen.

„1. Januar: Ich gab meinen Leuten zwei Gallonen (rund neun Liter) Feinbrand … Die Nachbarn kamen uns besuchen, und vor Sonnenaufgang waren alle Männer und Frauen betrunken … die Männer stritten und prügelten sich die ganze Nacht.

14. Mai: In einem Trinkwettkampf … wurde gestern Aupusoi von Gros Bras aus Eifersucht mit einem Degen erstochen … Wenig später ergriff Aupusois Bruder, ein 10jähriger Junge, das Gewehr des Toten … und näherte sich Gros Bras' Zelt. Der Junge steckte … das Gewehr durch die Türe und tötete Gros Bras, indem er zwei Kugeln in seine Brust feuerte … Little Shell fand die alte Frau, Aupusois Mutter, in ihrem Zelt und erstach sie auf der Stelle. Dann kam Ondainoiache herein, nahm das Messer und versetzte ihr einen zweiten Stich. Daraufhin nahm Little Shell wieder das Messer zur Hand, um ein drittes Mal zuzustechen. Auf diese Weise machten die beiden Schurken weiter, so lange noch Leben im Körper der Frau war. Der Junge entkam … und wurde versteckt gehalten, bis alle nüchtern waren.

20. April 1803: Die Indianer betranken sich. Le Boeuf stritt mit seiner Frau und schlug sie mit einer Keule bewußtlos.

6. Mai: Die Indianer kommen jeden Tag und trinken fortwährend."

1769 produzierte die erste legale Destillerie Kanadas große Mengen Rum. Der Alkohol von William Henry war vermutlich eine Mischung aus Rum (der möglicherweise zusammen mit den anderen Vorräten gebracht wurde, wenn die Firma die Pelze abholte) und, wie man aus der Anspielung auf den Feinbrand entnehmen kann, einem Whisky, der aus dem Getreide hergestellt wurde, das gerade zur Hand war. Da Henry Zucker hatte, könnte er auch etwas Rohrum hergestellt haben. Da er sich an anderen Stellen häufig auf „gemischte Spirituosen" bezieht, könnte dieser Whisky zum Rum gemischt worden sein, oder der Rum wurde dem selbstgemachten Whisky beigefügt, um den Geschmack aufzubessern. Es scheint jedoch, daß beim ersten kanadischen Whisky weniger der Geschmack als die Wirkung zählte.

Doch kann man nicht sagen, der Whisky habe ausschließlich schlechten Einfluß auf diese junge Nation gehabt. Für die hart arbeitenden Menschen wurde er sehr wichtig, da er ihnen half, in dem unbarmherzigen Klima und Gelände zu überleben. Da so viele Schotten nach Kanada einwanderten, ist es kaum verwunderlich, daß bald nachdem man die Wildnis und die Indianerstämme halbwegs bezwungen oder reduziert hatte, im ganzen Land Whisky gebrannt wurde. Schon in der Heimat und später in Virginia und Kentucky hatten Schotten und Iren erkannt, daß es sinnvoll war, das Getreide, das nicht mehr verkauft oder zu Brot verarbeitet werden

Zurück zur Natur: *Manchmal sieht es in Kanada schottischer aus als in Schottland selbst*

Corby's: *Den Namen gibt es bis heute, auch wenn er nicht mehr so allgegenwärtig ist wie früher*

konnte, für die Whiskyproduktion zu verwenden. So erzielte es einen besseren Preis, war leichter zu tragen und verdarb nicht, sondern wurde mit fortschreitendem Alter immer besser. Bald hatte der Whisky dem Rum den Rang als Lieblingsgetränk abgelaufen.

Bier war ebenfalls erhältlich, doch Wein war um 1830 so teuer, daß eine Flasche mehr kostete als ein halber Hektar Land. Hingegen wurde Whisky, der billig und reichlich vorhanden war, zum Alltagsgetränk der Kanadier. Oft wollten Bauern, die Möglichkeiten suchten, ihr unsicheres und kaum ausreichendes Einkommen aufzubessern, eine Destillerie errichten. Die Briefe eines Bauern aus Nordkanada zeigen, daß er 1834 zwar noch von „dem scheußlichen kanadischen Whisky" sprach, zehn Jahre später aber eine völlig andere Einstellung hatte. In einem Brief aus dem Jahr 1844 schilderte er, wie er seine Finanzen aufbessern wollte, und lieferte gleichzeitig eine Vorschau auf die Entwicklung der Whiskybranche in den folgenden Jahren:

„Eine Brennerei an meinem eigenen Bach in Verbindung mit der Farm sowie ein Geschäft, in dem man das Getreide für die Brennerei kaufen kann, sollte genügend Gewinn abwerfen, doch werden Einwände erhoben. Meine Mutter ist aus moralischen Gründen strikt dagegen. Sie denkt, die Whiskyproduktion wäre ein Vergehen am Land. Außerdem wurde in unserem Parlament ein Gesetzesentwurf eingebracht, der eine Steuer von sechs Pence für eine Gallone (rund fünf Liter) Whisky vorschreibt. Ich denke, dadurch wird sich die Whiskyproduktion auf große Unternehmen verlagern."

Er hatte in jeder Hinsicht recht. Die Steuer sollte speziell die kleinen Betriebe treffen. Nur große Unternehmen wie Gooderham & Worts im nahegelegenen Toronto, die mit Hilfe der neuen hölzernen kontinuierlichen Brennblasen die Produktion so effizient wie damals möglich ablaufen ließen, machten genügend Gewinn, um die hohen Steuern wettzumachen. Die Verwendung von Pot Stills war damals wie heute eher die Ausnahme als die Regel.

Die Einstellung seiner Mutter zeigte erste Ansätze puritanischer Denkweise, die schließlich zur Prohibition führte. Es war das zarte, gottesfürchtige Geschlecht, vertreten durch die National Women's Temperance Union (Nationale Frauenbewegung für Enthaltsamkeit), das um 1870, nach rund 50 Jahren stillen Protests, die Kugel ins Rollen brachte. Entgegen der allgemeinen Annahme beschränkte sich die Prohibition allerdings nicht auf die USA. Im Ersten Weltkrieg saßen auch viele kanadische Provinzen auf dem Trockenen. Eine lückenlose, landesweite Prohibition herrschte jedoch nur von März 1918 bis November 1919, als sich herausstellte, daß diese undurchführbar, unpraktisch und vor allem unbeliebt war. Im darauffolgenden Jahr wurden Produktion, Konsum und Verkauf von Alkohol außer für medizinische Zwecke in den ganzen USA gesetzlich verboten.

So schmuggelten findige Geschäftemacher jeden Tag riesige Mengen Whisky über die Grenze. Der Fluß, der Lake Erie mit Lake St. Clair verbindet, wurde zu einem Umschlagplatz für illegalen Whisky.

Verbrecherische Organisationen wie die legendäre Purple Gang versuchten – meist erfolgreich –, den amerikanischen Behörden ein Schnippchen zu schlagen; das geschah manchmal sogar direkt vor der Candian Club Destillerie in Walkerville, die weiterhin ihren berühmten Whisky legal produzierte.

Nie zuvor war kanadischer Whisky derart beliebt. Als eine ursprünglich für Al Capone bestimmte Lieferung von einer rivalisierenden Bande am Detroit River gestohlen wurde, war dies der Auslöser für das berüchtigte St. Valentin-Massaker von 1929.

Es liegt eine ziemliche Ironie in dem Umstand, daß der mildeste Whisky der Welt während der ersten 100 Jahre seines Bestehens unschuldigerweise mit so viel Gewalt verbunden war. Und da meinen die Kanadier, ihr Whisky hätte keine Geschichte …

BRITISH COLUMBIA

OKANAGAN

Wenn es einen schöneren Platz auf Erden gibt, an dem die geologischen Gegebenheiten auf so wunderbare Weise mit der Pflanzenwelt harmonieren, muß ich ihn erst finden. British Columbia, der westlichste Teil Kanadas, ist ein Land mit tosenden Flüssen und Wasserfällen, Bergen, dichten Wäldern und Inseln, die unvermittelt aus dem Meer auftauchen. Irgendwie erinnert dieses Gebiet an Schottland, obwohl die Highlands im Vergleich dazu direkt unspektakulär und viel kleiner wirken. Bis in die 70er Jahre war British Columbia der Sitz der Britannia Copper Mine, eine der größten Minengesellschaften im britischen Königreich, von der zweifelsohne das Rohmaterial für viele schottische und irische Pot Stills stammt.

Manche nennen British Columbia nach wie vor eine Whiskyregion, was sie zwar ist, jedoch auf andere Weise, als es gemeint ist. Vor 100 bis 200 Jahren machten viele Händler Geld, indem sie Whisky an die Indianer verkauften. Dieser Handel existiert immer noch. Ich kenne einen Mann, der am Stadtrand von Toronto als Schwarzbrenner lebt. Den Whisky, den er herstellt, verkauft er an die in der Stadt lebenden Hindus. Seit der Schließung der Okanagan Destillerie von Hiram Walker in Kelowna im Jahr 1995, die im Anschluß an die Stillegung der Seagram Destillerie in New Westminster erfolgte, gehört die legale Whiskyproduktion in dieser Provinz der Vergangenheit an, obwohl offiziell noch eine Brennerei in Betrieb ist. Bei dieser handelt es sich um die Cascadia Destillerie, die sich ebenfalls in Kelowna befindet. Nimmt man die Straße von Vancouver, führt die Reise an Langley vorbei, wo die Firma unter dem Namen Potters in den 60er Jahren zu destillieren begann. Die Route ist schlichtweg spektakulär und führt durch die Berge, die immer mehr in den Himmel zu wachsen scheinen, je weiter man ins Landesinnere vordringt.

Kelowna ist eine wachsende Stadt, deren Lebensstandard angeblich ebenso hoch ist wie in anderen nordamerikanischen Städten. Kommt man über die schwimmende Brücke auf dem Lake Okanagan in die Stadt, biegt man nach kurzer Zeit links in die Richter Street ab. Bald sieht man zur Rechten eine Brauerei und Weinfabrik. Einmal pro Jahr fungiert dieses Gebäude auch als Destillerie.

British Columbia: *Auch wenn hier kein kanadischer Whisky mehr produziert wird, gäbe es doch mehr als genug Wasser dafür*

Dann destilliert der Leiter, der Schotte Nick Bennett, an einem Tag gerade soviel Alkohol, um die Lizenz nicht zu verlieren. Das Produkt kann jedoch nicht richtig reifen, um wirklich gut zu werden. Die Biere der Brauerei, die als „Granville Island Brewing" verkauft werden, sind recht annehmbar, speziell ein ziemlich intensives Amber Ale, und im Geschäft kann man auch die angesehenen Weinmarken kaufen. Die Whiskys, die die Firma unter ihrem Namen vermarktet, wie zum Beispiel der Potter's Old Special mit seinem lebhaften Charakter, der im Mund zergeht, werden aus den Produkten anderer Destillerien verschnitten.

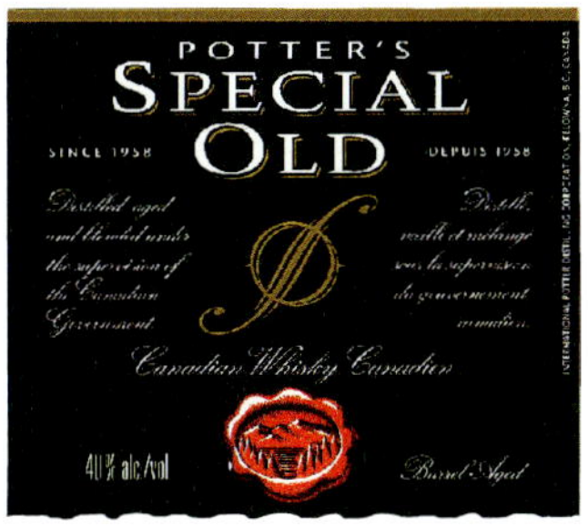

Die Standardmarke ist der Potter's Old Special, der, abgesehen davon, daß er nach Shrimps-Crackern schmeckt und im Mund zergeht, auch ein großes Spektrum an herrlichen Geschmacksnoten hinterläßt. Er zählt sicherlich zu den weichesten, seidigsten kanadischen Whiskys, die es gibt, obwohl man ihn nicht einfach als langweilig abtun darf. Er bietet eine satte Süße, die zweifellos den großen Mengen lokalen Sherrys (gemeint ist tatsächlich der Dessertwein und kein Whisky, der in ehemaligen Sherryfässern herangereift ist) zu verdanken ist. Dies verleiht ihm eine Komplexität, die ihn einfach nach mehr schmecken läßt. Ein recht stilvoller kanadischer Whisky.

Für den taiwanesischen Markt gibt es den Royal Canadian Whisky, der weitaus stärker nach Roggen schmeckt und öliger ist. Er besitzt zwar auch diese sagenhafte Potter-Süße, doch ist er viel härter im Abgang als der Old Special. Einst war jedoch der 8jährige, der zusätzlich zu allen anderen Geschmackskomponenten auch noch über eine Eichennote verfügte, der Stolz der Firma. Ein neuer Marketingexperte beschloß, das traditionelle, alte Label aufzupeppen und den Schriftzug „Time" auf der Flasche anzubringen, um jüngere Abnehmer beiderlei Geschlechts anzusprechen. Obendrein wurde er erst als 10jähriger abgefüllt. Er ist eigentlich nicht schlecht und trockener, als man von diesem Hersteller erwarten würde, obwohl er so komplex wie eh und je ist. Anders als die anderen Versionen, hat er eine leicht geröstete Note, die an Kaffee aus Costa Rica erinnert und ihn würziger macht. Leider war sein Image nicht entsprechend, und der ganze Whisky war ein Flop. Die Flasche, die ich in meiner Bibliothek aufbewahre, wurde zwar erst 1995 verkauft, ist aber vermutlich eine der letzten, die überhaupt noch zu finden sind.

Der beste Whisky von Potter's ist der Bush Pilot, der nur in den USA auf den Markt kommt. Er ist der einzige kanadische Whisky aus nur einem Faß und nimmt somit eine Sonderstellung ein. Abgesehen davon ist er hervorragend, und so ist es nicht verwunderlich, daß Cascadia auch auf dem kanadischen Markt eine ähnliche Marke herausbringen will. Es handelt sich um kanadischen Whisky mit herrlich entspanntem, würzigem Eichenduft und ebenso feinem Bourbon-Geschmack. Überraschend ist allerdings, daß sich auch eine Süße wie von Sahnetoffee entfalten kann, die Merkmal einiger guter kanadischer Whiskys ist. Seine Stärke liegt allerdings in der weichen Öligkeit, die am Gaumen haftet, wodurch die ein klein wenig künstliche Süße jede Bitterkeit des Getreides ausgleicht, die sich einschleichen könnte. In nur drei Jahren ist die Nachfrage nach diesem 13jährigen Whisky um das Vierfache gestiegen.

Niemand kann mit Sicherheit sagen, woher die Fässer stammen, die für den Bush Pilot verwendet werden, doch vermutlich befindet sich diese Stelle nur wenige Kilometer entfernt nach dem Flughafen in Richtung Winfield am anderen Ende der Stadt. Hier stehen die heute stillgelegten Brennblasen der Okanagan Destillerie, die 1971 von Hiram Walker gebaut worden war, um die Walkerville Destillerie zu entlasten, als die Nachfrage nach kanadischem Rye Whisky ungebrochen schien. Nun ist die Nachfrage aber zurückgegangen, und Okanagan wurde stillgelegt und zum Verkauf ausgeschrieben. Mit ihren 16 massiven Gärbottichen ist die Brennerei auf dem neuesten Stand und der funktionellen Midleton Destillerie in Irland erstaunlich ähnlich. Während letztere auf Hochtouren läuft, sind die Chancen, daß in Okanagan jemals wieder Whisky produziert wird, äußerst gering. Im Falle eines Verkaufes wird man hier vermutlich Industriealkohol herstellen.

Der Whisky von Okanagan soll mit dem von Walkerville identisch gewesen sein. Was aber nicht stimmt. Es ist verständlich, daß man dies behauptet hat: Alles, was den Namen Canadian Club trug und in Westkanada, den USA oder an der Pazifikküste verkauft wurde, sollte ebenso gut sein wie der an der Ostküste hergestellte und vertriebene Whisky. Ich fand den Okanagan Canadian Club jedoch etwas schwerer und geschmacksintensiver. Wenn Sie jemals nach Vancouver oder Seattle kommen und auf eine Flasche mit Canadian Club aus den 80er Jahren stoßen, sollten Sie alles daran setzen, diese zu ergattern.

Das bemerkenswerteste an Okanagan sind die vier Pot Stills, die denen aus der Inverleven Destillerie in Dumbarton in Schottland gleichen. In diesen wurde bis 1991 geschmackbringender Rye Whisky erzeugt. Doch in den 80er Jahren stellte man damit reinen Malt Whisky her, der körperreich und voll intensiver, köstlicher Malzigkeit war. Kurze Zeit wurde diese Version als Glen Ogopogo Single Malt auf dem japanischen Markt vertrieben, wo man seine Qualität nicht zu schätzen wußte. Der Name stammte von dem legendären Ungeheuer im Lake Okanagan, der nordamerikanischen Version des Ungeheuers von Loch Ness. Er erinnerte im Stil etwas an Speyside, hatte jedoch einen wunderbaren Schokolade-Orangen-Charakter. Was von diesem Malt noch übrig ist, verdient, mit einer eigenen Legende bedacht zu werden.

Empfehlung des Connaisseurs

POTTER BUSH PILOT – HEBT MIT EINER KÖSTLICHEN SAHNE-TOFFEENOTE AB. HERVORRAGEND.

ALBERTA

PALLISER DESTILLERIE, LETHBRIDGE

Okanagan liegt fast genau am 50. Breitengrad. Nur ein kleines Stück weiter südlich, aber sechs Grad weiter östlich, liegt die Palliser Destillerie von Lethbridge. Um hierher zu kommen, muß man das größte Hindernis auf dem nordamerikanischen Kontinent überwinden – die Rocky Mountains. Es ist möglich, diese auf mühsame Weise mit dem Auto zu überqueren. Doch die Aussicht ist spektakulär. Nachdem man die Berge überwunden hat, sieht man nur flaches Land und sanft geschwungene Ebenen, so weit das Auge reicht. Nun befindet man sich in der Prärie von Alberta.

Die Destillerie in Lethbridge gehört zu einem modernen Industriegebiet. Hier stehen keine hoch aufragenden Schornsteine oder dunkelroten Ziegelsteinkathedralen. Abgesehen vom Destillierhaus ist alles sehr niedrig und paßt sich wunderbar der nüchternen Umgebung an. Hier wird auch der Smirnoff-Wodka gebrannt, der den Whisky auf den den zweiten Rang verweist. Tatsächlich gibt es nur eine wichtige Whiskymarke – den Black Velvet. Diesen Namen kennt man in ganz Nordamerika, von den Rocky Mountains bis zu den Appalachen.

Wenn man eine neue Destillerie sieht, kann man davon ausgehen, daß ein bis zwei alte Destillerien zusperren mußten, um ihr Platz zu machen. Da ist auch Gilbeys Palliser Destillerie keine Ausnahme. Die ursprüngliche Brennerei in New Toronto wurde 1933 für die Gin-Produktion gebaut. Es dauerte sechs Jahre, bis sie auch Whisky herstellte, doch der Ausbruch des Zweiten Weltkriegs legte die Produktion innerhalb weniger Wochen lahm. Als der Krieg jedoch zu Ende war, und der Whisky von 1939 reif für die Abfüllung war – beides war praktischerweise 1945 der Fall –, tauchten Fragen hinsichtlich der Qualität des Whiskys auf. Man nahm verschiedene Anpassungen vor, und 1951 war eine weitaus bessere Version erhältlich.

Palliser Destillerie: *Die Brennerei ist ebenso flach wie die Prärie*

Zuerst wollte man den Whisky Black Label nennen, fürchtete jedoch, daß Johnnie Walker rechtlich dagegen vorgehen würde. Daher entschloß man sich klugerweise für den Namen Black Velvet. Der Absatz schnellte in die Höhe. 1973 wurde die Palliser Destillerie eröffnet, um den expandierenden Markt der westlichen USA zu versorgen und gleichzeitig die Roggen- und Maisvorräte zu nutzen.

Ebenso wie bei Hiram Walker bedeutete der Rückgang der Nachfrage leider die Schließung, nur daß im Fall von Gilbey die alte Brennerei der neuen weichen mußte. Der 6jährige Black Velvet aus Toronto besaß einen viel ausgeprägteren Roggencharakter mit intensiverer Pfeffer- und Gewürznote. Der aktuelle 6jährige aus der Palliser Destillerie weist noch Spuren des „Lethbridge-Charakters" auf, eines recht erdigen, unattraktiven Dufts, den man heute vermeidet. Geschmacklich ist er jedoch in Ordnung – ein unkomplizierter, leicht öliger, süßlicher Whisky, den man überall finden kann, mit Ausnahme der USA, wo gerade eine 4jährige Version eingeführt wurde, die, wie ich leider zugeben muß, schrecklich ist. Sie riecht nicht einmal wie Whisky; dafür sorgt der destillierte Orangensaft, von dem bei den 9,09 Prozent zugesetzten Geschmackstoffen ziemlich viel enthalten ist.

Es gibt auch noch einen ausgezeichneten 8jährigen namens Triple Crown, der im Vergleich dazu überwältigend ist. Trotz der eigenartigen Salzigkeit weist er jene Toffeenote auf, die man bei einem guten kanadischen Whisky erwartet. Hier gibt es keine bösen Überraschungen. Der beste Palliser, der jemals erzeugt wurde, ist ein 10jähriger namens Red Feather Saloon, der speziell für dieses Symbol des Goldrausches im Yukonterritorium hergestellt wurde. Ein hervorragender kanadischer Whisky, voll eichiger Komplexität und herrlicher Roggenfruchtigkeit. Er verkaufte sich nicht, weshalb die

Erzeugung eingestellt wurde. Palliser hat vielleicht noch nicht das richtige Alter für eine große Whisky-Destillerie, doch falls Gilbey mit dem Triple Crown und dem Red Feather mehr anfangen kann, wird es nicht mehr lange dauern.

Das etwas abschreckende Aroma von vergorenem Weizen, das jeden Spalt und jede Ritze durchdringt, hat nichts von der Süße, die typisch für Mais, Roggen und Gerste ist. Dennoch handelt es sich um eine faszinierende Destillerie, vor allem, wenn man die großen, spinatgrünen Washbacks sieht. Die Brennblasen sind auf dem neuesten Stand, was vermutlich ein Grund dafür ist, daß der erste Whisky so charakterlos war. Auch wenn er nicht zu den aufregendsten Kanadas gehört, ist zu hoffen, daß die nachlassende Nachfrage nach kanadischem Whisky nicht irgendwann zur Schließung der wunderschönen kleineren Destillerien führt, die doch etwas Einmaliges sind.

Alberta Destillerie: *Am Stadtrand von Calgary stellt sie den echten kanadischen Rye Whisky her*

ALBERTA DESTILLERIE, CALGARY

Die Fahrt von Lethbridge zurück nach Calgary bietet eine faszinierende Aussicht auf zwei der bekanntesten landschaftlichen Attraktionen Nordamerikas, die beide Einfluß auf die Whiskyproduktion haben. Linker Hand liegen die Rocky Mountains, aus denen das Wasser stammt, und rechter Hand beginnen die endlosen Weiten der Prärie, auf denen Roggen, Weizen und Mais angebaut werden.

Wenn man an den Silos und Getreidelagern der kleinen Städte vorbeikommt, denkt man, daß inmitten dieser fruchtbaren Umgebung doch irgendwo eine Destillerie liegen muß. Und das stimmt auch. In dem staubigen Städtchen High River, das nach dem nahegelegenen Fluß benannt ist, befindet sich die Destillerie des nicht sehr bekannten Whiskyproduzenten Highwood. Diese kleine Brennerei verwendete früher das Wasser aus ihrem eigenen Brunnen, ist nun aber ans Netz angeschlossen, aus dem sie das Wasser für die Verarbeitung ihres Weizenmehls bezieht. Sie ist die einzige Destillerie, die Whisky aus Weizen erzeugt, da sie auch einen sehr reinen Wodka produziert. So wird ein neutraler Grain Whisky hergestellt, der einem Wodka eigentlich nicht unähnlich ist: Er ist der einzige mit rund 95 Vol.-%, der – abgesehen vom brennenden Alkoholgeschmack – charakterlos, ja geschmacklos war, als ich ihn direkt von der Brennblase verkostete.

Von allen kanadischen Destillerien, die traditionelle säulenförmige Brennblasen einsetzen, ist diese die bei weitem kleinste und unbekannteste. Da sie nicht die kanadische Niederlassung eines multinationalen Konzerns ist, und seit 1974, als sie von den Sunnyvale Distillers gegründet wurde, unabhängig arbeitet, bekommt diese Destillerie die Absatzschwankungen am stärksten zu spüren. Das Unternehmen wurde zwei Jahre nach der Übernahme durch Geschäftsleute aus Calgary im Jahre 1987 zu einer Gesellschaft mit beschränkter Haftung. Die Produkte kamen von Anfang an unter dem Namen Highwood auf den Markt.

Ihr eigener Whisky wird nur in Westkanada vertrieben. Erst unlängst wurde mit dem Centennial ein zweiter Rye ins Programm aufgenommen. Wenn man berücksichtigt, daß dieser Whisky einen höheren Prozentsatz an Roggen als üblich aufweist, ist er für mich etwas enttäuschend. Ich ziehe die Standardversion vor, einen 4jährigen Whisky, der einfach Highwood heißt.

Die kanadische Destillerie, die mich am meisten fasziniert, liegt eine halbe Fahrtstunde in nördlicher Richtung, unweit des Stadtzentrums von Calgary, das von verwirrenden Einbahnstraßen dominiert wird. Gleich nach der Ogden Road, dort wo die Gewerbebetriebe in ein Industriegebiet übergehen, befindet sich die Alberta Destillerie, die ihr 50jähriges Bestehen feiert und weiterhin den einzig wahren kanadischen Rye Whisky erzeugt.

Während alle anderen kanadischen Unternehmen einen einheitlichen, weichen

Whisky produzieren, ist die Alberta Destillerie stets ihren eigenen Weg gegangen. Als sie 1946 im Westen errichtet wurde, erhielt sie dafür Subventionen, und da es hier immer zu kalt war, um Mais anzubauen, mußte am örtlichen Markt Roggen eingekauft werden – was ebenfalls vom Staat gefördert wurde. Hätte die Destillerie gewollt, hätte sie es allerdings den anderen gleichtun und auf Mais umsteigen können. Doch sie ist in den letzten zehn bis 20 Jahren bei diesen kompromißlosen Whiskys geblieben, den geschmacklich intensivsten von ganz Kanada. Sie sind in allen Formen und Altersklassen erhältlich, angefangen bei den 3jährigen Eigenmarken, die in der ganzen Welt vertrieben werden (hier zählt der Canadian Gold des britischen Unternehmens Halewood Vintner zu den besten, er erweitert die Angebotspalette eines Landes, das mit kanadischem Whisky äußerst schlecht versorgt ist), bis zu den 4-, 5-, 6- und sogar 10jährigen. Ich persönlich würde den 5jährigen Alberta Premium zu den besten der Welt zählen und noch vor den berühmten 10jährigen Alberta Springs reihen.

Von außen gleicht die Destillerie mit ihren massiven Silos jeder anderen in diesem Gebiet. Im Inneren herrscht jedoch eine Atmosphäre, die die jahrelange Finanznot widerspiegelt, jedoch gleichzeitig Charme und Tradition vermittelt. Die beiden Hammermühlen zählen nicht gerade zur staubfreien Sorte, der Destillierapparat wirkt etwas müde, und die 20 Gärbottiche sind offen, so daß man sehen kann, wie sich das blubbernde braune Mehl in ein nicht sehr starkes Bier verwandelt. Die kontinuierlichen Brennblasen halten einer Prüfung stand, doch die Pot Still, die wie eine umgestoßene Zinndose aussieht, hat sicher schon bessere Tage erlebt. Es kursieren Gerüchte, daß der Verfall der Destillerie allmählich zu ihrer Schließung führen könnte, doch ist es gerade dieses alte, abgenutzte Aussehen, das aus Alberta etwas Besonderes macht.

Ebenso wie in allen anderen kanadischen Destillerien, die kontinuierlich produzieren, werden zwei Arten von Whisky hergestellt, die später miteinander verschnitten werden. Da ist einmal der Basiswhisky, der auf 94,5 bis 96 Vol.-% gebrannt und danach mit einem zweiten, schwereren, stechenderen Rye Whisky abgeschmeckt wird. Mit Ausnahme des Highwood, der aus Weizen hergestellt wird, ist fast immer Mais die Grundlage des kanadischen Basiswhiskys. In Alberta kommt dagegen ein Rye zum Zug, der in zwei kontinuierlich betriebenen Brennblasen destilliert wird.

Der geschmackbringende Whisky ist ebenfalls aus Roggen, wird jedoch nur einmal auf relativ schwache 65 Vol.-% gebrannt. Daher bleibt von seinen natürlichen Ölen und Geschmacksnoten mehr erhalten als bei zweifacher Destillation. Damit er noch charaktervoller wird, füllt man ihn entweder in ungebrauchte Eichenfässer oder ehemalige Bourbonfässer, die nur einmal höchstens vier Jahre lang verwendet wurden.

Daraus ergibt sich, daß sogar der jüngste Whisky, der Carrington, schon als 3jähriger eine aggressive Note besitzt, die nicht so sehr auf seiner Jugend, sondern auf der Härte des Roggens beruht, den die Eiche nicht zähmen konnte. Der 4jährige Windsor ist nicht nach Hiram Walkers bekanntester Destillerie benannt – was die schrecklich britische königliche Wache bezeugt, die auf dem Etikett abgebildet ist. Bei diesem Whiskey zeigt sich, daß zwölf zusätzliche Reifemonate die rauhen Ecken etwas abrunden können. Am Ende dieses Jahres ist er als Alberta Premium fast perfekt und wird noch zusätzlich mit ein paar Tropfen vom 6jährigen aufgebessert. Die Art, wie der Whisky den Mund füllt, ist zusammen mit dieser unwiderstehlichen Mischung von süß schmelzenden Vanilletönen auf granithartem Roggen fast zu gut, um wahr zu sein. Der Abgang ist ebenso lang wie bei jedem anderen Whisky gleichen Alters, der ungetorft ist und nicht südlich von Cincinnati erzeugt wurde.

Zweifelsohne bringt der Alberta Springs noch eine zusätzliche Honignote ein, die so leicht ist, daß der bittere Roggengeschmack dennoch erhalten bleibt. Doch vielleicht ist gerade das sein Problem: Er ist ein guter Whisky, doch möglicherweise etwas zu weich, einen Hauch zu bitter und cognacähnlich.

Beim Premium weiß man, woran man ist, denn er füllt den Mund so stark, daß er viel ausgewogener wirkt. Dies ist die einzige Destillerie auf der Welt, die es schafft, einen hervorragenden 10jährigen Whisky herzustellen, der von der halb so alten Version noch übertroffen wird.

Mit dem neuen Tangleridge hat Alberta sich dem süßeren Geschmack der Amerikaner angepaßt, indem man den gesetzlich erlaubten 9,09 Prozent Geschmackstoffen etwas beigemengt hat, das eher die Wirkung, als die Qualität verbessert. Trotz seines Alters, das dem des Springs entspricht, ist der Tangleridge ein Zugeständnis an die breite Masse. Und damit entspricht es leider eher nicht dem hervorragenden Image, das die Alberta Destillerie sonst hat.

Empfehlung des Connaisseurs

PALLISER TRIPLE CROWN – UNGEWÖHNLICH SALZIG, DOCH VOLLER TOFFEE-SÜSSE. HERVORRAGEND.

ALBERTA PREMIUM – DER ERSTE NACH NAMEN UND GESCHMACK. ÜBERRASCHEND KOMPLEXE EICHEN- UND ROGGENTÖNE BÜRGEN FÜR WELTKLASSE.

MANITOBA

GIMLI DESTILLERIE

Kanada ist vermutlich das einzige Land der Erde, das sich rühmen kann, daß sich seine Destillerien über das gesamte Staatsgebiet verteilen. Sogar im entlegensten Winkel des Landes, in der hintersten Prärie, befindet sich eine. Sie heißt Gimli und ist nach der kleinen Stadt benannt, die ein paar Fahrstunden entfernt ist. Die Route dorthin führt über die geradeste Straße, die man sich nördlich von Winnipeg vorstellen kann. Die Stadt liegt am Lake Winnipeg und verfügt über einen Strand, der speziell in den Sommermonaten nicht nur Touristen anzieht, sondern auch ganze Schwärme von bösartigen, blutsaugenden Stechmücken. Um dieser Gefährdung ihrer Idylle beizukommen, ließ die Stadt ganze Vogelhaussiedlungen errichten, die die Purpurschwalben erfolgreich so weit wie möglich nach Norden locken. Die Schwalben haben zu den Stechmücken dieselbe Einstellung wie die Menschen zum Whisky. Gimli ist die Heimat des Crown Royal.

Wie es in Kanada oft der Fall ist, sind die Menschen hier freundlich, und die rotblonden Haarschöpfe der hiesigen Frauen zeugen vom starken skandinavischen Einfluß in dieser Gegend. Die Vorfahren des Destillerieleiters, Chris Magnusson, stammen aus Island. Verfolgt man den Stammbaum der Gimli Destillerie, kann das sogar noch faszinierender sein.

Heute ist sie Seagrams einzige Brennerei in Kanada. Das ist nicht weiter erstaunlich, denn kein Unternehmen besitzt derzeit in Kanada mehr als eine Destillerie. Um Seagrams Erbe zu verstehen, hält man sich am besten an die Zeilen von Sam Bronfman, der dem Unternehmen von lokaler Bedeutung zu Weltruhm verhalf und 1970 seine Version von der Gründung der Firma und dem Erwerb weiterer Destillerien verfaßte – einige davon in British Columbia, die winzige Brennerei Amhersburg im Süden von Ontario und Beaupré in Quebec.

Diese Destillerien sollten vor allem die großartige Waterloo Destillerie von Seagram in Ontario ergänzen, die auf das Jahr 1857 zurückgeht, und die Destillerie La Salle in Montreal, die er in den 20er Jahren selbst errichtete. Sie hatte einen an Kentucky erinnernden Schornstein, auf dem mit farbigen Ziegeln der Firmenname geschrieben stand. In den späten 60er Jahren, als Seagram ungefähr ein Drittel des landesweit konsumierten kanadischen Whisky produzierte – was nur magere sieben Prozent des weltweiten Umsatzes der Firma ausmachte –, war es nicht wei-

Die einsame Gimli Destillerie: *Sie liegt am Lake Winnipeg und wird vom kalten Wasser gespeist, das zum Lake Manitoba fließt*

ter erstaunlich, daß diese Destillerien erforderlich waren, um die schier unstillbare Nachfrage zu befriedigen.

Obwohl nun all diese Brennereien außer Gimli stillgelegt wurden, sind die Blendmeister von Seagram nicht ausschließlich auf die Manitoba-Produkte angewiesen, wenn sie ihre Mischungen für die unzähligen Varianten entwerfen, die von der Firma nach wie vor vermarktet werden. Von allen kanadischen Blendmeistern haben sie die größte Auswahl, wenn sie in dem Teil von La Salle, der heute noch in Betrieb ist, ihre Produkte verschneiden. Die Ryes, Bourbons, Barleys und all die übrigen Whiskys aus Waterloo, LaSalle und Beaupré stehen nach wie vor zur Verfügung, obwohl sie mit jedem Tag weniger werden. Bis zum Jahr 2000 wird davon nichts mehr übrig sein. Einer der komplexesten und leckersten Whiskys, die ich unter diesen Vorräten fand, war ein kontinuierlich hergestellter aus der einzigen Coffey Brennblase Kanadas, die in La Salle steht. Im großen und ganzen sind die Beaupré Whiskys die ausgewogensten und strahlen Finesse aus, während diejenigen aus Waterloo eine nur allzu seltene und willkommene Öligkeit besitzen.

Auf vielerlei Art bietet Gimli die sauberste Version aller Seagram-Erzeugnisse. Berücksichtigt man die außergewöhnliche Ähnlichkeit des aktuellen 6jährigen VO, und des auf 1913 zurückgehenden VO von Seagram, werden sich Walter Jonke und sein Team gehörig ins Zeug legen müssen, um das Charakterprofil im Griff zu behalten. Feine Unterschiede, wie sie im Laufe der Zeit immer auftreten, wird es zwar geben, doch die hohe Qualität von Gimli sowie die intensive Arbeit, die man in die Entwicklung verschiedener Hefesorten steckt, um einige Geschmackskomponenten zu verändern, die den Whisky körperreicher und intensiver machen, sollte sie über Wasser halten. Es wird zwar keine ideale Verbindung sein, doch mit Hilfe von reichhaltigem Bourbon und Rye sollte die Mischung gelingen. Der hohe Qualitätsstandard macht die Sache nicht leichter. Es ist Firmenpolitik, daß die 9,09 Prozent weder Sherry noch andere Geschmackstoffe, sondern nur Whisky enthalten dürfen. Statt dessen kann hier und da ein Spritzer Kentucky Bourbon aus der Four Roses Destillerie hinzugefügt werden. Ebenso wird der Canadian Mist mit Bourbon aus der Destillerie Early Times in Louisville aufgebessert.

Es bestehen Pläne, in Gimli wieder einen Whisky im Coffey-Stil zu erzeugen, doch im Moment verfolgt die Destillerie ein traditionelles Programm. So leicht der Basiswhisky von Gimlin auch ist, er stellt für einen geschickten Blendmeister den perfekten Zusatz für wirklich klassischen Whisky dar. Als Beweis muß man sich nur die jüngeren Seagram-Marken ansehen wie den Lord Calvert, einen überraschend aktiven 3jährigen

 Große Werbeaktion: *Sam Bronfman, der Inhaber von Seagram, fand Gefallen an groß angelegten Projekten. Hier vermarktet er den VO auf seine Weise*

für den skandinavischen Markt. Es gibt drei 4jährige von Seagram – den Five Star, den Melcher's Very Mild und den Canadian Hunter. Dank seines süßeren, reichhaltigeren Körpers und dem langen Abgang, der beinahe an Früchte- und Schokoladepudding erinnert, übertrifft der Five Star die beiden anderen. Der Hunter verfügt auch über eine gewisse Toffee-Süße. Der Abgang ist ruhig und würdig, mit einer in diesem Alter überraschenden Eichennote. Der Melcher verfügt trotz seiner Jugend über einen erstaunlichen Duft, dessen Eleganz sich auch am Gaumen wiederfindet, wo sie jedoch möglicherweise vom allzu trockenen Abgang in Stich gelassen wird.

Der „83“ von Seagram ist der einzige 5jährige, der etwas nachlässig im Duft ist und weniger zur Komplexität neigt. Doch am Gaumen entfaltet er seine Öligkeit. Wieder einmal eine stilvolle Version. Die 6jährigen, Adam's Private Stock und der legendäre VO, sind eher als klassizistisch zu bezeichnen. Der Hauptton von Adam's ist eine trockene, getreidehafte Einfachkeit. Beim VO handelt es sich um eine jener Versionen, mit der jeder Blendmeister nur zu gerne arbeiten würde. Er vollführt am Gaumen eine Berg- und Talfahrt, rollt erst sanft über die Geschmacksnerven, um ihnen im nächsten Moment einen heftigen Stoß zu versetzen. Hier macht sich der Whisky aus anderen Destillerien bemerkbar, besonders aus Waterloo und LaSalle, und obwohl sein Mindestalter sechs Jahre ist, spürt man, daß hier auch Reiferes mit im Spiel ist.

Wenn wir von altem Seagram Whisky sprechen, meinen wir den Crown Royal, der (mit Ausnahme eines 10jährigen, des Adams Antique, der kaum verlangt wird) vermutlich der süßeste von allen Seagram-Erzeugnissen ist. Der Duft ist äußerst ansprechend, voll schwerer Öle, süßem Mais und intensiven Gewürzen und wird durch eine Eichenote abgerundet. Am Gaumen ist er körperreich und üppig; mit dieser harmonischen Fruchtigkeit erinnert er etwas an den Macallan. Im Abgang weist er wiederum zarte Gewürztöne auf. All das kann durch die Eiche nicht beeinträchtigt werden.

Da die Blendmeister von Seagram die Wirkung des Holzes perfekt auf den Whisky abstimmen, zählen sie zu den besten der Welt. In Schottland verbergen sie den Eichencharakter der alten Versionen eventuell mit großzügigen Torfbeigaben und Whisky aus dem Sherryfaß, damit die Vanilletöne nicht zu stark werden. In La Salle verwendet Walter Jonke schwerere Rye Whiskys und Bourbons, um die Eiche auszugleichen. Das kommt bei der mindestens 12jährigen Crown Royal Special Edition sowie bei der Crown Royal Limited Edition (15 Jahre) besonders gut zur Geltung. Bei beiden Versionen spürt man die schwereren Whiskys durch, die ihnen größere Tiefe verleihen.

In nicht geringem Maße tragen schließlich auch die Whiskys aus den vier unlängst geschlossenen Seagram-Destillerien zur Komplexität bei. Sie finden sich alle in der Limited Edition wieder, auch wenn der Amherstburg im Special nur in Spuren vorhanden ist. Beide Whiskys sind jedoch beeindruckend und vermitteln jene Weichheit und Komplexität, die für kanadischen Whisky typisch ist.

Müßte ich aus dem gesamten Seagram-Programm den besten Whisky auswählen, würde ich vermutlich zum gewöhnlichen Crown Royal greifen. Das ist ein kanadischer Whisky, wie es ihn besser nicht gibt: Er gleitet leicht über die Geschmacksnerven und ist eher in Pastelltönen gehalten als in Ölfarben wie der Adam's Antique und der berühmte, alte Crown Royal.

Wenn es so etwas wie eine klassische neue Destillerie gibt, dann ist das Gimli. Sie wurde an diesem entlegenen Platz errichtet, da hier das Wasser aus einem unterirdischen Fluß zwischen Lake Winnipeg und Lake Manitoba glasklar ist und unbeschränkt zur Verfügung steht. Mit ihrem Flachdach und dem nüchternen Aussehen ist die Destillerie weithin sichtbar. Auf der einen Seite liegt ein See und auf der anderen im Frühherbst ein „Meer“. So weit das Auge reicht, sieht man Getreide, das wellenförmig über diesen flachen Landstrich rollt, wenn der Wind durch die Ähren streicht.

Als Sam Bronfman *From Little Acorns* schrieb, war der Whisky von Gimli noch zu jung für die Seagram-Blends. Er spricht mit besonderer Zuneigung von LaSalle: „Bis heute freue ich mich darauf, LaSalle zu besuchen. Mit dieser, unserer ersten Destillerie fühle ich mich besonders verbunden.“ Über Waterloo berichtete er: „Diese große Destillerie hat eine spezielle Aura, die ich nirgendwo sonst verspürt habe.“ Er schreibt jedoch nicht, was er über die eben flügge gewordene Gimli Destillerie dachte.

Aufgrund ihrer Lage ist sie für mich ein Ort, an den ich unbedingt zurückkehren möchte. Fährt man einige Kilometer entlang der Küste von Lake Winnipeg in Richtung Norden, gelangt man an eine Stelle, die passenderweise Drunken Point (Betrunkene Stelle) heißt. Die älteren Einheimischen erzählten mir, daß dieser Platz so genannt wird, weil Matrosen der Hudson's Bay Company aus irgendeinem Grund nicht mehr weiterfahren konnten und gleich hier ihre Alkoholvorräte aufbrauchen oder zurücklassen mußten.

Am schönsten ist dieses Plätzchen bei Sonnenuntergang Anfang Mai, wenn nichts zu hören ist als das schaurige Knirschen des brechenden Eises und der traurige, einsame Schrei des Eistauchers in den treibenden Schollen. Mein Leben lang werde ich mich an den Moment erinnern, als ich hier inmitten dieser so natürlichen und zeitlosen Atmosphäre auf einem Felsen sitzend einen 15jährigen Crown Royal genoß. Eine, wie Sam vielleicht gesagt hätte, spezielle Aura.

Empfehlung des Connaisseurs

GIMLI VO – EIN WIRKLICH GELUNGENES VERMÄCHTNIS DER BLENDMEISTERKUNST.

SEAGRAM'S CROWN ROYAL – LEICHT UND VERLOCKEND AUF TYPISCH KANADISCHE ART.

ONTARIO

WALKERVILLE

Am Ufer des Detroit River erhebt sich ein Komplex aus glatten, roten Ziegeln, der auf das gegenüberliegende Detroit blickt. Rechts von dem roten Ziegelbau liegt ein Bürogebäude, das wie ein kleines Schloß aussieht. Dahinter befinden sich einige weiß gestrichene Silos, auf denen „Canadian Club" geschrieben steht, gut sichtbar für die durstigen Amerikaner auf der anderen Seite des Flusses.

Das ist die Walkerville Destillerie, die Ursprungsstätte des einzigen Whiskys, der wirklich in Kanada heimisch ist. Zwar wurden die roten Ziegelbauten erst in den 30er Jahren errichtet, doch das Gelände, auf dem der Whisky erzeugt wird, wurde 1858 erschlossen. Nach der Stillegung von Gooderham & Worts und Corby (als beide zum gleichen Unternehmen gehörten) sowie Seagrams Waterloo, Beaupré und LaSalle, war Walkerville von allen großen kanadischen Destillerien die einzige Überlebende.

Vor mehr als 100 Jahren stand die geschäftige Destillerie im Mittelpunkt der Gemeinde Walkerville. Als Hiram Walker 1894 neue Büros eröffnete, versammelten sich über 1 500 Geschäftsleute und andere einflußreiche Personen aus ganz Ontario und Detroit, um an den Feierlichkeiten teilzunehmen. Wie damals ein Kommentator bemerkte: „... war es eine Offenbarung dessen, was man mit Reichtum und gutem Geschmack erreichen kann".

Das Gebäude im florentinischen Stil steht auch heute noch und blieb in den letzten 100 Jahren unverändert. Die geschnitzten Eichenpaneele und die Säulen und Kapitelle aus namibischem Marmor sind heute ebenso imposant, wie sie es damals gewesen sein müssen.

Hiram Walker investierte auch in die Schiffahrt und in Tabak, doch es war der berühmte Canadian Club Whisky, der ihm zu seinem Vermögen verhalf. Zuerst nannte er ihn einfach Club Whisky, doch die Brenner aus Kentucky legten Protest ein und verlangten, daß irgendwo festgehalten werden müsse, daß es sich um ein kanadisches Produkt handle. Das war nicht gerade ein kluger Schachzug, denn da dieser erfolgreiche Whisky eindeutig als kanadisch bezeichnet wurde, verhalf er auch anderen Produkten des Landes zu einer angesehenen Stellung auf den ausländischen Märkten.

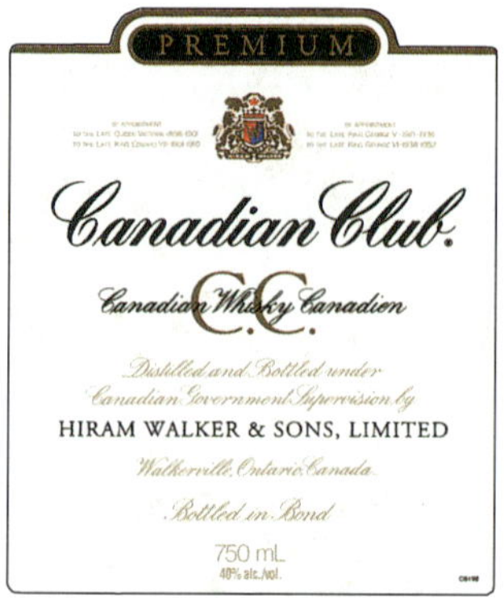

Ursprünglich, d.h. sicher bis in die 80er Jahre des 19. Jahrhunderts, produzierte Hiram Walker seinen Whisky in kontinuierlichen Brennblasen mit einer Getreidemischung von rund 60 Prozent Mais sowie Roggen, gemälzter Gerste und Hafer. Irgendwann ging das Unternehmen dann dazu über, Mais sehr stark zu destillieren und mit Roggen, gemälztem Roggen und gemälzter Gerste zu mischen, die separat und weniger stark destilliert wurden. Macht man einen Rundgang durch die Destillerie, kann man sehen, daß das auch heute noch so ist. Und ebenso wie die erste Flasche Canadian Club, die 1884 abgefüllt wurde, war auch der spätere Whisky sechs Jahre alt. Ein Großteil der Ausstattung der Destillerie geht auf jenen Umbau zurück, im Zuge dessen sie der Grain Whisky Brennerei

Hiram Walker: *Der Eingang ist weitaus auffälliger verziert als die sanften Whiskys*

Dumbarton in Schottland angepaßt wurde. Die Pot Stills, in denen einst ein Single Malt im schottischen Stil namens Highlander hergestellt wurde, sind bis auf eine verschwunden, die mit der Beer Still Nr. 1 verbunden ist und für den schwereren Rye Whisky eingesetzt wird.

Ebenso wie in Alberta gleicht die Betrachtung der Anlagen von Walkerville einer Zeitreise. Die Hefetanks werden nicht mehr so stark genutzt wie einst, erzeugen jedoch nach wie vor die ursprüngliche Kultur, die Hiram Walker 1858 verwendete. Heute wird diese Hefe nur für die geschmackbringenden Rye Whiskys verwendet. Für den Mais gibt es High-Tech-Druckkocher, für den Roggen jedoch traditionelle Kocher sowie oben offene Gärbottiche aus dem Jahr 1955, zu denen 17 Jahre später noch weitere hinzukamen, um die zusätzliche Arbeit zu leisten, die für die Marke Gooderham erforderlich war. Auch hier wird der Roggen in einem eigenen Abschnitt behandelt, und die klebrige, ölige Maische wird ausschließlich in Nummer 33 bis 38 gepumpt.

Insgesamt wird der Whisky – speziell der Roggenanteil – vorwiegend mit Technologie aus den 30er Jahren hergestellt, und obwohl der neue Werksleiter Gord Carlton erst ein oder zwei Jahre hier tätig und viel jünger als sein Vorgänger ist, meint er, daß er nicht im Traum daran denkt, etwas zu verändern.

Heute werden alle Fässer zur Reifung ins 13 Kilometer entfernte Pike Creek gebracht. Bevor sie dorthin kommen, werden sie allerdings einer ungewöhnlichen Prozedur unterzogen. Fast der gesamte Canadian Club Whisky wird als neue Version verschnitten, bevor er ins Faß gefüllt wird. Falls erforderlich werden auch ältere, geschmackbringende Whiskys hinzugefügt, wenn sich der Tag der Abfüllung nähert. Die Fässer, die diesen Blend aufnehmen, sind ebenso unterschiedlich. Als man zu palettieren begann, ersann Hiram Walker eine Methode, bei der Fässer mit gereiftem Whisky angebohrt werden, und ihre Flüssigkeit in Auffangbehälter gesaugt wird. Dann werden die Fässer weitergeleitet und mit neuem Whisky gefüllt. Den Whisky auszuschütten ist mittlerweile veraltet, doch da es physikalisch so gut wie unmöglich ist, ein Faß ganz zu leeren, vermischen sich die Überreste des alten mit dem neuen Whisky. So kommt es durch Zufall zu einem der wenigen Solera-Systeme in der Whiskyproduktion.

Trotz dieser Kombination von Tradition und Pragmatik wird der Canadian Club weltweit von Whiskykennern verachtet, und auch ich muß zugeben, daß die 6jährige Standardversion eigentlich kaum etwas zu bieten hat.

Nach einem anfänglichen Ausbruch ansprechender, süßer Butterigkeit ist sie im Abgang trocken und bitter und, abgesehen von einem Hauch Eiche, ein wenig gewöhnlich. Diejenigen, die diesen Whisky und mit ihm die ganze Destillerie und den kanadischen Whisky im allgemeinen abgeschrieben haben, tun sich jedoch nichts Gutes. Ebenso wie die Schwesterdestillerie Laphroaig eine Version mit 50 Vol.-% (100 Proof) für den Duty-Free-Markt herausgebracht hat, die um ein Vielfaches besser ist, hat auch der Canadian Club einige Trümpfe ausgespielt. Während der Laphroaig der Kaltfilterung entkommen ist, mußte der Canadian Club diese über sich ergehen lassen, was seinen Aufstieg zur Weltklasse umso bemerkenswerter macht. Nun umhüllt er mit Toffee-Butterigkeit den Gaumen, wobei auch der Roggen zur Geltung kommt. Diese zusätzlichen Noten sind so stark, daß sie einen eventuell noch vorhandenen, bitteren Getreidegeschmack von Anfang an überdecken. Den klassischsten Canadian Club findet man allerdings in Japan. Es handelt sich um einen 8jährigen, der zu Recht in seiner eigenen Eleganz schwelgt. Seine reichhaltige, cremige Fettigkeit geht im Abgang in herrliche Roggen- und Eichenhärte über, die der häufigere, doch überraschend schüchterne 12jährige leider nicht erreicht. Der 15jährige ist schon viel besser: Der Roggenton ist schwächer, doch die Vanillenoten der Eiche kommen stärker zur Geltung und umhüllen den Gaumen mit einer herrlichen Schicht von leicht gepfeffertem Mais und Toast. Nur ein Wort zum 20jährigen: katastrophal. Der große Trumpf am japanischen Markt ist so schlecht, wie es kanadischer Whisky nur sein kann. Ein Teil der 9,09 Prozent Geschmackstoffe ist lokal hergestellter, süßer Sherry. Der Beginn ist nicht so übel, einige angenehme Gewürze wiegen den Verkoster in falscher Sicherheit. Dann geht's rapide bergab, abgesehen von der geringen Menge an schwarzem Kaffee, der mitverarbeitet wurde und ein paar der grauenhaften Eindrücke überdeckt, die der Gaumen ertragen muß.

Wie immer sind einige der besten Marken für den Binnenmarkt reserviert. Der 10jährige ist eine ansprechende Marke, sei es auch nur aufgrund seiner zarten Einfachheit. Wenn man ihn jedoch genauer untersucht, entpuppt er sich als klassisch komplex. Dennoch ist meine Lieblingsmarke der gesamten Produktion ein 4jähriger, der seltsamerweise den Namen Special Old trägt und dafür bekannt ist, von den irischen Landwirten und Fischern bevorzugt zu werden. Abgesehen von einer großzügigen Dosis Karamel, die Farbe und Geschmack verstärkt, verfügt dieser Tropfen über eine junge Mais- und Roggennote.

Empfehlung des Connaisseurs

WALKERVILLE SPECIAL OLD – HERRLICH WILD UND WOHLSCHMECKEND.

Gründervater: *Hiram Walker (oben) wurde mit seinem Canadian Club Whisky berühmt*

CANADIAN MIST

Zwischen Toronto und Collingwood verläuft die Straße strichgerade und korrigiert sich nur ab und zu selbst, um sicherzugehen, daß der Fahrer noch nicht eingeschlafen ist. Für die römischen Straßenbauer wäre sie ein absolutes Meisterwerk gewesen. Am Ende dieser geradesten aller geraden Straßen wartet der geradlinigste aller kanadischen Whiskys, der Canadian Mist.

Nur einen kurzen Spaziergang von Georgia Bay, dem längsten Süßwasserstrand der Erde entfernt, liegt die Destillerie, die in den 60er Jahren am Rande einer Stadt erbaut wurde, die damals 9 000 (heute 15 000) Einwohner hatte. Die Geschwindigkeit, mit der die Destillerie erbaut wurde – der Spatenstich erfolgte im Mai 1967, im darauffolgenden September wurde erstmals destilliert – ist vermutlich der beste Beweis für den kanadischen Whiskyboom, der den Absatz enorm emporschnellen ließ. Demzufolge sieht die Destillerie eher nüchtern aus.

Die damaligen Inhaber, Barton Brands, hatten zwei Jahre vor der Errichtung der Destillerie Canadian Mist auf dem amerikanischen Markt eingeführt. Das Ergebnis war einfach umwerfend und der Absatz so gut, daß sie nicht länger Melchers unter ihrem Namen destillieren lassen, sondern alles selbst machen wollten. Der Platz wurde gewählt, da aufgrund der Arbeitslosigkeit in diesem Gebiet Steuervorteile winkten. Außerdem waren die Verkehrsverbindungen sowohl innerhalb Kanadas als auch in die USA, ihrem größten Markt, sehr gut. Wasser stand in ausreichender Menge zur Verfügung und auch der kanadische Getreidegürtel war nahe.

Jetzt gehört die Destillerie zu Brown-Forman, den Produzenten von Jack Daniel's. Selbst nach all diesen Jahren gibt es nur zwei Marken und drei verschiedene Whiskys. Mit drei Millionen Kisten pro Jahr ist der Canadian Mist nach wie vor der Lieblingswhisky der Amerikaner, verglichen mit dem VO und Canadian Club, die je zwei Millionen Kisten absetzen. Man sollte meinen, daß Canadian Mist ebenso hergestellt wird wie die beiden anderen. In Wahrheit ist die Destillerie einzigartig, nicht nur für Kanada, sondern auch verglichen mit anderen, weltweit führenden Brennereien. Erstens wird dieser Whisky als einziger in ganz Kanada mit einer Maische aus Mais und gemälzter Gerste hergestellt. Grund dafür ist, daß der Destillierapparat Probleme mit den Enzymen hat und das Malz als Katalysator für die Hefe benötigt. Das hat nichts mit Geschmacksverstärkung zu tun; man würde das Malz sogar liebend gerne weglassen, um den anfänglichen Geschmack noch neutraler zu machen. Überdies ist sie die einzige kanadische Destillerie, die nicht selbst geschmackbringenden Rye Whisky erzeugt, sondern diesen von ihrer Schwesterdestillerie Early Times in Louisville, Kentucky, bezieht und den 9,09 Prozent beifügt. Es wird auch Straight Bourbon von Early Times beigemengt, doch die beiden zusammen machen vermutlich nicht einmal vier Prozent aus.

Doch die Canadian Mist Destillerie wendet zusätzlich noch einen ganz speziellen Trick an und wenn man den Whisky genau studiert, erkennt man auch, worin dieser besteht. Sowohl der 3jährige, der in den USA verkauft wird, als auch der 4jährige für den kanadischen Markt verfügen im Abgang über eine gewisse Härte, die an Rye Whisky erinnert. Beim 4jährigen ist sie nicht so markant, da dieser reichhaltiger, süßer und voller ist. Doch die Bestätigung, daß hier etwas Besonderes vorgeht, findet man bei der Canadian Mist 1885 Special Edition, die mit einiger Verspätung Ende 1995 zur Feier des 100-Jahr-Jubiläums der Fertigstellung der Trans-Kanada-Bahn herausgebracht wurde. Dieser Whisky ist einfach hervorragend, ohne daß auch nur ein einziger Tropfen Bourbon oder Rye beigefügt worden wäre. Er beginnt mit weichen, komplexen Eichentönen, süßem Maisgeschmack und etwas Sahnetoffee, um ganz unvermittelt metallisch hart zu werden und mit einem rauhen Abgang zu enden. Wenn das nicht Rye ist, was dann? Die Brennblasen und Kondensatoren enthalten nicht einmal ein Gramm Kupfer. Die gesamte Anlage, vom Kocher bis zu den kleinen, schmalen Gärbottichen und den sechs dicht beisammen stehenden, säulenförmigen Brennblasen besteht aus silbrig glänzendem, rostfreiem Stahl.

Unter den tausenden Paletten, die sich auf dem Gelände befinden, gibt es rund 500 Fässer mit reinem Rye Malt, der nur einmal in der Beer Still destilliert wurde. Für dieses Experiment versah man die Biersäule mit etwas Kupfer, anscheinend jedoch nicht in ausreichender Menge. Denn obwohl dieser Rye Whisky als 5jähriger einen herrlichen Duft entwickelt, bei dem sich eine kapriziöse Honigsüße mit der üblichen Fruchtigkeit des

Die Wahl des Stahls: *Obwohl ohne Kupfer hergestellt, produziert Canadian Mist ordentliche Whiskys*

Roggens verbindet, und obwohl die ersten vier bis fünf Wellen, die gegen den Gaumen schlagen, äußerst wohlschmeckend sind, ist der Abgang wieder metallisch hart.

Mir hat das Produkt, das für den Export in die USA bestimmt ist, nie besonders zugesagt. Duft und Abgang sind viel zu undiszipliniert und abrupt, um mir zu behagen. Die ältere Version, die in Kanada erhältlich ist, hat weitaus mehr Stil. Natürlich ist der 1885 ein hervorragender Whisky. Allerdings tut es fast weh, das zu sagen. Wie kann aus einem Destillat mit beinahe 95 Vol.-%, das nur eine Handvoll gemälzte Gerste und keinen Roggen enthält, im Leitungswasser gekocht wird – wobei bei hohen Temperaturen und unter hohem Druck erst das Chlor abgeschieden werden muß –, in einer lieblosen, kupferlosen kontinuierlichen Brennblase destilliert und (wie Canadian Mist) mit ein wenig lokalem Sherry verfeinert wird, trotzdem nach acht Jahren in einem ordentlichen Bourbonfaß ein Whisky werden, der mit unvergleichlicher Finesse und Komplexität, mit Charme und Zartheit den Gaumen besticht?

Die Amerikaner lieben ihn zweifellos. Die Puristen hassen ihn möglicherweise, doch Canadian Mist ist einfach ein Phänomen, das sonst nirgendwo auf der Welt zu finden ist. Ich persönlich hoffe, daß sie nicht eines Tages auf die Idee kommen, die Kondensatoren, den oberen Teil der Brennblase oder beides mit Kupfer zu versehen. Wenn eine ganze Nation, noch dazu eine von der Größe der USA, diesen als ihren kanadischen Lieblingswhisky betrachtet, soll er mir auch recht sein, egal wie ich persönlich dazu stehe.

KITTLING RIDGE

Wasser war für den Standort einer Destillerie immer schon von entscheidender Bedeutung.

Empfehlung des Connaisseurs

Canadian Mist 1885 Special Edition –

Ohne Roggen, doch geschmack- und stilvoll. Im Abgang weitaus besser und länger als gewöhnlicher Canadian Mist.

An einem eiskalten Wintertag, wenn Schnee vom grauen Himmel fällt, hohe Wellen heftig gegen den Strand von Lake Erie schlagen und die Niagara-Fälle in den eisigen Fluß stürzen, so daß der aufsteigende Wasserschwall als Hagel wieder herunterfällt, weiß man, daß es an keinem Platz der Erde so viel Wasser geben kann wie hier, ein bis zwei Fahrtstunden südöstlich von Toronto.

Tatsächlich gibt es in der Nähe eine Destillerie, die allerdings kaum bekannt ist. Kittling Ridge ist nach der Stelle über den Niagara-Fällen benannt, an der sich die Raubvögel mit Hilfe der Thermik in die Höhe treiben lassen, um diese riesigen Binnengewässer zu überqueren. Früher war die Destillerie unter dem Namen Reider's bekannt. Dieser Mann errichtete in Grimsby eine Weinkellerei und eine kleine Brennerei und spezialisierte sich auf Eau de vie und Brandy, obwohl er auch begonnen hatte, mit Whisky zu experimentieren. Heute ist die Destillerie in den Händen von John Hall, einem Weinexperten, der, obwohl er auch weiterhin mit dem Traubensaft arbeitet, mit jedem Tag sein Wissen über und seine Faszination für Whisky steigert. Seitdem er das Werk 1992 kaufte, durfte er erleben, wie sein Whisky mit einer süßen, glatten 4jährigen Version namens Canadian Company zur führenden Marke Taiwans aufstieg und sogar zweimal hintereinander in Brüssel die Goldmedaille gewann.

Der 4jährige wird von einem noch glatteren, süßeren 10jährigen und einer süßen 3jährigen Standardversion namens Pure Gold unterstützt, die in Kanada erhältlich ist. Doch in Wirklichkeit sind das nicht seine Whiskys. Für die großen Märkte kauft er junge Versionen von anderen kanadischen Herstellern und verschneidet sie. Unter den Dingen, die er von Reider's übernommen hat, befinden sich auch zwei kupferne Pot Stills, eine kleine mit einem Rektifikator, sowie eine ganz winzige. Derzeit konzentriert er sich auf die größere Pot Still, mit der er bereits reinen Rye Whisky destilliert hat. Dafür kaufte er von einem Bauern geschrotetes Korn und schickte das Bier zwei Mal durch die Brennblase, um den Alkoholgehalt auf maximal 82 Prozent zu erhöhen. Im nächsten Jahr wird er dieses Produkt in seinem Geschäft und, wie er hofft, auch weltweit in einigen Spezialgeschäften anbieten. Außerdem hat er reinen Corn Whisky hergestellt und versucht jetzt, diesen in Fässern reifen zu lassen, die einst von ihm selbst produzierten Sherry enthielten. Einige dieser speziellen Knittling Ridge Whiskys wurden bereits als Geschmacksbringer in seinen drei bestehenden Versionen eingesetzt, obwohl es sehr schwierig ist, sie darin zu entdecken.

Sein Rye Whisky, der bis jetzt noch nicht auf den Markt kam, ist wirklich einzigartig: Er ist mit Leichtigkeit der fruchtigste und unaufdringlichste, der aus dieser aggressiven Getreidesorte hergestellt wird, auch wenn er mit der Zeit etwas voller wird. Die Öle, die man erwartet, bauen sich nur langsam auf, und obwohl er etwas unrein ist, strapaziert er nicht die Geschmacksnerven.

Das bleibt erstaunlicherweise dem Corn Whisky überlassen, der mit 72 Prozent Faßstärke einen konzentrierten Schluck mit zarter Gewürznote und süßen Butter-Vanilletönen bietet. Sein Duft könnte direkt von einem offenen Gärbottich aus Kentucky importiert worden sein. Im Alter von fünf Jahren ist er der beste, den die Destillerie lagernd hat, und es wird sehr spannend werden, ob die Sherryfässer den trockenen Eichenton, der den Abgang dominiert, etwas abschwächen können.

Als Weinexperte möchte John Hall einen neue Produktlinie mit dem Namen „New World Whiskies" einführen und beginnt dieses Programm mit einigen Variationen von Grain Whisky. Sein Ziel ist es, etwas ganz anderes anzubieten als die anderen kanadischen Brenner. Und das ist ihm schon so weit gelungen, wie er es nicht einmal im Traum geahnt hätte.

QUEBEC

VALLEYFIELD

Wenn man außen die Aufschrift Les Distilladeurs Unis sieht, erwartet man etwas ganz Spezielles. Hört man dann, wie sich Brenner, Lagerarbeiter und Blendmeister in schnellem Französisch unterhalten, wird dieser Eindruck bestätigt. Hier sind wir in Quebec, einer Provinz, deren Kultur und Tradition so wenig mit dem restlichen Kanada zu tun hat, daß ein Referendum zur offiziellen Abspaltung nur ganz knapp zugunsten des Mutterlandes ausging. Hier ist auch die einzige Destillerie der Erde, in der hauptsächlich Französisch gesprochen wird.

Vor rund 40 Jahren gab es in Quebec acht Destillerien. Heute gibt es nur mehr eine, Valleyfield, die zu United Distillers gehört, aber als das alte Schenley-Werk bekannt ist. Fährt man die rund 50 Kilometer von Montreal nach Valleyfield, fallen die zahlreichen Brücken auf, die immer mehr werden, je mehr man sich der Destillerie nähert. Doch nur wenn man auf die Karte blickt oder darauf aufmerksam gemacht wird, erkennt man, daß die Destillerie auf einer Insel mitten im St. Lawrence River liegt.

Von allen kanadischen Destillerien, die Corn Whisky herstellen, ist Valleyfield die weitaus interessanteste. Während Gimli, Palliser, Canadian Mist und Walkerville eigentlich hauptsächlich Marken anbieten, die allesamt sehr trocken sind, herrscht bei Valleyfield eine Toffee-Süße vor. Nicht alle Versionen sind makellos, doch einige erfreuen sich so ausgezeichneter Qualität, wie es bei dieser Art von Whisky nur möglich ist. Die Destillerie steht auf dem Gelände einer alten Keksfabrik, die abgebrannt ist und zwei Brauereien Platz machte, bevor das rund 200 Hektar große Grundstück 1945 unter einem Riesenkomplex aus rotem Ziegelstein verschwand, als das große Destillierhaus und die breiten Lagerhäuser errichtet wurden. In den 50 Jahren seines Bestehens hat sich das Werk kaum verändert. Es gibt noch immer dieselben breiten, offenen Gärbottiche, doch werden diese nun durch ebensoviele Bottiche aus rostfreiem Stahl ergänzt, die während des Booms in den 60er Jahren aufgestellt wurden. Der Geruch von blubberndem Mais und die darüber liegende Schicht roten Maisöls, aus dem plötzlich eine Kohlendioxidwolke aufsteigt und sich mit der grellgelben Farbe des verarbeiteten Getreides mischt, zeigen, daß hier natürliche Kräfte am Werk sind.

Valleyfield unterscheidet sich von anderen kanadischen Destillerien durch ihre kupferne Pot Still im Kentucky-Stil, die für den geschmackbringenden Rye Whisky verwendet wird, der viermal im Jahr hergestellt wird. Leider bekommt man von dieser einmaligen Maschine nicht viel zu sehen, da sie sich hinter Isoliermaterial verbirgt und außen mit Aluminiumwellblech beschichtet ist. Der Rye Whisky, der nur einmal durch die Beer Still geschickt und danach im Doubler fertiggestellt wird, enthält 25 Prozent Mais und 10 Prozent gemälzte Gerste. Mit dieser Mischung wird er zu einem der sensibelsten Rye Whiskys, die in Kanada hergestellt werden. Ein weiterer Whisky, den die Blendmeister gerne verwenden, wird nur aus Mais gemacht. Aber dieser charakteristische Hauswhisky wird nicht als Geschmackbringer, sondern als Basis verwendet. Nirgendwo auf der Welt habe ich derart süßen Whisky verkostet, speziell keinen, der auf beinahe 95 Vol.-% destilliert war. Eigentlich sollte er fast geschmacksneutral sein, doch in Wirklichkeit ist er nicht nur fruchtig, sondern auch körperreich und sogar süßer als der ebenfalls hier produzierte Rum, der aus Melasse hergestellt wird. Der Rye Whisky ist ebenfalls süß, mit einem Keks-Charakter, der noch aus einem früheren Leben zu stammen scheint. Der Corn Whisky riecht nach eingeweichten Tortillas und entwickelt am Gaumen einen Honigton. Die Hefe, die vor sechs Jahren etwas verändert wurde, kann die Süße nicht verursachen, da sie in jedem Whisky auftritt, egal wie alt er ist.

Das Resultat sind drei Lagerhäuser voll mit Whisky, der anders ist als alle anderen kanadischen Marken. Bei den jüngeren Versionen tritt der Stil des Hauses am stärksten im Schenley's Golden Wedding zutage, der Whiskys enthält, die zwischen 36 und 42 Monate alt sind, jedoch etwas älter schmeckt. Abgesehen davon, daß er sich in Kanada ganz gut verkauft, gilt er – möglicherweise aufgrund seines leicht würzigen Abgangs – in Bulgarien als Kultwhisky.

Einer, bei dem sich ein gewisser Bourbon-Charakter einzuschleichen scheint, ist die Gibson's Sterling Edition, ein 6jähriger, versetzt mit einigen Spritzern 25jährigem. Auch dieser zeigt eine gewisse Finesse, die man bei den beiden Versionen für den amerikanischen Markt leider vermißt. Bei diesen handelt es sich um Schenley's OFC und den 4jährigen MacNaughton's. Letzterer ist am Beginn ziemlich reichhaltig und fett, verflüchtigt sich dann aber, was für einen Schenley höchst ungewöhnlich ist. Der OFC dagegen verfügt über einen recht angenehmen Abgang, der an Bitterschokolade erinnert und von der Eiche stammt, sonst jedoch nicht sehr aufregend ist. Es gibt jedoch vier Valleyfield Whiskys, die zum Besten zählen, was Kanada zu bieten hat. Am beeindruckendsten ist Order of Merit, ein 12jähriger, der vom Glas in die Nase und auf den Gaumen springt. Fruchtig und saftig ist er, ein fülliger, draller kanadischer Whisky, der nicht affektiert ist, sondern offen mit seinen würzigen Attributen aufwartet. Er schmeckt ebenso großartig wie der Royal Command, der auf seinem Etikett die vom Pech verfolgte Destillerie Park & Telford in Vancouver zeigt. Park & Telford produzierte niemals einen Whisky, der diesen Standard erreichte, und die Besonderheit dieser Mischung von 8- und 18jährigen ist eine leichte Speyside-Malzigkeit, die in die Nase steigt, obwohl Gerste nur in Spuren vorhanden ist. Dieser ist der körperreicheste von allen Valleyfield Whiskys und möglicherweise von allen kanadischen Corn Whiskys. Da sich die legendären Blendmeister Luc Madore und Jacques Loiselle (er wurde kürzlich pensioniert), die zusammen 50 Jahre Erfahrung aufweisen, einfach weigern, Sherry zu ihren Whiskys zu mischen, kann die Schwere nicht davon stammen. Auf gewisse Weise ist er der gefährlichste kanadische Whisky, da er sich aufgrund der süßen, reichhaltigen Öligkeit am leichtesten trinken läßt.

Vive la difference! *Valleyfield, weltweit die einzige Destillerie, in der Französisch gesprochen wird*

Der Lieblingswhisky von Jacques ist der 12jährige Gibson, den er selbst kreiert hat. Sein Duft ist charakteristisch und hervorragend. Absolut alles an diesem Whisky ist ein Understatement: das cremige, melasse-ähnliche Aroma; die Eichentöne, die den Gaumen umschmeicheln; die elegante Auseinandersetzung zwischen süß und trocken. Möglicherweise aufgrund der 14 Jahre alten Eiche und der geringen Menge an geschmackbringenden Whiskys geht die Trockenheit am Ende als Sieger hervor. Das ist schade, da da ihr eine gewissen Bitterkeit folgt. Das ist der einzige Fehler dieses Whiskys, der ansonsten nahezu perfekt ist. Womit wir nun bei der Marke angelangt wären, die für mich die beste aller traditionellen kanadischen Whiskys darstellt: Schenley OFC. Das ist nicht derjenige, der über die südliche Landesgrenze geschickt wird, denn bei diesem handelt es sich um einen 6jährigen. Der Schenley OFC ist acht Jahre alt und die Marke, die von den Kanadiern getrunken wird – auch von Luc Madore, dessen Lieblingswhisky er ist. Was man Ihnen auch erzählen mag, kanadischer Whisky ist dennoch voller Stil. Wenn Sie ihn genauer studieren, werden Sie feststellen, daß der Faden, der sich durch alle Marken zieht, die Butter-Toffee-Cremigkeit ist. Der kanadische Whisky, der diesen Stil am besten verkörpert, ist meiner Meinung nach der OFC, der herrlich komplex ist, wenn auch nur insofern, als daß sich die Geschmacksnerven enorm anstrengen müssen, um mit all den verschiedenen Geschmacksrichtungen fertig zu werden. Man tut sich schwer, festzustellen, was genau diesen angenehmen Eindruck verursacht. Die Ausgewogenheit kann den Whiskys auf der ganzen Welt als Beispiel dienen, und die Toffee-Rosinen-Fruchtigkeit wird durch kurzlebige Gewürze und körperreiche Vanilletöne ergänzt. Der OFC erreicht die Perfektion, um die sich der Gibson vergeblich bemüht.

Doch wie es in diesem Land unvermeidlich ist, schwebt ein großes Fragezeichen über dem zukünftigen Schicksal dieser großen Whiskymarken. In der Provinz Quebec gibt es starke separatistische Strömungen. Die Destilleriearbeiter haben unterschiedlich abgestimmt, und sogar unter den Blendmeistern sprachen sich einige für, andere gegen die Abspaltung aus. Zur Zeit des Referendums baute sich zwischen Valleyfield und dem Stammsitz von United Distillers eine harte Front auf. Sollte sich Quebec eines Tages doch abspalten, wird hier kein kanadischer Whisky mehr produziert werden. Dann hätte Valleyfield die Wahl, auf eigenen Beinen zu stehen und die 6jährigen, in Kanada gereiften Vorräte zu verwenden, um einen Markt für Quebec Whisky zu schaffen oder aufzugeben und anderswo zu destillieren.

Eines ist sicher. Wenn sie woanders hingehen würden, könnte keine der derzeit in Betrieb befindlichen oder in Zukunft errichteten Destillerien jemals Whisky mit derart großartigen, klassischen Merkmalen produzieren.

Empfehlung des Connaisseurs

Valleyfield Schenley OFC – Der 8jährige ist der beste Whisky, den Kanada zu bieten hat.

NOVA SCOTIA

GLENORA

Während der langen, dunklen Winter- und der ersten Frühlingsmonate fällt sehr oft als Schnee getarnter Regen sanft auf die weißgestrichenen Gebäude, die von einem verwitterten Türmchen überragt werden und auf die in der Nähe befindlichen Lagerhäuser, in denen der Single Malt reift. Die eisig glänzende Destillerie mit den klassischen Proportionen liegt in einem Tal von geradezu himmlischer Schönheit. Hört man, wie sich die Einheimischen gegenseitig auf Gälisch begrüßen, meint man zu wissen, woran man ist: eine Destillerie an der schottischen Westküste – vielleicht eine Inselbrennerei? Es handelt sich tatsächlich um eine Insel, wenn auch nicht an der West-, sondern an der Ostküste. Und nicht in Schottland, sondern in Kanada. In einem Land, in dem die säulenförmige Brennblase regiert, ist dies ein Stützpunkt, wo die Technik der Gründerväter nicht so sehr bewahrt, sondern vielmehr wiederentdeckt wurde. Die Glenora Destillerie liegt auf der Insel Cape Breton in Nova Scotia (Neuschottland). Im ausgehenden 18. und frühen 19. Jahrhundert siedelten sich hier zahllose Schotten und Iren an. Man muß die älteren, freundlichen Menschen hören: Sie sprechen noch heute eine seltsame Mischung aus Schottisch und Irisch.

Trotz der Zeitlosigkeit dieses Gebiets, das so wirkt, als wäre es von der schottischen Landmasse abgebrochen und hierher geschwemmt worden, ist die Destillerie erst seit 1990 in Betrieb. In einer Kultur, in der der Kilt als Abendbekleidung gilt, das Clanwesen stolz bewahrt wird, wo man gerne Haggis (traditionelles schottisches Gericht vom Schaf) ißt, und wo Jungverliebte beim „Ceilidh" (schottischer Unterhaltungsabend) zu den Klängen von Akkordeon und Geige tanzen, wo der Dudelsack den Beginn der Highland-Spiele verkündet, war es nur ein unglücklicher Zufall, daß noch niemand eine Malt-Destillerie gegründet hatte. Das Seltsame hier ist, daß diese Menschen schottischer Abstammung lieber Rum als Whisky tranken. Eine Tradition, die überlebt hatte, war die Schwarzbrennerei und der illegale Whisky von Cape Breton kommt dem von Galway am nächsten. Ein Schwarzbrenner erklärte mir warum: Für Malz und Zucker wird eine ähnliche Getreidemischung verwendet. Einst schien beinahe jeder Haushalt auf der Insel über seine eigene Brennblase zu verfügen, und der stechend scharfe Whisky wurde Cape Breton Silver genannt, als Anspielung auf das Aussehen der zahlreichen Ahornbäume während der Wintermonate. Erst Mitte der 80er Jahre wurde eine legale

 Eine Aura längst vergangener Zeiten: *Doch die Glenora Destillerie auf Cape Breton ging erst 1990 in Betrieb*

Malt-Destillerie in Betracht gezogen, mit deren Bau 1989 begonnen wurde. Bruce Jardine, ein ansässiger Beamter, hatte Geschäftsleute aus Nova Scotia auf die Idee gebracht und staatliche Unterstützungen zur Finanzierung des Projekts aufgetrieben. Passenderweise wurden nur schottische Technologie und schottisches Know-how eingesetzt. Morrison Bowmore war bei der Planung behilflich, Maischbottich und Brennblasen stammten von Forsyth's, und der schottische Architekt, der verstorbene David Forsyth, zeichnete für den Bau einer Destillerie verantwortlich, für die verschiedene schottische Unternehmen nach den oft bedauerten Renovierungen der 60er und 70er Jahre heute ihr letztes Hemd geben würden.

Im September 1990 begann man mit dem Destillationsbetrieb. Im Dezember war die Destillerie bereits wieder stillgelegt, da das Unternehmen bankrott gegangen war. Bruce schaffte es, eine Rettungsaktion in die Wege zu leiten, so daß die Brennerei 1991 wieder in Betrieb gehen konnte. Doch leider ging ihr zwei Jahre später schon wieder das Geld aus. Neuerlich wurden die Brennblasen von Glenora stillgelegt und die Destillerie wurde zum Verkauf ausgeschrieben. Was die vielleicht größten Probleme verursacht hatte, war der Umstand, daß Malt Whisky erst einige Jahre lang reifen muß, bevor er verkauft werden kann. Ein Jahrhundert lang war das der Grund für die Schließungen der Brennereien in Schottland. In Kanada, wo selbstproduzierter Single Malt eine unbekannte Größe darstellt, kann der finanzielle Druck überhand nehmen, wenn nicht genug Kapital vorhanden ist, auf das sich das Unternehmen während der mageren Jahre stützen kann.

Vor diesem unsicheren Hintergrund unterbreitete der in Cape Breton geborene, aber in Halifax lebende Geschäftsmann Lauchie MacLean ein Angebot für die Destillerie. Seine erste Priorität bestand darin, einen Markt für den Whisky zu schaffen, und außerdem sicherzustellen, daß die Qualität entsprechend war. Momentan ist man dabei, den reifenden Whisky neu zu destillieren, da er etwas zu unrein ist. Da das Destilleriepersonal nicht richtig ausgebildet war, unterliefen ihm Fehler beim Abscheiden von Vor- und Nachlauf. Es muß auch noch eine Methode gefunden werden, die übermäßige Gärung in den Griff zu bekommen.

1995 und 1996 wurde Malt hergestellt und die Vorräte, die nicht die richtige Qualität hatten, wurden neu destilliert. Dieses Dreifachdestillat verspricht Gutes für die Zukunft. Die saubere Malzigkeit wird durch eine köstliche Süße ergänzt, die mit der Eiche harmonieren sollte – vorausgesetzt, man verwendet gute Fässer. Auch hier hat man in Glenora ganze Arbeit geleistet, um neue Fässer einzubringen.

Im Inneren fühlt man sich in eine schottische Destillerie versetzt. Das Malz mit einem Phenolgehalt von zwei bis fünf ppm stammt aus Großbritannien, die drei hölzernen Washbacks aus Schottland und die beiden winzigen kupfernen Pot Stills wurden ebenso wie der Maischbottich in Rothes hergestellt. Aus diesem Grund ist Glenora Whisky nicht gerade billig. Ursprünglich sollten die beiden Pot Stills als Spirit Stills dienen und von einer weitaus größeren Wash Still gespeist werden, doch noch während des Baus der Destillerie ging das Geld aus und daher wurde die Wash Still weggelassen. Das Destillierhaus fiel kleiner aus als geplant, und eine der beiden Spirit Stills erhielt die Aufgabe, den Rauhbrand für die andere aufzubereiten.

Irgendwie hat sich dies sogar positiv auf den Whisky ausgewirkt. Die Brennblasen sorgen für ausreichenden Kontakt der blubbernden Wash und des Rauhbrands mit dem Kupfer, was den Whisky reichhaltiger macht. Vom Jahrgang 1990 reifen gerade 20 Fässer, deren Inhalt vielleicht etwas unrein, aber nicht schlechter ist als viele schottische Malts. Die Stärke des Whisky ist seine Süße, die sogar in diesem Alter bereits einen Honigton angenommen hat. Diese Destillerie sieht nicht nur ein bißchen wie Edradour aus, ihr Whisky schmeckt mit seinem feinen, vollen Körper auch ein bißchen wie Edradour. Auch die Vorräte von 1992 sind recht vielversprechend. Einiges davon wird zusammen mit IDV sowie einem 8-, 10- und 12jährigen aus der Palliser Destillerie verschnitten. Der Breton's Hand & Seal, der im April 1997 in den USA eingeführt wurde, ist teurer als der Crown Royal.

Ich hoffe, der Whisky von 1990 bleibt, wie er ist. Mein Instinkt sagt mir, daß er mit 15 oder 18 Jahren da etwas Besonderes reift. Und der in Zukunft produzierte Whisky? Eines ist sicher; er hat das Zeug zu einem charaktervollen Malt. Bis jetzt ist noch nicht entschieden, ob er Canadian Single Malt oder Cape Breton Single Malt heißen soll.

Whisky-Revival: *Glenora ist wieder in Betrieb*

Empfehlung des Connaisseurs

GLENORA – MIT DER EICHE VON BRETON'S HAND & SEAL KANN MAN EINE HOLZHÜTTE BAUEN. DOCH ER IST HERRLICH AUSGEWOGEN, HERVORRAGEND UND WUNDERBAR SÜSS. AROMATISCH.

7  INDISCHER WHISKY

Es ist überraschend zu hören, daß es, abgesehen von Schottland, in Indien die meisten Malt-Destillerien gibt. Über den ganzen Subkontinent verteilt sind es insgesamt 15. Einige der hier produzierten Malts sind hervorragend und verdienen internationale Anerkennung. Einige sind ganz annehmbar und andere schlichtweg grauenhaft. Die Herstellung von indischem Malt Whisky befindet sich im Wachsen, und dank des importierten, besten schottischen Know-how wird auch die Qualität von Jahr zu Jahr besser. Vermutlich wird in Zukunft indischer Whisky überall auf der Welt erhältlich sein. Das wäre allerdings einfacher, wenn die Regierung den Brennern und den Konsumenten das Leben etwas leichter machen würde.

Anfangs wäre es angebracht, genau zu definieren, was man unter indischem Whisky versteht. Zur Zeit wird der Großteil der Spirituosen aus Melasse hergestellt: Was als Whisky bezeichnet wird, ist in Wirklichkeit Rum ohne ein einziges Getreidekorn. Da ein Liter Melasse Whisky in der Produktion 7,5 Rupien kostet und ein Liter Malt 52 Rupien, kann man verstehen, warum den meisten Brennern eine genauere gesetzliche Auslegung der Definition nicht gerade angenehm wäre.

Einige Destillerien bemühen sich zumindest, ein wenig Malz einzubringen. Trotzdem sollten Sie das Etikett aufmerksam lesen, wenn Sie in Indien Malt Whisky kaufen. Echter, 100%iger Malt ist hier äußerst selten, und sogar dieser enthält vermutlich nicht gereiften Whisky, der nicht aus einer Pot Still stammt, obwohl die Qualität besser ist, als man annimmt. Einige Whiskys, die sich „Malt" nennen, enthalten auch Malzextrakt oder Geschmacksverstärker.

In den meisten Ländern werden die Etiketten ansprechend und geschmackvoll gestaltet. In Indien sehen sie eher aus wie gebrauchte Briefmarken, gleichgültig, welche künstlerischen Ambitionen dahinterstecken. Die Besteuerung alkoholischer Getränke ist Aufgabe der einzelnen Staaten, und dieser Steuersatz muß auf dem Etikett zu lesen sein. Daher ist es gesetzlich vorgeschrieben, auf diesem einen Stempel mit dem Abfülldatum und dem Preis, zu dem der Whisky verkauft werden darf, anzubringen, und das noch zusätzlich zu einer Gesundheitswarnung. Die Finanzbeamten machen den Brennern das Leben ziemlich schwer. Einige Destillerien würden ihre Whiskys liebend gerne reifen lassen, dürfen jedoch außerhalb ihres Geländes keine Lagerhäuser errichten. Dadurch werden diese dazu angehalten, den Malt bereits in sehr jungem Alter abzufüllen, wenn sie ihn überhaupt reifen lassen können.

In ein, zwei Staaten herrscht absolutes Alkoholverbot, eine Bewegung, die landesweit immer stärker wird. Einer davon kämpft seit Einführung dieses Verbots mit finanziellen Problemen, da die entsprechenden Steuereinnahmen ausbleiben. In zahlreichen Staaten wird es in den kommenden Jahren harte Auseinandersetzungen zwischen Befürwortern und Gegnern des Alkoholverbots geben. Unabhängig von den geltenden Gesetzen ist

Heiße Luft: *Indische Whiskys wie Bagpiper klingen zwar schottisch, werden aber aus Melasse hergestellt*

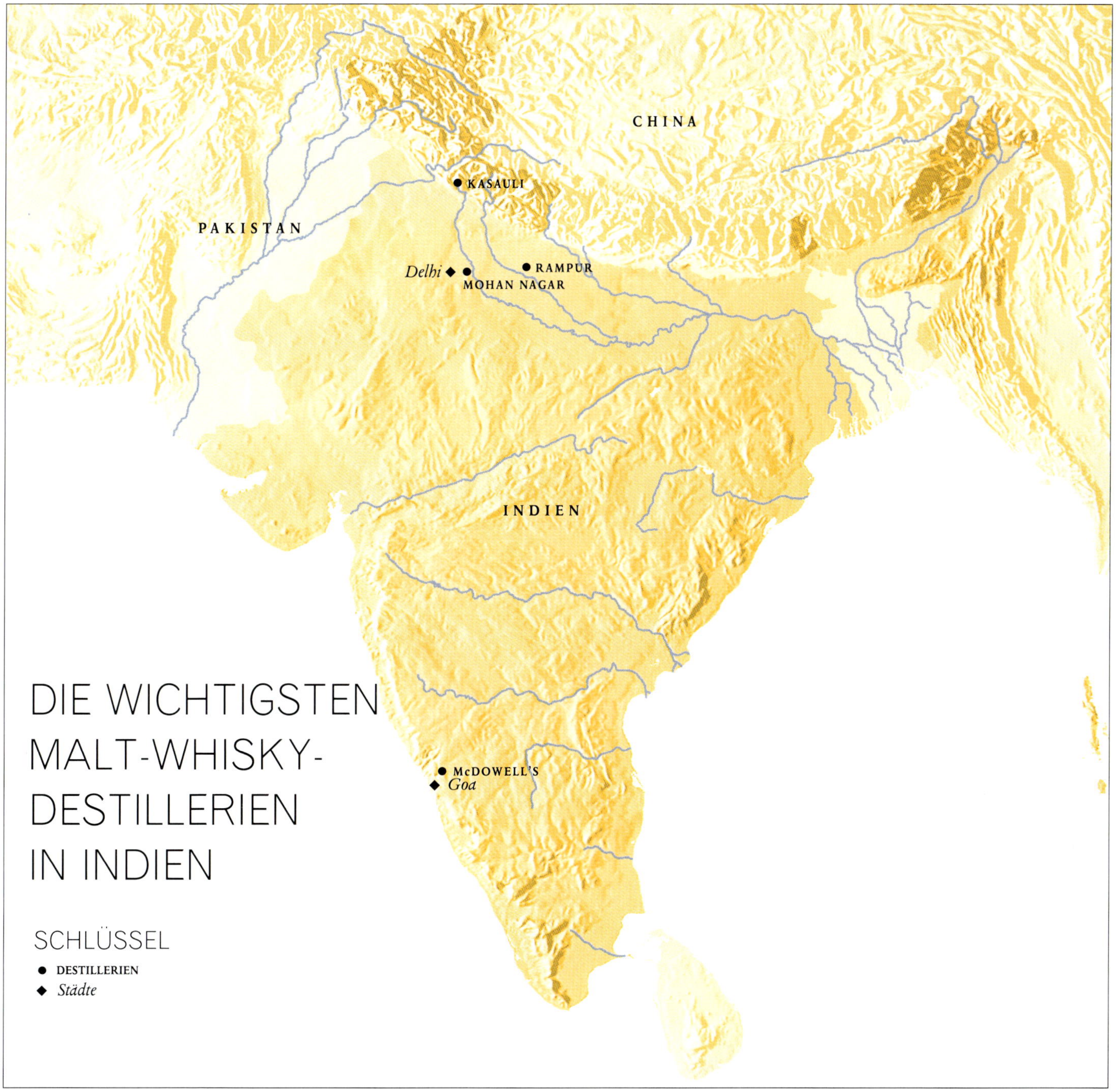

dieses Land, dessen Bevölkerungszahl im Jahr 2000 die Milliardengrenze erreicht, mit seinem jährlichen Gesamtverbrauch von 50 Millionen Kisten für alle Whiskyproduzenten der Welt von größtem Interesse. Speziell schottische Brenner haben bereits zahlreiche Joint Ventures gegründet: United Distillers liebäugelten mit United Brewers; Whyte & Mackay stiegen zusammen mit der Rampur Destillerie im großen Stil in die Malt-Produktion ein; Seagram ist hinter Shaw Wallace her; Glenmorangie arbeitet mit Mohan Meakin zusammen, und zahlreiche weitere indische Produzenten von Malt Whisky verhandeln mit potentiellen schottischen Partnern.

Die größte Malt-Destillerie befindet sich im Norden des Landes in Jagajit Nagar. Die Destillerie mit Sitz in Hanira im Punjab produziert Malt, der teilweise für die beliebte Marke Aristocrat verwendet wird. Obwohl er als Malt bezeichnet wird, tritt Malz bei diesem Whisky kaum in Erscheinung. Auch der schreckliche Bonnie Scot Whisky – „Special Malted Whisky" – geht auf das Konto dieser Destillerie. Möglicherweise enthält er Malt Whisky, aber das Malz ist schwer zu entdecken. Auch die Mudi Destilleries haben ihren Sitz im Punjab. Im benachbarten Uttar Pradesh besitzt Narang eine Destillerie, die einen recht ordentlichen Pot Still Malt erzeugt, und zusätzlich gibt es noch zwei weitere, sehr gute Destillerien: die Rampur Destillerie, die teilweise zu Whyte & Mackay gehört, und Mohan Nagar von Mohan Meakin. Letztere ist besonders für Black Knight bekannt, der zwar aufgrund des Melassegehalts äußerst süß ist, jedoch wenigstens etwas Malz erkennen läßt.

Im Zentrum des Landes gibt es zahlreiche Malt-Destillerien. Südlich von Delhi, in Madhya Pradesh, stellt die Som Destillerie in Bhopal die Marke 21st Century her, bei der man ebenfalls Mühe hat, tatsächlich Malz zu entdecken. In Maharashtra gibt es drei Destillerien, von denen sich zwei – Shaw Wallace und Sinclair – in Aurangabad befinden. Die dritte ist die Seven Seas Destillerie.

Zwei Brennereien liegen an der Westküste. In Goa die Ponda Destillerie von United Brewers, die noch eine Destillerie weiter südlich in Kerala besitzen. Ihre dritte Brennerei liegt im Landesinneren in der auf einem Hochplateau gelegenen Stadt Bangalore. Hier befindet sich zufällig auch die Destillerie von Khoday, in der der gängigste indische Blend produziert wird: Peter Scot ist ein Muß in jedem indischen Haushalt. Mit einem Preis von über 300 Rupien ist er nicht gerade billig, aber sein Geld wert. Auf dem Etikett steht Malt Whisky, und bereits im Duft zeigt das Malz seine reichhaltige Präsenz. Dazu gesellen sich einige Pfeffer- und Vanilletöne. Dieser Malt ist so ausgewogen, wie vieles was man in diesem Teil der Erde finden kann: Gewürznoten, wohlschmeckendes Malz, Toffee (möglicherweise etwas Karamel), und das Beste von allem – der lange Abgang.

Trotz all der Melasse, die es hier gibt, kann man einige recht ordentliche Whiskys finden, die auch ohne schottische Hilfe zurechtkommen. Doch wäre es großartig, wenn die indischen Brenner die vorherrschende Meinung ignorieren würden, daß ihre Landsleute nur süße Whiskys lieben und nichts für reinen Malt übrig haben.

Ich war immer der Ansicht, der Geschmackssinn der Inder müßte der anspruchsvollste auf der ganzen Welt sein. In keinem anderen Land der Erde sind die Speisen so raffiniert, geschmacksintensiv und vielfältig. Meine Meinung über den ausgeprägten Geschmackssinn dieses Volkes wurde dadurch bestärkt, daß beinahe jeder indische Whiskytrinker, den ich kenne, sagt, daß Johnny Walker Black Label der beste Whisky sei: Kein anderer Blend verfügt über solch vielfältige Komplexität. So werden im indischen Whiskygeschäft alle Whiskys dieser Welt am Black Label gemessen.

Dennoch haben einige Destillerien genug Selbstvertrauen, um exzellenten Whisky zu produzieren. Im Norden des Landes könnte eine Destillerie bewirken, daß Indien weltweit als ernstzunehmender Whiskyproduzent anerkannt wird …

KASAULI

Es ist nicht ungewöhnlich, daß eine Malt-Whisky-Destillerie ursprünglich eine Brauerei war. Doch gibt es meines Wissens nur eine, die auf einer Höhe von rund 1 600 Metern im Himalaja liegt und von der man einen kürzeren Weg nach Tibet hat, als von einer schottischen Destillerie zur nächsten. Diese ungewöhnliche Brennerei verwendet noch dazu Brennapparate, die auf 1855 zurückgehen und betreibt eigene Mälzböden. Kasauli besucht man nicht nur. Man unternimmt eine Pilgerfahrt dorthin.

Die Reise beginnt mit einer Bahnfahrt von Delhi. Der Bahnhof befindet sich dort, wo Neu Delhi mit seinen Regierungspalästen, wohlhabenden Wirtschaftszentren, reichen Wohngegenden und vornehmen Hotels an Alt Delhi grenzt. Es wimmelt von Menschen, die motorisierten Rikschas verstopfen die engen Straßen und verpesten die Luft, und die verfallenen und überfüllten Häuser vermitteln den Eindruck, der Bahnhof befinde sich genau im falschen Teil der Stadt.

Diese Fahrt ist speziell auf den ersten 30 Kilometern mit keiner anderen Anreise zu einer Destillerie zu vergleichen. Direkt neben den Schienen wohnt ein kleiner Teil der neun Millionen Einwohner von Delhi, und die Einwohnerzahl pro Quadratmeter ist im ersten Abschnitt der Reise alarmierend hoch. Familien leben in Zelten, Lehmhütten, Barackensiedlungen und Schuppen und wetteifern mit Kühen und Schweinen um das Land, das rechtmäßig eigentlich der Eisenbahnlinie gehört. Doch scheint es ein Gemeinschaftsgefühl zu geben: Menschen sitzen um Lagerfeuer und zwischen den Schienen spielen lachende Kinder mit ihrem selbsgebastelteten Spielzeug.

Während man im ersten kurzen Abschnitt der Fahrt das Elend Indiens hautnah zu spüren bekommt, wird man in den verbleibenden zweidreiviertel Stunden von den herrlichsten Eindrücken des Subkontinents verzaubert. Man fährt durch eine Ebene, in der über hunderte Kilometer nicht einmal ein Hügel zu sehen ist, und doch wird die Reise nie langweilig. Auf der Strecke kommt man durch zahlreiche Dörfer, zwischen denen saftig grüne Felder liegen und ab und zu ein Bewässerungskanal so breit wie ein Fluß, dem diese lebhafte Frühlingsfarbe zu verdanken ist. Oder man fährt durch leuchtend rote, goldene oder blaue Blumenfelder. Überall sieht man Menschen, für gewöhnlich Frauen in bunten Kleidern, die in kleinen Gruppen oder zusammen mit ihren Kindern in gebeugter Haltung auf den Feldern arbeiten und Früchte oder Gemüse ernten. Und dann sind da noch die Vögel. Selbst für einen Ornithologen zu viele, um die Übersicht zu bewahren, doch zu den auffälligsten gehören Wiedehopf und Kiebitz.

Der Zug endet in Chandigarh, der Hauptstadt von Punjab, seitdem Lahore an Pakistan ging. Der nächste Abschnitt der Reise, der mit dem Auto Richtung Solan durch die Ausläufer des Himalaja-Massivs führt, ist für Whiskyautoren der gefährlichste: Die Straße führt durch die nördlichste Spitze des Staates Haryana, der im Juli 1996 als dritter indischer Staat ein Alkoholverbot einführte. Mein Auto wurde von der Polizei angehalten, die eine „Whiskyrazzia" durchführte, und dies war eine der seltenen Situationen, in der ich froh war, daß ich keinen Alkohol dabei hatte. Selbst wenn sie nichts gefunden hätte, hätte mich die Polizei

Hoch in den Bergen: *Die alten Türme der im Himalaja gelegenen Destillerie Kasauli*

einfach nur aufgrund der Tatsache, daß mein Atem nach Alkohol riecht, einsperren können.

Im lebhaften Kalka beginnt sich die Stimmung zu verändern. Im Hintergrund dieser Stadt sieht man die ersten Erhebungen des Himalaja-Massivs, und die beladenen Kamele lassen erkennen, daß es hier bereits etwas primitiv zugeht. Von da an geht es bergan, vorbei an Menschen, die sich in alle Richtungen schieben, und noch mehr kleinen Dörfern. Beim Überholen jedes Autos wird gehupt, der Fahrer wäre direkt beleidigt, würde man nur einfach so vorbeifahren. In Serpentinen führt die Straße weiter bergauf, von hier hat man eine herrliche Aussicht auf schneebedeckte Berge und gepflegte Terrassenfelder.

Ab und zu sieht man einen „English Wine Shop". So werden hier die Spirituosenhandlungen genannt. In Wirklichkeit gibt es überhaupt keinen Wein, sondern nur Whisky – rund 35 Sorten – sowie Rum und Bier. Bevor man nach Solan kommt, biegt die Straße bei Dagshai scharf nach links und führt weiter bergauf, bis sie bei Kasauli endet. Die Destillerie liegt in einer engen Kurve noch vor dem alten britischen Armeeposten und bietet ein spektakuläres Bild. Im Laufe der Jahre habe ich Dutzende, wenn nicht hunderte, alte viktorianische Zeichnungen von britischen Brauereien und Destillerien gesehen. Genau so sieht der Komplex aus, der hier in Solan auf einem Hügel liegt. Selbst die Schornsteine der Mälzerei weisen noch die alte, längliche Form auf, die überall sonst in der spätviktorianischen oder edwardianischen Epoche von eleganten Pagodendächern abgelöst wurde. Dieser Stil ist anscheinend noch nicht bis in den Himalaja vorgedrungen.

In dieser Destillerie, die in eine frühere Zeit zu gehören scheint, wird die berühmteste Whiskymarke des Landes, Solan Nr. 1, hergestellt. Bis auf ein paar Tropfen geht die gesamte Produktion in diesen reinen Malt, doch selbst das reicht nicht aus, um die Nachfrage zu befriedigen. Der jährliche Absatz von 300 000 Kisten kann von der Destillerie derzeit nicht mehr gesteigert werden. Warum der Whisky Solan Nr. 1 genannt wird, ist etwas verwirrend, so wie vieles in Indien. Auf dem Etikett ist zu lesen, daß er in der Kasauli Destillerie hergestellt wird, doch auf dem Karton sieht man ein Bild der Solan Destillerie. Solch eine Malt-Brennerei gibt es auch wirklich. Es handelt sich um ein funktionell wirkendes Gebäude, das in den frühen 70er Jahren errichtet wurde, doch niemals auch nur einen Tropfen Alkohol destilliert hat, da die Regierung von Himichal Pradesh die Lizenz verweigerte.

Diese Destillerie ist weitaus einfacher zu erreichen als Kasauli. Von Chandigarh führt eine schmale Bahnlinie in die alte britische Kolonialstadt Shimla, die auf einer Seehöhe von 2 300 Metern liegt und Häuser im Tudor-Stil sowie eine englische Landkirche hat. Die Fahrt geht durch sage und schreibe 103 Tunnel, von denen einige über einen Kilometer lang sind, und der Zug hält x-mal an, so auch bei der Solan Brauerei.

Sie war in den 70er Jahren auf dem neuesten Stand, während die Kasauli Destillerie eher dem Stand der 50er Jahre entspricht. Das heißt, den 50er Jahren des vorigen Jahrhunderts. Die Apparate zum Mahlen sind primitiv, der Maischbottich ist schlichtweg prähistorisch – nur selten habe ich etwas so Schönes gesehen. Der gußeiserne Bottich stammt von 1855 und ist grün verschalt. Außerdem verfügt er über hölzerne Türöffnungen, die ihm zusätzlichen Charme verleihen.

Dann kommt man zum Wärmetauscher, der mit fließendem Wasser gekühlt wird, so wie ich es sonst nur aus Lehrbüchern des 19. Jahrhunderts kenne, und schließlich in den Gärraum. Hier findet man einen Hinweis auf die frühere Existenz der Destillerie: Neben fünf sehr alten Gärbottichen aus Holz gibt es auch zwei Bottiche aus Eisen, deren rechteckige Form von Bierbrauern bevorzugt wurde. Diese Gärbottiche stellen auch eines der Produktionsprobleme der Destillerie dar: Ihr Füllvolumen ist zu klein für die Pot Stills und säulenförmigen Brennblasen. Wenn eine Gruppe von Brennblasen arbeitet, muß die andere aussetzen. Die Gärzeit ist erschreckend kurz: 35 bis 40 Stunden im Hochsommer, ansonsten 45 Stunden.

Auf jeden Fall sind es die Pot Stills, die das Liebhaberherz am meisten erfreuen. Mich beeindruckte besonders ihr Stil. Obwohl Kasauli erst nach dem Ersten Weltkrieg in eine Destillerie umgewandelt wurde, gibt es

Hinweise auf irischen Einfluß. Die dicken, leicht gewölbten Mauern lassen auf das Vermächtnis von 1855 schließen. Nach seiner Errichtung durch den Schotten Edward Dyer wurde der Gebäudekomplex zur ersten Brauerei Indiens, die die große und sehr durstige britische Armee versorgte. Kurze Zeit später baute Dyer auch die Solan Brauerei, von der angenommen wird, daß sie ursprünglich als Destillerie diente.

Ein Ire namens Meakin trat ebenfalls ins Brauereigeschäft ein und kaufte die Solan Destillerie von Dyer. Heute weiß man nicht mehr, was genau in dieser Zeit passierte, doch sicherlich taten sich die beiden zusammen, um Dyer, Meakin & Co. zu gründen. Das Unternehmen heißt heute Mohan Meakin nach dem mächtigen N. N. Mohan, der die Firma 1949 übernahm.

Die Destillerie ist insgesamt mit vier Brennblasen ausgestattet, die alle nicht besonders groß sind. Zwei davon sind sogar ziemlich winzig. Sie sind weder knollenförmig, wie es der irischen Tradition entspricht, noch zwiebelförmig wie schottische Brennblasen. Statt dessen sind die Brennblasen ziemlich gerade und laufen kegelförmig spitz zu, haben dicke Aufsätze und einen Schwanenhals, der nach unten, in Richtung der Kondensatoren stark abgewinkelt ist. Dadurch erhält man besonders schweren Alkohol. Die Dampfbeheizung der Brennblasen ist ein winziger Hinweis auf Modernisierung: Unter den Brennblasen stehen Kohleöfen, die nicht mehr in Betrieb sind. Die Kapazität der Wash Still beträgt 14 000 Liter, die Spirit Still faßt 500 Liter weniger. Früher wurden beide als Wash Still eingesetzt. Die alte Brennblase für die Zwischendestillation mit einem Füllvolumen von 10 000 Litern wird nicht mehr verwendet, ebenso wie die 8 500 Liter fassende ehemalige Spirit Still. Es ist augenscheinlich, daß sich der Stil des Whiskys verändern wird.

Empfehlung des Connaisseurs

KASAULI SOLAN NR. I – ZUR ZEIT ENTTÄUSCHEND MIT ZU VIELEN UNHARMONISCHEN NOTEN. KÖNNTE IN ZUKUNFT BESSER WERDEN.

Nicht in Betrieb: *Die Solan Destillerie wartet seit 25 Jahren auf die Lizenzerteilung durch die Regierung*

Es sieht so aus, als würde die Destillerie mit dem alten Prinzip der Schwerkraft arbeiten, wie dies auch in Glenturret in Perthshire gemacht wird. Dabei findet der nächste Produktionsschritt immer unterhalb des vorigen statt. Tatsächlich muß man zu den Pot Stills hinuntergehen, die sich jedoch auf derselben Ebene wie zwei sehr kleine Patentbrennblasen befinden, die ganz aus Kupfer sind und 1955 installiert wurden. Bis zu diesem Zeitpunkt, so nimmt man an, wurde in der Destillerie ausschließlich indischer Malt Whisky aus der Pot Still hergestellt. In diesen säulenförmigen Brennblasen wird nach wie vor ausschließlich Malt destilliert. Sie erzeugen 93,5 Prozent des gesamten Solan Nr. 1.

Dieser Whisky aus der Patentbrennblase ist einfach wunderbar. Er besticht durch besondere Sauberkeit, ist jedoch auch äußerst charaktervoll mit einer überraschend reichhaltigen Malznote und einer beständigen Süße. Es ist mehr als augenscheinlich, daß er ein wichtiger Bestandteil von Solan Nr. 1 ist. Noch bemerkenswerter ist der Umstand, daß er nur wenige Wochen lang in einem Tank reift und niemals in ein Faß kommt.

Doch es ist nicht dieser junge oder frische Whisky, wie die Inder ihn nennen, der den Charakter der Marke schwächt. Solan Nr. 1 ist ein ansprechender, wenn auch nicht makelloser Whisk(e)y. Seine Achillesferse ist der Duft: Hier haben sich einige schwere, ölige Merkmale eingeschlichen. Da der junge Whisky aus der Patentbrennblase so sauber und das Malz so resch ist, gebe ich den Pot Stills dafür die Schuld.

Denn sicherlich ist mit dem Malz alles in Ordnung, wie der kontinuierlich produzierte Whisky beweist. Dieses wird in den zur Destillerie gehörenden Mälzböden hergestellt. Sie liegen nur wenige Minuten entfernt, wenn man den Berg hinuntergeht und um eine enge Kurve biegt. Die Mälzböden haben acht Etagen, von denen sechs in Betrieb sind. Während der heißesten Zeit des Jahres kann jedoch nicht gemälzt werden. Daher werden rund 60 Prozent des Malzes von Haryana zugekauft. Zum Darren wird immer Kohle – niemals Torf – verwendet, und es gibt keine Mechanisierung. Ebenso wie früher in Schottland verwendet man Holzschaufeln (die in Schottland „shiels" und in Kasauli „showels" genannt werden), und um sicherzugehen, daß der gemälzten Gerste nichts passiert, gehen die Mälzer barfuß.

Bei meinem Besuch gab es eine Überraschung nach der anderen. Die größte erlebte ich jedoch im Lager, das entsprechend den

Vorschriften der Steuerbehörde „Mature Room" (Reiferaum) genannt wird. Die Fässer, von denen immer zwei oder drei übereinander lagen, stammten zum Großteil aus den Jahren 1995 und 1996, doch befanden sich darunter auch mindestens zwei, die mit 1969 datiert waren. Da der Inhalt bereits 27 Sommer miterlebt hatte, in denen die Temperatur drei Monate lang bei durchschnittlich 37 ° C lag, erwartete ich mir nicht allzuviel davon. Überraschenderweise stieß ich jedoch auf schwache Sherrytöne und unheimlich süßes Malz, das durch eine zarte Eichennote aufgelockert wurde. Die Farbe war angenehm dunkel, und der Geschmack war ebenso ausgewogen wie der Duft. Einen schrecklichen Moment lang dachte ich, eine mächtige Eichennote würde alles andere überdecken, doch dann verflüchtigte sich diese und hinterließ einen herrlich langen Abgang, der nach reifen Früchten, kompaktem Malz, Nußtoffee und Apfeltoffee schmeckte. Er war schlichtweg sensationell. Wenn man den Ort der Lagerung in Betracht zieht, grenzte dieser Whisky an ein Wunder.

Ein 4jähriger, den ich anschließend von einem benachbarten Faß verkostete, war hingegen eine herbe Enttäuschung. Im Mittelteil und im Abgang trat zwar eine malzige Fülle hervor, doch Duft und anfänglicher Geschmack waren nur schwer zu schlucken. Zweifelsohne fiel hier aufgrund des Versuchs, die Nachfrage zu befriedigen, der Mittellauf etwas zu lange aus, und einige unerwünschte Alkohole, die eigentlich nochmals destilliert werden sollten, haben sich eingeschlichen. Sowohl der 1969er als auch das Finale des 4jährigen Whiskeys waren jedoch ein positives Erlebnis: Kasauli ist sehr wohl imstande, überdurchschnittlichen Malt Whisk(e)y herzustellen.

Ich sprach mit zwei Kapazitäten über diesen Whiskey, und zwar mit dem Destillerieleiter Omparkesh Dayagi und mit dem stellvertretenden Destillerieleiter und Blendmeister Ish Kapoor. Ish war seit 35 Jahren in der Destillerie, Omparkash seit 32 Jahren, doch beide waren hocherfreut, ihren Whiskey mit mir analysieren zu können. In all den Jahren hatte bislang noch kein anderer Autor die Expedition zu dieser fast märchenhaften Destillerie unternommen.

Ish stimmte mit meiner Diagnose ihres Malt Whiskeys überein: Das Malz wurde zu stark verdünnt. Ish sagte, er würde dem gerne Abhilfe schaffen. Ich probierte einiges aus und fand schließlich einen Weg, das Beste aus diesem Whiskey herauszuholen: Stellen Sie ein Glas davon vor ein stark loderndes Feuer und lassen Sie es eine halbe Stunde stehen. Dann wird sich der schlimmste Kopfwehalkohol verflüchtigt haben. Zurück bleibt ein verführerischer, süßer Malt. Nicht ganz so einfach zu lösen ist das Problem, dem Whiskey den kurzen Mittellauf zu geben, den er verdient, und gleichzeitig die Produktionsmenge nicht zu reduzieren.

Barfuß bei der Arbeit: *In Kasauli werden die Mälzböden noch nach der alten Methode betrieben*

Zur Zeit macht die Destillerie Verlust, was bei 170 Angestellten kein Wunder ist. Doch der Geschäftsführer von Mohan Meakin, Rakesh „Rocky" Mohan, läßt sich deshalb keine grauen Haare wachsen. „Es geht im Leben nicht nur darum, Geld zu verdienen", erklärte er mir, „so etwas wie Kasauli gibt es im ganzen Land kein zweites Mal. Wir müssen die Tradition wahren und etwas von unverwechselbarer Qualität schaffen. Außerdem sind wir verantwortlich für unsere Arbeiter und die Gemeinde, in der wir leben." Leider leitet er nicht noch andere Destillerien in anderen Teilen der Welt.

MOHAN NAGAR

Solan Nr. 1 mag der berühmteste reine Malt Whisky von Mohan Meakin sein und einer von nur dreien im ganzen Land, doch die Firma führt auch andere Marken, die Malt Whisky aus der Pot Still enthalten. Diese werden ausschließlich in der zweiten Malt Destillerie, Mohan Nagar, hergestellt.

Sie befindet sich östlich von Delhi. Die halbstündige Autofahrt führt über den Hindon Richtung Ghaziabad im Staat Uttar Pradesh. Innerhalb dieser Stadt befindet sich eine weitere, ziemlich autonome namens Mohan Nagar (Mohan Stadt), die nach der Familie Mohan benannt ist. Die Mohans begannen 1962 mit der Errichtung eines eigenständigen Industriegebiets. Hier werden Cornflakes hergestellt, Apfelsaft gepreßt, Bier gebraut, Whisky gebrannt, und hier befinden sich auch die Arbeiterwohnungen. Die Einwohnerzahl liegt zwischen 5 000 und 10 000. Ein Teil der Bewohner dieser Stadt ist mit der Herstellung eines recht ordentlichen Malt Whiskys betraut.

Das war nicht immer so, wie Destillerieleiter Jitendar Mohan (ja, er ist tatsächlich mit dem Firmenchef General Mohan verwandt) aufrichtig zugibt. Eine Zeitlang gab es Probleme mit der Gärung, und der derzeit reifende 3jährige ist nicht allzu ansprechend. Doch der heute destillierte Whisky scheint zum Glück in Ordnung zu sein und keine Verunreinigungen aufzuweisen.

Die Destillerie wurde 1962 gemeinsam mit der Stadt gegründet und ist häßlich, Kasauli dagegen ist schön. Mohan Nagar ist ein reiner Zweckbau aus Beton als Schutz für den im Inneren ablaufenden Destillationsprozeß. Und doch ist Mohan Nagar eine faszinierende und ganz spezielle Destillerie, die nicht mit anderen Malt-Brennereien zu vergleichen ist.

Zum einen finden die drei ersten Arbeitsschritte – Mälzen, Mahlen und Maischen – nicht in der Destillerie statt, sondern in der auf der anderen Hofseite gelegenen Brauerei, die für die Biermarken Lion und Golden Eagle berühmt ist. Es gibt keine Mälzböden, sondern nur drei riesige Saladin Bottiche, und leider muß man sagen, daß die minderwertigere Gerste für den Whisky und die bessere für das Bier verwendet wird. Selbst diese mechanischen Mälzereien können nicht sowohl die Brauerei als auch die Destillerie versorgen. Deshalb wird gemälzte Gerste zugekauft. Doch die beim Darren verwendete Kohle gibt solche Rauchmengen ab, daß das Ergebnis der rauchigste, ungetorfte Malt ist, den ich je verkostete.

Der Maischvorgang wird in traditionellen Brauereikesseln durchgeführt. Es gibt 22 Gärbottiche, die gemäß den unergründlichen Wünschen der Steuerbehörde grün gestrichen sind und zwischen 60 000 und 80 000 Liter fassen. Einige davon sind jedoch bereits verrottet, möglicherweise aufgrund der überaus langen Gärzeit von 24 Stunden. Nebenan befindet sich das Destillierhaus mit den kontinuierlichen Brennapparaten.

Abgesehen von einem einzigen Jahr war Jitendar Mohan seit der Gründung der Destillerie hier beschäftigt und ist ein so erfahrener Whiskyexperte, wie man ihn nur selten findet. Ich fand es großartig, daß er Brennblasen aus rostfreiem Stahl schlichtweg ablehnt. Als bekannt wurde, daß diese die Brennapparate der Zukunft seien, die sich niemals

Empfehlung des Connaisseurs

Mohan Nagar Summer Malt – Ansprechend, doch schwer am Gaumen mit viel Eiche.

abnutzen würden, hatte er in den 70er Jahren zwei davon installiert. Doch haben sie sich sehr wohl abgenutzt und werden demnächst ausgetauscht, während die alten Kupferbrennblasen noch hervorragend arbeiten. Nicht nur das. Jitendar fand auch, daß der Whisky aus den Stahlbrennblasen dem aus den säulenförmigen Kupferblasen bei weitem unterlegen war. Daraufhin produzierte er in ersteren nur mehr Melasse Whisky. „Wir versuchten Malt zu produzieren, was pure Verschwendung war," kommentierte er. Daher werden ungeachtet der zusätzlichen Kosten wieder Kupferblasen installiert werden.

Auch die vier Pot Stills sind ganz aus Kupfer. Ihre Form ist nicht gerade hübsch. Anstatt gekrümmt, sind sie gerade und haben dicke Hälse. Einst wurden sie auch für die dreifache Destillation eingesetzt. Jetzt wird nur mehr zweifach destilliert, wobei drei Pot Stills als Washbacks dienen.

Brennende Leidenschaft: *In einem Darrofen trocknet das Malz für Mohan Nagars Whisky*

Im Reiferaum wird man daran erinnert, daß man doch in Indien ist. Der Malt Whisky reift zwar in Eiche, jedoch nicht in Fässern. Aus irgendeinem Grund, den sie wahrscheinlich nicht einmal selbst kennt, erlaubt die Steuerbehörde diesen Reifeprozeß nicht. Statt dessen muß der Whisky in große Eichenbottiche geleert werden, wo er viel langsamer reift. Ich probierte einen 29jährigen, der wirklich klassisch war, voller Gewürze, Kräuter, Malz, Fruchtigkeit und weichen Vanilletönen. Ein 7jähriger war etwas seltsam und signalisierte, daß zu dieser Zeit in Mohan Nagar nicht immer alles glatt lief; zum 3jährigen habe ich schon genug gesagt. Der junge Whisky war jedoch ebenso wie der Malt aus der Patentbrennblase recht beeindruckend.

Der Malt von Mohan Nagar wird bereits für zwei bekannte indische Marken, Black Knight und Colonel's Special, verwendet, obwohl der Großteil dieser Whiskys aus Melasse hergestellt wird. Eine größere Rolle wird er jedoch in einer neuen Marke spielen, die 1997 auf den Markt kommen soll: Summer Hall – benannt nach der spektakulären, alten Kolonialresidenz des Generals in den Hügeln von Solan.

Der Summer Hall Whisky enthält sowohl Malt Whisky aus der Pot Still und den kontinuierlichen Brennapparaten von Mohan Nagar als auch Malt aus Kasauli und etwas Malt aus der Pot Still und Coffey Brennblase von der Lucknow Destillerie, die einige Jahre lang nicht produziert hat. Dieser 100 Prozent reine Malt ist im Duft ziemlich schwer und am Gaumen schön malzig. Trotz der etwas störenden Holzigkeit, die auf die Verwendung einiger sehr alter Malts zurückzuführen ist, ist der Summer Hall Whiskey köstlich und auf jeden Fall großartig.

Wenn Sie zufällig auf der Suche nach etwas ganz Wildem sind, finden Sie es vielleicht im Reiferaum von Mohan Nagar: einen 20jährigen Single Vat aus Jagri (braunem Zucker) und 128 verschiedenen Kräutern. Niemals zuvor wurden meine Geschmacksnerven so wüst angegriffen und danach so sanft gestreichelt wie beim Verkosten dieses aphrodisierenden Destillats.

Doppelt hält besser: *Mohan Nagar ist von dreifacher auf zweifache Destillation umgestiegen*

RAMPUR

Wenn man sich bereits auf der Straße befindet, die Delhi in östlicher Richtung verläßt, lohnt es sich, noch vier Stunden weiterzufahren, bis man zu einer der neuesten Malt-Destillerien Indiens kommt. Sie liegt bei Rampur mitten in Uttar Pradesh.

Manchmal ist das Gebiet sehr flach, doch dessen wird man sich nicht so sehr bewußt, da die Straße ständig mit Lastwagen, Ponywagen, Rindern und Menschen verstopft ist. Außerdem liegen jede Menge Wracks herum, die es scheinbar nicht mehr durch den dichten Verkehr geschafft haben, in dem als einzige Regel gilt: Man lasse demjenigen den Vorrang, der zuerst da war. Als ich dort fuhr, sah ich nur wenige Meter neben einem Buswrack eine Schar von rund 20 langschnäbeligen Geiern, die geduldig auf das nächste Unfallopfer zu warten schienen. Ein nicht gerade angenehmer Anblick.

Ungefähr auf halbem Weg zwischen Delhi und Rampur trifft man auf das größte natürliche Hindernis der Ebene, den mächtigen Ganges, an dessen befestigtem Übergang Soldaten patroullieren. Die letzte Stadt, durch die man sich noch kämpfen muß, ist Moradabad. Sie ist für ihr Messing berühmt. Rampur wird vermutlich für sein Kupfer berühmt werden – oder zumindest für die glänzenden, neuen, kupfernen Pot Stills, die seit 1993 in Betrieb sind.

Die Destillerie wurde von der Rampur Distillery Company erbaut, die zuvor einen selbstkreierten „Whisky" aus Melasse hergestellt hatte. Dann wagten sie den Schritt in die Malt-Produktion und begannen mit einem Betrieb, der die schottischen Brenner Whyte & Mackay ziemlich beeindruckte. Sie gründeten ein Joint Venture und erwarben 51 Prozent der Malt-Destillerie – ohne sich glücklicherweise auf die Whiskyherstellung aus Melasse einzulassen.

Ein Schluck des reifenden Whiskys zeigt, warum der bekannte Blendmeister Richard Patterson in jüngster Zeit in Delhi gesehen wurde. Er arbeitet Hand in Hand mit dem legendären indischen Brenner und Blendmeister Jolly Bhargava, der nun Geschäftsführer von Whyte & Mackay (Indien) ist.

Doch Patterson ist nicht der erste schottische Blendmeister, der in Rampur tätig wurde. Jimmy Lang, der einst bei Seagram beschäftigt war, half entscheidend während der ersten Zeit des Bestehens dieser Destillerie. Über das Ergebnis kann er sich wirklich freuen.

Wenn man die Brennerei ansieht, kann man nur schwer glauben, daß sie Jahrgang 1993 ist. Man sieht sie von der benachbarten Destillerie aus, wenn man neben den riesigen Gärbottichen steht, in denen die zähe Melasse brodelt. Die Form des Gebäudes sowie Art und Färbung der Ziegel lassen die Destillerie etwa 100 Jahre älter aussehen.

Im Inneren des Gebäudes sind solche Gedanken rasch wieder vergessen. Der Maischbottich ist ebenso wie die sechs kleinen Gärbottiche, von denen jeder bescheidene 16 031 Liter faßt, aus rostfreiem Stahl. Doch sie müssen auch nicht groß sein, da die Pot Stills, die neben dem Maischbottich stehen, ebenfalls winzig sind. Diese hübsche Anlage wurde im Februar 1997 nach dreimonatiger Pause wieder in Betrieb genommen, um dann erstmals indischen Whyte & Mackay Whisky zu destillieren.

R. B. Singh ist auf seine Brennblasen ebenso stolz wie ein Vater auf seine Kinder. Er leitet die Destillerie seit Produktionsbeginn im September 1993. Sein Handwerk erlernte er an der Heriot Watt Universität in Edinburgh und in der berühmten Dalmore Destillerie von Whyte & Mackay. Außerdem war Singh in der Malt Destillerie Tullibardine von Invergordon und in deren Grain-Destillerien beschäftigt, bevor das Unternehmen von Whyte & Mackay übernommen wurde. Kein anderer Leiter einer indischen Destillerie hat eine so umfassende Ausbildung genossen wie Singh.

Der von ihm produzierte Whisky ist hochwertig. Wahrscheinlich hilft es ihm, mit so kleinen Brennblasen zu arbeiten. Die Wash Still faßt nur 7 000 Liter, die Spirit Still 4 000. Und obwohl sie gleichzeitig gebaut wurden, sind sie doch sehr verschieden. Während die Wash Still ziemlich unauffällig ist, sticht die Spirit Still sogleich ins Auge. Sie besitzt besonders bauchige „Balvenie Balls", wie die zweite Ausbuchtung von unten genannt wird, und erinnert mit ihrer ausgeprägten Form an alte Destillierkolben.

Als einzigen Grund für diese Form kann ich mir vorstellen, daß dadurch die Gewichtigkeit ausgeglichen werden soll, die normalerweise mit kleinen Pot Stills in Zusammenhang gebracht wird. Je kleiner die Brennblase, desto größer der Kontakt mit dem Kupfer und desto charaktervoller und öliger der Whisky. Es ist möglich, daß sich in dieser zweiten Ausbuchtung der kondensierte Alkohol teilweise an der Oberseite niederschlägt und ins Zentrum der Brennblase zurückfließt. Ebenso ist der Schwanenhals übertrieben stark nach oben abgewinkelt – tatsächlich ist er das genaue Gegenteil von dem in Kasauli. Auch das hat den Anschein, als ob man das Produkt leichter machen wollte, indem man einen Großteil des kondensierten Alkohols zurückfließen läßt, damit es nochmals destilliert werden kann. Außerdem verhindert der steil nach oben abgewinkelte Schwanenhals bei dieser kleinen Brennblase, daß die kochende Flüssigkeit überläuft und in den Kondensator fließt.

R.B. Singh dachte, der produzierte Whisky hätte einen mittelstarken Körper, und die beiden Prozesse, die sich auf seinen Charakter auswirkten, würden einander aufheben. Doch als ich den 18monatigen verkostete, mußte ich ihm widersprechen. Es handelt sich um einen recht gewichtigen Burschen, mit starken Muskeln und einer großen Persönlichkeit. Auch wenn er erst 18 Monate alt war, hatte die indische Sonne ihren Teil dazu beigetragen: Er hatte die Komplexität eines 6- bis 8jährigen Perthshire Malts und auch dessen Eleganz und Charme. Der Duft war nicht ganz makellos und wies möglicherweise winzige Spuren unerwünschter Elemente auf, doch das vorherrschende Merkmal war eine große, standhafte Malzigkeit, die mit weichen Vanilletönen und einem ganz zarten Alkoholaroma in Einklang stand. Im Geschmack war er ohne jeglichen Fehler. Dieser Malt ist für diejenigen bestimmt, die tiefen, stark strukturierten, öligen Whisky lieben. Er erinnert mich am ehesten an den Malt, der kleinen schottischen Destillerie Edradour, es fehlt nur noch eine Honignote. Der Rampur Whisky schmiegt sich vollmundig an den Gaumen. Der Abgang ist lang mit

Rasch gealtert: *Die Rampur Destillerie sieht aus als wäre sie 100 Jahre alt, wurde aber erst 1993 gebaut*

Empfehlung des Connaisseurs

RAMPUR – NOCH NICHT ERHÄLTLICH.
HALTEN SIE AUSSCHAU DANACH.

einem Hauch von gebrannten Waffeln. Auch wenn er aus Südasien stammt, es handelt sich bei Rampur Whisky einfach um einen brillanten Tropfen.

Jolly Bharagava will sich nicht darüber äußern, ob dieser Whisky als Single Malt vermarktet werden soll. Man will erst abwarten, was bei der Reife herauskommt. Doch selbst in der heutigen Form wäre dieser Whisky eine Abfüllung wert – und ich glaube, der große Experte für indischen Whisky würde das nur zu gerne sehen. Sein Stolz auf die Leistungen, die in diesem Land erbracht wurden, ist augenscheinlich, doch als wahrer Kenner erschaudert er auch beim Gedanken daran, was am indischen Markt alles an „Whiskys“ angeboten wird.

Jolly ist schon länger in der Branche tätig als jeder andere, und es begeistert ihn, daß er nun nur mit Grain Whiskys – aus Weizen – und reinem Malt arbeitet. Bis jetzt hat er Rampur Malt in White Hall eingebracht, bei dem drei Prozent davon mit indischem Grain Whisky und schottischem Malt gemischt wurden. Dieselbe Menge geht auch in den äußerst ansprechenden Blend Genesis, der weitaus mehr Scotch enthält. Ungereift findet man ihn im langweiligen Moghul Monarch, der von Shaw Wallace hergestellt und aufgrund der Aufschrift „Finest Malt Whisky“ von vertrauensvollen Urlaubern gekauft wird. Irgendwo kann man tatsächlich Malt entdecken, doch seinen Körper hat er von der Melasse. Zumindest ist der für White Hall und Genesis verwendete Rampur-Malt 18 Monate alt, was auch bei der geringen Menge von drei Prozent für kompakte, honigsüße Reichhaltigkeit bürgt.

Es wird interessant zu beobachten sein, wie sich der Rampur Malt Whisky entwickelt. Das Aufregende an einer brandneuen Destillerie wie Rampur ist ihre zukünftige Entwicklung.

MC DOWELL'S DESTILLERIE

Es wäre falsch zu glauben, daß qualitativ hochwertiger oder historisch interessanter indischer Malt Whisky nur im Norden des Landes hergestellt wird, obwohl es theoretisch so sein müßte: Hier gibt es Berge, reiche Wasserquellen und kühlere Luft, um den Reifeprozeß zu verzögern.

Doch um den Hersteller von Indiens (zumindest derzeit) einzigem, reinem Pot-Still Malt zu finden, muß man sich viel weiter nach Süden begeben, in das Ferienland Goa. Von Delhi ist es ein langer Weg dorthin – eine tagelange Bahnfahrt oder einige Stunden im Flugzeug –, doch bei der Ankunft ist man sprachlos: derselbe Subkontinent, aber eine andere Welt. Im Himalaja gibt es Kiefern, hier Palmen. Im Norden führen die Straßen entweder durch langgestrecktes, flaches Land oder steil bergan. Die Straße vom Flughafen in Goa zur Stadt Ponda führt bergauf, bergab, durch schattige Täler und an kleinen Buchten des arabischen Meeres vorbei. Auf der Fahrt sieht man farbenprächtige Vögel, in deren blaurotem Gefieder sich die Sonne spiegelt, wenn sie über das Land fliegen. Der Himalaja ist spektakulär, die schottischen Highlands romantisch, die Weite von Kentucky majestätisch, doch die Südostküste Indiens ist exotisch.

Schließlich kommt man nach Ponda. Wie die meisten indischen Städte ist sie überbevölkert, ihre Bewohner leben dicht gedrängt. Die Architektur des Stadtzentrums ist funktionell und nicht sehr ansprechend. Ein paar Kilometer weiter wird die Gegend jedoch ansprechender, nahezu elegant, mit Strohhütten, die neben alten, verfallenen und neuen, hellgestrichenen Wohnhäusern im Mittelmeerstil stehen.

Überall stößt man auf Symbole der katholischen Religion: Während Indien eine Kolonie des protestantischen Großbritanniens war, gehörte Goa bis 1961 zum katholischen Portugal. Dennoch sprechen die Einheimischen heute Hindi und Englisch (wenn auch nicht ganz flüssig). Die portugiesische Sprache ist verschwunden. Die Menschen sehen hier im Süden anders aus. Die Gesichter sind runder und ein wenig weicher. Hier im Süden wurde die spezielle Kopfdrehung zur Perfektion gebracht, die die Inder vollführen, wenn sie überlegen oder sprechen.

Die Destillerie liegt nur wenige Kilometer nach Ponda an der Straße von Panaji nach Belgauam in einem winzigen Dorf namens Bethora. Der erste Eindruck ist, daß man sich in einer indischen Version der Kew Gardens befindet. Die sauberen kleinen Bürobauten werden von tropischen Rosensträuchern und anderen Blüten, die große Anziehungskraft auf Schmetterlinge ausüben, umgeben. Im Vergleich dazu ist das Destilleriegebäude ein häßliches, kleines Entlein. Es beherbergt die säulenförmigen Brennblasen, in denen Alkohol aus Melasse zum Verschneiden hergestellt wird. Zum Glück kommt nichts davon in Mc Dowell's Single Malt Whisky.

Niemand versteht, warum United Brewers ausgerechnet diesen kleinen Garten Eden für ihren Vorstoß in die Produktion von Single Malt auswählten. Sie verfügen landesweit auch noch über andere Brennereien, dachten aber, daß das Klima von Goa genügen würde. Seit 1971 wurde hier das berühmte Kingfisher Bier hergestellt und die Melasse-Destillerie betrieben. Die Malt-Brennerei wurde 1988 hinzugefügt, da man dachte, die Reife wäre hier unproblematisch. Im Rest des Landes kann die Temperatur zwischen 5 °C und 47 °C variieren. In Goa ist es das ganze Jahr über warm, die Temperaturen liegen zwischen 29 °C und 38 °C, was bedeutet, daß es weitaus einfacher ist, den Reifeprozeß zu steuern.

Wie wir gesehen haben, kann der Malt von Rampur mit 18 Monaten getrunken werden. Hier kann es drei bis vier Jahre dauern, aber nicht länger. Ein 2jähriger, den ich verkostete war bereits mehr als reif. Ein weiterer Vorteil, den die Destillerie genießt, ist die Feuchtigkeit, die selbst in den kühleren Monaten bei 65 Prozent liegt. Wenn es wärmer wird, steigt die Luftfeuchtigkeit auf 95 Prozent. Dann werden die Beine schwer wie Blei. Allerdings ist es sicherlich wiederum für die Reife von Nutzen, da die Lagerhäuser ebenso stark der brennend heißen Sonne ausgesetzt sind wie die von Kentucky und Tennessee. Dadurch reift der Whisky, der sich oben im Lagerhaus befindet, viel rascher als der weiter unten lagernde.

Flüssiges Gold: *Unweit von der McDowell's Destillerie in Goa versinkt die Sonne im arabischen Meer*

McDowell's: *Interessanter Malt*

Das Innere der Destillerie ist interessanter als das Äußere, dessen verwitterte Stahlverkleidung an die eisenverkleideten Lagerhäuser von Lawrenceburg oder Louisville in Kentucky erinnert. Ein oder zwei indische Destillerien können in benachbarten Brauereien maischen und gären. Nicht so in Goa. Der Maischbottich ist aus rostfreiem Stahl ebenso wie die sechs Gärbottiche, die jedoch ein paar Besonderheiten aufweisen. Die Malt-Herstellung wird in den oberen Etagen der Destillerie durchgeführt, und der Maischbottich teilt sich seinen Platz mit dem oberen Teil der säulenförmigen Brennapparate. Auf einem unteren Geschoß stehen die Gärbottiche direkt neben den beiden Pot Stills.

Die Gärzeit beträgt hier 48 Stunden. Ungewöhnlicherweise unternimmt Destillerieleiter K. R. Shankaranarayan eine zweite Gärung von 24 Stunden, um, wie er meint, dem Destillat zusätzlichen Geschmack und Charakter zu verleihen. Auch die Brennblasen an sich tragen ihren Teil dazu bei. Sie sind zur Gänze aus Kupfer und kegelförmig, wobei der Hals der Wash Still klobiger als der ziemlich lange Hals der Spirit Still ist. Das Destillat ist sauber, malzig, mild würzig und hat einen nicht allzu schweren Körper.

Die Lagerhäuser in Bethora sind vermutlich der interessanteste Aspekt der Destillerie. Manchmal, wenn man direkt in einer schottischen Malt-Destillerie das Destillat verkostet, hat man das Gefühl, es schmeckt ein wenig nach Kokos. In Goa wäre es überraschend, wenn es das nicht täte: Die Lagerhäuser der Destillerie liegen inmitten einer kleinen Kokosplantage.

Im Inneren der Lagerhäuser findet man reihenweise ehemalige Bourbonfässer. Manchmal ist auch ein Sherry-Effekt erwünscht (wie zum Beispiel beim Single Malt von McDowell). Dann werden die Fässer ein oder zwei Tage lang mit Sherry gefüllt, um den gewünschten Charakter zu erzielen, der jedoch nicht sehr ausgeprägt ist. Wenn man Goas Vergangenheit berücksichtigt, hätte man wohl eher mit Portweinfässern gerechnet.

Aus ein oder zwei Fässern dringt jedoch ein anderer, charakteristischer Duft: Torf. Man hat begonnen, schottischen Torf zu importieren, den die Mälzer verwenden, um dem Malz zusätzliches Gewicht zu verleihen. Ein sehr gewagter Schritt, wenn man bedenkt, daß der Absatz von Malt Whisky in Indien zu wünschen übrig läßt, da die Inder leichteren Whisky bevorzugen.

McDowell's ist ein charakteristischer Malt im Highland-Stil, der mich ein wenig an den aus Bunnahabhain vor der Verwendung des Sherryfasses erinnert, nur daß er nicht salzig ist. Er füllt den Mund angenehm mit reichhaltigem Toffee-Malt, verfügt jedoch über einen gewissen Kick, der ihn etwas leichter erscheinen läßt. Nach dem Essen haftet er nicht so gut, doch wenn der Gaumen frei ist, kommt das Malz gut zur Geltung. Seine hervorstechendste Eigenschaft ist die Fähigkeit, in rascher Abfolge süße und trockene Noten anzubieten. Dadurch wirkt er irgendwie komplex, wenn auch abgesehen von den zarten Vanilletönen nicht allzuviel dahinter steckt. Trotzdem ist er köstlich.

Wie der Blendmeister zu diesem Whisky kommt, ist faszinierend. In der McDowell's Destillerie gelang mir etwas, das in anderen indischen Brennereien so gut wie unmöglich ist: Ich konnte das Destillat im Verlauf seiner 4jährigen Reifezeit mehrmals verkosten. Die Entwicklung ist wirklich hochinteressant. Das junge Destillat hat eine ganz feine Minznote (die man auch beim abgefüllten Single Malt findet) und einen sauberen Malz-Charakter. In Schottland würde er als guter Whisky für Blends gelten. Im Alter von fünf Monaten hat er bereits einen starken Eichen-Charakter angenommen und beginnt, eine kompakte Süße auszubilden. Mit einem Jahr hat er sich bereits stark weiterentwickelt. Die Süße ist, ebenso wie der Malz- und Eichen-Charakter, intensiver geworden. Sechs Monate später hat er wiederum einen riesigen Sprung vollzogen und erinnert fast an einen Scotch. Beinahe kann er nun als Single Malt abgefüllt werden, da er herrliche Ausgewogenheit zwischen der süßeren Malz- und der trockeneren Eichennote bietet.

Mit 24 Monaten stellen sich erste Anzeichen eines Bourbon-Charakters ein, zusammen mit einer gewissen Fruchtigkeit, möglicherweise von Orangen, die ihm auch die erforderliche Leichtigkeit verleiht. Mit 30 Monaten ist er goldfarben, mit stärkerem

Seltener Anblick: *Frauen im Labor von Goa*

Bourbon-Charakter, jedoch auch öliger und fetter. Es entwickelt sich eine Komplexität, die diesen Whisky auch weiterhin an einen schottischen erinnern läßt. Im Alter von 36 Monaten ist diese Schlacht jedoch verloren, und er übernimmt zur Gänze den Bourbon-

Empfehlung des Connaisseurs

McDowell's Malt – Brennt ein wenig, ist jedoch sehr malzig und herrlich ausgewogen.

Ein Hauch Exotik: *Die Lager der McDowell's Destillerie in Goa liegen inmitten einer Hügellandschaft mit reich behangenen Kokospalmen*

Stil. Aber was für einen! Explosiv und intensiv wie ein 10jähriger Ancient Age, mit dem er auch Ausgewogenheit und Stil teilt.

Seltsamerweise ist der 42 Monate alte Malt viel leichter als der 3jährige und hat zu seiner einfachen, schottischen Malznote zurückgefunden. Der 4jährige hat jedoch wieder Bourbon-Charakter und eine intensive Eichennote.

Ich hörte, daß andere indische Brenner McDowell's verdächtigen, Geschmacksverstärker zu verwenden. Nachdem ich die Berg- und Talfahrt miterlebt habe, die dieser Whisky im Verlauf seiner Reifezeit bietet, kann ich nur bestätigen, daß er wirklich echt ist. Der Produktionsleiter, Devendar Sapra, betont, daß sie nicht einmal Karamel für die Farbe hinzufügen.

Sapra ist besonders stolz auf den neuen, getorften Whisky, und ich kann es ihm nicht verübeln. Einer, den ich aus dem Faß verkostete, war mangelhaft, doch ein anderer war im Alter von 22 Monaten so perfekt, wie man ihn in diesem Teil der Erde nur finden kann. Der Torf ist zwar mächtig, doch wie beim besten Malt seiner Art kommt die Gerste voll zur Geltung, und eine zusätzliche Süße sorgt für die nötige Ausgewogenheit. Er ist so gut, daß sie noch nicht wissen, was sie damit machen.

Der Name McDowell's erinnert an Schottland. Etikett und Karton ahmen unverfroren Glenfiddich nach. Dank der Lagerung in den unteren Etagen ist der Malt trotz des Bourbon-Stils der bei manchen Fässern zu finden ist, auch ziemlich schottisch. Nehmen Sie ein Glas zur Hand, blicken Sie auf die westlichen Ghats, die herrlichen Hügel rund um die Destillerie und auf die Kokospalmen, und Sie werden sich wie im Paradies fühlen.

Fast am Ziel: *Der reifende Malt von Goa*

8

WHISKY AUS ANDEREN LÄNDERN DER ERDE

Für die meisten Whiskytrinker ist dieses Buch nach dem Kapitel über kanadischen Whisky zu Ende. Scotch (Grain, Malt, Blend); irischer Whiskey (Pot Still, reiner Malt, Blend); Bourbon; Tennessee Whiskey; Rye; kanadischer Whisky … nun gut, das wär's dann. So lautet die gängige Meinung. Einige wenige werden schon von japanischem Whisky gehört haben. Einige vielleicht auch vom indischen. Doch Pakistan? Tschechien? Neuseeland? Tasmanien? Spanien? Diese Whiskys sind so gut wie unbekannt und wenig anerkannt. Was sich nach dem Verkosten ändern könnte …

WICHTIGE DESTILLERIEN IN ANDEREN LÄNDERN DER ERDE

Beinahe jede Whiskynation hat versucht, die außergewöhnliche Komplexität schottischer Malts zu imitieren. Einige waren dabei erfolgreich – erfolgreicher, als die Schotten zugeben wollen –, andere, wie zum Beispiel die Südkoreaner oder die Finnen, deren Whiskyindustrie sogar gänzlich verschwunden ist, waren leider weniger erfolgreich.

Bräuchte man einen Beweis für diese weltweite Suche nach dem heiligen Gral der keltischen Whiskytradition, müßte man nur die Telefonate und Faxe mitverfolgen, die täglich in Schottland eintreffen. Richard Forsyth, Geschäftsleiter des berühmten, alten Kupferschmiedunternehmens in Rothes in Speyside, hat ebenso viele Aufträge für Pot Stills aus dem Ausland wie aus Schottland

Pakistanischer Whisky: *Fässer in Murree*

Was möchten Sie? *Der Whiskykenner hat in dieser Bar in Tokio große Auswahl*

selbst. Seine Erfahrung ist sehr gefragt. Auch die führenden Wissenschaftler der unabhängigen Whiskyforschungsfirma Tatlock & Thomson in Glasgow sind ständig in der ganzen Welt unterwegs, um die verschiedensten Probleme bei Gärung, Destillation und Reife zu lösen. Pensionierte Destillerieleiter und Blendmeister frequentieren ebenfalls sehr häufig die anderen Whiskynationen.

Auch die Brenner von Bourbon und kanadischem Whisky werden gelegentlich um Rat gefragt (wenn auch bei weitem nicht so oft wie ihre schottischen Kollegen); selbst der Autor dieses Buches hat schon öfters sein Know-how zur Verfügung gestellt. Es scheint, als würde die ganze Welt Whisky produzieren wollen.

Der Durchschnittstrinker hält sich vermutlich an seinen Scotch oder Bourbon. Doch für mich ist die Tatsache, daß in so vielen verschiedenen Ländern der Erde Whisky hergestellt wird, schon seit langem ein Grund zum Feiern und Nachforschen.

Schließlich wird Whisky an ganz ungewöhnlichen Orten erzeugt, angefangen bei der japanischen Insel Hokkaido bis zum Himalaja-Massiv, ja selbst an einem Platz, wo wenige Kilometer entfernt die Pinguine herumwatscheln, nachdem sie ihren täglichen Fischfang beendet haben. In diesem Kapitel wollen wir erforschen, welche Überraschungen die Destillerien weltweit zu bieten haben.

WHISKY DIASPORA

In jedem Teil der Erde findet man eine Nation, die früher einmal Whisky erzeugte oder gerade damit begonnen hat. Wenn ich Whisky sage, meine ich nicht Alkohol aus Getreide, der in kontinuierlichen Brennapparaten zu großer Stärke destilliert und danach in Fässer gefüllt oder mit Scotch verschnitten wird. Unzählige Nationen machen das, und einige mögen behaupten, daß Kanada aus diesem Grund nicht erwähnt werden sollte.

Was uns hier interessiert, sind die Destillerien, die aus kleinen Getreidesorten geschmacklich intensiven Whisky herstellen. Archäologen behaupteten kürzlich, daß Wales die erste Whiskynation war, da sie noch vor den Schotten und Iren gemälzte Gerste brannten. Dem muß ich noch genauer nachgehen, doch es steht fest, daß die Waliser bereits 1888 Whisky produzierten, als Geschäftsleute aus dem nahegelegenen Liverpool die riesige Frongooch Destillerie gründeten. In Wales gibt es alles, was für die Whiskyherstellung erforderlich ist: Gebirgsquellen, Gerste, Torf. Doch die Destillerie nahe Lake Bala starb im selben Jahr wie Königin Viktoria und ist heute leider nicht mehr zu besichtigen.

Aber es gibt eine walisische Brennerei. Sie befindet sich in einem kleinen Industriegebiet am Stadtrand von Brecon. Der Destillierbetrieb wurde 1996 aufgenommen, mit Brennblasen, die von Studenten der Universität Surrey entworfen worden waren. Die Produktionsmenge war im ersten Jahr winzig, da man die kupfernen Brennblasen nochmals überarbeiten mußte. Das Unternehmen produziert einige Marken, die sich Welsh Whisky nennen, doch wird dieser Whisky in Schottland destilliert und in Brecon verschnitten, wobei einige Kräuter eingebracht werden, um ihm einen speziellen Charaker zu verleihen.

Ebenso gibt es einen weißen Whisky namens Glen Kella, der in Sulby auf der Isle of Man produziert wird, indem man Malt Whisky aus den schottischen Highlands nochmals destilliert. Dies wird von der leicht reizbaren Scotch Whisky Association nicht gerade goutiert – sie haben sogar ein Gerichtsurteil gewonnen, laut dem er in Großbritannien nicht Whisky genannt werden darf –, obwohl er gemäß den Vorschriften der Manx Whiskey Regulations von 1995 gesetzeskonform ist. Es handelt sich um einen 6jährigen Single Malt, bei dem man zwar das Malz spürt, doch ebenso eine Unreinheit, die manchmal ziemlich stark ausfallen kann. Es ist irgendwie seltsam. Man könnte schwören, daß er trotz des neuerlichen Destillationsvorgangs eine leichte Eichennote aufweist. Dies ist ein Whisky für Wodkatrinker. Für meinen Geschmack ist er etwas zu trocken.

Im Gegensatz dazu ist der 12jährige anfangs süß und baut nach und nach einen eigenständigen, wenn auch beschränkten Charakter auf. Von der unangenehmen Unreinheit ist kaum etwas zu spüren. Doch zumindest wird er auf der Isle of Man abgefüllt. Ich habe einige Whiskytrinker getroffen, die meinen, der Red Rose Whisky würde im englischen Lancashire hergestellt, da die rote Rose das Symbol dieser Grafschaft ist. Doch in Wirklichkeit handelt es sich um einen Scotch. Das einzige, was davon aus Lancashire stammt, ist das Wasser, mit dem der Whisky vor der Abfüllung verdünnt wird. Es gibt keinen Lancashire oder überhaupt englischen Whisky.

Ein wirklicher europäischer Produzent von Malt Whisky ist die Türkei mit der Tekel Destillerie in Ankara, auch wenn man ihren Whisky nur äußerst selten außerhalb des Landes findet. Dieses ist neben Indien weltweit die wärmste Region, in der Malt Whisky hergestellt wird, obwohl auch Brasilien, Uruguay und Argentinien unterschiedlich erfolgreiche Versuche angestellt haben.

Bis jetzt konnte trotz des viel kälteren Klimas noch keine skandinavische Malt-Destillerie überleben. Finnland gab erst kürzlich auf, und Schweden produzierte von den 50er bis in die 70er Jahre Malt Whisky, der jedoch nur wenige Anhänger fand. Dennoch arbeitet Hans Wicchel hart an einer neuen Malt-Destillerie mit Pot Stills, die in oder in der Nähe von Umea liegen soll, einer Stadt mit Blick auf den Bottnischen Meerbusen. Sollte diese Destillerie tatsächlich durchstarten können, wird sie mit ihrer Lage nahe dem 64. Breitenkreis, von wo aus man zum nördlichen Polarkreis fahren kann (auch wenn diese Fahrt ziemlich lang ist), der Brennerei Highland Park auf Orkney den Rang als nördlichste Malt-Whisky-Destillerie der Welt ablaufen. Vor ein paar Jahren trug die finnische Alcoa Destillerie diesen Titel.

Einen ähnlichen Weg ging Südkorea. Anfang der 80er Jahre wurden hier drei Destillerien errichtet; eine in Zusammenarbeit mit Seagram, die zweite mit der Firma Baikwha und die dritte 1983 von Jinro. In der Folge wurde Ichon zu einer der wichtigsten Whiskystädte Asiens, da hier aufgrund der guten Wasserversorgung zwei Brennereien errichtet wurden. Diese sind nun stillgelegt, die Forsyth Brennblasen nicht mehr in Betrieb, und im Fall von Jinro, die als letzte schließen mußte, sind nur mehr etwas über 300 Fässer übrig. Seit rund zehn Jahren wird hier kein Malt mehr hergestellt.

Trotz dieser tapferen, doch leider vergeblichen Versuche, wagte in letzter Zeit noch ein Land den Einstieg in die Whiskyproduktion: In Australien, oder genau genommen in Tasmanien, gibt es heute zwei Malt-Destillerien. Australien verfügte zwar über eine Whiskytradition, doch ist diese schon seit langem verschwunden.

Die größere Destillerie liegt in der Inselhauptstadt Hobart. Offiziell ist sie als Gasworks Destillerie registriert, führt jedoch den Namen Tasmanian Destillerie. Ebenso wie bei der kleinen Brennerei der Welsh Whisky Co. in Brecon versucht man auch hier möglichst viele Besucher mit einem Whiskymuseum anzulocken. Das Bemerkenswerteste ist der Brennapparat, ein Destillierkolben im französischen Stil, gebaut nach einem Entwurf von 1861. Damit begann man 1995 tasmanischen Whisky zu produzieren, der 1997 unter dem Namen Sullivan's Cove Single Malt Australian Whisky herausgebracht werden soll. Man darf ihn nicht mit dem schottischen Blend verwechseln, der ebenfalls auf den Markt gebracht wurde, um die Mindestreifezeit von zwei Jahren zu überbrücken, die das australische Gesetz vorschreibt. Derzeit läßt der Inhaber Robert Hoskin die Brennblasen alle zwei Wochen arbeiten. Es gibt auf der ganzen Welt keinen zweiten legal produzierten Whisky, der in einem Destillierkolben hergestellt wird.

Die erste Destillerie Tasmaniens war jedoch ein weitaus kleineres Unternehmen in Ulverstone im Norden der Insel. Das ist wahrscheinlich der Grund, warum sie sich „Small Concern Whisky Company" nennt. Derzeit bereitet man sich auf die Abfüllung des ersten Fasses vor, dessen Inhalt im November 1993 destilliert wurde. Die Destillerie ist eine Zinkblechbaracke, und die Kapazität der winzigen Brennblasen beträgt zwei bis drei Fässer pro Monat. Damit ist sie die kleinste legale Whiskybrennerei der Welt. Es wird ungetorfte Gerste verwendet, und der Körper der Brennblase ist aus rostfreiem Stahl, was ein wenig im Charakter des Whiskys zu spüren ist. Der Helm der Brennblase ist dagegen aus Kupfer. Das Wasser stammt vom nahegelegenen Cradle Mountain, nach dem der abgefüllte Whisky einmal benannt werden soll.

Sieben Fässer davon sind bereits um die Welt gereist oder zumindest bis zur Springbank Destillerie in Campeltown, in deren Lagern der Whisky reift, der für den unabhängigen Abfüller Cadenhead bestimmt ist. Drei dieser Fässer stammen aus der Jim Beam Destillerie in Kentucky, die anderen enthielten zuvor lokalen Cabernet Sauvignon. Nachdem ich aus allen sieben Fässern Kostproben entnommen hatte, als der Whisky zwei Jahre alt war, muß ich leider sagen, daß nur einer davon meinen Anforderungen gerecht wird. Die Whiskys bieten eine seltsame Zusammenstellung. Einige sind zu unrein, andere erinnern an Ester, andere haben wiederum dieses Kohlwasseraroma, das bei Brennblasen mit zuwenig Kupfer vorkommt. Doch ein bis zwei sind zumindest dem Duft nach recht ansprechend mit einer Kaffeelikörnote oder einer Kakaosüße, die normalerweise im Abgang hervortritt. Die Whiskys, die in den Weinfässern reifen, erinnern in diesem Alter eher an Rum. Doch der Reifeprozeß ist noch lange nicht abgeschlossen, und zweifelsohne werden einige Unebenheiten geglättet und ein Teil der Öligkeit vom Holz aufgesogen werden. Man muß allerdings zugeben, daß jedes Faß Charakter hat.

Doch das vielversprechendste davon – ein Bourbonfaß – riecht wie ein Garten in voller Blüte an einem Sommerabend, obwohl er am Gaumen dennoch reichhaltig und ölig ist und hinter dem Malz eine vibrierende Würze bereithält. Auch der Abgang ist etwas Besonderes mit eindeutigem Kakao- und Toffee-Charakter. Und das im Alter von zwei Jahren. Bei diesem Malt besteht für die australische Destillerie Hoffnung.

Türkische Freuden: *Die beeindruckende Tekel Malt Destillerie in Ankara*

PAKISTAN

MURREE

Sie werden schon gemerkt haben, daß jede Destillerie ihre Eigenart hat, durch die sie sich von anderen unterscheidet. Doch würde man die Ungewöhnlichkeit der Murree Destillerie in Rawalpindi auf einer Art Richterskala messen, würde sie weit über das Maximum hinausgehen. Denn Murree ist die einzige Brennerei der Erde, die sich in einem islamischen Land befindet.

Für diejenigen, die nicht mit der islamischen Welt in Verbindung stehen, hat das vielleicht keine allzu große Bedeutung, doch in der Geschichte der Whiskyproduktion stellt diese Tatsache den größten Triumph dar – eine Destillerie, die allen widrigen Umständen zum Trotz immer noch existiert. In Indien werden die Brenner gezwungen, auf den Whiskyetiketten Warnhinweise anzubringen, die ungefähr folgendermaßen lauten: „Alkoholische Getränke gefährden Ihre Gesundheit." Die pakistanischen Behörden schreiben das nicht vor, obwohl sie es lieber tun sollten. Denn wenn ein Bürger beim Whiskytrinken erwischt wird, muß er mit einer 2jährigen Gefängnisstrafe, einer schweren Geldstrafe und einigen Peitschenhieben rechnen. In anderen islamischen Ländern kann die Strafe noch härter ausfallen.

Wie kann diese Destillerie dann legalen Whisky produzieren und noch dazu Teil einer Brauerei sein? Die Antwort auf diese Frage findet man in der pakistanischen Verfassung, die auf die Gründung des Landes vor rund 50 Jahren zurückgeht. Sie ergibt sich aus dem Schutz der nicht-moslemischen Minderheit, der es gestattet war, Alkohol zu trinken, obwohl sie heute dafür eine Lizenz benötigt und einer Quote unterworfen ist. Daher können Einwohner, die nicht Moslems sind, Inhaber der Murree Brewery Company sein, und Moslems können Anteile an der Firma halten, wenn ihnen auch keine Dividende ausbezahlt werden darf. In der Vergangenheit gab es zahlreiche Probleme, speziell in den elf Jahren nach der Machtergreifung durch den traditionell moslemischen Präsidenten General Zia ul Haq im Jahre 1977. Er unterschrieb den Hinrichtungsbefehl für Premierminister Zulfikar Bhutto, der in einer Residenz lebte, die einst zur Destillerie gehörte. Nur knapp 100 Meter von der Destillerie entfernt wurde er schließlich hingerichtet. Die Stelle ist heute ein Park, der dem ehemaligen Premierminister Bhutto gewidmet ist.

Damals hing ein Damoklesschwert über der Destillerie. Es ist allgemein bekannt, daß Zia ul Haq ihre Existenz verurteilte, speziell als Zulfikar Bhutto offiziell verkündete, daß er einmal Alkohol getrunken hatte. Die Tatsache, daß Zia ul Haqs Minister für religiöse Angelegenheiten der Minderheiten ein gewisser Minoo Bhandara war, wirkte sich positiv auf das Schicksal der Destillerie aus. Denn Bhandara war – und ist – zufälligerweise auch Geschäftsführer der Murree Brewery Company.

Auch abgesehen von ihrer speziellen religiösen und politischen Situation handelt es sich um eine höchst ungewöhnliche Brennerei. Die Murree Brewery Company ging 1860 rund 80 Kilometer nördlich von Pindi in den Ausläufern des Himalajas in Betrieb. Ebenso wie die Kasauli Destillerie, die bereits fünf Jahre zuvor errichtet worden war, sollte sie die britischen Soldaten versorgen, die ihren Durst mit etwas stillen wollten, das stärker als Gebirgswasser und frischer als der Nachschub aus der guten alten Heimat war. Die Brauerei lag bei Ghora Gali auf natürlichen oder künstlich angelegten Terrassen eines steilen Hügels auf rund 1 500 Meter Seehöhe, nur wenige Kilometer vom Hügelfort von Murree entfernt und bot eine Aussicht auf weitaus zerklüftetere und kahlere Felsen als Kasauli.

Die Gebäude wurden im Unabhängigkeitskrieg 1947 angegriffen und niedergebrannt. Auch heute noch sieht man Ruß auf den Ziegelsteinen eines Gebäudes. Das kann natürlich auch auf den 70 Jahre dauernden Mälzbetrieb zurückzuführen sein. Tatsächlich ist noch beinahe alles da. Um 1860 oder 1870, als die Mälzerei dazukam, baute man für die Ewigkeit.

Wäre die Destillerie in Ghora Gali gewesen, gäbe es heute vermutlich keinen Murree Whisky. Doch in Wirklichkeit wurde sie 1899 neben der Rawalpindi Brauerei errichtet, die zehn Jahre zuvor von der Murree Company gegründet worden war. Sie wurde Rawalpindi Destillerie genannt. Dieser Name wurde vermutlich in den heutigen umgeändert, als die Brauerei in Ghora Gali 1927 den Betrieb einstellte (obwohl die Mälzerei immer noch weiter arbeitete).

Ebenso wie Mohan Nagar in Indien erfolgt die Whiskyherstellung teilweise in der Brauerei. Sie verfügt auch ebenso wie Mohan Nagar über eine mechanische Saladin Mälzerei. Und so wie in Kausali gibt es auch hier Mälzböden, wodurch sie meines Wissens zur weltweit einzigen Destillerie wird, die sowohl traditionelle Mälzböden als auch eine neumodische mechanische Mälzerei hat. Und ebenso wie die beiden anderen Destillerien muß auch sie Malz zukaufen – in diesem Fall von Baird in Großbritannien –, um die Nachfrage zu befriedigen, da Pakistan nicht gerade mit Gerste gesegnet ist.

Gemaischt wird in einem Läuterbottich, der in einer Wand verborgen ist. Die Vergärung findet in der Brauerei statt, und zwar in einem der 26 Bottiche, von denen sechs am häufigsten genutzt werden. Diese sechs sind schwarz gestrichen und liegen unterhalb eines außergewöhnlichen bunten Glasfensters. Normalerweise ist es das Destillierhaus, das an eine Kirche erinnert, hier bei Murree ist es der Gärraum.

Das Destillierhaus ist hingegen ziemlich klein mit zwei großen kupfernen Brennblasen, die angeblich schottisch sind, jedoch nicht die charakteristischen Schwanenhälse (oder Gänsehälse, wie die Inder sagen) aufweisen. Ihre Verkleidung macht sie auch nicht gerade hübscher, nicht ein winziges Stückchen Kupfer ist zu sehen. Das sind die beiden Spirit Stills. Doch wo sind die Wash Stills? Hier wird eine irische Note eingebracht. In Irland sind die Pot Stills oft im Freien aufgestellt, und das ist auch in Murree der Fall. Es handelt sich um vier große, häßliche Apparate, deren letztes bißchen Charme noch unter einer silbernen Stahlgußverkleidung versteckt ist. Nähme man diese Verkleidung ab, würde man zuerst auf Glasfasern und schließlich auf rostfreien Stahl stoßen. Diese Brennblasen sind nicht komplett aus Kupfer, zumindest nicht ihr gerader Körper und ihr dicker Hals, Helm und Kondensator hingegen schon.

Es gibt keine Lagerhäuser; man bevorzugt sehr tiefliegende Kellerräume, die nicht der brütenden Sommerhitze ausgesetzt sind. Auch wenn Rawalpindi auf einem Plateau von rund 580 Metern Seehöhe vor den ersten kahlen, zerklüfteten Ausläufern des Himalajas liegt, ist es kaum vor Backofentemperaturen gefeit. Daher wurde in den letzten fünf Jahren ein Kühlsystem verwendet, das die Temperatur das ganze Jahr über konstant hält, möglicherweise weil es nur zwei Keller gibt, von denen jeder rund 700 Fässer aufnimmt. Doch ebenso wie in Mohan Nagar gibt es auch sog. Vats, die viel, viel mehr fassen. Der Großteil dieser Vats ist rund 50 Jahre alt – ebenso wie einige der kleineren Fässer. Es wurden vier oder fünf neue Vats aus australischer Eiche aufgestellt, und ich bin schon gespannt, wie der darin reifende Whisky einmal schmecken wird.

Alles deutete auf unglaublich leichten Whisky hin. Erstens wird der Darrofen mit Gas beheizt, ohne daß auch nur ein Rauchpartikelchen entsteht. Zweitens sind die Wash Stills aus rostfreiem Stahl, wodurch der Kupferkontakt kaum der Rede wert ist – zumindest in der ersten Phase der Destillation. Drittens sind die Brennblasen ziemlich groß. Dazu kommt noch, daß das Holz, in dem der Whisky reift, im Großen und Ganzen ziemlich alt ist. Schließlich werden auch große Fässer für die Reife verwendet, was bedeutet, daß der reifende Whisky nur sehr geringen Kontakt mit Holz hat. Und all das bei ziemlich kühlen Temperaturen.

Wie war also der Whisky, den ich schließlich verkostete? Leicht. Ein Vorteil ist, daß er, anders als in Indien, einige Jahre lang gereift ist. Bis vor kurzem wurde sogar ein 12jähriger hergestellt. Die jetztige Version ist acht Jahre alt. Auf dem Karton des sogenannten Murree's Malt Whisky Classic ist zu lesen: „Jeder Tropfen in dieser Flasche wird in traditionellen schottischen Pot Stills aus gemälzter Gerste hergestellt und reift mindestens acht Jahre lang im Eichenfaß. Dieser klassische Single Malt kann mit schottischen Malts gleichen Alters verglichen werden." In diesem Fall ist die Behauptung berechtigt. Dieser Malt ist sogar besser als eine ganze Reihe minderwertigerer Scotch Whiskys, die bei weitem nicht an seine Spritzigkeit und kompakte Malzigkeit herankommen.

Bis vor einem Jahr war der 8jährige wesentlich flacher und dunkler. Das ging Hand in Hand, da der für die Farbe verwendete Karamel das Malz überdeckte. Jetzt wurde der Karamelgehalt auf ein Minimum reduziert, und der Whisky profitiert in Aussehen und Geschmack. Er ist sogar so gut, daß er den Test „am Morgen danach" bravourös bestanden hat: Lassen Sie ein geleertes Glas über Nacht stehen, riechen Sie am nächsten Morgen daran, und Sie werden von dem wunderbaren, reichhaltigen Honigton dieses edlen Whiskys überwältigt sein.

Open-Air: *Die Wash Stills von Murree*

Es wird hier auch ein Whisky namens Gymkhana hergestellt, der wirklich nicht der Rede wert ist: eine Mixtur aus Malt, Reisalkohol und neutralem Melassealkohol. Außerdem führen sie einen weiteren Malt, den Vintage, einen 3jährigen, der jedoch nicht forciert wird, damit immer genügend Nachschub für den 8jährigen vorhanden ist. Dieser 3jährige ist im Duft leider etwas unharmonisch, das Resultat eines zu langen Vorlaufs, was hoffentlich nicht öfter vorkommt. Seltsamerweise entwickelt er jedoch eine rustikale, würzige Malzigkeit, bevor der Karamelton überhand nimmt. Kein Vergleich zum komplexen und doch spröden Classic, einem Malt, der auch in Speyside gut am Platz wäre. Es ist jedoch unwahrscheinlich, daß er dorthin gelangt, da die pakistanische Regierung ein Exportverbot für Whisky verhängt hat.

Stünde die Destillerie an ihrem ursprünglichen Platz, würde sie nicht nur guten Malt Whisky im schottischen Stil herstellen, sondern auch an einem Ort gelegen sein, der spektakulärer und wunderbarer ist als der jeder anderen Destillerie.

Empfehlung des Connaisseurs

MURREE – MALT WHISKY CLASSIC. DIE GRÜNLICHE TÖNUNG VERDECKT SEINE MALZIGKEIT NICHT.

JAPAN

SENDAI

Alle Rätsel des Ostens können nicht viel rätselhafter als japanischer Whisky sein. Es ist nicht so, daß man von diesem Whisky hypnotisiert oder verzaubert wird, sondern es geht eher darum, festzustellen, wo der Whisky der aufgehenden Sonne beginnt und wo der des ewigen Regenbogens endet. Denn es sieht so aus, als wäre schottischer und japanischer Whisky untrennbar verbunden.

Es gibt auf der ganzen Welt nur wenige Blendmeister, die noch verschwiegener als die schottischen sind, was die Zusammenstellung ihrer Blends und Malts betrifft, und das sind die japanischen. Das kommt daher, daß man den Japanern immer wieder eingeredet hat, daß ihr Whisky eine asiatische Form von mangelhaftem Scotch sei. Dieser Mythos wurde von Menschen, die den Whisky niemals verkostet haben, verbreitet und teilweise auch noch von der schottischen Whiskybranche propagiert, die ihren Namen und ihre Exklusivität schützen wollte. Der Fehler der Japaner war es, daß sie das glaubten.

Tatsächlich sind einige japanische Single Malts ihren schottischen Kollegen überlegen. In den letzten Jahrzehnten haben die Japaner erst Scotch Whisky gekauft, um diesen mit ihren eigenen Malts zu mischen, und sind dann sogar dazu übergegangen, schottische Destillerien zu erwerben. Heute ist sich niemand mehr ganz sicher, was wirklich japanischer und was eine Mischung von japanischem und schottischem Whisky ist.

Vor einigen Jahren ersuchte ich jemanden, der in der japanischen Getränkeindustrie arbeitete, mir Kostproben aus jeder japanischen Destillerie mitzubringen. Nach ein paar Monaten erhielt ich sie. Als ich ihn ein paar Wochen später anrief, um ihm zu erzählen, daß ich einige seltsame Ergebnisse erhalten hatte, gestand er mir, daß er mittlerweile daran zweifelte, das bekommen zu haben, worum er gebeten hatte. Daher vernichtete ich meine Notizen.

Aus diesem Grund bin ich mir nicht sicher, was ich über die beiden vermutlich berühmtesten japanischen Whiskys sagen soll, d. h. über die 12jährigen von Suntory Yamazaki und Suntory Hakushu. Beides sind hübsche Destillerien, die in einer schönen gebirgigen und bewaldeten Umgebung liegen. Und beide sind vom Stil her ziemlich ähnlich, obwohl für mich die Destillerie Hakushu, die mitten auf der Hauptinsel Honshu liegt, besser ist als ihre im Süden gelegene Schwester. Das beruht auf dem Torf, der dem Whisky zusätzliche Tiefe und Ausgewogenheit verleiht. Beide Whiskys sind recht ansprechend, auch wenn auf ihren Etiketten nicht Single Malt zu lesen ist: Es handelt sich um reine Malt Whiskys, die dem Stil nach erstaunlich schottisch sind. Auf dem Etikett lesen wir ferner, daß der Whisky von Suntory hergestellt und abgefüllt wird. Man darf nicht vergessen, daß dieses Unternehmen auch Inhaber von Bowmore, Glengarioch und Auchentoshan ist – die beiden ersteren produzieren ziemlich stark getorften Malt. Es

Berg mal zwei: *Beeindruckender Hintergrund für einen Fässerberg in Sendai*

In der Kälte: *Die charmante Sendai Destillerie brauchte ebenfalls ein Whiskytürmchen*

mag natürlich sein, daß es sich um durch und durch japanischen Malt handelt, ohne ein Tröpfchen schottischen, doch was ich dazu von Suntory hörte, ist ebenso widersprüchlich wie die Signale, die der Whisky mir sandte. Daher kann ich nur raten. Die Geschichte der Yamazaki Destillerie, die älteste Japans, geht bis ins Jahr 1923 zurück. Ihre Brennapparate sind eine Mischung von geraden, kegelförmigen und doppelt gebauchten, die anscheinend leichteren Whisky produzieren. Die von Hakushu sind gleichförmiger und vielleicht eine Spur eleganter. Ihr Destillat scheint auch ohne Torf schwerer zu sein. Der Whisky ist einen Versuch wert.

Auf Honshu gibt es eine weitere Destillerie in wunderschöner Lage, und das ist Seagrams Kirin. Sie liegt nahe dem alten, schneebedeckten, kraterreichen Vulkan Fuji und hat Zugriff auf hervorragende Wasserquellen. Als es mir gelang, eine Kostprobe zu erhalten, war diese äußerst leicht, kreidig und blumig. Die nahe bei Hakushu gelegene San Raku Destillerie wurde auf Mercian umgetauft. Sie verfügt (so nehme ich an) über einen etwas köperreicheren Malt mit einer süßeren, malzigeren Note. In der Mutsu Bay an der Nordspitze von Honshu steht die sich schon seit einiger Zeit in Bau befindende, aber noch nicht fertiggestellte Noheji Destillerie.

Aus diesem Grund ist es immer eine Freude, die weiter südlich gelegene Sendai Destillerie zu besuchen. Zumindest diese Brennerei macht aus ihrem Whisky kein Geheimnis. Sie stellt Single Malt her und ist auch noch stolz darauf.

Obwohl sie den Namen Sendai trägt, ist sie von dieser am pazifischen Ozean gelegenen Großstadt ziemlich weit entfernt. Man fährt eine halbe Stunde ins Landesinnere, bis man zu den Bergen kommt, die sich im Süden Richtung Tokyo erstrecken und dem Auge des Betrachters eine wunderbare Landschaft bieten.

Selbst bei dieser Entfernung zum Stadtzentrum liegt die Destillerie noch im Einzugsgebiet von Sendai, aber ebenso in der Präfektur Mayagikyo. Der Whisky ist unter beiden Namen bekannt. Die Destillerie wurde erst 1969 gegründet, wenn auch der vorbeifließende Fluß, die Bambuswälder und die steilen Berge der Umgebung den Eindruck vermitteln, als hätte die Natur schon seit ewigen Zeiten auf die Errichtung einer Brennerei gewartet. Ein Hügel hinter Mayagikyo ist so steil, daß man an die bezaubernde kleine Highland Destillerie Glengoyne denken muß.

Doch damit ist die Ähnlichkeit auch schon wieder beendet. Die Japaner sind äußerst effizient, und die Destillerie ist nicht nur auf Hochglanz geputzt, sondern verfügt auch über äußerst effiziente, neue Brennapparate. Die 23 Gärbottiche sind ebenso wie die beiden großen Maischbottiche aus rostfreiem Stahl, doch die Brennblasen sind natürlich aus reinem Kupfer und im klassisch schottischen Stil gebaut. Sie sitzen auf Sockeln aus rosa Marmor.

Die Größe der Brennblasen verleiht dem Destillat eine gewisse Leichtigkeit, die in der neuen Version bereits zu spüren ist. Das verwendete Wasser ist etwas kalkhaltig, doch die Gerstenart kann unterschiedlich stark getorft sein, wobei der Phenolgehalt bis auf 17 ppm steigen kann. Verkostet man das junge Destillat aus nicht zu stark getorfter Gerste, spürt man ein frisches Aroma und eine feine Malznote. Anfangs schmeckt es süß, wird jedoch am Gaumen sehr hart, beinahe metallisch. Es ist nicht schlecht, aber sicherlich ungewöhnlich. Nach einer 5jährigen Reifezeit ist dieser Whisky noch immer seltsam und dringt mit wenig Eleganz auf den Gaumen ein. Wenn er zwölf Jahre alt ist, wird der Whisky entweder ziemlich gewöhnlich oder aber sehr ansprechend.

Jedesmal wenn ich Sendai verkoste, schmeckt er ein wenig anders. Ein oder zwei Versionen waren einfach enttäuschend; andere recht köstlich. Während der Reifezeit wird er ein wenig körperreicher, groß und fett, mit wirklich kompakter Malzigkeit. Als nächstes muß man beim Vatting des 12jährigen zu einer allgemein gültigen Norm finden. Denn wenn er gut ist, läßt er wirklich das Wasser im Mund zusammenlaufen. Doch liegt noch ein langer Weg vor ihm, wenn er gleich gut werden möchte wie der seiner Schwesterdestillerie – der besten Asiens.

Empfehlung des Connaisseurs

SENDAI – DER 12JÄHRIGE IST EIN GEHALTVOLLER WHISKY MIT ANGENEHMER MALZIGKEIT.

YOICHI

Gute Geister: *Das Tor von Yoichis Lagerhaus ist bemalt, um böse Geister abzuhalten*

Immer wenn jemand japanischen Whisky pauschal verurteilt, frage ich ihn, ob er schon einmal Yoichi Whisky probiert hat. Nicht ein einziger Kritiker konnte bislang diese Frage mit Ja beantworten. Wenn alle japanischen Whiskys auch nur zu drei Viertel so gut wären wie dieser Malt, müßten sich die Schotten wirklich Sorgen machen.

Da die Verkäufe von japanischem Whisky zwischen 1989 und 1996 zurückgingen, fragen sich manche Beobachter, was die Zukunft für die japanischen Malt-Destillerien bringen wird. Möglicherweise erleidet Japan innerhalb der nächsten zehn Jahre dasselbe Schicksal wie Südkorea: Das heißt, daß seine Whiskyindustrie einfach untergeht und die Produktion eingestellt wird. Da die Kosten für Arbeitskräfte und Ressourcen so hoch sind, ist japanischer Malt Whisky in der Produktion der teuerste der Welt.

Zweifelsohne ist an diesen Gerüchten, die innerhalb der Branche verbreitet werden, etwas Wahres, doch wenn das eintreffen sollte, würde die Welt mit Yoichi nicht nur eine gute, sondern eine einfach großartige Destillerie verlieren. Im Zuge der Rezession wurden bereits Produktionspausen eingelegt, damit das Lager etwas abgebaut wird.

Obwohl diese Brennerei den besten Malt im ganzen Land herstellt, ist ihre Lage am wenigsten interessant, da sie eher eine städtische Destillerie ist. Dennoch wird Yoichi an drei Seiten von Bergen umgeben. Auf der vierten Seite liegt das japanische Meer. Sie ist die einzige Destillerie auf der nördlichsten Insel Hokkaido, die gleich neben Rußland liegt. Japan ist ein sehr junges Land: Jeden zweiten Tag, so scheint es, bekommt diese Region die Bewegungen der ruhelosen Erdkruste zu spüren, und nahe der Destillerie gibt es heiße Quellen, in denen man baden kann, um verschiedene Wehwehchen zu bekämpfen – am besten mit einem Glas Yoichi Whisky in der Hand.

Um zur Destillerie zu gelangen, muß man erst in die Stadt Sapporo fahren, die trotz ihrer kühlen Großstadtatmosphäre einen gewissen Reiz hat, der hauptsächlich ihren Einwohnern zu verdanken ist.

Japan ist natürlich das Land der Pagoden, daher ist es gerade angebracht, daß man zuallererst vom Pagodendach der Mälzerei begrüßt wird, wenn man durch das Tor der Destillerie tritt. Warum es die Brennerei gibt, warum sie so schottisch wirkt und warum sie in diesem einst so abgeschiedenen Teil Japans gelegen ist, scheint eine sehr romantische Geschichte zu sein.

Die Firma Nikka, die Inhaber von Yoichi und Sendai ist, wurde vom legendären Brennmeister Masataka Taketsuru gegründet. Er stammte aus einer alten Familie von Sake-Produzenten und wurde 1918 nach Schottland geschickt, um die Kunst des Brauens und der Destillation an der Universität zu erlernen. Während seines Aufenthalts heiratete er ein schottisches Mädchen, das ihn nach Japan begleitete, wo er für Suntory zu arbeiten begann. Er gehörte zu dem Team, das den ersten Malt Whisky des Landes produzierte, verließ die Firma jedoch, da sie sich weigerte, eine neue Destillerie an dem Platz zu errichten, den er für den besten hielt.

Taketsuru war überzeugt, daß die eiskalten Winter und die reichen Wasserquellen von Yoichi die perfekten Bedingungen für die Herstellung von Malt Whisky schufen. Daher verließ er Suntory und baute 1934 die Yoichi Destillerie. Ein eher seltsamer Grund für die Errichtung von Sendai war, daß dort jedes Jahr das Meer weiß von Heringen wird. Das erinnerte ihn an Schottland, speziell an Campbeltown, wo er in der Hazelburn Destillerie arbeitete. Diese gehörte zu White Horse, einem Unternehmen für das er auch in Craigellaichie in Speyside und in der berühmten Lagavulin Destillerie auf Islay tätig war. Kein Wunder, daß er getorften Whisky bevorzugte. Doch es ist erstaunlich, daß der Whisky heute noch diesen Charakter aufweist.

Große Erwartungen: *Yoichis reifender Malt*

Taketsuru wäre erfreut, daß auch heute noch in der Destillerie gemälzt wird, wenn auch nur eine einzige Woche im Jahr, um den Vorschriften der Regierung Genüge zu leisten. Für diesen Vorgang wird immer noch Torf aus der Umgebung verwendet. Das restliche Malz wird zugekauft. Während die Gebäude nach außen hin gleich aussehen wie damals, würde der damalige Besitzer das Innere, abgesehen vom Destillierhaus, vermutlich nicht wiedererkennen. Die Maischbottiche sind dieselben wie in Sendai, auch wenn die zehn Gärbottiche eher an Pfeffermühlen erinnern als an die ursprünglichen, schottischen Bottiche.

Doch das Destillierhaus ist mit sechs mächtigen Kupferblasen, die die traditionellen Dekorationen aufweisen, um böse Geister (alkoholische und nicht alkoholische, nehme ich an) abzuhalten, beeindruckend. Die Schwanenhälse stehen in verschiedenen Winkeln ab. Die Brennblasen sind sanft geschwungen. Eine winzige Brennblase von 1934, ist besonders auffällig und liefert den sichtbaren Beweis, wie die Destillerie im Laufe der Zeit gewachsen ist.

Der allererste Malt Whisky der Destillerie wurde 1940 abgefüllt, kurz bevor Japan in den Krieg eintrat. Die Destillerie war gezwungen, Alkohol für Kriegszwecke herzustellen. Diese Zeiten waren für die Destillerie, die keinen Whisky mehr herstellen durfte, äußerst hart. In ihren Anfängen destillierte sie Früchte, um zu überleben, was sie auch heute noch macht. Die kompakten, niedrigen Lagerhäuser, die aus Stein sind und Kiesböden haben, mit deren Hilfe das Innere feucht und kühl bleibt, begannen sich nach dem Krieg mit Malt Whisky zu füllen. Heute kann man im Inneren der Destillerie die Geheimnisse des wunderbaren Yoichi Whiskys genauestens erforschen.

Etwas was ich an diesem schon seit langem bewundere, ist seine Komplexität, verbunden mit der Fähigkeit, die Holzigkeit nicht zu dominant werden zu lassen. Das wird durch die außerordentliche Zusammenstellung von Whiskys erzielt, die in der Destillerie hergestellt werden. Nikka nimmt es anscheinend sehr ernst mit dem Holz, denn in einem einzigen Lager konnte ich verschieden lang gereifte Malts verkosten, die in neuen Sherryfässern, ehemaligen Bourbonfässern und sogar ganz neuen Bourbonfässern lagerten. Der Whisky, der im neuen Holz lagerte, war erst neun Jahre alt und hatte doch schon einen charakteristischen Bourbon-Charakter. Mit diesem Angriff komplexer Vanilletöne hatte ich nicht gerechnet.

Mit dem 10jährigen aus dem Sherryfaß hatte ich ebenfalls nicht gerechnet. Ich finde, daß dies eine Art von Whisky ist, den die Brennmeister häufig verderben: Bleibt er zu lange im Faß, wird der Wein zu dominant, wodurch nicht nur die feineren Elemente des Whiskys verloren gehen, sondern sein Charakter insgesamt vernichtet wird. Bei diesem Whisky hingegen durchdringen die weiche Torf- und die reichhaltige Malznote mit Leichtigkeit den Sherry und erzeugen zusammen mit der Pfefferwürze einen herrlich komplexen Whisky.

Standbild: *Eingang zu Yoichi*

Dann gibt es noch einen stark getorften Yoichi, der wie der Sendai einen Phenolgehalt von bis zu 17 ppm hat und so tief und kompakt ist, daß man sich fragt, ob der Abgang jemals ausklingt. Was diesen Whisky so anders macht als den Sendai ist der Umstand, daß er nicht so hart durchbricht. Er gibt im Duft und am Gaumen mit Leichtigkeit nach und hat als 5jähriger nichts von der Unnahbarkeit seines Kollegen aus der anderen Destillerie. Doch ist da eine gewisse Rohheit, die zeigt, daß dieser Whisky noch einen langen Weg vor sich hat.

In der Destillerie ist er nur als 8jähriger erhältlich, der relativ torffrei und, um den Gaumen zu beeindrucken, von seiner sauberen, süßen Malzigkeit abhängig ist, was ihm mit beinahe erschreckender Leichtigkeit gelingt. Er erinnert an einen Malt aus den nördlichen Highlands, bei dem sich Frucht- und Gewürznoten abwechseln. In Japan ist er als 10jähriger erhältlich. Bei diesem ist die Torfnote etwas stärker, und die Ausgewogenheit läßt fast nichts mehr zu wünschen übrig: Im Duft ein zarter Hauch von Äpfeln, Rosinen und Fettigkeit, während am Gaumen die Süße immer stärker wird und Malz und Torf im Abgang hervortreten.

Dieser Whisky ist ausgewogener als der massive 12jährige, bei dem man den Torf schon im Glas schneiden kann und der durch Malz und Toffee noch schwerer wird. Bei allen dreien handelt es sich um hervorragende Klassiker; Malts, die über genügend Selbstvertrauen verfügen, um ihren Charakter voll zur Geltung kommen zu lassen.

Es gibt noch einen weiteren, ziemlich ungewöhnlichen, reinen Blend aus Malt Whisky, der den typischen Yoichi-Charakter hat. Er heißt All Malt und enthält Yoichi Whisky von der Pot Still sowie einen Malt aus 100 Prozent gemälzter Gerste, der in der im Süden von Honchu bei Nichinomiya gelegenen Destillerie in Coffey Brennblasen destilliert wird. Dieser verfügt über eine Schärfe, die fast an Rye erinnert, und die Torfnote der Pot Still mischt sich auf verlockende Art mit der ätherischen Gerste der Coffey Brennblase. Der so entstandene Charakter ist gleichzeitig leicht und schwer, hart und weich. Die Brennmeister dachten, daß dieser weltweit der einzige Whisky seiner Art wäre, bis ich sie über den Solan Nr. 1 von Kasauli aufklärte.

Empfehlung des Connaisseurs

Yoichi – Der 10jährige hat einen Apfel- und Rosinenton neben Malz und Torf. Exzellent.

DIE TSCHECHISCHE REPUBLIK

Es wird Sie sicherlich überraschen, daß es im Zentrum Europas ebenfalls eine Malt Whisky Destillerie gibt. Und wenn Sie hören, daß es dort insgesamt sogar drei davon gibt, werden Sie denken, das ist absurd. Doch das ist gar nicht so erstaunlich. Die Tschechen sind für ihre Vielfalt an hochwertigen Bieren bekannt und wissen daher mit gemälzter Gerste umzugehen. Tschechischer Whisky kann daher wirklich hervorragend sein.

Doch darf man nicht glauben, daß die Tschechen aufgrund ihrer Biertradition auch eine lange Whiskytradition haben. Vermutlich eine der ältesten „Whisky"-Brennereien Tschechiens ist Dynybyl. Man nimmt an, daß in dieser Brennerei bis zum Ausbruch des Zweiten Weltkriegs Malt Whisky hergestellt wurde. Während der Besetzung durch die Nazis brannte Emil Dynybyl, der Gründer der Destillerie, „Whisky" für die feindliche Armee. Die Soldaten merkten anscheinend nicht, daß dieser „Whisky" aus Unkraut und Geschmacksstoffen hergestellt wurde. Doch sie schätzten das Getränk so sehr, daß sie ein Auge zudrückten, als Dynybyl einigen jüdischen Familien Unterschlupf bot.

Noch belüftet: *Tesetices Kupferbehälter*

Dynybyl war eine unter mehreren Destillerien, denen das kommunistische Regime in den 70er Jahren anordnete, daß sie Whisky produzieren sollten, um damit Devisen ins Land zu bringen. Die Marke Private Club wurde aufgelassen, als die Familie Dynybyl nach dem Sturz des kommunistischen Regimes wieder zum Besitzer der Destillerie wurde. Sie hatten erkannt, daß die Qualität einfach nicht gut genug war.

Das kann man keinesfalls von den Whiskys behaupten, die von dem großen Lebensmittel- und Getränkekonzern Seleko hergestellt werden. Dieser besitzt zwei Destillerien im Einzugsgebiet der herrlichen Stadt Olmütz im Nordwesten des Landes nahe der Grenze zur Slowakei und zu Polen, die einer sanft geschwungenen Bergkette folgt. Whisky-Destillerien scheinen immer in herrliche Landschaft eingebettet zu sein. Das entspricht auch der Lage der Tesetice und der Dolany Destillerie, die in Wirklichkeit die beiden wichtigsten Brennereien der Tschechischen Republik sind, obwohl es auch noch eine dritte, in der Nähe der weltberühmten Brauereistadt Pilsen, in Pradlo, einem Dorf westlich von Nepomuk nahe der deutschen Grenze, gibt. Malt wird hier nur sporadisch hergestellt. Die Inhaber, Stock, verwenden ihre gesamte Produktion für tschechische Blends. Das Malz ist leicht getorft und stammt aus derselben tschechischen Mälzerei, die auch die japanischen Destillerien von Suntory beliefert. Halberg, eine weitere Destillerie in Pilsen, stellte während der 70er Jahre eine Zeitlang Malt Whisky her, der jedoch vollkommen verschwunden zu sein scheint.

Der alleinige und einzige Single Malt Tschechiens – King Barley – wird am anderen Ende des Landes in Tesetice hergestellt. Von allen ehemaligen kommunistischen Ländern hat die Tschechische Republik die westliche kapitalistische Kultur am leichtesten übernommen. Daher ließen sich die jüngeren Whiskytrinker von der raffinierten Werbung der schottischen Brenner verführen. Das bekamen die tschechischen Destillerien zu spüren. Aufgrund der geringen Nachfrage im eigenen Land bleiben Tesetice und Dolany die meiste Zeit des Jahres geschlossen.

TESETICE

Auf vielerlei Weise ist Tesetice eine bemerkenswerte Destillerie. Einst war sie eine Brauerei, die nun in zwei Teile geteilt ist. Im einen stehen Brennapparate, die nichts mit Whisky zu tun haben, sondern die tschechische Bevölkerung mit Sliwowitz, ihrem Nationalgetränk, versorgen. Diese Brennapparate haben mehr zu tun als die beiden im anderen Teil der Destillerie, die eher an die in Schottland gebräuchlichen Lomond Apparate erinnern als an herkömmliche Pot Stills. Der Leiter Jan Bartos scheint sich gut damit auszukennen und mit ihrer Hilfe meist guten Whisky herzustellen. Er kann jedoch auch auf qualitativ hochwertige Ingredienzen zurückgreifen. Mit dem Wasser, das aus einer Tiefe von 30 Metern stammt, wurde einst die Brauerei versorgt, und das Malz profitiert vom Torf, der aus dem südlichen Böhmen angeliefert wird.

Die Gärbottiche sind aus rostfreiem Stahl und außen mit einer seltsamen bohnengrünen Farbe gestrichen, die in der schottischen Grain-Destillerie Port Dundas am rechten Platz wäre. Nach einer Gärzeit von 72 Stunden wird die Wash, die mit 6 Vol.-% ziemlich schwach ist, ins Destillierhaus gepumpt, das eine hübsche, blau-weiß geflieste Wand hat. Die Brennblasen sehen nicht nur äußerlich etwas seltsam aus, sondern haben im Inneren mechanische Rührrechen, obwohl sie mit

Dampf beheizt werden. Hier wird nichts dem Zufall überlassen.

Doch egal welcher Weg zum Ziel führt, man sollte ihm Anerkennung zollen, denn in Tesetice wird wirklich sehr guter Whisky gemacht. Der Geschmack wird durch das Holz, in dem der Whisky reift, erst richtig zur Geltung gebracht. Die Fässer aus tschechischer Eiche (ebenso wie die von Stock) verleihen dem Whisky vom ersten Tag an eine Reichhaltigkeit, die die Brenner in Kentucky und Tennessee bewundern würden. Die Lagerarbeiter lassen sich jedoch nicht so leicht beeindrucken. Die Fässer haben keine Stöpsel und werden statt dessen mit großen Dübeln verschlossen, wodurch sie nicht rollen können. Ungewöhnlich, aber recht interessant.

DOLANY

Von Tesetice aus gelangt man über die gepflasterten, holprigen Straßen von Olmütz nach Dolany. Diese Destillerie liegt sechs Kilometer nordöstlich der Stadt in einem viel hübscheren Dorf. Trotzdem ist Dolany bei weitem die häßlichere der beiden Brennereien, wenn auch das Destillierhaus mit seinen vier Brennblasen – in Tesetice sind es nur zwei – beeindruckender und ziemlich vollgestopft wirkt. Die Brennblasen von Dolany sehen ähnlich aus wie die ihrer Schwester, doch wie Sie bereits wissen, hat das fast nichts zu sagen. Die Whiskys sind nämlich ziemlich unterschiedlich, trotz der Verwendung der hiesigen Eiche.

Erstens scheint der Whisky von Dolany etwas unreiner zu sein, als ob man dem Umstand zu wenig Beachtung geschenkt hätte, welcher Teil aus der Spirit Still gut genug für die Reife ist. Doch zumindest tragen die Öle zu einem schwereren Charakter bei, und obwohl die Unreinheiten auch auf dem Gaumen hervortreten, wird der Whisky süßer, sobald sie sich verflüchtigt haben. Schließlich bricht lawinenartig das mächtige Malz durch. Alles in allem kein schlechter tschechischer Whisky.

Doch Tesetice ist besser. Bei diesem findet man kaum eine Unreinheit, und obwohl

Großartige Eiche: *Tschechischer Whisky reift*

dieser Whisky einen leichteren Charakter besitzt, ist die Balance zwischen süß und trocken weitaus subtiler. Im Alter von zwei Jahren ist der Tesetice vielversprechend. Als 12jähriger ist er formvollendet. Selbst mit 20 Jahren ist er nach wie vor sehr hochwertig, auch wenn er nun den Stil eines Bourbons hat. Die Eiche dominiert, und doch ist dieses dunkelgoldene Getränk nicht im geringsten saftig. Das Malz hat jedoch die Rolle des Roggens übernommen, indem es den Bourbon-Geschmack mit Schärfe und Komplexität bereichert. So manch ein Brenner in Kentucky würde für so einen Whisky über Leichen gehen.

Beim 12jährigen ist der Bourbon-Charakter bereits präsent, doch dominiert noch das Malz, das süß beginnt und im herrlichen, langen Abgang trockener wird. Der Whisky der verkauft wird, ist jedoch nur halb so alt. King Barley verfügt über ein auffälliges rotschwarzes Etikett und profitiert von seinen 43 Vol.-% anstatt der üblichen 40%. Das ist wirklich ein einmaliger Whisky, der die besten Eigenschaften von Single Malt und Bourbon vereint: Er liegt irgendwo dazwischen. Das Ergebnis ist nicht nur guter, sondern monumentaler Whisky, der auf jede erdenkliche Weise die Geschmacksnerven anregt. Komplexe Malz- und Eichentöne vereinen sich und werden durch feine Rauch- und Gewürznoten ergänzt. Die Cremigkeit der reichhaltigen Kakaonote im Abgang, die den Eichenton überlagert, kann man drei bis vier Minuten lang auskosten. Weltweit stelle ich Tesetice – speziell den 20jährigen – unter die ersten zwölf. Selbst der Blend Gold Cock, der mit diesen Malts gemacht wird, ist ungewöhnlich geschmackvoll mit einer seidigen Getreideglätte. Abgesehen von den etablierten Whiskynationen stehen die Tschechen mit den brillanten Tesetice Whiskys weit an der Spitze. Ein Besuch dieser Destillerien hat den Vorteil, daß man auch die auf das neunte Jahrhundert zurückgehende Stadt Olmütz kennenlernen kann.

Auch ist es sehr lohnenswert die tschechische Bevölkerung selbst kennenzulernen, und über kurz oder lang, hat man sich an ihren scharfen Humor gewöhnt. Der Mann, der in der Destillerie Tesetice für alles verantwortlich ist, ist Frank Dvorak. Sein Humor ist ebenso trocken wie der Abgang seines Whiskys. Zu Recht ist er stolz auf King Barley und auf sein Land. King Barley wird zu einem Preis verkauft, der nur zwei Drittel der meisten schottischen Single Malts beträgt, auch wenn er diesen auf jeden Fall ebenbürtig ist. Gold Cock wird sogar nur für den halben Preis verkauft. Und dennoch könnte der Absatz für diesen tschechischen Whisky besser sein.

Es war nicht immer so. Einst war es nicht so einfach, die bekannten internationalen Whiskys zu bekommen, und die Tschechen mußten eher auf die Produktion ihrer eigenen Destillerien zurückgreifen. Ein Direktor von Seleko sagte mir mit gequältem Lächeln: „Die Regierung hatte uns aufgetragen, Whisky zu produzieren. Daher handelte es sich um ideologischen Whisky. Doch zum Glück zerstörte er jede Ideologie, sobald man ihn trank."

Empfehlung des Connaisseurs

TESETICE – KING BARLEY: AUSSERGEWÖHNLICHE MISCHUNG VON BOURBON UND SINGLE MALT. EXZELLENT.
DOLANY – ANGENEHM, DOCH ZU ÖLIG UND SCHARF, UM ERSTKLASSIG ZU SEIN. AM BESTEN MIT ZEHN JAHREN.

SPANIEN

Von Olmütz in der Tschechischen Republik zu einem weiteren kleinen Juwel der Industrie, das im Schatten der Scotch Whiskys und Bourbons im Verborgenen blüht, ist es ein weiter Weg. Es ist dies die spanische Distilerio Molino del Arco, die den Malt und Grain herstellt, der zum DYC verschnitten wird. Von diesem Blend werden in Spanien jedes Jahr zwei Millionen Kisten verkauft. In Anbetracht dieses Absatzes scheint es fast so, als ob die Spanier ihren heimischen Whisky ebenso lieben würden wie Stierkämpfe und Fußball.

DISTILERIO MOLINO DEL ARCO

Die Distilerio Molino del Arco ist keine funktionelle Destillerie in einem namenlosen Industriepark. Sie liegt nur etwa sechs Kilometer von der schönen Stadt Segovia entfernt auf freiem Land. Während Olmütz groß und ausgedehnt ist, ist Segovia eine relativ kleine Stadt, die innerhalb ihrer alten Mauern blüht, sich aber im letzten Jahrhundert kaum verändert hat. Und nicht einmal Olmütz reicht an Segovias größte Sehenswürdigkeit, ein 2 000 Jahre altes Aquädukt, heran, das von den Römern mit großem Geschick errichtet wurde, um Wasser in die Stadt zu pumpen. Es ist etwa 70 Meter hoch und hat zwei granitene Bogenreihen, die ohne Zement halten. Kaum etwas anderes in Europa ist so spektakulär wie die Einfahrt nach Segovia. Ist man einmal durch einen der Bögen gegangen, befindet man sich in den engen Gassen der Stadt. Allerdings sollte man den Hauptplatz suchen, da man dort bis in die frühen Morgenstunden in einer Bar DYC trinken kann. Oder Sie können auch um die Kathedrale gehen, die aufgrund ihre vielen Fialen und enormen Größe bemerkenswert ist. Sie ist das letzte gotische Gebäude Spaniens.

Klassischer Malt: *Der spanische Malt wird nahe dem römischen Aquädukt von Segovia hergestellt*

Da Segovia nur etwa eine Autostunde von Madrid entfernt ist und der Weg über Berggipfel und Plateaus führt, ist die Stadt ein beliebtes und schönes Ausflugsziel der Spanier. Einige davon fahren an der alten Stierkampfarena vorüber in den Ort Palazuclos de Eresma. Hier liegen auf einer Ebene die 18 grünen Lagerhäuser mit rostrotem Dach, in denen ein Großteil der 200 000 Whiskyfässer liegen. Sie gleichen den kanadischen Lagerhäusern, da auch sie keinen schwarzen Pilz aufweisen, der in der Nähe von Alkohol wächst. Statt dessen steht wie in den kanadischen Lagerhäusern dicker Whiskyduft, der nur zum Teil durch Lüftungen im Dach entweichen kann.

Die Brennerei liegt nur einige hundert Meter weiter an dieser Straße. Und hier werden die Dinge interessant. Wenn man die linke Serpentine bergab fährt, hat man das Gefühl des Wiedererkennens: Sie gleicht derjenigen, die in Speyside von Cardhu nach Tamdhu führt. Nun hat man bereits die Destillerie erblickt, und die Aufregung steigt: Sie hat ein Pagodendach. Nicht irgendein altes Pagodendach, sondern eines, das leicht an die schönsten in Schottland herankommt. Unten an der Straße fließt in Schottland der Spey; hier ist es der Rio Eresma, der im Winter von der Sierra de Guadarrama herabstürzt. Dieser Gebirgszug ist über 2 000 Meter hoch und bildet die natürliche Grenze zwischen Segovia und Madrid. Außerdem deckt er den Wasserbedarf der Destillerie.

Der Rauchfang der Pagode ist nicht ausschließlich Zierde, da die Destillerie das gesamte Malz, das sie braucht, selbst herstellt. Ein Teil davon wird sogar getorft. Erst dachte ich, die Brennerei hätte auch ihre eigenen Mälzböden. Das wäre bemerkenswert gewesen. Tatsächlich arbeitet sie aber nach der Saladin-Methode, wo das Malz in großen Metallgefäßen keimt und mechanisch gewendet wird. Nur eine einzige schottische Destillerie produziert auf diese Weise ihr Malz, und

Gewaltig: *Die Destillerien von DYC wirken vor der Sierra de Guadarrama winzig*

es ist … Tamdhu. Wenn das nicht geradezu gespenstisch ist!

Tatsächlich hat die Mälzerei Probleme, ihren Standort zu erhalten, während das beim Destillierhaus wieder etwas anderes ist. Doch der Prozeß führt erst in die Mälzerei, wo 80 Prozent des Malzes luftgetrocknet werden, bevor es mit dem gedarrten Malz vermischt wird. Es wird gequetscht, statt wie üblich geschrotet, und danach normal gemaischt. Die Wort gelangt in zwei Räume mit Gärbottichen aus rostfreiem Stahl und einem Fassungsvermögen von 1 635 000 Litern. Hier beginnt die Destillation und man kommt wieder auf den Boden der Realität.

Insgesamt gibt es nicht weniger als sieben Pot Stills, obwohl sie bereits seit geraumer Zeit nicht mehr gemeinsam gearbeitet haben. Einige haben knollenförmige Balvenie-Körper, andere sind gerade. Doch keine gleicht der anderen. Betrachtet man sie, ist man überzeugt, den Namen Forsyth, Rothes, darauf zu finden. Statt dessen steht da aber Martinez, Madrid. Jemand muß aber nach Schottland gereist sein, bevor sie gebaut wurden. Nach 45 Minuten im Helm braucht der Alkohol vier Stunden, bevor er das Ende der Brennblase erreicht. Schuld daran ist die Größe der Brennblasen – 25 000 Liter und 15 000 Liter laufen von zwei Wash Stills mit einem Fassungsvermögen von 35 000 Litern ab. Der charmante Destillerieleiter will versuchen, die zusätzlichen 10 000 Liter-Brennblasen zu verwenden, um den Unterschied zu sehen. Aber er ist mit dem Alkohol, den er produziert, sehr zufrieden.

Das ist nicht das einzige Destillierhaus der Brennerei. Auch eine Grain-Anlage steht hier, wo Mais und bei günstiger Marktlage auch Roggen verarbeitet wird – wenn auch nur in kleinen Mengen. Die erste Brennblase enthält überhaupt kein Kupfer, doch befinden sich in der zweiten einige gut plazierte Kupferplatten und auch der Helm enthält Kupfer. Daraus geht Grain Whisky hervor, der nach der Reife den Malt übertrifft.

Bei derart hochwertigem Grain überrascht es nicht, daß der DYC so beliebt ist. Es gibt zwei, den Straight DYC und den selteneren 8jährigen. Beide sind Blends, und bisher ist noch kein spanischer Single Malt am Markt.

DYC ist die Abkürzung von Distilerias Y Crianza del Whisky, eine Firma, der die – geschlossene – Lochside Destillerie in Montrose gehört. Der Malt dieser Brennerei wurde für die Blends verwendet. Heute ist die Firma Teil von Allied Domecq, und es wird noch immer schottischer Malt verwendet, wenn auch von verschiedenen Brennereien. Dieser ist im 8jährigen viel deutlicher zu spüren, der zwar wie der Standard DYC 75 Prozent Grain enthält, aber 15 Prozent schottischen Malt und nur zehn Prozent spanischen. Dagegen sind im Standard 20 Prozent spanischer Malt und fünf Prozent schottischer. Der 8jährige enthält viel Islay Whisky. Er ist hervorragend mit exzellentem Ausgleich zwischen Süße und Bitterkeit und gutem Eichenton von den ehemaligen Bourbonfässern.

Der Standard DYC kann etwas roher sein, wenn auch der fünf bis sieben Jahre alte spanische Malt genug Charakter hat, um früh durchzukommen, bevor er im Abgang vom Grain überdeckt wird. Mit acht Jahren hat der Grain enormen Charakter und gleicht etwas dem hervorragenden Sahnetoffee-Whisky aus der Valleyfield Destillerie von Quebec. Und zumindest ein kanadischer Destillerieleiter den ich kenne, Gord Carlton von Canadian Club, schätzt ihn so hoch wie ich. Seltsam ist, daß er viel besser ist als der Straight Malt mit demselben Alter, der aber auch mit 46 Vol.-% eine beeindruckende Gerstennote annimmt, die gut mit der Eiche verschmilzt. Der Malt ist in jedem Alter feurig, doch bereits der leichteste Rauchton macht ihn tiefer. Er ist es sicher wert, als eigener Whisky herausgebracht zu werden.

Spanien hatte in Cuenca, südöstlich von Madrid Richtung Valencia, noch eine weitere Destillerie, die zu Hiram Walker gehörte. Sie wurde 1991 geschlossen und der gesamte Malt verbraucht. So bleibt Spanien nur noch eine Destillerie, und darauf sollte das Land wirklich stolz sein. Sogar das Bürogebäude ist beeindruckend, eine 300 Jahre alte ehemalige Villa mit Patio. 1957 ließ der Besitzer in einen Teil des Gebäudes Brennblasen einbauen, von denen man heute noch die Vertiefungen und den Platz der ursprünglichen Gärbottiche aus Beton sieht. Zwei Jahre danach wurde in einigen Metern Entfernung die neue Destillerie errichtet.

In Schottland würde man die Pagodendächer dieser spanischen Destillerie betrachten und annehmen, sie wären das Werk viktorianischer Handwerker und stammten nicht aus den 50er Jahren.

Empfehlung des Connaisseurs

DISTILERIO MOLINO DEL ARCO – DER 5JÄHRIGE DYC IST EIN GUTER, RAUCHIGER BLEND.

NEUSEELAND

Hier in diesem außergewöhnlich schönen Land endet unsere Weltreise zu den Destillerien. Wir begannen 19 000 Kilometer entfernt auf den windgepeitschten Orkney Inseln in Schottland bei der (heute) nördlichsten Destillerie der Welt, Highland Park. Die Frage nach der südlichsten Brennerei der Welt ist dagegen nicht so leicht zu beantworten.

Für Uneingeweihte steht sie in Dunedin, Neuseeland. Und hier löst sich das Rätsel: Die Stadt ist so schottisch wie die Union Street von Aberdeen oder die Burg von Edinburgh. Im Telefonbuch findet man seitenweise „Macs“ und „Mcs“. Und nur einige Minuten von der Destillerie entfernt, die gegenüber dem schönen Botanischen Garten liegt, scheint ein ganzes Gebiet nach den schottischen Brennereien und ihren Blends benannt zu sein: Dundas Street, Dalmore Street, Mackenzie Street. Richtung Stadtzentrum liegen noch die Straßen Oban, Leven und Moray.

Der Name Dunedin ist vom alten Namen für Edinburgh abgeleitet – es heißt auch, daß er eine Kombination von Dundee und Edinburgh ist –, und die Stadt wurde von schottischen Auswanderern gegründet, die weit weg vom harten Leben in den Highlands neu beginnen wollten. Tatsächlich haben alle Bewohner der südlichen Hälfte der Südinsel schottische Wurzeln. Im Winter werden Curling Wettkämpfe abgehalten, was sonst nur in den Highlands der Fall ist. Betrachtet man einige ältere Bewohner Dunedins im nahegelegenen Hotel, könnte man meinen, man wäre in Elgin, Fraserburgh oder Inverness: Tweedkleidung, robuste, wettergegerbte Gesichter, freundliche Augen und weißes oder graues Haar. Bei so viel schottischem Einschlag wäre die Stadt ohne eigene Malt-Destillerie nicht komplett gewesen. Sie ist bereits seit 25 Jahren in Betrieb, was für eine Brennerei, die einen derart schlechten Anfang hatte, eine gewisse Leistung ist.

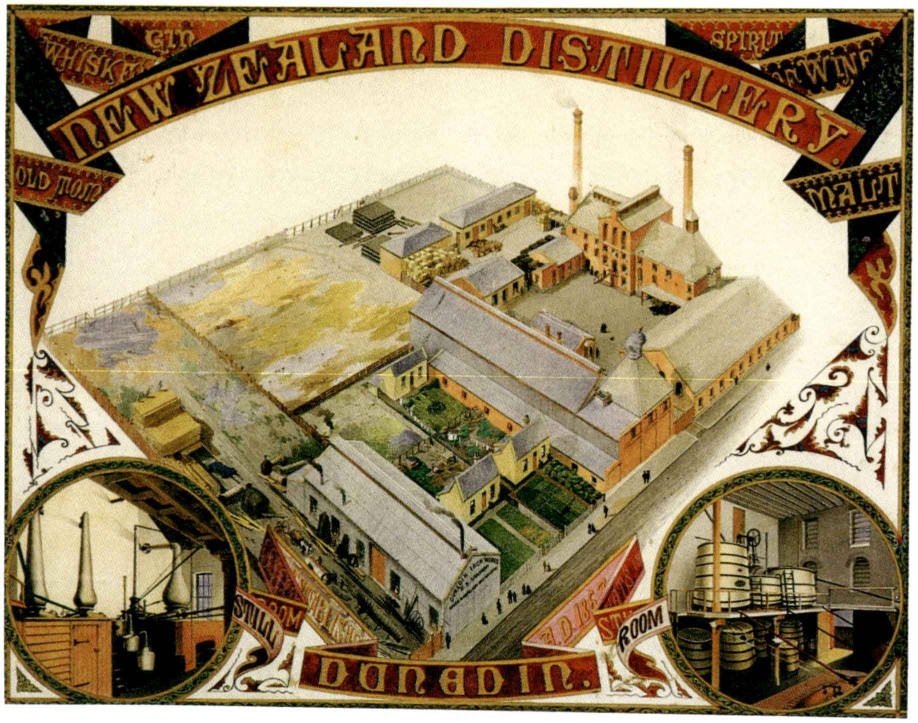

Malt aus der Neuen Welt: *Bereits 1867 wurde in Neuseeland „Whiskey“ gemacht*

WILSON

Die Wilson Malt Extract Company gibt es in der Stadt wenigstens seit 1926, doch obwohl sie an eine Brauerei angeschlossen war, dauerte es 40 Jahre, bis man auf die Idee kam, seriös mit der Destillation zu beginnen. Es hatte bereits früher Versuche gegeben: Auf der ganzen Südinsel wurde seit Beginn der Kolonialisierung illegal Whisky in Form von Poteen (Kartoffelschnaps, Anm. d. Übers.) gebrannt, und eine Region, Hokonui, war berühmt für die Qualität ihres Whiskys. Dieses Gebiet ist unglaublich schön, es wird vom Hokonui River durchflossen, wo der Silberfarn ungestört wächst, Pfauentauben jeden Schritt beobachten und in nur wenigen Metern Entfernung in der Luft tanzen.

Aber auch legale Versuche wurden auf der Insel unternommen, vor allem von der New Zealand Destillerie, von der ein beeindruckendes modernes Gemälde in Wilson hängt. Sie war in jeder Hinsicht riesig und hatte Pot Stills, die von früheren Zeichnungen aus Ardbeg auf Islay zu erkennen sind. Sie stand nahe beim Zentrum in der Cumberland Street. Heute hat sie die Schokoladefabrik Cadbury verschlungen, und es ist kein Ziegel mehr von ihr zu sehen. Nur ein kurzes Leben war ihr vergönnt, da sie nur zwischen 1867 und 1873 in Betrieb war. Eine weitere Brennerei, die Crown Destillerie in Auckland, wurde nach nur drei Jahren um dieselbe Zeit geschlossen.

Ein Problem war, daß Neuseeland noch zum Britischen Imperium gehörte und die Gastwirte angeblich nur schottischen Whisky verkaufen durften. Allerdings wird allgemein angenommen, daß die bekannten schottischen Marken, die an der Theke ausgeschenkt wurden, auch neuseeländischen Whisky enthielten. Sicher ist, daß die schottischen Brenner die beiden Firmen haßten, die alles versuchten, um Marktanteile zu bekommen, und so wurde auf höchster Ebene Druck auf die Regierenden ausgeübt. Angeblich ließ die finanzschwache neuseeländische Regierung die Brennereien gegen Geld schließen, mit dem sie das Eisenbahnnetz baute. Die beiden Destillerien mußten zusätzliche Steuern zahlen, so daß sie schließen mußten, für die Schließung allerdings eine Entschädigung bekamen. So viel zum Kapitalismus.

Diese eher traurige Geschichte macht Wilson's zur erfolgreichsten Brennerei Neuseelands. Als der erste Whisky 1969 erzeugt wurde, dachte kaum jemand, daß die Firma überleben würde. Das größte Problem war, sich das Know-how für die Herstellung von gutem Malt anzueignen. Als ein Vertreter von Wilson's zu einer Analyse der Probleme nach Schottland flog, gaben sich die Destillerien noch verschlossener als heute, und er wurde überall abgewiesen. Zurück in Dunedin wußte er kaum mehr als zuvor.

Aus diesem Grund wurde bei der Errichtung der Brennblasen ein furchtbarer Fehler gemacht. Heute genügt ein kurzer Anruf bei einigen Kupferschmieden in Schottland oder Kentucky, um das Nötige herauszufinden. Damals war das nicht möglich, und so beschloß man, die Brennblasen aus rostfreiem Stahl zu erzeugen. In dem System war überhaupt kein Kupfer enthalten, und so war der Alkohol auch nach der Reife ziemlich schlecht. Der erste Blend, 45 South, der nach der geographischen Lage von Dunedin benannt war, hatte einen so schlechten Ruf im Land, daß es Jahre dauerte, bevor die neuseeländischen Whiskytrinker der Destillerie wieder vertrauten. Doch der internationale Riese Seagram erkannte das Potential der Brennerei und kaufte sie auf. Als erstes wurde der Kondensator gegen einen kupfernen ausgetauscht. Praktisch über Nacht änderte sich der Whisky dramatisch.

Der Malt ist heute so gut, daß er in den letzten Jahren sogar als 10jähriger vertrieben wurde. Er heißt Lammerlaw nach den Bergen, durch die das Wasser fließt. Dieses Wasser kommt aus Deep Creek und läuft durch den Taireri River, bevor es in die Brennerei gepumpt wird. Seltsam ist, daß die Lagerhäuser der Destillerie in einem Ort desselben Namens liegen.

Als ich einem Kupferschmied von Forsyth's erzählte, daß die Brennblasen aus rostfreiem Stahl bestehen, war sein erster Kommentar, daß sie eine seltsame Form haben müßten. Und er hat recht. Tatsächlich gleichen sie noch am ehesten dem Cockpit der Raumfähre Apollo. Sie stehen auf engem Raum, doch ist ein Teil der Destillerie hübsch und alt, da hier früher eine Brauerei war. In einigen der alten Gebäude kann man noch verkohltes Holz sehen, das auf ein verheerendes Feuer hinweist, das vor beinahe einem Jahrhundert hier wütete.

Der Malt kommt aus Australien und er ist getorft. Das erkennt jeder, der einem Malt gekostet hat, der in den letzten Jahren abgefüllt wurde. Tatsächlich wurde der Malt mehrmals verändert. Zuerst war er etwas zu kreidetönig, da ziemlich alter Whisky abgefüllt wurde. Mit etwa zehn Jahren wird er am Gaumen etwas spritziger – was ohne Zweifel mit den Brennblasen zu tun hat – und besser, da der Malt fruchtigeren Charakter annimmt. Der Destillerieleiter und Blendmeister Peter Martin, ein Engländer aus Colchester, gab mir einige Proben aus seinem Lager. Hier zeigte sich, daß sich der Charakter des Lammerlaw wohl dramatisch ändern würde. Einige Jahrgänge, vor allem der 86er und der 90er, waren hervorragend; tatsächlich war der 90er göttlich. Er war stark torfig und hatte es geschafft, alle störenden Noten von den Brennblasen aus rostfreiem Stahl zu überdecken.

Eine weitere gute Nachricht ist, daß auch der Grain, der hier für die Blends von Wilson's hergestellt wird, recht ordentlich ist. Da aber nur wenig Grain vorhanden ist, wurde in den letzten Jahren der Malzgehalt erhöht. Dieses Verfahren hat dem Blend aber in keiner Weise geschadet.

Doch es ist der Lammerlaw, der meine Aufmerksamkeit erregt. Er hat etwas sehr Attraktives an sich: Wenn er sich um die Zunge windet, ist er recht vergänglich, was an unterdurchschnittlichen Malt denken läßt. Tatsächlich entdecken aber die Geschmacksnerven immer mehr einzigartige Qualitäten an ihm, so daß man mehr möchte. Er ist charmant und leicht, hat jedoch dunklere, torfigere Töne; er ist delikat süß; er hat exzellentes Eichengewicht auf dem Gaumen und sagenhafte Spritzigkeit von Wilson's. Die meisten dieser Qualitäten haben auch gewisse schottische Whiskys, und Lammerlaw ist wie Scotch ... außer daß dieser Whisky etwas undefinierbar Delikates an sich hat, das ihn von den anderen abhebt.

Dennoch hatte die Wilson Destillerie eine schlechte Zeit. Die Brennblasen liefen bis 1995 einige Jahre lang auf Hochtouren, um die große Nachfrage aus Südkorea zu decken. Doch der Vertrag platzte, und die Lagerhäuser blieben auf ihren Beständen sitzen. Diese Bestände werden nun monatlich abgebaut, da im pazifischen Raum der Verkauf von Lammerlaw steigt.

So steht die Wilson Destillerie zur Zeit still. Laut einigen falschen Informationen für immer. Doch wie die Vulkane auf der Nordinsel Neuseelands und den davorliegenden Inseln schläft sie nur. Und mit einem Fluß, der hinter der Destillerie entlangfließt und ausgerechnet Water of Leith heißt, wie kann sie da bankrott gehen?

Empfehlung des Connaisseurs

LAMMERLAW – 10JÄHRIGER SINGLE MALT.

UNGLAUBLICH TORFIG, MIT MILDEN, SÜSSEN TÖNEN.

ANHANG: TIPS ZUM RICHTIGEN GENUSS VON WHISKY

Slàinte: *Whisky gibt es auf der ganzen Welt*

Riechen Sie: *Blendmeister und Whiskytrinker können durch das Aroma viel über einen Whisky erfahren*

Es gibt die verschiedensten Menschen. Und das gilt auch für den Whisky. Wie man Whisky trinkt, ist eine sehr persönliche Angelegenheit. Es spricht nichts dagegen, ihn „on the rocks" als kühles, erfrischendes, köstliches Getränk zu genießen. Genauso wenig ist es falsch, einen Schuß Ginger Ale, Limonade, Cola, Orangensaft oder Wasser zu nehmen – was immer Sie möchten. Alles ist erlaubt, und Whisky soll ein Genuß sein.

Aber vielleicht möchten Sie ein oder zwei Dinge versuchen. Ich mag den Whisky am liebsten pur, ohne Eis und handwarm, da ich glaube, daß so sein natürlicher Charakter und seine wahre Tiefe und Intensität am besten zum Tragen kommen. Eingefleischte Bourbontrinker, die ihn immer über Eis geleert haben, waren angenehm überrascht, als sie ihn das erste Mal pur versuchten. Sie dachten zuvor, daß man nur Malt pur trinkt. Ich nehme auch gerne – um das Aroma zu konservieren – ein tulpenförmiges Glas mit Stiel, damit ich das goldene Getränk mit den Händen von unten anwärmen kann. Becher sind zu dick und gestatten dem Duft keine Entfaltung. Teure Whiskygläser, die vor kurzem „entworfen" wurden, aber nur einen Stielansatz haben, sind nutzlos … und etwas angeberisch. Haben Sie sonst nichts bereit, nehmen Sie ein Brandy- oder Rotweinglas.

Mixen Sie mit Whisky, können Sie ruhig auch teuren und alten Straight verwenden, wenn Sie möchten. Aber jüngere Whiskys oder Blends sind billiger, und vielleicht wenden Sie gerne zusätzliche Zeit dafür auf, die Vielfalt von Whisky zu erforschen, wie Gott sie schuf. Pur.

DAS A–Z DES WHISKYS

Alter: Das angegebene Alter eines abgefüllten Whiskys entspricht dem jüngsten enthaltenen Whisky.

Alterung: Der Prozeß, bei dem Whisky seinen individuellen Charakter durch die Reife in einem Eichenfaß erhält. Der Alterungsprozeß endet, gleichgültig wieviel Zeit der Whisky in der Flasche verbringt, mit der Abfüllung.

Ankohlen: Ausbrennen der Innenseite eines neuen Fasses. Der Kontakt des offenen Feuers mit der Eiche öffnet Ritzen, in die der Alkohol eindringen und Zucker bilden kann, der dem reifenden Whisky Farbe und Geschmack verleiht.

Anteil der Engel: Der Whisky, der jedes Jahr in den Fässern der Lagerhäuser verdunstet. Durchschnittlich sind dies zwei Prozent des Faßinhalts pro Jahr, das meiste davon Alkohol.

Beer Still: Nordamerikanische Bezeichnung für die erste Brennblase bei der Destillation; kann eine Pot Still oder kontinuierliche Brennblase sein.

Bier: „Wort" oder „Maische", der Hefe zugefügt wurde und die teilweise oder vollständig vergoren ist. Auch „Wash".

Biologischer Whisky: Rein aus Gerste hergestellt, die auf nicht verseuchtem Boden gezogen und nur natürlich, ohne Chemie, gedüngt wurde.

Bottled in Bond: Nordamerikanischer Whiskey (meist Bourbon), der als 4jähriger mit mindestens 50 Vol.-% abgefüllt wird.

Bourbon: Ein Whiskey, der in den USA aus einer Maische mit mindestens 51 Prozent Mais hergestellt, auf nicht mehr als 80 Vol.-% gebrannt und mit höchstens 62,5 Vol.-% in neue, angekohlte Eichenfässer gefüllt wird.

Bourbon Whiskey – ein Blend: Ein Whiskey, der mindestens 51% Straight Bourbon enthält. Den Rest machen Whiskey, der in gebrauchten Fässern gereift ist oder Neutralalkohol aus.

Brauen: Der Prozeß, bei dem Getreide in heißes Wasser getaucht wird (Maischen), wobei mit Hilfe der Hefe (Vergärung) aus dem gelösten Zucker alkoholhaltige Flüssigkeit (Wash/Bier) entsteht.

Brennblasen, säulenförmige: Auch „kontinuierliche" oder „Coffey Brennblasen". Sie werden zur kontinuierlichen Destillation verwendet, die billiger und schneller ist als die Destillation in Pot Stills. Diese Brennblasen arbeiten auf Basis von Platten aus Kupfer oder rostfreiem Stahl, durch die ein Dampfstrahl nach oben fließt und auf die alkoholhaltige Flüssigkeit trifft, der dadurch Alkohol entzogen wird.

Destillation: Der Prozeß, bei dem Alkohol durch Hitze aus einer Flüssigkeit entzogen wird. Da der Alkohol schneller verdampft als Wasser, kann er bei der Kondensation aufgefangen werden.

Doubler: Ein Pot Still, der bei der zweiten Destillation nach einer Beer Still verwendet wird, um den Alkoholgehalt zu erhöhen.

Dram: (schottisch) Ein kleines Glas Whisky.

Durchlauf: Das farblose Destillat mit verschiedener Stärke und Reinheit, das von der Brennblase über den Kondensator durch den Spirit Safe läuft.

Enzyme: Sie sind im Getreide enthalten und arbeiten vor allem nach dem Mälzen als organischer Katalysator, der nicht vergärbare Stärkemoleküle in kleinere, vergärbare umwandelt. Während des Maischens muß man aufpassen, daß das Getreide nicht in zu heißes Wasser getaucht wird, da das die Enzyme zerstören oder schädigen kann.

Faßstärke: Dieser Begriff bezeichnet Whisky, der nicht vor dem Abfüllen mit Wasser auf eine Standardstärke von etwa 40 Vol.-% verdünnt wurde. Oft wird jedoch die Stärke leicht reduziert (z. B. au 57 Vol.-%), damit die Etiketten nicht ständig erneuert werden müssen.

Fuselöl: Einer der wichtigsten und schwersten Fuselstoffe, die während der Vergärung entstehen.

Fuselstoffe: Chemische Verbindungen im Whisky, die während der Gärung, Destillation und Reife entstanden sind. Ihre Eigenschaften beeinflussen Geschmack und Duft des Whiskys direkt. Einige der empfindlicheren Fuselstoffe können durch die Kaltfiltration entfernt werden.

Gärbottiche: In diesen Behältern aus Metall oder Holz wird die Maische zu „Bier" vergoren. Das erreicht man durch die Beigabe von Hefe, die den löslichen Zucker aus der Wash entzieht. Wegen der Energie, die durch die Hefe freigesetzt wird, werden die Gärbottiche nie bis zum Rand gefüllt. In Destillerien, die reines Malz zum Vergären verwenden, werden entweder Switchers oder Temperaturregler verwendet, um den Schaum am Überlaufen zu hindern.

Gauger: Der alte schottische Name für den Steuerbeamten, der die Schwarzbrennerei und Schmuggelei eindämmen sollte.

Getorfter Malt: Stark rauchiger Malt Whisky, der entsteht, wenn Gerste über Torfrauch gedarrt wird.

Getreidemischung: Die Bezeichnung für das Verhältnis der einzelnen Bestandteile zueinander (Mais, Gerste, Weizen, Roggen, etc.), die zum Maischen verwendet werden.

Grain Whisky: Ein Whisky, der mit der kontinuierlichen Methode aus Weizen oder Mais zu einem hohen Alkoholgehalt destilliert und für Blends verwendet wird.

Grünes Malz: Gerste, die angekeimt hat, aber noch nicht in einer Darre oder Trommel mit heißer Luft getrocknet wurde. Sie wird manchmal zu Grain Whisky verarbeitet.

Hefe: Ein lebender Mikroorganismus aus der Familie der Pilze, der zur Gärung benötigt wird. Indem sie sich von Zucker ernährt, produziert sie Alkohol und Kohlendioxid als Nebenprodukt.

Holzkohlenfiltration: Besonderheit des Tennessee Whiskeys. Der Alkohol läuft von den Brennblasen in Behälter mit etwa drei Metern Holzkohle. Erst nachdem er hier gefiltert wurde, läuft er in das Faß. Manche Whiskeys werden auch nach der Reife ein zweites Mal vor der Abfüllung gefiltert.

Indischer Whisky: Da die indische Regierung keine spezielle Definition des Whiskys gibt, kann eine Flasche indischer Whisky reinen Single Malt, einen Blend von indischem Malt und Grain Whiskys, eine Mischung von indischen und schottischen Whiskys, Alkohol aus Melasse oder eine Mischung von all dem enthalten.

Irischer Pot Still Whiskey: Ein Alkohol, der in einer kupfernen Brennblase aus einer Mischung von gemälzter und ungemälzter Gerste hergestellt wird.

Kaltfilterung: Das Entfernen der Fuselstoffe aus dem Whisky durch Kühlung. Das ist eine rein kosmetische Maßnahme zur Verhinderung von Trübungen, die entstehen können, wenn der abgefüllte Whisky bei niedrigen Temperaturen lagert. Je stärker Whisky während der Filterung gekühlt wird, desto mehr Fuselstoffe werden entfernt.

Kanadischer Whisky: Ein Grain, der in Kanada hergestellt wird und mindestens drei Jahre reift. Als einziger darf der kanadische Whisky

Fremdprodukte enthalten, also Whisky von anderen Ländern, reinen Sherry, Obstbrände, etc. (siehe „Verschneiden").

Kleine Getreidearten: Jedes Getreide, das zur Herstellung von Bourbon, Tennessee und Rye Whiskey verwendet wird und kleiner als Mais ist.

Kopf: Der erste Alkohol, der aus einer Brennblase abrinnt. Er ist für die Whiskyproduktion nicht geeignet, da er noch flüchtigere Bestandteile als Alkohol enthält und muß nochmals destilliert werden.

Leaching: Eine der üblichsten Bezeichnungen für die Filterung beim Tennessee Whiskey, auch Holzkohlenfiltration und manchmal, genauer, Lincoln County Prozeß genannt (siehe „Tennessee Whiskey").

Lomond Brennblase: Eine Art niedrige Pot Still, in der ein stärkerer, öligerer Alkohol produziert wird. Benannt nach der Lomond Destillerie, wo sie erstmals eingesetzt wurde.

Maischbottich: Das große Metallgefäß, in dem gemahlene Körner (Schrot) in heißes Wasser getaucht werden, damit sich die gesamte Getreidestärke als Vorbereitung auf die Gärung lösen kann.

Maische: Eine süße, gelbbraune Flüssigkeit, die Zucker aus dem geschroteten Getreide enthält und abgekühlt wird, bevor sie in die Gärbottiche geleitet wird.

Maischen: Der Prozeß, bei dem das Schrot in heißes Wasser geleert wird, um die vergärbare Stärke aufzulösen.

Malt: Abkürzung für Malt Whisky, der nur aus gemälzter Gerste besteht. Es kann ein Single Malt oder Vatted Malt sein.

Malz: Name für das Getreide – meist Gerste, manchmal Roggen –, das künstlich angekeimt wurde. Das erreicht man, indem man es in kaltes Wasser taucht und dann keimen läßt. Durch schnelles Trocknen wird das Wachstum gestoppt. Das Getreide ist dann reich an zuckerhältigen, chemischen Verbindungen, und braucht Hefe, um Alkohol zu erzeugen.

Mälzböden, Mälzerei: Das Gebäude innerhalb einer Destillerie, in der von Hand gemälzt wird. Heute geschieht dies nur noch in sehr wenigen Brennereien.

Mittellauf: Der Teil des Destillats, der aus den Brennblasen durch den Spirit Safe rinnt und als trinkbar gilt. Er wird auch als „Herz" bezeichnet.

Nachlauf: Der letzte Teil des letzten Destillationsdurchgangs. Da er nicht zu trinken ist, muß er erneut destilliert werden (siehe „Schwanz").

Pot Stills: Behälter, meist aus Kupfer, manchmal aus rostfreiem Stahl, die für die Destillation verwendet werden.

Quaich: Ein alter keltischer Trinkbecher mit zwei Griffen. Der Begriff ist heute ein Synonym für Whisky.

Rührrechen: Eine mechanische Vorrichtung aus Armen und Ketten, die am Boden von kohlebefeuerten Pot Stills rotieren, um zu verhindern, daß die Feststoffe kleben bleiben und in der direkten Hitze anbrennen.

Rye Whiskey: Ein Destillat, das ebenso wie Bourbon erzeugt wird, aber nicht weniger als 51 Prozent Roggen enthalten darf.

Saladin Behälter: In mechanischen Mälzereien enthalten. Der trogförmige Behälter ist nach seinem französischen Erfinder benannt. Hier keimt die Gerste und wird mechanisch, nicht von Hand gewendet.

Schwanenhals: Dieses Rohr ist Teil der Pot Still und führt vom Helm der Brennblase zum Kondensator oder der Transportschnecke. Hier fließt der Alkoholdampf.

Schwanz: Das letzte, schwach alkoholhaltige Destillat aus der Spirit Still (siehe Nachlauf).

Scotch Whisky: Ein Whisky, der nur in Schottland aus Gerste, Weizen, Mais oder einer Mischung aus den dreien hergestellt wird und mindestens drei Jahre in Eichenfässern gereift ist.

Single Barrel Whisky: Ein Whisky aus einem Faß und einer Destillerie.

Single Malt Whisky: Ein Whisky, der nur aus gemälzter Gerste hergestellt und mit keinem anderen Whisky verschnitten oder vermählt wird.

Sour Mash Whiskey: Bourbon oder Tennessee Whiskey, der gemäß den Regierungsbestimmungen hergestellt wurde. Dazu gehört Maische mit mindestens 25 Prozent Schlempenrückstand, die Verwendung von Hefemaische, die mit Milchbakterien gesäuert wurde und eine Mindestgärzeit von 72 Stunden. Alle Bourbon und Tennessee Whiskeys haben saure Maische, unabhängig von den Angaben auf dem Etikett.

Spirit Still: Die zweite Brennblase (oder dritte bei dreifacher Destillation), in die Destillat aus der vorhergehenden Brennblase fließt und erneut destilliert wird. Aus dieser letzten Destillation wird der trinkbare Alkohol in Fässer gefüllt.

Süße Maische: Maische, bei der zur Gärung nur Hefe, kein Rückstand verwendet wurde.

Tennessee Whiskey: Eine Art Whiskey, die wie Bourbon hergestellt und gereift, doch vor der Lagerung gefiltert wurde. Gefiltert wird, indem das Destillat durch mindestens drei Meter Holzkohle aus gebranntem Zuckerahornholz läuft.

Thumper: Eine Art Doubler, der Wasser enthält, durch das der Dampf von der Beer Still rinnt und ein dumpfes Klopfen erzeugt.

Torf: Dieses Brennmaterial besteht aus gepreßten pflanzlichen Stoffen. Anders als Kohle ist Torf weich genug, um in den Mooren gestochen zu werden. Er ist dunkelbraun, manchmal schwarz und erzeugt stechenden Rauch, der vor allem auf der schottischen Insel Islay zum Mälzen der Gerste verwendet wird. Wasser, das durch Torf geronnen ist und in der Destillation verwendet wird, hat ebenfalls leicht torfigen Charakter.

Transportschnecke: Ein spiralförmiges Kupferrohr, durch das der Alkohldampf fließt und das mit Hilfe von kaltem Wasser zur Kondensation beiträgt. Die meisten Destillerien verwenden heute Kondensatoren, die auch aus Kupfer bestehen, doch weniger Platz einnehmen, da sie nicht spiralförmig sind.

Trester: Das Getreide, dem während der Gärung der gesamte Zucker entzogen wurde. Wird auch als Viehnahrung verwendet.

Unreiner Rückstand: Der letzte Teil des letzten Destillationsdurchgangs. Da er nicht zu trinken ist, muß er erneut destilliert werden (siehe „Schwanz").

Uisge Beatha: Die gälische Bezeichnung für „Lebenswasser", von der der Name Whisky abgeleitet wurde: „uisge" wurde zu „uisgey" und später Whisky.

Vatted Malt: Ein abgefüllter Whisky, der nur aus Malt von mehreren Destillerien besteht.

Vatting: Die Bezeichnung für das Vermischen von Malt oder Grain Whiskys aus einer oder mehreren Destillerien.

Vermählen: Ein heute wenig verwendeter Prozeß, bei dem ein Blend Zeit hat, sich in großen Behältern aus Holz oder rostfreiem Stahl vor der Abfüllung zu verbinden.

Verschneiden: Allgemeiner Ausdruck für das Vermischen von Malt, Bourbon oder Rye mit Grain Whisky. In Kanada können 9,09 Prozent Fremdprodukte beigefügt werden (also Obstbrände, Dessertweine oder Whiskys aus anderen Ländern, z. B. Bourbon). Das Ergebnis ist ein Blend.

Volumenprozent: Auch Vol.-% Der Alkoholgehalt eines Whiskys gemessen als prozentueller Anteil der Flüssigkeit; z. B. 40 Vol.-% entspricht 40% Alkohol, 60% Wasser, Fuselstoffe, etc.

Vorlauf: Der erste Alkohol, der bei der zweiten Destillation aus den Brennblasen abläuft (siehe „Kopf").

Wash: siehe „Bier".

Washback: Schottische Bezeichnung für „Gärbottich". Besteht aus Holz oder rostfreiem Stahl.

Wash Still: Hat dieselbe Aufgabe wie die kontinuierlich produzierende Beer Still, also die erste Pot Still bei der Destillation.

Wort: Eine zuckerreiche Flüssigkeit, die im Maischbottich produziert wird. Eine Flüssigkeit, die beim Maischen mit Malz gesüßt und abgekühlt wird, bevor sie zur Gärung in den „Washback" gelangt (siehe „Maische").

Zollverschluß: Die Lagerhäuser, in denen der Whisky bis zur Versteuerung lagert.

BEZUGSQUELLEN

Im folgenden eine Lister der Whisk(e)y-Destillerien, die in Deutschland durch Importhäuser vertreten werden. Dort gibt man gerne Auskunft, welcher nächstgelegene Fachhändler die gesuchte Marke führt. Wenn im Buch besprochene Marken hier nicht gelistet sind, so kann dies verschiedene Gründe haben: der Hersteller hat keinen deutschen Importeur; die Destillerie hat ihren Betrieb eingestellt; oder aber, die gesuchte Brennerei ist neu, ihre Produkte noch nicht auf dem Markt. Dennoch lassen sich auch die meisten hier nicht genannten Marken auftreiben; die genannten Spezialversender bieten eine große Auswahl, insbesondere an Whisk(e)ys stillgelegter Destillerien, deren Produkte aber – meist als unabhängige Abfüllungen – noch in kleinen Restmengen verfügbar sind. Ein reicher Fundus für Sammler.

Marke	Importeur
Schottische Malts:	
Aberlour	IGM
Auchentoshan	Schlumberger
Balvenie	Underberg
Bowmore	Schlumberger
Bruichladdich	Dethleffsen
Bunnahabhain	Rémy Deutschland
Cardhu	Bacardi
Cragganmore	Asbach
Dalwhinnie	Asbach
Deanston	J.J.Jacobson
Fettercairn	Eggers & Franke
Glendronach	Jacobi
Glenfarclas	HWG
Glenfiddich	Underberg
Glengarioch	Schlumberger
Glengoyne	Bewarder
Glen Grant	Seagram
Glenkinchie	Asbach
Glenlivet	Seagram
Glenmorangie	Moet-Hennessy
Glen Moray	Moet-Hennessy
Glenturret	Schlumberger
Highland Park	Rémy Deutschland
Isle of Arran	Scoma
Knockando	Weltmarken
Lagavulin	Asbach
Laphroaig	Jacobi
Macallan	Rémy Deutschland
Miltonduff	Borco-Marken-Import
Oban	Asbach
Royal Lochnagar	Asbach
Scapa	Jacobi
Springbank	HWG
Talisker	Asbach
Tamdhu	Rémy Deutschland
Tobermory/Ledaig	J.J.Jacobson
Tormore	Jacobi

Marke	Importeur
Scotch Blends:	
Ballantine's	Jacobi
Chivas Regal	Seagram
Dalaruan	Wein Wolf
J & B	Weltmarken
Johnnie Walker	Bacardi
Long John	Jacobi
Teacher's	Jacobi
Grain Whisky:	
Cameronbridge	Whisky Store
Cameron Brig	Celtic
Dumbarton	Celtic
Girvan Black Barrel	Celtic
Invergordon	Celtic
North British	Celtic
Wales/Isle of Man:	
Manx Malt	Scoma
Prince of Wales	Celtic
Irland:	
Bushmills	Scoma
Coleraine	Celtic
Connemara	Borco
Dunville	Celtic
Green Spot	Kirsch
Hewitt's	Kirsch
Inishoven	Kirsch
Jameson	IGM
Kilbeggan	Borco

Marke	Importeur
Midleton	IGM
Millar's	Kirsch
Murphy's	Kirsch
O'Hara	Celtic
Old Dublin	IGM
Paddy	IGM
Powers	IGM
Tullamore Dew	Jacobi
Tyrconnell	Borco

USA:

Ancient Age	Macha
Beam's Choice	Scoma
Booker's	Macha
Jack Daniel	Bacardi
Daviess County Dest.	Celtic
George Dickel	Asbach
Early Times	Whisky Store
Elijah Craig	Macha
Elmer T. Lee	Whisky & Whiskey
Evan Williams	Macha
I.W. Harper	Whisky Store
Jim Beam	Seagram
Labrot & Graham	Schlumberger
Maker's Mark	Jacobi
Noah's Mill	Kirsch
Old Charter	Kirsch
Old Crow	Macha
Old Fitzgerald	Whisky Store
Old Forester	Kirsch
Old Grand Dad	Whisky & Whiskey
Old Overholt	Dallmayr
Stitzel Weller	Whisky & Whiskey
Ten High	Kirsch
Virginia Gentleman	Kirsch
Wild Turkey	IGM
Willett (Johnny Drum)	Kirsch

Kanada:

Black Velvet	Kirsch
Crown Royal	Seagram
Hiram Walker Special Old	Kirsch
Royal Canadian	IGM

Japan:

Suntory	Schlumberger

Neuseeland:

Wilson's	Celtic

IMPORTEURSADRESSEN:

Asbach GmbH & Co.
Am Rottland 2-10
65385 Rüdesheim
06722/12-0, Fax 12-323

Bacardi GmbH
Spitalerstraße 16
20095 Hamburg
040/33950-0, Fax 33950-214

Horst J. Bewarder
An der Schwentine
24336 Dörnick
04522/7051, Fax 2887

Borco-Marken-Import
Matthiesen GmbH & Co.
Winsbergring 14-22
22525 Hamburg
040/853113-0, Fax 858500

Dallmayr
Dienerstraße 14-15
80331 München
089/2135-0, Fax 2135-167

Dethleffsen GmbH & Co.
Schleswiger Straße 107
24941 Flensburg
0461/9988-0, Fax 9988-325

Eggers & Franke
Töferbohm 8
28195 Bremen
0421/3053-0, Fax 3053-110

HWG
Hanseatische Weinhandelsgesellschaft
Neustadtbahnhof 3
28199 Bremen
0421/500295, Fax 500297

Jacobi Allied Domecq
Spirits & Wine GmbH & Co. KG
Grunbacher Straße 63
71384 Weinstadt
07151-6070, Fax 607100

J.J.Jacobson Import
Husumer Straße 200
24941 Flensburg
0461/93001, Fax 92794

Moet-Hennessy
Max-Planck-Straße 8
85609 Aschheim
089/994210, Fax 0130/114979

Rémy Deutschland GmbH
Söhnleinstraße 8
65201 Wiesbaden
0611/250-01, Fax 250-340

Schlumberger
Buschstraße 20
53340 Meckenheim
02225/925-0, Fax 925-151

Seagram Deutschland GmbH
Geheimrat-Hummel-Platz 4
65239 Hochheim/Ts.
06146/500

Underberg AG
Hubert-Underberg-Allee 1
47493 Rheinberg
02843/920-490, Fax 920-287

Wein Wolf Import GmbH
Königswinterer Straße 552
53227 Bonn
0228/4496-230, Fax 4496-239

Weltmarken Import GmbH & Co.
Postfach 5908
65049 Wiesbaden
0611/7160, Fax 712516

Leser in Österreich und der Schweiz können sich mit Fragen nach in ihren Ländern zuständigen Importeuren an die folgenden Verbandsadressen wenden:

Österreichischer Spirituosenverband
An der Zaunergasse 1–3
1030 Wien
Tel. 01/715 31 93

Schweizerischer Spirituosenverband
Amthausgasse 1
3011 Bern
Tel. 031/312 41 41

Spezialversender:

Celtic Whisk(e)y
Bulmannstraße 26
90459 Nürnberg
0911/4398928, Fax 458428

The House of Whiskies
Dieter Kirsch
Schnepker Straße 24-26
28857 Syke-Schnepke
04242/1537, Fax 4338

Macha – Weine & Feines
Rahmengasse 12
69120 Heidelberg
06221/412883, Fax 402526

Scoma Scotch Malt Whisky GmbH
Am Bullhamm 17
26441 Jever
04461/912237, Fax 912239

The Whisky Store
St. Heinricher Straße 42b
82402 Seeshaupt
08801-2317, 2637

Whisky & Whiskey
Gotthilf-Salzmann-Straße 34
67227 Frankenthal
06233/47066, Fax 47065

INDEX

AAA *siehe* Ancient Age Bourbon
Aberfeldy Destillerie 67–68, *67*
Aberlour Destillerie 49–50
Abfüllung *17*
Abstinenz *siehe* Total Abstinence Movement
Adams Antique Whisky 177
Ailsa Craig *100*
Alberta 172–174
Alberta Destillerie 173–174, *173*
Alberta Premium Whisky 174
Alberta Springs Whisky 174
Alcoa Destillerie 200
Allied Domecq
  Ardbeg Destillerie 85–87
  Ardmore Destillerie 47–48
  Distilerias Y Crianza del Whisky (DYC) 211
  Glencadam Destillerie 63
  Glendronach Destillerie 46–47
  Glentauchers Destillerie 43
  Gooderham & Worts Destillerie 166
  Imperial Destillerie 55
  Inverleven Destillerie 93
  Laphroaig Destillerie 83–84
  Maker's Mark Destillerie 138–140
  Scapa Destillerie 26
  Strathclyde Destillerie 105–106
  Teachers 46
  Tormore Destillerie 60
  Walkerville Destillerie 178–179
Allt-a-Bhainne Destillerie 59
Amherstburg Destillerie 175, 177
An Cnoc *siehe* Knockdhu
Anchor Destillerie 164–165
  Anchor Steam 164–165
  San Francisco 164–165
Ancient Age Destillerie 124–127, *124*
Ancient Ancient Age (AAA) Bourbon 126–127
Ankara, Tekel Destillerie 200
Antique Bourbon 150
Aqua Vitae 22
Ardbeg Destillerie 9, 85–87, *86*
Ardmore Destillerie 28, 47–48
Aristocrat Whisky 187
Arran Whisky, legaler 77
Arran, Isle of 18, 77
„Arran-Wasser" 77
Astor Whiskey 147
Auchentoshan Destillerie 92, *92*
Auchroisk Destillerie 18, 42, *43*
Auchtertool Whisky 107
Aultmore Destillerie 43
Austin Nichol Company 131
australische Pot Stills 18

Bailey's Irish Cream Likör 113
Balblair Destillerie 28
Ballantine's Finest Whisky 105
Ballantine Blends 104–105
Ballantine Special Reserve 105
Balmenach Destillerie 60
Balvenie Destillerie 50, 51–52, *51*
Bardstown Bourbon 140–142
Bardstown, Kentucky 140–144
Barrel House 1, Jack Daniel Whiskey 156, 158
Barton Brands, Canadian Mist Destillerie 180
Barton Destillerie, Kentucky 143–144
Basil Heyden Bourbon 137
Beam's 7jähriger 137
Beam's Choice Bourbon 137
Beam's White Label Bourbon 137
Beam, Jim *135*
Beaupré Destillerie 166
Beaupré Whisky 175
Beefeater Gin 105
Bell's 33
  Blair Athol Destillerie 65
  Dufftown Destillerie 54
  Pittyvaich Destillerie 54
Ben Nevis Destillerie 73–74, *73*
Ben Nevis Grain 97
Benriach Destillerie 36
Benrinnes Destillerie 55
Benromach Destillerie 32–33
Bernheim Destillerie 13, 146–148, *146*
Bernheim, Ike *147*
Berry Bros. & Rudd, Glenrothes 41
BIB *siehe* Bottled in Bond
Biere, Anchor Brauerei 164
Black Barrel 98, 99–100
Black Bush Whiskey 109
Black Knight 188
Black Label, Beam's Bourbon 137
Black Label, Four Roses Bourbon 133
Black Label/Nr. 7, Jack Daniel Whiskey 157–158
Black Seal, Maker's Mark Bourbon 140
Black Velvet Whisky 172
Bladnoch Destillerie 91–92, 99
Blair Athol Destillerie 54, 65, *65*
Blanton, Colonel *125*
Blends, Schottland 20, 23, 28–29, 98–107
Bonnie Scot Whisky 187
Booker's Bourbon 135
Boone, Daniel *124*
Boston Destillerie, Kentucky 134–137
Bottled in Bond (BIB) Bourbon 143–144, 215
Bourbon 120–160, 215
  Abfüllhalle 125
  Ancient Age 124–127
  Gärbottiche 139
  Geschichte 122–123
  Illinois 151–152
  Indiana 151–152
  Kentucky 121, 12–150
  Missouri 151–152
  Pennsylvania 154
  Tennessee 155–160
  Virginia 153–154
Bowman, A. Smith *153*
Bowmore Destillerie 62, 81–82, *81*
Bowmore Malt 82
Braes of Glenlivet Destillerie *siehe* Braeval Destillerie
Braes of Glenlivet Malt 59
Braeval Destillerie 59
Brauhefe 14
Brennblasen 8, 17–19
  Destillierkolben 201
  Forsyth 19, 39
  Lomond 93
  Pot Stills 18–19
  Purifikator 37
  säulenförmige 17–19
  Vendome 17
Brennmeister
  Jack Daniel Whiskey 158
  Kentucky 125
Breton's Hand and Seal Whisky 185
British Columbia 170–171, *170*
Brora 26–27
Brown, JTS Destillerie 131
Brown-Forman
  Canadian Mist Destillerie 180–181
  Early Times Destillerie 145–146
  Jack Daniel Destillerie 155–158
  Labrot & Graham Destillerie 127–129
Bruichladdich Destillerie 80
Bruichladdich Malt 80
Buchanan Blends, Dalwhinnie 64–65
Buena Vista Whiskey 113
Bullitt Bourbon 127
Bunnahabhain Destillerie 78–79, *79*
Bunnahabhain Malt 78–79
Burn Stewart
  Deanston Destillerie 69–70, *70*
  Tobermory Destillerie 75–76
Bush Pilot Whisky 171
Bushmills
  1608 119
  Old Distillery 117–119, *118*
  Original 119
  Whiskey 109
Buzzard's Roost 158

Cadenhead
  Abfüllen 89–90
  Ardmore 48
  Glencadam 63
Caledonian Destillerie 97, 102
Cambus Destillerie *96*, 98–99
Cameron Brig Grain 107
Cameronbridge Destillerie 98, 107
Cameronbridge, 12jähriger Grain 107, *107*
Campbell Distillers Ltd. (Pernod Ricard)
  Aberlour Destillerie 49–50
  Edradour Destillerie 66–67
Campbeltown 88–90, *88*
Canadaigua, Barton Destillerie 143–144
Canadian Club Destillerie 169
Canadian Club Whisky 178–179

Canadian Company Whisky 181
Canadian Gold Whisky 174
Canadian Hunter Whisky 177
Canadian Mist 1885 Special Edition Whisky 180–181
Canadian Mist Destillerie 180–181, *180*
Canadian Mist Whisky 176, 180–181
Caol Ila Destillerie 79–80, *80*, 82
Caperdonich Destillerie 19, 41
Cardhu Destillerie 55–56
Carrington Whisky 174
Carsebridge Destillerie 97
Cascade Hollow Destillerie 158–160
Cascadia Destillerie 170
Centennial Bourbon 150
Centennial Whisky 173
Charles, Prinz von Wales, königliches Siegel 84
Chivas Regal 98
  Allt-a-Bhainne 59
  Glen Grant 40–41
  Stathisla Destillerie 44–46
Classic Malts Serie
  Cragganmore 57
  Dalwhinnie 64–65
  Glenkinchie 93–94
  Mortlach 53–54
  Oban 74–75
Clermont Destillerie, Kentucky 134–137, *134*
Club Whisky *siehe* Canadian Club Whisky
Clynelish Destillerie 26–27, *27*
Coffey Brennblasen 92, 106, 111
Coleburn Destillerie 38
Coleraine Destillerie 111, 118
Coleraine Whiskey 111, 118
Colonel's Special Whisky 192
Colonel Lee Bourbon 143–144
Comber Destillerie 111
Connemara Whiskey 109, 116–117
Convalmore Destillerie 50
Cooley Destillerie 108, 111, 116–117, *116*
Corby's *169*
Cork Destillerien 112
Corn
  Bourbon 152
  Maischen 16
  Rye Whiskey 161
Cragganmore Destillerie 57, *57*
Cragganmore Malt 53, 57
Craigellachie Destillerie 49
Craiglodge 71
Croftengea 71
Crown Destillerie 212
Crown Royal Whiskys 177
Cutty Sark 98

Dailuaine Destillerie 55
Dallas Dhu Destillerie 32
Dalmore Destillerie 29–30, *30*, 101
Dalwhinnie Destillerie 64–65, *64*
Daniel, Jack, Statue *156*
Daviess County Destillerie, Owensbro 123
DCL *siehe* Distillers Company Limited
Deanston Destillerie 69–70, *70*
Destillation 17–18
  Bernheim Destillerie 147
  Coffey 111
  dreifache 92
  Steins kontinuierliches Verfahren 111
Destillierkolben 201
Dew of Ben Nevis 73–74
Dewar, Lord *24*
Dickel Nr. 12 *160*
Dickel, George 150 *siehe auch* George Dickel Destillerie
Distilerias Y Crianza del Whisky (DYC) 211
Distilerio Molino del Arco 210–211
Distillers Company Limited (DCL) 96, 102, 106
Distillery Reserve Whiskey
  Bushmills 119
  Midleton's 114
  siehe auch Jameson Distillery Reserve
Dolany Destillerie 209
Dolany Whisky 209
Double Wood 52
Doubler 17
Downtown Radio Whiskey 119
Drambuie 72
dreifache Destillation 92
Drumguish Malt 61
Drummin Destillerie 58
Dufftown Destillerie 54
Duft 11
Dumbarton Destillerie 104–105
Dumbarton Grain 105
Dumbuck Whisky 93
Dunglass Whisky 93
Dungourney Whiskey 115
Dunville Destillerie 116
DYC *siehe* Distilerias Y Crianza del Whisky
Dynybyl Destillerie 208

Early Times Bourbon 145–146
Early Times Destillerie 140, 145–146, 176
Edradour Destillerie 66–67, *66*
Eichenfässer *20*
Einweichwasser 10
Elchies Destillerie *siehe* Macallan Destillerie
Elijah Craig Bourbon 142
Elmer T. Lee Bourbon 125–126
Entchloren 9
Enthaltsamkeit 122–123
Enzyme, Kanada 11
Evan Williams Bourbon 142

Fässer *8*, 19
Fässer, Eiche 15
Fettercairn Destillerie 62, *62*
Filtration, Tennessee Whiskey 160
Finanzbeamte 23
  Indien 186, 192
Flavoured Malt 107
Four Roses Bourbons 133
Four Roses Destillerie 59, 132–132, *133*
Frankfort, Kentucky 124–129
Frauen, Whiskybesitzerinnen 83–84
Fredericksburg, Virginia 153
Frongooch Destillerie 200
Forsyth Brennblasen 19, 39

Garnheath Whisky 97
Gärbottich, Zypressenholz *130*
Gärung 16–17
  Bourbon 139
  Rye Whiskey 162
Gasworks Destillerie 201
gemälzter Roggen, Indiana 165
Genesis Whisky 194
Gentleman's Jack Whiskey 157
Gentleman's Speyside Blend 44
George Dickel Destillerie 158–160, *159*
George Dickel RX Cascade Prohibition Bourbon 150
George Dickel Whiskey 160
Gerste 11
  Mälzen 8, 15
  Maischen 16
  ungemälzte 108
  Wasser 10
Geschichte
  Bourbon 122–123
  Grain 98
  irischer Whiskey 110–111
  kanadische Whiskys 168–169
  schottischer Malt Whisky 22–24
Gesetze
  Bundesbeamte *123*
  Irland
    von 1556 110
    von 1823 110
  Schottland
    von 1823 89
Getreide 8, 10–14, *14*
Getreidemischung
  Bourbon 162
  Jack Daniel Whiskey 157
  Maker's Mark 139
  Old Forester Bourbon 128
Gibson's Finest Whisky 183
Gibson's Sterling Edition Whisky 182
Gilbey/IDV
  Knockando 56–57
  Palliser Destillerie 172–173
Gimli Destillerie 175–177, *175*
Girvan Destillerie 99–100
Girvan Grain 99–100, *99*, *100* *siehe auch* Black Barrel
GKV *siehe* Industrielle Keim- und Darrmethode
Glen Albyn Destillerie 96
Glen Catrine
  Glen Scotia Destillerie 90
  Littlemill Destillerie 92–93
Glen Douglas 71
Glen Elgin Destillerie 38, *38*
Glen Garioch 62
Glen Grant Destillerie 40–41, *40*, *41*
Glen Grant Nr. 2 Destillerie *siehe* Caperdonich Destillerie
Glen Keith Destillerie 44, *44*
Glen Kella 12jähriger Whiskey 200
Glen Kella Whiskey 200
Glen Mohr Destillerie 96
Glen Moray 35
Glen Ogopogo Whisky 171
Glen Ord Destillerie 30
Glen Scotia Destillerie 88, 89, 90, 96
Glen Spey Destillerie 42
Glenburgie Destillerie 32–33
Glenburgie Whisky 33
Glencadam Destillerie 63
Glencraig Malt 33
Glendronach Destillerie 46–47, *47*
Glendullan Destillerie 53
Glenesk Whisky 96
Glenfarclas Destillerie 57

Glenfiddich Destillerie 50–51
Glenflagler Whisky 93
Glenglassaugh Destillerie 33–35, 96
Glengoyne Destillerie 70–71
Glenisla 44 *siehe auch* Strathmill
Glenkinchie Classic Malt 93–94
Glenkinchie Destillerie 10, 93–94, *94*
Glenlivet *siehe* The Glenlivet
Glenlochy Destillerie 74
Glenlochy Whisky 96
Glenlossie Destillerie 37–38
Glenmorangie Destillerie 28–29, *29*
Glenmorangie Plc., Glenmorangie Destillerie 28–29
Glenora Destillerie 184–185, *184, 185*
Glenrothes Destillerie 18, 41–42
Glentauchers Destillerie 43
Glenturret Destillerie 68–69
Goa Destillerie *195–197*
Gold Cock Blend Whisky 209
Gold Label, Beam's Bourbon 137
Gold Medal, Bernheim Bourbon 147
Gold Seal, Maker's Mark Bourbon 140
Golden Eagle Whisky 191
Golden Promise Gerste 11
Gooderham & Worts Destillerie 166, 169
Gordon & MacPhail
  1966 Whisky 97
  Ardmore 48
  Balblair 28
  Benromach 32
  Glen Elgin 38
  Glen Grant 40
  Glenburgie 33
  Glencadam 63
  Glentauchers 43
  Imperial 55
  Linkwood 36
  Mortlach 54
  Scapa 26
  Strathisla 44–46
Gordon Highlanders Whisky 100
Grain 98–107
Grandtully Destillerie *siehe* Speyside Destillerie
Grant, J & G, Glenfarclas Destillerie 57
Grant, J & J 40
Grant, William & Sons
  Balvenie Destillerie 50–52
  Convalmore Destillerie 50
  Girvan Destillerie 99–100
  Glenfiddich Destillerie 50–51
  Kininvie Destillerie 50, 52
Grant's, William, Family Reserve Whisky 100
Grant, William, Girvan Grain 98
Green Destillerie 112
Green Label, Jack Daniel Whisky 157
Green Spot Whiskey 109, 115
Green Stripe Blended Whisky 102
Grouse Blends, Tamdhu 56
grünes Malz 15, 102–103
Gymkhana Whisky 203

Hafer 14
Haig 107
Hakushu Destillerie 204–205
Hall, Harrison 18
Hall, John, Kittling Ridge Destillerie 181
Hauptbestandteile 9–14
  Getreide 8, 10–14
  Hefe 14
  Wasser 8–10
Heaven Hill Destillerie, Kentucky 17, 140–142, *141*
Heaven Hill Rye Whiskey 163
Hefe 14, *14*
Heide *97*
Henry Clay Bourbon 147
Herstellung 15–19
Hewitt's Whiskey 114
High Commissioner Whisky 104
Highland Destillerien
  Bunnahabhain Malt 78–79
  Glenglassaugh Destillerie 33–35
  Glenrothes Destillerie 41–42
  Glenturret Destillerie 68–69
  Highland Park Destillerie 25–26
  Macallan Destillerie 48–49
  Tamdhu Destillerie 56
Highland Park Destillerie 10, 25–26, *25*, 200
Highwood Destillerie 173
Highwood Whisky 173
Hopper Scale Floor, Heaven Hill Destillerie 140–142
Hosh Destillerie *siehe* Glenturret Destillerie

I. W. Harper Gold Medal Whiskey 148
IDV *siehe* International Destiller and Vinter Justerini & Brooks (Schottland)
Illinois 151–152
Imperial Destillerie 55
Inchgower Destillerie 33
Inchmoan 71
Inchmurrin 71
Indiana Bourbon 121, 151–152
Indiana Destillerie 151–152, *152*
Indien 186–197, *187*
  Finanzbeamte 186, 192
  Goa *194, 195*
  Whisky Geschäft *186*
  Whyte & Mackay 188, 192, 193
Industrielle Keim- und Darrmethode (GKV) 16
Inishowen Whiskey 117
International Destillers and Vinters (IDV) 42, 102
Inver House Distillers
  Balblair Destillerie 28
  Knockdhu Destillerie 46
  Pulteney Destillerie 26
  Speyburn Destillerie 38–39
Invergordon Destillerie 68, 100–102, *101*
Invergordon Grain Whisky 101–102
Inverleven Destillerie 93
Inverleven Whisky 93
Irish Coffee 113
Irish Distillers 108–109, 111
Irland 108–119, *108*
  Geschichte 110–111
  Pot Stills 108–109
  ungemälzte Gerste 108
Islay Whisky 16, 20, 78–87
Isle of Arran Destillerie 18, 77
Isle of Arran Whisky 77
Isle of Jura 76–77
Isle of Man 200
Isle of Mull 75–76

J&B *siehe* Justerini & Brooks
Jack Daniel Bourbon 155
Jack Daniel Destillerie 155–158, *156*
  Stapel von Ahornholz *158*
  Nr. 1 *156*
Jack Daniel Whiskey 155–158
  Nr. 7 *157*
  Black Label 157–158
Jagajit Nagar Destillerie 187
James IV., König von Schottland 22
Jameson's Bow Street Destillerie *114*
Jameson *110*
Jameson 12 114
Jameson 1780 114
Jameson Crested 10 114
Jameson Gold 114
Japan 204–207
  Tomatin Destillerie 60
Jim Beam Destillerie 134–137, *134, 136, 163*
Jim Beam Rye 163
Johnnie Walker Black Label 188
Johnnie Walker
  Cardhu 55–56
  Talisker Whisky 72–73
Johnny Drum Bourbon 142
Jura Destillerie 76–77, *76*
Justerini & Brooks (J&B) (Schottland)/(IDV) 98
  Auchroisk Destillerie 42
  Glen Spey Destillerie 42
  Knockando Destillerie 56–57
  North British Grain Destillerie 102–103
  Strathmill Destillerie 44

Kalifornien 163–165
Kalkstein, Wasser 10
Kanada 166–185, *167, 168*
  Alberta 172–174
  British Columbia 170–171, *170*
  Distiller's Company 166
  Geschichte 168–169
  Manitoba 175–177
  Nova Scotia 184–185
  Ontario 178–181
  Quebec 182–183
  Roggen 173–174
Kasauli Destillerie 188–191, *189, 191*
Kentucky *121*, 124–150
  Bardstown 140–144
  Barton Destillerie 143–144
  Bernheim Destillerie 146–148
  Bourbon 121
  Frankfort 124–129
  Lawrenceburg 130–133
  Loretto 138–140
  Louisville 145–150
  River *131*
  Rye 161
  Shively 145
  Verwüstung durch Tornado *136*
Kentucky Gentleman 143–144
Kentucky Legend Bourbon 131
Kentucky Spirit Whiskey 131
Kilbeggan Destillerie *109*, 111
Kilbeggan Whiskey 117
Kilnflat Destillerie 33
Kinclaith Whisky 93
King Barley Single Malt 208–209
Kingfisher Bier 195
Kininvie Destillerie 50, 52
Kirin Seagrams 205
Kirkleavington Property Company 76

Kittling Ridge Destillerie 181
Kittling Ridge Rye 181
Knock Hill *46*
Knockando Destillerie 56–57
Knockdhu Destillerie 46
Kochen 16
Kohlwasser 65
Kondensator 19
königliches Siegel, Prinz Charles 84
kontinuierliche Coffey Brennblase 92, 106, 111
Kosten, Produktion 92

La Salle Destillerie 166, 175–176
Labrot & Graham Destillerie 127–129, *128, 129*
Ladyburn Whisky 93, 97
Lagavulin Destillerie 9, 84–85, *85*
Lammerlaw Malt 213
Lang Brothers, Glengoyne Destillerie 70–71
Laphroaig Destillerie 9, 83–84, *83*
Laphroaig Malt 83–84
Lawrenceburg, Indiana 151–152
Lawrenceburg, Kentucky 130–133
Ledaig Destillerie *siehe* Tobermory Destillerie
Lee, Elmer T. *126*
Leestown Distilling Company 124
Lem Motlow Whiskey 158
Liffey, Fluß *113*
Liköre
  Bailey's Irish Cream 113
  Drambuie 72
  Kahlua Kaffeelikör 104
Linkwood Destillerie 36, 38
Lion Whisky 191
Littlemill Destillerie 71, 92–93
Littlemill Whisky 92–93
Loch Dhu 38
Loch Lomond Destillerie 71
Loch Lomond Destillerie Co. 103–104, *104*
Lochside Grain, James MacArthur 97
Locke's Whiskey 117
Lomond Brennblase 93
Long John Whisky 105
Longmorn Destillerie 36–37, *37*
  J&J Grant 40
Longrow Malt 71
Loretto, Kentucky 138–140
Louisville
  Early Times Destillerie 140
  Kentucky 145–150
Lowlands Destillerien, Schottland 20, 91–95, *91*
Lynchburg, Tennessee 156, 157

Macallan Destillerie 18, 48–49, *48*
MacArthur, James
  Imperial 55
  Lochside Grain 97
MacGregor, Clan, Kininvie 52
MacLean, Lauchie, Glenora Destillerie 184
MacNaughton's Whisky 182
Mais 13, 122
Maischbottich 16
Maischen 16
Maker's Mark Star Hill Destillerie 14, 138–140, *138, 139*
Malt Mill Destillerie 84
Malt Whisky Society, Glenrothes 42
Malt Whisky
  Reife 196–197
  schottische Destillerien 20–97, *21*
Malz, grünes 15, 102–103
Mälzböden *15*
  Ardbeg 87
Mälzen 15
Mälzerei 16, *16*
  mechanische Typ Saladin 56
Man of Hoy *siehe* Stromness
Manitoba Whiskys 175–177
Mannochmore Destillerie 37–38
Manx Whiskey Bestimmungen 1995 200
Martinez von Madrid 211
Maytag, Fritz, Anchor Destillerie 164–165
McCaigs Tower 75
McDowell's Destillerie 195–197, *196*
McDowell's Single Malt Whisky 195–197, *195*
Melasse 186, 188
Mellowing 157
Mercian Destillerie 205
Michter's Destillerie 154
Michter's Pot Still Bourbon 154
Midleton Destillerie 13–14, 112–115, *115*
Midleton Very Rare 115
Mildern 157
Millar's Special Reserve Whiskey 117
Millburn Destillerie 96
Millburn Whisky 96
Miller's Special Gold Label 117
Miller's Special Reserve Whiskey 117
Milltown Destillerie *siehe* Strathisla Destillerie
Milroy, Jack 49
Minmore Destillerie *siehe* The Glenlivet
Missouri Bourbon 151–152, 155
Mitchel of Dublin 115
Mitchell & Co. Ltd., J A, Springbank Destillerie 89–90
Moghul Monarch Finest Scotch Whisky 194
Mohan Meakin
  Kasauli Destillerie 188–191
  Mohan Nagar Destillerie 187, 191–192, *192*
  Holzbrennblase *193*
Monogahela Rye Whiskey 161–162
Morgan, Daniel *122*
Morrison Bowmore Gruppe
  Auchentoshan Destillerie 92
  Bowmore Destillerie 81–82
  Glen Garioch Destillerie 62
Mortlach Destillerie 53–54, *53*
Mosstowie Malt 93
Mudi Destillerien 187
Muir of Ord Destillerie *siehe* Glen Ord Destillerie
Murphy, James, Destillerie 112
Murree's Gymkhana Whisky 203
Murree's Malt Whiskey Classic 203
Murree's Vintage Malt 203
Murree Brauerei 202
Murree Destillerie *199*, 202–203, *203*

Neuseeland 18–19, 212–213, *212*
New Lochnagar Destillerie *siehe* Royal Lochnagar Destillerie
New Zealand Destillerie 212
Nikka Company 206–207
  Ben Nevis Destillerie 73–74
  Sendai Destillerie 204–205
  Yoichi Destillerie 206–207
Noah's Mill Bourbon 142
Noheji Destillerie 205
Nördliche Highlands 28–30
North American Brands
  Alberta Destillerie 173–174
  Jim Beam Destillerie 134–137
North British Grain Destillerie 102–103, *102*
North Mall Destillerie 112
Nova Scotia 184–185

O'Hara Whiskey 117
Oban Destillerie 74–75, *74*
Oban Malt 74–75
Ohio River *144*
Okanagan Canadian Club 171
Okanagan Destillerie 170–171
Old Charter Bourbon 148
Old Crow Bourbon 127, 136
Old Dublin Whiskey 113
Old Fitzgerald Bourbon 14, 149
Old Forester Bourbon 128, 145–146
Old Grand-Dad Bourbon, Beam's 136–137
Old Irish Whisky 113
Old Joe's *siehe* Four Roses Destillerie
Old Master (Blend) 44
Old Midleton Whiskey 115
Old Overholt Rye Whiskey 163
Old Potrero Rye 163–165
Old Prentice Destillerie 132
Old Pulteney 26
Old Rhosdu 71
Old Taylor's Bourbon 136
Old Taylor's Destillerie 127, *137*
Ontario 178–181
Ord Destillerie *siehe* Glen Ord Destillerie
Order of Merit Whisky 183
Ordie *siehe* Glenordie
Oregon, Kiefer-Washbacks 165
Orkney Inseln 25–27
Orwell, George 77
Östliche Highlands 62–63

Paddy Whiskey 111, 113
Pakistan 202–203
Palliser Destillerie 172–173, *172*
Parkmore Destillerie 52
Pennsylvania 122, 154
Pernod Ricard 111
  Edradour Destillerie 66–67
  Wild Turkey Destillerie 130–131
  siehe auch Campbell Distillers Ltd.
Perthshire 20, 64–71, *69*
Peter Scot Whisky 188
Piece, Mälzerei 15
Phenolgehalt 15
Pittyvaich Destillerie 54
Platinum Label, Four Roses Bourbon 133
Port Dundas Destillerie 106–107, *106*
Port Dundas Grain 106–107
Port Ellen Destillerie 82, *82*
Port Ellen Malt 16, 82
Pot Stills 18–19, *18*
Potter's Old Special Canadian Whisky 171

Powers Whiskey 109, 111, 115
President's Reserve, Bernheim Bourbon 148
Prohibition 122–123
Kanada 169
medizinische Zwecke 83
USA 111, 166
Puggy 55, 67
Pulteny Destillerie 26
Pure Gold Whisky 181

Quebec 182–183
Queen Anne Whisky 36

Rampur Destillerie 193–194
Rampur Malt Whisky 194
Rare Breed Bourbon 131
Rawaipindi Brauerei 202
Rebel Yell Bourbon 14, 148
Red Feather Saloon Whisky 173
Red Seal, Maker's Mark Bourbon 139
Redbreast Whiskey 109, 115
Reider's Destillerie *siehe* Kittling Ridge Destillerie
Reife 19
Tennessee Whiskey 160
Rektifikatoren 93
Reston Virginia Whiskey 154
Riechlachan Destillerie 89
Ripy Destillerie 130–131
Roggen 11–13, 161–165
Kentucky 161
Mälzen 13, 15
Überfluß 122
ungemälzter 8
Rosebank Destillerie 95, *95*
Rosebank Whisky 95
Rothes 19, 38–42
Royal Brackla 32, *32*
Royal Canadian Whisky 171
Royal Lochnagar Destillerie 63, *63*
Royal Lochnagar Malt 63
Rückfluß 19
Russell, Jimmy 130

Sake 206
Saladin Methode 56, 121
Sam Cougar Black Whiskey 152
Samuels, Bill *138*
San Francisco, Anchor Destillerie 164–165
San Raku Destillerie 205
säulenförmige Brennblase 17–19
saure Maische 122–123
Sazerac Inc., Ancient Age Destillerie 124–127
Scapa Destillerie 10, 25, 26
Scheaferstown, Pennsylvania 154
Schenley's Golden Wedding Whisky 182
Schenley OFC Whisky 182–183
Schimmel, Mais 13
Schmuggeln 22–23
Ardbeg 86
Arran-Wasser 77
Campbeltown 88
Cardhu 56
The Glenlivet 58
Schottland 20–107, *21, 24*
Blend Whisky 20, 23, 28–29
Geschichte 22–24
Grain-Destillerien 98–107
Islay 20, 78–87
Lowlands 20, 91–95
Nördliche Highlands 28–30
Orkneys 25–27
Östliche Highlands 62–63
Perthshire 20, 64–71
Schließung von Destillerien 96–97
Speyside 31–61
Verbindung zu Indien 187
Westen und Inseln 72–77
Schroten 16
Schweden 200
Scotch Whisky Association (SWA) 90, 200
Scottish Malt Distillers (SMD)
Aultmore Destillerie 43
Benrinnes Destillerie 54, 55
Glendullan Destillerie 53
Glentauchers Destillerie 43
Knockdhu Destillerie 46
Wiederaufbauprogramm 33
Seagram Distillers plc. 151–152
Allt-a-Bhainne Destillerie 59
Beaupré's Destillerie 166
Benriach Destillerie 36
Braeval Destillerie 59
Caperdonich Destillerie 41
Four Roses Destillerie 132–133
Geschichte 175–176
Gimli Destillerie 175–177
Glen Grant Destillerie 40–41
Glen Keith Destillerie 44
Indiana Destillerie 151–152, *152*
Longmorn Destillerie 36–37
Rye 13, 161
Strathisla Destillerie 44–45
The Glenlivet Destillerie 58–59
Wilson Destillerie 212–213
Seagram's 83 Whisky 177
Seagram's Five Star Whisky 176
Seagram's VO Whisky 176, *176*, 177
Seleko Gruppe
Dolany Destillerie 209
Tesetice Destillerie 208–209
Sendai Destillerie 204–205, *204, 205*
Sendai Whisky 205
Shiel 15
Shively, Kentucky 145
Showels, Kasauli Destillerie 190
Silent Malt 107
Singleton of Auchroisk 42
Skandinavien 200
Sliwowitz 208
Small Concern Whisky Company 201
SMD *siehe* Scottish Malt Distillers
Solan Destillerie 189, *190*
Solan Nr. 1 Whiskey 189
Solera System 179
Spanien 18, 210–211, *210, 211*
Special Barrel Reserve, George Dickel Whiskey 160
Special Malted Whisky 187
Special Old Whisky 179
Speyburn Destillerie 38–39
Speyside 31–61, *31, 39*
Speyside Destillerie 60–61, *61*
Springbank Destillerie 15, 89–90, *90*, 201
Springbank Malt 89
St. Magdalene Destillerie 94
St. Magdalene Whisky 94
Steins kontinuierliches Destillationsverfahren 110–111
Steuern 22–23
Stitzel Weller Destillerie 14, 148–150, *148, 149, 150*
Strathclyde Destillerie 105–106, *105*
Strathclyde Grain 105–106
Strathisla Destillerie 44–46, *45*
Strathmill Destillerie 44
Stromness Destillerie 25
Südkorea 200
Sullivan's Cove Single Malt, australischer Whisky 201
Summer Hall Whisky 192
Sunnyvale Distillers, Highwood Destillerie 173
Suntory Gruppe 206
Auchentoshan Destillerie 92
Bowmore Destillerie 81
Glen Garioch Destillerie 205
Hackushu Destillerie 204–205
Yamazaki Destillerie 204–205
SWA *siehe* Scotch Whisky Association

Taketsuru, Masataka 206–207
Talisker Destillerie 10, 72–73, *72*
Tamdhu Destillerie 56, *56*
Tamnavulin Destillerie 59
Tangleridge Whisky 174
Tasmanian Destillerie 201
Tasmanien 200–201
Tatlock & Thomson, Glasgow 199
Teachers
Ardmore 47–48
Glendronach Destillerie 46
Teaninich Destillerie 30
Tekel Destillerie 200
Temperaturen, Maische 141
Ten High Bourbon 144
Tennessee 121, 155–160
Lynchburg 155–160
Reife 160
Tullahoma 159–160
Tesetice Destillerie 208–209
Tesetice Whisky 208–209
The Glenlivet 58–59
J&J Grant 40
The Glenlivet Destillerie 23, 51, 58–59, *58*
The Proprietor's Reserve Bourbon 148
Tobermory Destillerie 75–76, *75*
Tom Moore Bourbon 144
Tomatin Destillerie 60
Tomintoul Destillerie 59, *59*
Torfen 15–16
Torfstechen 87
Tormore Destillerie 60
Tornado, Verwüstung in Kentucky *136*
Total Abstinence Movement 111
Triple Crown Whisky 172–173
Tschechische Republik 208–209, *208, 209*
Tullahoma, Tennessee 159–160
Tullamore 111
Tullibardine Destillerie 68
Türkei 200
Tyrconnell Whiskey, The 116

United Brewers, McDowell's Destillerie 195–197
United Distillers (UD)
Aultmore Destillerie 43
Benrinnes Destillerie 54, 55
Bernheim Destillerie 14, 146–148

Bladnoch Destillerie 91–92, 99
Blair Athol Destillerie 54, 65
Caledonian Destillerie 97
Cameronbridge Destillerie 107
Caol Ila Destillerie 79–80
Cardhu Destillerie 55–56
Carsebridge Destillerie 97
Classic Malt Serie 53, 57, 65, 74–75, 93
Clynelish Destillerie 26–27
Cragganmore Destillerie 57
Craigellachie Destillerie 49
Dailuaine Destillerie 55
Dalwhinnie Destillerie 64–65
Dufftown Destillerie 54
George Dickel Destillerie 158–160
Glen Elgin Destillerie 38
Glen Ord 30
Glendullan Destillerie 53
Glenkinchie Destillerie 93–94
Glenlossie Destillerie 37–38
Inchgower Destillerie 33
Lagavulin Destillerie 9, 84–85
Linkwood Destillerie 36, 38
Mannochmore Destillerie 37–38
Mortlach Destillerie 53–54
Oban Destillerie 74–75
Pittyvaich Destillerie 54
Port Dundas Destillerie 106–107
Port Ellen Destillerie 82
Rosebank Destillerie 82
Royal Brackla 32
Royal Lochnagar Destillerie 63
St. Magdalene Destillerie 94
Stitzel Weller Destillerie 14, 148–150
Talisker Destillerie 72–73
Teaninich Destillerie 30
United Brewers, Indien 187
Valleyfield Destillerie 182–183
Usher, Andrew 102

Valleyfield Destillerie 182–183, *183*
Vancouver Destillerie 183
Vendome Brennblasen 17
Vereinigte Staaten von Amerika 120–165, *120*
Whiskey *121*
Verschmutzung, Wasser 9
Very Old Barton Bourbon 144
Very Old Fitz Bourbon 149–150
Virginia Gentleman Destillerie 153–154, *154*
Virginia, Bourbon 122–123, 153–154
VO Whisky 177
VOB *siehe* Very Old Barton

Wales 200
Walker, Hiram Destillerie 104
Walker, Hiram
Dumbarton Destillerie 104–105
Okanagan Destillerie 170–171
Walkerville Destillerie *104*, 171, 178–179, *178*
Wash 17
Washbacks 16
Lärchenplanken 89
Oregonkiefer 16, 165
siehe auch Gärung
Wasser 8–10, *9*, 15
Watercourse Destillerie 112
Waterloo Destillerie 166
Waterloo Whisky 176
Weizenbasis, Whisky auf 173
Welsh Whisky Corporation 200
weltweite Produktion 198–212, *198*
Weston Corn Whiskey 151
Weston Destillerie 151
Westport 28
Whisky Kommission (1908) 13
Whiskyherstellung 8–19, *16*
Grundprozeß 15–19
illegale *23*
Zutaten 9–14
Whiskytrinker *199*
White Bush *siehe* Bushmills Original
White Hall Whisky 194
Whyte & Mackay
Aberfeldy Destillerie 67–68
Bruichladdich Malt 80
Dalmore Destillerie 29–30, 101
Fettercairn Destillerie 62
Indien 193
Invergordon Destillerie 100–102
Jura Malt 76–77
Rampur Destillerie 187–188, 192–193
Tamnavulin Destillerie 59
Tomintoul Destillerie 59
Tullibardine Destillerie 68
Wigtown, Galloway 91
Wild Turkey
Bourbon 126, 130–131
Rye Whiskey 162–163, *162*
Traditional 131
Willett Destillerie 142–143
Wilson's Blend Whisky 212–213, *213*
Wilson Destillerie 212–213
Wilson Malt Extract Company, The 212
Windsor Whisky 174
Wisers 10jähriger Whisky 179
Wort 16

Yamazaki Destillerie 204–205
Yellow Label, Four Roses Bourbon 133
Yoichi All Malt 207
Yoichi Destillerie 206–207, *206*, *207*
Yoichi Whisky 206–207

Zedernholz, Islay 79

BILDNACHWEIS

Die Herausgeber möchten den folgenden Institutionen für die Genehmigung zur Veröffentlichung der Bilder in diesem Buch danken:

Alberta Distillers Ltd.; Allied Distillers Ltd.; Anchor Destillerie; Austin, Nichols Destillerie/Wild Turkey; Barton Brands Ltd.; Jim Beam Brands Co; Ben Nevis Destillerie (Fort William) Ltd.; The Bowman Companies; Brown Forman Ltd.; Burn Stewart Distillers Plc.; Campbell Distillers Ltd.; Canadian Mist Distillers Ltd.; The Chivas & Glenlivet Group; Cooley Destillerie Plc.; Corbis-Bettmann/UPI, Douglas Peebles; Corby Distilleries Ltd.; Martin Corteel/Sarah Schuman; Doe-Anderson PR/Makers Mark; Mary Evans Picture Library; Four Roses Destillerie; Glen Catrine Bonded Warehouse Ltd.; Glenora Destillerie; Glenturret Distillery Ltd.; William Grant & Sons Int. Ltd.; Gordon & MacPhail; Robert Harding Picture Library/Adam Woolfitt; Heaven Hill Distilleries Inc.; Highland Distillers; Hiram Walker & Sons Ltd.; Samantha Lyn Hodges; Hulton Getty; Images Colour Library; International Distillers & Vinters UK Ltd./Jack Daniels Destillerie/Justerini & Brooks; International Potter Distilling Corporation; Inverhouse Distillers; Irish Distillers Ltd.; Michael E. Jones; Kentucky Distillers Association; Kittling Ridge Ltd.; Leestown Company Inc.; John Lock & Co Ltd.; Macallan-Glenlivet Plc.; MacDonald & Muir Ltd.; J&A Mitchell & Co Ltd./Vincent Leloup; Morrison Bowmore; Jim Murray; Palliser Distillers; Phipps Public Relations/Highland Park Destillerie; Pictor International; Science Photo Library/Manfred Kage; Scotland In Focus/G. Dey, A.G. Firth, A.G. Johnston, B. Lawson, V. Lowe, D. McKinnell, J. McPake, M. Moar, W. Ross Napier, W.S. Paton, J. Stephen, J. Weir, Willbir, G. Williams; The Seagram Co Ltd.; Speyside Distillery Company Ltd.; Springbank Destillerie; Ralph Steadman; United Distillers; The Welsh Whisky Co; Whyte & Mackay Group; Wilson Distillers.

Besonderer Dank gebührt Bob Lawson und seinem hervorragenden Team von Photographen bei Scotland In Focus.

Es wurde alles unternommen, um die Bildquelle korrekt nachzuweisen und den Besitzer/Copyright Besitzer jedes Bildes zu kontaktieren. Carlton Books Limited behält sich unbeabsichtigte Fehler oder Auslassungen vor, die in späteren Auflagen dieses Buches korrigiert werden.